पर्यावरण प्रबन्धन

ENVIRONMENTAL MANAGEMENT

पर्यावरण प्रबन्धन

ENVIRONMENTAL MANAGEMENT

लेखक

डा० मंजु सिंह

डिस्कवरी पब्लिशींग हाउस

नई दिल्ली–110 002

प्रथम संस्करण: 2006
Reprinted - 2017

ISBN: 81-8356-127-6

प्रकाशक
डिस्कवरी पब्लिशींग हाउस
4831/24, अन्सारी रोड, दरियागंज
नई दिल्ली–110 002
दुरभाष–23279245
फैक्स– 23253475
e-mail: dphtemp@indiatimes.com

Printed at:
Infinity Imaging Systems
Delhi

प्राक्कथन

जब-जब विश्व स्तर पर किसी समस्या के समाधान की बात सोची गई तब-तब एकमत होकर विचारकों ने उसे शिक्षा के माध्यम से पूरी करने का सुझाव दिया, क्योंकि आज भी सभी लोग इस बात से सहमत है कि किसी भी परिवर्तन को केवल शिक्षा के माध्यम से ही स्वीकार किया अथवा कराया जा सकता है। इसी सन्दर्भ में आज पर्यावरण के असन्तुलन की समस्या है, जिसका हल पर्यावरण शिक्षा से ही किये जाने हेतु सभी प्रयत्नशील हैं

शिक्षा के किसी भी पक्ष को ठीक से विद्यार्थियों तक पहूंचाने का दुरुह कार्य शिक्षक द्वारा ही सम्भव है। अत: अब शिक्षक के हर स्तर के प्रशिक्षण में 'पर्यावरण शिक्षा' को विशेष स्थान दिया है। बी० एड० स्तर पर तो लगभग सभी प्रशिक्षण महाविद्यालयों के पाठ्यक्रम को पूरा कर सकेगी, इसी विश्वास के साथ इसे तैयार किया है। इसकी सामग्री तथा संकलित आकड़े अत्यन्त अधिकारिक स्रोत से समाहित किये हैं

पुस्तक लेखन के साथ जाने-अनजाने अनेक व्यवहारिक कठिनाइयां आई हैं। जिनको हल कराने मे मेरे परिवार के सभी सदस्यों ने मेरा मनोबल बढ़ाया है। मेरा विश्वास है कि यह पुस्तक पर्यावरण शिक्षा के लिए अत्यन्त उपयोगी सिद्ध होगी।

–लेखक

विषय-सूची

1

पर्यावरण प्रबन्ध एवं राष्ट्रीय पर्यावरण नीति
(Management of Environment and National Environment Policy)

प्रस्तावना (Introduction)

आदिकाल से ही मानव की यह इच्छा रही है कि उसको वह सब चीजें तो मिलती ही रहें जो उसकी प्राथमिक आवश्यकता के अन्तर्गत आती हैं (भोजन, कपड़ा और मकान), लेकिन उसके जीवन को और सुख-सुविधा देने हेतु कुछ अधिक भी मिले। इससे कुछ अधिक की लालसा ने वैज्ञानिक प्रगति का सहारा लेकर मनुष्य ने वह सब करना प्रारम्भ कर दिया जिसकी वह स्वयं भी कामना नहीं कर सकता था। उसने मकान, बांध, सड़कें बनाई, बस स्टैण्ड, रेलवे स्टेशन, एअरपोर्ट आदि बनाये, सिंचाई के नये साधन शुरू किये, सीवरेज सिस्टम, विद्युत उत्पादन, उद्योग-कल कारखाने आदि इतना कुछ बनाया कि एक अलग से ही 'मानवकृत पर्यावरण' मुखरित हो उठा। प्राकृतिक पर्यावरण, शाश्वत तथा मूल रूप से आवश्यकता की महत्ता कम दिखने लगी। इधर जनसंख्या वृद्धि ने स्थिति को और ही मोड़ दे दिया। हर चीज की कमी दिखाई देने लगी और प्राथमिक आवश्यकताओं में वायु और जल जैसे पर्यावरणीय घटक जुड़ गये जो पृथ्वी पर रहने वाले प्रत्येक निवासी के लिये वह दैविक विरासत थी। प्राकृतिक संसाधनों की कमी, हर स्तर पर निरापदता के स्थानं पर असह्य प्रदूषण, नगरीकरण की समस्या, अपर्याप्त भोजन, अनेक प्रकार के असाध्य रोग और मशीनी दिनचर्या सभी ने मनुष्य को इस सीमा तक प्रभावित किया कि वह स्वयं पर्यावरण का दास बन गया। आज भाग्य भरोसे भविष्य की और भी विकृत स्थिति की सम्भावना को साथ लेकर, वह वर्तमान व्यतीत कर रहा है। सुखमय जीवन अब उसकी एक स्वप्निल कामना ही है।

जब हम पर्यावरण प्रबन्ध की बात करते हैं, तो निश्चय ही हमारी एक विशुद्ध कल्पना पर्यावरण की गुणवत्ता (Quality of Environment) से है जिसका अन्तिम

परिणाम 'जीवन की गुणवत्ता' (Quality of Life) सुनिश्चित है। लेकिन उपर्युक्त वर्णित अनुसार यदि हम गुण-अवगुण के आधार पर वर्तमान को स्थिति का सूक्ष्मान्वेषण करें तो हम जानेंगे कि हमारी स्वयं की गलतियों ने ही हमें इस युग के ऐसे भयानक मोड़ पर लाकर खड़ा कर दिया है जिसे बहुत आसानी से सुधारा नहीं जा सकता। विकास और प्रगति के नाम पर हमने प्रकृति और उसके निरन्तर चलते रहने वाले चक्र को गड़बड़ा दिया है और मानवीकृत सुविधाओं के अहम् के आधार पर हम उसकी उपेक्षा कर रहे हैं। सत्य यह है कि बिना अच्छे प्राकृतिक पर्यावरण के हम न तो सुखमय वर्तमान जी सकते हैं और न ही भविष्य की शांतिप्रद आश्वस्तता सोच सकते हैं। यह ठीक है कि आज की वैज्ञानिक प्रगति और विकसित तथा विकासशील देशों की परस्पर आगे बढ़ने की होड़ में हर देश को विकास के पथ पर बढ़ना है, पर विकास को पर्यावरण के विनाश के नाम पर तोलना भी उचित नहीं है। विनाश रहित विकास (Development without Destruction) हमारा ध्येय और नारा (Aim and Slogan) होना चाहिए।

तो यह स्पष्ट है कि जब हम पर्यावरण प्रबन्ध की बात करते हैं तो हमें उसे पारिस्थितिकी के परिप्रेक्ष्य में ही सोचना चाहिए। फाहीमुद्दीन अहमद ने अपने लेख Environmental Management में लिखा है–

"Technological change is a national necessity in a developing world and thus must not be frozen. What is needed in the concept of environmental planning and management coupled with an understanding of the ecological concepts, methods and skills."

(विश्व के विकास के लिए तकनीकी प्रगति एक राष्ट्रीय आवश्यकता है, अत: उसे रोका नहीं जाना चाहिए; आवश्यकता इस बात की है कि पर्यावरण का प्रबन्ध और उसकी योजनाएं पारिस्थितिकी अवधारणाओं, तरीके और कार्यप्रणालियों की समझ पर आधारित हों।)

इस प्रकरण पर आगे चर्चा करने से पूर्व हमें यह बात स्पष्ट रूप से जाननी है कि आज मनुष्य को किन-किन स्थितियों में अपने आपको समायोजित करना पड़ रहा है।

(1) पृथ्वी और उसका सम्पूर्ण पर्यावरण उसके सामने है जिसे क्षणिक और अधिक लाभ अथवा स्वार्थ के लिए मनुष्य ने छेड़ा है,

(2) मानवकृत पर्यावरण जिसे सुख-सुविधा की आपूर्ति और बढ़ती जनसंख्या की वृद्धि ने जन्म दिया है, तथा

(3) इन दोनों के बीच अनचाही-अनजानी अनेक समस्याएं और विकृतियां, जो विकराल रूप धारण कर सामने खड़ी हैं।

इन परिस्थितियों के मध्य एक सुखी सामाजिक जीवन की कामना का अनुमान लगायें तो वह कितनी कठिन है? इसका अनुमान लगाना बहुत ही मुश्किल है।

बहुत थोड़ी सी सुख-सुविधाओं के नाम पर विरासत में मिल रहे प्राकृतिक पर्यावरण की बात तो दूर उल्टे हमें बढ़ती जनसंख्या के दुष्परिणाम, विकृत पर्यावरण, बढ़ता प्रदूषण और अनेक उत्पन्न समस्याओं का सामना करना पड़ रहा है।

आवश्यकताओं की पूर्ति हेतु समस्याएं
(Problems Fullfilling the Needs)

अधिक सैद्धान्तिक बारीकियों में न जाकर हम सीधे-सीधे पर्यावरण विकृति के कारण, उनसे पड़ने वाले प्रभाव तथा उनसे बचने अथवा बचाव के प्रबन्ध के बारे में चर्चा करेंगे और यह इंगित करने का प्रयास करेंगे कि मनुष्य की प्रमुख भूमिका के रूप में उनका उत्तरदायित्व क्या है? भारत के परिप्रेक्ष्य में उनको हम यहां क्रमवार दे रहे हैं–

(1) बढ़ती जनसंख्या (Growing Population)–अपने देश भारत की जनसंख्या का पिछला 100 वर्षों का वृद्धि विवरण अगले अध्याय में दिया है। पिछले 40 वर्षों में (1961 में 43.90 करोड़ : 2.16% वृद्धि; 1971 में 54.80 करोड़ : 2.48% वृद्धि ; 1981 में 68.30 करोड़ : 2.46% वृद्धि तथा 1991 में 84.39 करोड़ : 2.36% वृद्धि) औसतन जनसंख्या वृद्धि प्रतिशत 2.37 रहा है। 1991 वर्ष की भारत की जनसंख्या के आधार पर वर्तमान वृद्धि प्रतिशत से लगभग 2 करोड़ आबादी की वृद्धि प्रतिवर्ष हो रही है। विश्व के परिप्रेक्ष्य में भारत में हम प्रतिवर्ष कम से कम एक आस्ट्रेलिया (1991 की आबादी 1.75 करोड़) अथवा एक ब्राजील या इंडोनेशिया (ब्राजील-1991 : 1.54 करोड़; इंडोनेशिया-1991 : 1.91 करोड़)। जितनी आबादी की वृद्धि देख रहे हैं। भारत के राज्यों से यदि वृद्धि की तुलना करें तो एक पंजाब राज्य (1991 की आबादी 2.02 करोड़) प्रतिवर्ष हम अपने देश में जोड़ रहे हैं। इससे प्रत्यक्ष रूप से जल पूर्ति का अभाव, खाद्यान्न की कमी, आवास की समस्या सीधे-सीधे प्रभावित हैं; और समस्याएं अनगिनत अलग हैं।

(2) पीने के जल की उपलब्धता (Potable Water Availability)–किसी एक देश में पीने के पानी की दैनिक उपलब्धता को ज्ञात करना असंभव स्थिति की कल्पना करें और चार्ल्स एच. साउथविक के अनुसार विश्व में वाष्पीकरण एवं निर्जलीकरण के बाद कुल प्राप्त पानी की मात्रा 37,000 घन किलोमीटर प्रतिवर्ष

स्वीकार भी कर लें तो भारत भूमि एक समान वितरण के आधार पर प्रतिवर्ष 2500 घन किमी पानी उपलब्ध है। यदि इसे पूरा समाप्त कर दिया जाये तो यहां की 2003 की आबादी (लगभग 103 करोड़) ओर पीने के पानी की बंटत (केवल 2 प्रतिशत) के अनुसार प्रति व्यक्ति प्रतिदिन लगभग 140 लीटर पानी हिस्से में आता है। अमेरिकन रिपोर्ट के अनुसार इसका केवल चौथाई भाग ही लोगों तक पहुंच रहा है। निश्चय ही यह 35 लीटर मात्रा से अधिक नहीं है। अत: पानी की मात्रा की न्यूनता देखें और निरन्तर जनसंख्या वृद्धि के अनुसार उसकी घटती स्थिति की मात्रा जानें। निश्चित ही हमें यह जानना है–

1. हमर स्तर पर पानी की दुरुपयोग को रोकें।

2. जितना आवश्यक हो उतना ही जल काम में लेवें।

3. पर्यावरण सुधार के नाम पर पानी का उपयोग (जैसे घरों में उद्यान) को निरुत्साहित करें। इतने जल से अपेक्षाकृत अधिक वृक्ष लगेंगे और प्राणवायु की मात्रा भी ज्यादा होगी।

4. भूगर्भ जल को इस बेरहमी से व्यय किया जा रहा है जैसे वह मुफ्त मिल रहा हो। इस गलती की सजा पूरे देश को मिल सकती है। इस जलभाग पर सरकारी नियंत्रण आवश्यक है (हैण्ड पाइप प्रणाली को व्यक्तिगत स्तर पर रोकें)।

5. जो पानी नदियों में बहकर समुद्र में मिल जाता है उसे रोकें तथा उसको उन स्थानों पर भेजने की व्यवस्था करें जहां पानी की किल्लत है। पूरे देश के विभिन्न स्थानों पर जल के असमान वितरण को नियंत्रित किया जा सकता है।

6. वह जल जो सीवरेज से आता है अथवा उद्योगों से जलस्राव होता है, पीने के पानी स्रोतों में न मिले, यह बहुत ध्यान देने की बात है। पानी तो दूषित होता ही है, साथ ही पीने के पानी में भी कमी होती है।

(3) खाद्यान्न की उपलब्धता (Availability of Food Grains)–विश्वस्त जानकारी के आधार पर हम यह जान सकते हैं कि पिछले लगभग 20 वर्षों से (1980–81 से 2001–2002 तक) प्रति व्यक्ति प्रतिदिन 500 ग्राम से अधिक खाद्यान्न उपलब्ध है, जो यथेष्ट है (सन्तुलित भोजन विवरण में 325 ग्राम अनाज + 100 ग्राम दालें = 425 ग्राम खाद्यान्न प्रस्तावित है)। प्रश्न यह है कि क्या इसका वितरण प्रत्येक व्यक्ति के अनुसार पूरे देश में हो पाता है? कितना अनाज चूहे, कीड़े-मकोड़े या वर्षा अथवा अन्य कारणों से नष्ट हो जाता है? कितना अनाज केवल व्यापारी के गोदामों में सील हो जाता है? अत: खाद्यान्न की देश में कोई कमी नहीं है। फिर भी यदि किन्हीं कारणों से आवश्यकता आ ही पड़े तो दूध उत्पाद, फल-सब्जियां अथवा मांसाहारी भोजन की आदत डालें। विदेश के जिन देशों में अपने देश की

आवश्यकता से अधिक अन्न होता है वे दूसरे देशों को अनाज भेजकर अपनी मर्जी से सौदा करते हैं, जिससे अनाज मांगने वाले देश कभी उऋण नहीं हो पाते। अनाज का दुरुपयोग भी किसी स्थिति में नही हो, इससे भी काफी समस्या हल हो सकती है। राज्यों को अपने प्रान्तों की आवश्यकतानुसार अपने स्तर पर व्यवस्था करनी चाहिये।

(4) आवास (Shelter or Homes)–भारत जैसे विशाल जनसंख्या वाले देश (2003 में 103 करोड़) में सभी को मकान (आवासीय सुविधा) हो यह सम्भवत: अत्यन्त दुरूह कार्य है। जिस देश में गरीबी की रेखा से नीचे लोगों का प्रतिशत 25% से अधिक हो और जहां सामान्य आवासीय व्यवस्था भी कुल 50% से अधिक न हो वहां पूरी तरह समस्या का समाधान तभी सम्भव है जब राष्ट्र स्तर पर अथक प्रयास किये जायें। नेशनल बिल्डिंग आर्गेनाइजेशन (National Building Organisation—NBO) के अनुसार देश में 1987 तक 25 मिलियन (2.50 करोड़) मकानों की कमी थी, जिसकी संख्या 1995 में 33 मिलियन (3.30 करोड़) तथा सन् 2002 तक 40 मिलियन (4.0 करोड़) हो गई। अन्य कई अधिकृत संस्थाओं के अनुमान इससे कहीं अधिक है, पर एक मोटे अनुमान से अगले वर्षों में देश में कुल रह सकने वाले मकानों की आवश्यकता काफी होगी।

भारत में आवासीय मकानों की स्थिति

	वर्ष	*कुल मकानों की आवश्यकता*	*उपलब्ध मकानों की संख्या*
	1985	135 मिलियन	110 मिलियन
	1990	151 मिलियन	122 मिलियन
	1995	167 मिलियन	134 मिलियन
	2000	187 मिलियन	148 मिलियन
(सम्भावित)	2005	205 मिलियन	160 मिलियन

यद्यपि उपर्युक्त आंकड़े निराशाजनक नहीं हैं पर फिर भी इन्हीं अनुमानों के अनुसार लगभग 45 मिलियन (4.5 करोड़) मकानों की कमी देश में सन् 2005 में रहेगी। इनमें सबसे अधिक प्रभावित गरीब व आर्थिक पिछड़े लोग ही होंगे।

भारत में बीस सूत्री कार्यक्रम के अन्तर्गत बिन्दु संख्या 14 में सबके लिये मकान को एक देश की आवश्यकता माना है और इसके लिये पिछले वर्षों में केन्द्र द्वारा सभी राज्यों को ऐसे निर्देश प्रसारित किये हैं जिससे सबको मकान मिलने का सपना साकार हो सके।

मकान बनने अथवा बनारने से देश के लोगों के लिऐ एक जीवन प्राथमिकता सुलभ कराने की प्राक्रिया में जो पर्यावरणीय संकट साथ ही पैदा हो गया है उसका उल्लेख भी करना यहां उचित ही रहेगा। उनमें में मुख्य हैं–

1. आवासी कॉलोनियों के विकास के लिए सघन जंगल कट गये तथा कृषि भूमि क्षेत्र से भी हाथ धोना पड़ा। इससे एक ओर पर्यावरण पर प्रभाव पड़ा और दूसरी ओर कृषि उत्पादन में कमी हो गई।

2. मकान बन जाने से घरों का अधिक जल कॉलोनियों से बाहर आ गया जिससे प्रदूषण फैला। वर्षा का अधिक जल भूमि के अभाव में जमीन में न समा पाने के कारण बाढ़ का कारण भी बना। दोनों ओर से पर्यावरण को हानि ही हुई।

3. जो परिवार संयुक्त रूप से एक ही मकान में रहते थे उन्होंने विघटन कर अनेक मकान अलग-अलग बनाये। पैसे का दुरुपयोग हुआ और मकानों की कमी बनी ही रही।

4. मकान निर्माण की प्रक्रिया में करीबी पहाड़ अथवा पहाड़ियों को पत्थर उपयोग के नाम पर काट डाला। भवनों में लकड़ी के उपयोग ने सघन जंगलों को बर्बाद कर दिया।

अत: पर्यावरण की दृष्टि से जहां आवास उपलब्ध कराने आवश्यक हैं, वहीं पर्यावरण संरक्षण भी बहुत महत्त्वपूर्ण है, यह ध्यान में रखना जरूरी है। अत: एक तालमेल इन दोनों पहलुओं में आवश्यक है।

(5) वनों का विनाश (Destrictuio of Forests)–वनों की महत्ता उनकी वर्तमान स्थिति तथा वन क्षेत्रों की कमी से हो सकने वाले अनेक पर्यावरणीय दुष्परिणाम सहित पूरा विवरण इसी पुस्तक के एक स्वतंत्र अध्याय में दिया है। अत: इस आधार पर यह कहना अतिशयोक्ति नहीं कि वन हमारे पोषक हैं, जीवनदाता हैं। या अति संक्षिप्त में हम यह कहें कि वन हमारा जीवन है तो भी यह बहुत उचित व उपर्युक्त कथन होगा।

आजादी के बाद 1951-52 में देश में 329 mh भूमि भाग पर 75 mh वन थे जो उस समय लगभग 23% (22.79 प्रतिशत) थे। लेकिन जलाऊ लकड़ी, इमारती प्रयोग, खेलकूद का सामान और अनाप-शनाप फर्नीचर ने अन वनों को कम कर दिया और स्थिति यहां तक पहुंची कि वनों का प्रतिशत इतना कम हो गया कि जिस पर किसी देश का पारिस्थितिकी सन्तुलन ही असम्भव होता है। एक सर्वे के अनुसार लगभग 1.5 mh वन क्षेत्र प्रतिवर्ष कटे। अत: 1972-73 में वन क्षेत्र 54 मिलियन हैक्टेयर (16.41%), 1981-82 में 46 मिलियन हैक्टेयर

(13.98%) रह गये। 1992-93 की वनों की स्थिति का अनुमान 36 mh से अधिक नहीं है जो लगभग 11.0% होता हैं

आश्चर्य की बात तो यह है कि फॉरेस्ट रिसर्च इन्स्टीट्यूट ने सर्वे कर सन् 1999 में वनों की स्थिति 19.39% बताई है, पर यह वह भी मानते हैं कि वास्तविक वन 11% से अधिक नहीं हैं। अर्थात् 6 वर्ष के अथक् प्रयास के बावजूद वनों की स्थिति अपरिवर्तनीय है।

राष्ट्रीय वन नीति के अनुसार उपलब्ध भूमि भाग के 33% क्षेत्र में अर्थात् लगभग 110 mh क्षेत्र में वन होने चाहिए जबकि वर्तमान स्थिति 36 mh से अधिक नहीं है।

सामाजिक वानिकी कार्यक्रम के अन्तर्गत वन लगाने की नई दिशा मिली। जनता की सक्रिय साझेदारी का उपयोग हुआ। 1980-81 से प्रारम्भ हुए इस कार्यक्रम से लगभग 1.7 mh वन क्षेत्र प्रतिवर्ष बढ़े, लेकिन लगातार लकड़ी के उपयोग ने इस योजना से देश को उतना लाभ नहीं दिया जितनी की आशा और अपेक्षा थी। सन् 1986-87 से एक वन आन्दोलन चला और प्रतिवर्ष 5 mh भूमि को वन क्षेत्र में शामिल करने का अभियान शुरू हुआ। राज्य सरकारों ने स्वयंसेवी संस्थाओं के सहायोग से वृक्षारोपण के लिए जन जागरण किया। उसे कुछ सफलता भी मिली, पर पारम्परिक तरीके के इस देश में लकड़ी का विशेष और अधिक उपयोग, (1) जलाऊ ईंधन, तथा (2) शवदाह ने सब लक्ष्य अंपूर्ण कर दिये। आखिर वन कैसे सुरक्षित रहें? यह कठिन और सामयिक प्रश्न है। अतः इस हेतु यह सुझाव हैं–

1. राष्ट्रीय वन नीति के परिप्रेक्ष्य में सामाजिक वानिकी जैसे कार्यक्रमों को पूर्ण निष्ठा से चलाया जाये जिससे वन क्षेत्र में वृद्धि हो।

2. जितनी भी वृक्ष लगे हैं, उन्हें बचावे। काटने से रोकना बहुत आवश्यक है।

3. विविध ऐसे लकड़ी के उपयोग, जहां वैकल्पिक व्यवस्था हो सकती है, तुरन्त रोके जायें। इमारती सामान, फर्नीचर आदि में प्लास्टिक का उपयोग किया जा सकता है।

4. एक बहुत बड़ा लकड़ी का भाग देश में जलाऊ लकड़ी के रूप में प्रयोग होता है। वैकल्पिक स्रोत के रूप में बायो गैस तथा सौर-कुकर को अपनाया जाय।

5. शव दाह में सुधारे गये उपकरणों (Improved Crematorian) का उपयोग किया जाय। इसमें कम से कम 20 प्रतिशत लकड़ी कम व्यय होती है।

6. स्कूल, घर, पंचायत घर, चिकित्सालय, बस स्टैण्ड, एअरपोर्ट आदि अनेक स्थानों पर सघन वृक्षारोपण हो और उन पौधों की ठीक से देखभाल हो जिससे वह पनप सकें।

7. स्कूलों में नर्सरीज बनाई जायें और फिर उन पौधों का उचित उपयोग कर अधिक-से-अधिक हरियाली के क्षेत्र विकसित किये जायें।

8. वृक्षों का महत्त्व विद्यार्थियों तथा जनसाधारण को समझाया जाये।

(6) भयानक प्रदूषण (Dreadful Pollution)–पिछले 20–25 वर्षों में देश में चहुंओर प्रगति हुई नये-नये उद्योग खुले, आवागमन के साधन बढ़ें, मनोरजंन के रूप में बदले; जनसंख्या वृद्धि के फलस्वरूप अधिक अन्न उपजाने के प्रयास में उत्पादन बढ़ा और भी न जाने कितनी रहने-सहने की सुविधाओं में वृद्धि हुई, लेकिन इन सबका एक अत्यन्त भयानक परिणाम 'प्रदूषण' हुआ। वायु, जल, भूमि, भोजन सभी के प्रदूषण होने लगा। स्थिति दिन-प्रतिदिन इतनी बिगड़ने लगी कि निरापदता (स्वच्छता) की बात अब आवश्यक सी लगने लगी है। इस सन्दर्भ में कुछ उपाय और सुझाव यहां दिये जा रहे हैं–

पारिस्थितिकी तथा मनुष्य का भविष्य
(Ecology and The Future of Man)

पर्यावरण तथा उसके विभिन्न घटकों और उससे सम्बन्धित अनेक प्रकरणों की पिछले 20 वर्षों में इतनी व्याख्या हुई है कि उसने मनुष्य को भयभीत कर दिया है और हर स्तर पर वह अपने जीने के लिये प्राथमिक आवश्यकताओं की पूर्ति, तथा साथ ही समस्याओं के निदान हेतु चिन्तित हो उठा है। यहां मैं पुन: बहुत विस्तृत विवरण न देकर पाठकों को पुनरावृत्ति के कष्ट से बचाना चाहता हुं, पर फिर भी उनमें से डर और आशंका को निकालने हेतु कुछ बातों का जानना बहुत आवश्यक है।

1. ऑक्सीजन की 30% मात्रा ही पृथ्वी की वनस्पति से प्राप्त होती है, शेष 70% का उत्पादन महासमुद्र और समुद्रों में उगी वनस्पति से होता हैं अत: हमें ऑक्सीजन सप्लाई के भण्डार के रूप में समुद्र, वन तथा अन्य जमीनी वनस्पति को देखना होगा। अभी हम जो ऑक्सीजन का उपयोग कर रहे हैं, उसका जाने कितना गुना ऑक्सीजन को हमने छुआ ही नहीं है। अत: अनेक सदियों तक प्राण वायु की कमी की कोई समस्या नहीं है।

2. जल, चार्ल्स एच. साउथविक के अनुसार, हमें वाष्पीकरण तथा निर्जलीकरण से 37,000 घन किमी प्रतिवर्ष प्राप्त हो रहा है। इसमें से वर्तमान में केवल 20,000 घन किमी पानी का उपयोग हम कर पा रहे हैं। निकट भविष्य में पानी की कोई कमी होगी ऐसी कोई सम्भावना नहीं है। इसके बाद भी हमारे पास न जाने कितना पीने योग्य पानी ध्रुवों पर बर्फ के रूप में तथा भूगर्भ जल के रूप में और उपलब्ध है। वर्तमान में समस्या अभावग्रस्त स्थानों पर जल उपलब्धि कराने की व्यवस्था की ही है।

3. भोजन सामग्री, पूरे विश्व में जितने खाद्यान्न की उपज प्रतिवर्ष होती है वह (1 किग्रा प्रति व्यक्ति प्रतिदिन) यथेष्ट है। जनसंख्या वृद्धि के साथ अधिक अन्न उपजाया जा सकता हैं इसके अतिरिक्त, दूध उत्पाद, फल व सब्जियों तथ्था मांसाहारी भोजन प्रचुर मात्रा में सदैव उपलब्ध रहेगा।

4. आवास भूमि की कोई कमी नहीं हैं आज समस्या तो यह है कि कहीं आबादी बहुत अधिक है और नहीं निर्जन है। आवश्यकता पड़ने पर निर्जन स्थानों का उपयोग होगा।

5. ऊर्जा के पारस्परिक स्रोतों में निरन्तर कमी आ रही है। तेल, कोयला, पेट्रोल लगभग समाप्त हो चले हैं। लकड़ी का उपयोग नियंत्रित करना पड़ेगा। अत: नये वैकल्पिक स्रोत खोजने होंगे। बायो गैस और सौर ऊर्जा को घरेलू उपयोग तथा विभिन्न अन्य प्रकार से उत्पादित विद्युत को उद्योगों आदि में लेना अपेक्षित रहेगा। अणु शक्ति का उपयोग हेतु प्रयास जारी है।

6. प्रदूषण हेतु सभी सजग हैं, हर स्तर पर नियंत्रण उपकरण लगेंगे, अत: यह कोई समस्या नहीं रहेगी।

निश्चित ही कोई डरने की आवश्यकता नहीं। भविष्य हेतु आपको साधन और सुविधाएं उपलब्ध होंगी। प्रत्येक मनुष्य से यही अपेक्षा है कि वह साधन और संसाधनों का उचित एवं बुद्धिमत्तापूर्ण उपयोग करें। भावी पीढ़ी का सुख उनके कार्यकलापों पर निर्भर है।

व्यापक राष्ट्रीय पर्यावरण नीति की आवश्यकता
(Need for a Comprehensive National Environmental Policy)

संयुक्त राष्ट्र संघ द्वारा 'मानव पर्यावरण' पर आयोजित स्टॉकहोम-1972 अन्तर्राष्ट्रीय कान्फ्रेन्स के निर्णयों के परिप्रेक्ष्य में सभी देशों को अपने-अपने स्तर पर 'राष्ट्रीय पर्यावरण नीति' बनानी थी। इसी से भारत में कान्फ्रेन्स के तत्काल बाद 'नेशनल कमेटी ऑन एनवारनमेन्टल प्लानिंग एण्ड कोर्डीनेशन' (National Committee on Environmental Planning and Coordination—NCEPC) का गठन केन्द्रीय सरकार द्वारा किया गया। इसकी अभिशंसा पर ही केन्द्र तथा राज्यों में 'प्रदूषण निवारण और नियंत्रण मण्डल' (Pollution Prevention and Control Boards) बने। सन् 1980 में तिवारी कमेटी का गठन हुआ। जिसकी अभिशंसाओं पर स्वतंत्र रूप से केन्द्र तथा प्रदेशों में 'पर्यावरण विभागों' की स्थापना हुई तथा पर्यावरण की गुणवत्ता तथा उसके संरक्षण हेतु कुछ मौलिक अभिशंसाएं हुई लेकिन अन्तिम रूप से 'पर्यावरण नीति (Environmental Policy) को अभी तक भी कोई निश्चित रूप नहीं दिया जा सका।

पिछले वर्षों में राष्ट्रीय नीति निर्धारण समिति तथा पर्यावरण विशेषज्ञों ने राष्ट्रीय पर्यावरणीय नीति पर कुछ ड्राफ्ट्स तैयार किये हैं। ऐसा ही एक अधिकृत ड्राफ्ट सन् 1981 में पर्यावरण विभाग भारत सरकार के मार्फत डा.बी.पी. पाल द्वारा प्रस्तुत किया गया था जिसमें उन्होंने उन बिन्दुओं को समेकित किया था जिन पर राष्ट्रीय पर्यावरण नीति में महती आवश्यकता है। उनके अनुसार–

1. वायु निरापदता; जल तथा जल स्रोतों का प्रदूषण।
2. समुद्री पर्यावरण तथा समुद्री प्रदूषण।
3. खेतों की ऊपरी सतह की उपजाऊ मिट्टी का बह जाना।
4. कृषि उत्पादन के परिप्रेक्ष्य में भूमि उपयोग समस्या।
5. वनों का निरन्तर विनाश।
6. विद्युत उत्पादन, सिंचाई, औद्योगीकरण, परिवहन आदि से सम्बन्धित विकासात्मक प्रायोजनाएं।
7. जल विद्युत की सम्भावनाएं।
8. जनसंख्या वृद्धि पर नियंत्रण।
9. वन्य जीव संरक्षण।
10. ग्रामीण तथा शहरी आवास समस्याएं, आर्थिक विपन्नता के कारण कतिपय समस्याएं।
11. कानून निर्माण तथा उनकी क्रियान्विति।

बिन्दुओं को सम्मिलित करना आवश्यक है, लेकिन अभी तक भी कोई अधिकृत दस्तावेज तैयार नहीं हो सका। भारत सरकार द्वारा यदा-कदा आवश्यकतानुसार कुछ विशेष बिन्दुओं पर मार्गदर्शन दे दिया जाता है और उसी के आधार पर पर्यावरण की उस समस्या का समाधान समझ लिया जाता है। उदाहरण के तौर पर आपत्तिजनक वस्तुएं (Hazardous Substances) की सूची पर्यावरण विभाग (भारत सरकार) द्वारा प्रसारित की गई तथा उसके सन्दर्भ में निर्देश भी प्रसारित कर दिये गय।

पर्यावरण के क्षेत्र में प्रदूषण नियंत्रण के सन्दर्भ में आज वस्तुस्थिति यह है कि पर्यावरण संरक्षण तथा पर्यावरण प्रदूषण के रोकने हेतु निम्नलिखित कानूनों का सहारा लिया जा रहा है–

1. जल (प्रदूषण निवारण एवं नियंत्रण) अधिनियम, 1974 [The Water (Prevention and Control of Pollution) Act, 1974] तथा उसक संशोधन अधिनियम, 1978 (Amendment Act, 1978)।

2. वायु (प्रदूषण निवारण एवं नियंत्रण) अधिनियम, 1981 [The Air (Preventation and Control of Pollution) Act, 1981] तथा उसका संशाधन अधिनियम, 1987 (Amendment Act. 1987)।

3. वन्य जीव (संरक्षरण) अधिनियम, 1972 [The Wild Life (Protection) Act, 1972]।

4. वन (संरक्षण) अधिनियम, 1980 [The Forest (Conservation) Act, 1980]।

5. पर्यावरण (संरक्षण) अधिनियम, 1986 [The Environment (Protection) Act, 1986] आदि।

तथा विद्वान न्यायाधीश भारतीय संविधान के कुछ अनुच्छेद [21, 48A तथा 51A(g) आदि] का सहारा लेकर पर्यावरण की विकृति तथा प्रदूषण को रोकने का प्रयास कर रहे हैं।

पर्यावरण विभाग भारत सरकार पर्यावरण क्षेत्र के लिऐ देश की शीर्षस्थ संस्था है, लेकिन विडम्बना यह है कि यह एक ऐसी प्रशासनिक इकाई के रूप में काम करती है जिसका कार्य परामर्शदात्री संस्था के रूप में ही है। न तो यह सीधे किसी दोषी व्यक्ति को दण्डित कर सकती है और न ही अपनी नीति को कानूनी रूप से लागू करा सकती है। इस संस्था की सफलता केवल 'प्रदूषण नियंत्रण मण्डल' (Pollution Control Boards) के ऊपर अवलम्बित है जो भी दोषी को दोषी तो ठहरा सकती है, लेकिन दण्ड विधान इतने लचीले हैं कि दोषी व्यक्ति को कोई सजा मिल नहीं पाती। यदि किसी प्रकरण में अधिक दिलचस्पी भी ली जाये तो इसमें इतना अधिक समय लग जाता है कि समस्या की उतनी औचित्यता ही नहीं रह पाती है जितनी की अपेक्षित है। दोषी व्यक्ति तथा संस्थान के मालिक का इससे किसी डर के बजाये हौसला ही बुलन्द होता है।

'भारत की राष्ट्रीय पर्यावरण नीति' आखिर किसी दिन आनी ही है, अत: उस हेतु दो प्रकार के सुझाव प्रस्तुत हैं–

(1) विषय-वस्तु के सन्दर्भ (Relating to Environmental Policy)– इस सन्दर्भ में कुछ बिन्दु यहां दिये जा रहे हैं–

1. यह लम्बी अवधि तक की योजनाओं के अनुरूप होनी चाहिए।

2. यह विगत सांस्कृतिक परम्पराएं, वर्तमान स्थिति तथा भविष्य की सम्भावनाओं को समेकित करे।

3. नीति इस प्रकार की हो जो लोगों को राष्ट्रहित में जोड़े तथा वह व्यावहारिक होनी चाहिए जिससे उसकी क्रियान्विति हो सके।

4. पर्यावरण का अर्थ केवल प्रदूषण नियंत्रण नहीं है। अत: पर्यावरण के सभी अंग (संरक्षण, सुरक्षा और सुधार) उसमें सम्मिलित हों।

5. यह इतनी लचीली होनी चाहिए जिससे आवश्यकतानुसार उसमें परिवर्तन करने पर कोई अधिक कठिनाई न हो।

6. इसमें देश की गरिमा को बनाये रखने जैसी बात परिलक्षित होनी चाहिए, जिससे यहां के देशवासियों को उसे पालन करने में गौरव हो।

प्रश्न (Questions)

निबन्धात्मक प्रश्न (Essay Type Questions)

1. मनुष्य की मूलभूत आवश्यकताएं क्या हैं? वर्तमान में क्या वह सभी को उपलब्ध हैं?
2. प्रदूषण मानव के अपने कार्यकलापों का ही परिणाम है। व्याख्या कीजिये।

लघुत्तरात्मक प्रश्न (Short Answer Type Questions)

3. पर्यावरण की गुणवत्ता से जीवन की गुणवत्ता संबंधित है। कैसे?
4. जल की समस्या आखिर क्यों उत्पन्न हुई? बताइये।
5. वृक्षों के कम विनास के लिऐ कुछ उपाय सुझाइये।

वस्तुनिष्ठ प्रश्न (Objective Questions)

6. भारत में पृथ्वी के सतही क्षेत्रफल के कितने भाग में आज वन है?

   (अ) 33% (ब) 23%

   (स) 19% (द) 11%

7. भारत की सन् 2002 की अनुमानत: आबादी कितनी है?

   (अ) 96 करोड़ (ब) 99 करोड़

   (स) 100 करोड़ (द) 100 करोड़ से अधिक

8. सबसे अधिक वनों का उपयोग हुआ–

   (अ) फर्नीचर निर्माण में

   (ब) ईंधन के रूप में

   (स) खेलकूद के सामान में

(द) इमारती लकड़ी के रूप में

9. अदृश्य प्रदूषण निम्न में से कौन-सा है?

(अ) वायु प्रदूषण

(ब) जल प्रदूषण

(स) ध्वनि प्रदूषण

(द) वाहन प्रदूषण

10. ग्रीन हाउस प्रभाव को कम करने के लिये क्यसा करना अपेक्षित है?

(अ) वायु की शुद्धता को बनाये रखें

(ब) ओजोन पर्त की सुरक्षा करें

(स) स्मोग न बनने दें

(द) अधिकाधिक वृक्ष लगावें।

2

पर्यावरण शिक्षा की अवधारणा, अर्थ, स्वरूप, आवश्यकता एवं महत्त्व
(Concept, Meaning, Nature, Need and Importance of Environment Education)

प्रस्तावना (Introduction)

पर्यावरण शिक्षा की आवश्यकता और इसका महत्त्व आज सभी देशों के लिए समान रूप से है, क्योंकि विश्व के सभी देश आज किसी न किसी प्रकार के पर्यावरणीय संकट से ग्रस्त हैं। विकासशील देश और विकसित देश अपनी भिन्न-भिन्न समस्याओं के बावजूद इस बात पर एकमत हैं कि जितनी तेजी से आज पर्यावरण की समस्याएं उठी हैं, चाहे वह जनसंख्या वृद्धि के दुष्प्रभावों के कारण हों अथवा औद्योगिक क्रान्ति के फलस्वरूप हों या कोई अन्य कारण हो उसको सरकार अथवा जनता अथवा दोनों ही सुधार कर पिछले रूप में नहीं ला सकती। प्राकृतिक संसाधनों का जिस दुर्दान्त रूप में शोषण हुआ है और उससे जो प्रकृति के संचित कोष रिक्त हो रहे हैं, उसे वापस पूरा नहीं किया जा सकता और यहां तक कि लोगों के अदूरदर्शितापूर्ण कार्य-व्यवहार से जो जल, वायु, भूमि या अन्य प्रदूषण हुआ है उसे निरापदता में नहीं बदला जा सकता।

हां यह सम्भव है कि यदि पृथ्वी पर रहने वाले मनुष्य (निवासी) यह समझने लगें कि उनके कृत्यों से ही स्वर्ग नरक बन रहा है; विशाल प्राकृतिक निधियों (जल, वायु, भूमि, पेड़-पौधे-वनस्पति) के भण्डार वाली धरती रीती हो चली है, भविष्य की बात छोड़ें, वर्तमान पीढ़ी का जीवन जीना भी दूभर हो गया है, तो सम्भव है कि यह एकतरफा नष्ट हो रही स्थिति पर कुछ काबू पाया जा सके। आगे उसे और विनाश से बचाया जा सकता है तथा इस बात की भी कोई बहुत असम्भावना नहीं कि पृथ्वी के स्वरूप में कुछ सुधार लाया जा सके, लेकिन उस हेतु जैसा कि ऊपर ही संकेत दिया है, यहां के लोगों को समझना होगा कि पर्यावरण को सन्तुलित रखना

आज की महती आवश्यकता है और उसे उन्हें ही पूरा करना है। पर्यावरण के शिक्षा के सन्दर्भ में संभवत: यही सोच को प्रारम्भ माना जा सकता है।

पर्यावरणीय शिक्षा की अवधारणा
(Concept of Environmental Education)

इसमें कोई सन्देह नहीं कि पर्यावरण की गुणवत्ता (Quality of Environment) के बारे में चिन्तन सर्वप्रथम वैज्ञानिकों ने किया और धीरे-धीरे समाज के सभी वर्गों में ही नहीं बल्कि पूरे विश्व के देशों में इसने स्थान पाया और व्यापक रूप से सोचने और विचार-विमार्श का विषय बन गया। पिछले कुछ वर्षों से आम जनता ने भी इसमें भागीदारी निभाई और पर्यावरण से सम्बन्धित समस्याओं के हल खोजने में रुचि व्यक्त की। यद्यपि यह रुचि एक आवश्यकता तो थी लेकिन पर्यावरण गुणवत्ता को प्राप्त करने के लिए काफी नहीं था। अत: कुछ प्रबुद्ध लोगों ने पर्यावरण संकटों को दूर करने के लिए इनमें अपने आप को वास्तव में शामिल करने का सुझाव दिया।

लेकिन निकल्सन (Nicholson) ने जिन्होंने पर्यावरणीय भविष्य के अन्तर्राष्ट्रीय सम्मेलन–फिनलैण्ड-29 जून, 1971 (International Conference on Environment Future—Finland—29 June, 1971) में अपना पत्र प्रस्तुत किया था, बताया था कि पर्यावरण की गुणवत्ता के लिए दो बातें आवश्यक हैं–

1. तथ्यों की जानकारी (Knowledge of the Facts) और
2. अभिवृत्तियों में परिवर्तन (Change in Attitudes)।

अत: बातों को सही रूप से जानने और जानकारी के आधार पर अपनी विचारधारा में परिवर्तन कर सकने की क्षमता उत्पन्न करने, जिससे समस्याओं का हल खोजा जा सके, पर्यावरण शिक्षा का आधार बनता है।

कुछ उदाहरण इस सन्दर्भ में देखें–

(1) भीड़ (Crowd) –किसी एक शहर के मोहल्ले में, जिसकी आबादी का घनत्व काफी सघन है, काफी सारे लोग एक साथ एकत्रित हो गये हैं। अब–

(अ) क्या यह सामान्य लोगों का समूह है या ये क़िसी विशेष प्रयोजन से इकट्ठे हुये हैं?

(ब) इनकी वास्तविक मंशा क्या है?

(स) क्या कोई उपद्रव की संभावना है?

(द) इसे किस प्रकार संतुलित किया जा सकता है? और

(य) आप वहां उपस्थित रहकर क्या कर सकते हैं?

(2) प्राकृतिक संसाधनों की कमी (Diminishing of Natural Sources) -यह पूरे विश्व में महसूस किया जा रहा है कि निरन्तर प्रतिदिन प्राकृतिक संसाधनों की कमी होती जा रही है। देशों में अनियंत्रित और अनियोजित योजनाओं के कारण यह समस्या और बढ़ती ही जाती है। तब–

(अ) किन-किन प्राकृतिक संसाधनों की बात इसमें सम्मिलित है?

(ब) प्राकृतिक संसाधनों की आज की स्थिति क्या है?

(स) विश्व के विभिन्न देश इनका किस प्रकार उपभोग कर रहे हैं?

(द) समस्या का कारण कहां से शुरू हुआ दिखता है?

(य) इस समस्या के निवारण का तरीका या सुझाव क्या है?

(र) क्या आपकी इसमें कोई सक्रिय भूमिका हो सकती है?

(ल) शासन से आप क्या अपेक्षा करते हें?

इन दो उदाहरणों से यह बात स्पष्ट है कि पर्यावरण की समस्या के पीछे वास्तविक तथ्य (Facts) क्या हैं? आप इस समस्या को सोचने का तरीका क्या है? और उसका हल कैसे संभव है? पर्यावरण शिक्षा से ही इन समस्याओं का सही समाधान संभव है। यही पर्यावरण शिक्षा की संकल्पना/अवधारणा (Concept) है?

पर्यावरणीय शिक्षा का अर्थ
(Meaning of Environmental Education)

पर्यावरण शिक्षा की अवधारणा के आधार पर पर्यावरण शिक्षा की परिभाषा को यद्यपि एक स्पष्ट दिशा मिली है और इसकी सीमाओं को भी काफी सीमित कर दिया गया है? लेकिन जैस पर्यावरण के क्षेत्र का विस्तार विचारकों की निगाह में आ रहा है और वह जीवन और जीवन पद्धति के हर पहलू को मानव से करीब से जोड़ने लगे हैं उसी प्रकार पर्यावरण शिक्षा को नई-नई और अलग-अलग परिभाषाएं मिल रही हैं।

तथ्य (Facts) और अभिवृति (Attitudes) के आधार पर जो परिभाषा IUCN की सेमीनार में अन्तर्राष्ट्रीय स्तर पर दी गई और जिसे व्यापक तौर पर पूरे विश्व में स्वीकार किया गया वह निम्न प्रकार है–

"पर्यावरण शिक्षा दायित्वों को जानने तथा विचारों को स्पष्ट करने की वह प्रक्रिया है जिससे मनुष्य अपनी संस्कृति और जैव-भौतिक परिवेश के मध्य अपने आपकी सम्बद्धता को पहचानने और समझने के लिए आवश्यक कौशल तथा अभिवृत्ति का विकास कर सके। पर्यावरण शिक्षा, पर्यावरण की गुणवत्ता से सम्बन्धित प्रकरणों के लिए व्यावहारिक संहिता निर्माण करने तथा निर्णय लेने की आदत को भी व्यवस्थित करती है।"[1]

इसी प्रकार की परिभाषा को अत्यन्त सहजता से अग्र प्रकार प्रस्तुत किया है जिसमें समुदाय को यह उत्तरदायित्व देने का प्रयास किया गया है कि वह समस्याओं को समझ कर उनका व्यक्तिगत अथवा सामाजिक हल खोज सकें। साथ ही यह भी अपेक्षा की गई है कि भविष्य में इन समस्याओं की पुनरावृत्ति नहीं होने पावे।

"पर्यावरण शिक्षा वस्तुत: विश्व समुदाय को पर्यावरण सम्बन्धी दी जाने वाली वह शिक्षा है जिससे वे समस्याओं से अवगत होकर उनका हल खोज सकें और साथ ही भविष्य में आ सकने वाली समस्याओं को रोक सकें।"[2]

'यूनेस्को' के लिए 'फिनिश नेशनल कमीशन'[3] ने अपनी पर्यावरण शिक्षा की सेमीनार रिपोर्ट में निम्न परिभाषा दी है–

"पर्यावरण शिक्षा' पर्यावरण सुरक्षा के उद्देश्यों को प्राप्त करने का साधन है। पर्यावरण शिक्षा किसी विज्ञान अथवा विषय के अध्ययन की अलग शाखा नहीं है। इसे जीवनपर्यन्त सम्पूर्ण शिक्षा के अन्तर्गत चलाया जाना चाहिए।"

—Finish National Commission for Unesco, Report of the Seminar on Environmental Education, Jamnee, Finland, 1974.

जर्मनी के रेनहाल्ड ई॰ लौव[4] ने पर्यावरण शिक्षा को अपने औद्योगिक क्रान्ति वाले देश के सन्दर्भ में अग्र प्रकार परिभाषित करने का प्रयास किया है–

(The interaction between Education and Environment leads to Environment Education.)

---

1. 'Environmental Education', is the process of recognising values and clarifying concepts in order to develop skills and attitudes necessary to understand and appreciate the interrelatedness of man, his culture and his biophysical surroundings. Environmental Education also entails practice in decision making an self formulation of a code of behaviour, about issues concerning environmental quality.
2. 'Environmental Education' is a process aimed at developing a world population that is aware of and concerned about the total environment and its associated problems, and which has the knowledge, attitudes, motivation, commitments and skills to work individually and collectively towards the solution of current problems as well as the prevention of new ones.
3. 'Environmental Education' is a way of implementing the goals of environmental protection. Environmental education is not a separate branch of science or subject of study. It should be carried out according to the principle of lifelong integral education.
4. In our Country 'Environmental Education' is regarded as an education in the face of the survival crisis of the industrial society and it is aiming at a fundamental and lifelong change of the people's awareness and behaviour towards the protection of environment.

"हमारे देश में पर्यावरण शिक्षा औद्योगिक संस्थानों से जीवन बचाने के संक से बचने की शिक्षा है और पर्यावरण की सुरक्षा के लिए लोगों के ज्ञान और व्यवहार में जीवनपर्यन्त परिवर्तन लाने की ओर उद्देशित है।"

—Reinhold E. Lob, Centre of Environment Education, University of Essen, Germany.

भारत के एक पर्यावरणविद ने तो पर्यावरण शिक्षा को केवल निम्न प्रकार पारिभाषित कर शब्दों की जटिलता ही दूर हटा दी है–

"शिक्षा और पर्यावरण के बीच संक्रिया पर्यावरण शिक्षा को जन्म देती है।"

—S.V. Chittibabu, Vice-Chancellor, Annamali University, Annamali Nagar, India.

इसी प्रकार पर्यावरण शिक्षा को पारिभाषित करते हुए अनेक पर्यावरण विशेषज्ञों ने लक्ष्यों (Aims) को परिभाषा का आधार बनाया है–

"पर्यावरण शिक्षा का मुख्य प्रयोजन नागरिकें के अपने उत्तरदायित्वों में पर्यावरण की सुरक्षा और प्रबन्ध के बारे में जाग्रति पैदा करना है आर उसे बढ़ाना है।"

(The man purpose of environmental education is to create and enhance the awareness of the citizens to their own responsibility for protecting and managing the environment.)

—H.T. Hewawasam, Secretary, Environmental Council, Central Environmental Authority, Colombo, Sri lanka.

इसी प्रकार की अनेक परिभाषाएं पर्यावरण शिक्षा के लिए अनेक लोगों ने दी हैं, लेकिन बहुत ही संक्षिप्त में हम कह सकते हैं–

'पर्यावरण शिक्षा' पर्यावरण के बारे में जानकारी कर अपने कौशल से उसकी समस्याओं को समझने, हल निकालने और मिटाने अथवा दूर करने की शिक्षा है और वह सभी कार्य निष्पादन इस प्रकार किया जाना है कि उनकी पुनरावृत्ति न हो।

पर्यावरण शिक्षा का स्वरूप
(Natural of Environmental Education)

पर्यावरण शिक्षा का स्वरूप क्या हो? इस ओर विशेषज्ञों ने अपने अनुभव के आधार परन अपना-अपना मत व्यक्त किया है और उन मतों पर जो अपने विचार दिये हैं, उनमें आधिकारिक तथ्यपूर्ण दलीलें हैं, जो एक दृष्टि में स्वीकार करने योग्य हैं। लेकिन गुणधर्म के आधार पर उनमें से सर्वाधिक लाभकारी व्यवस्था को चुन लेने का ही हमारा यहां लक्ष्य है।

मोटे तौर पर दो प्रकार की व्यवस्थायें हैं–

(*i*) पर्यावरण शिक्षा को एक स्वतंत्र विषय के रूप में पढ़ाया जाये।

(*ii*) विभिन्न विषयों को पर्यावरण शिक्षा के सामंजस्य (Input) से पढ़ाया जाये।

प्रथम प्रकार के तरीके से जाहिर है कि विद्यार्थियों का एक विषय का भार और बढ़ जायेगा और उसमें भी सभी उन विषयों के विषय वस्तु की पुनरावृत्ति होगी जिसे विद्यार्थी पहले से ही अलग-अलग त्रिषयों में पढ़ चुके हैं।

दूसरे प्रकार के तरीके से पर्यावरण शिक्षा का कितना प्रभाव अन्य विषयों के साथ-साथ विद्यार्थियों पर पड़ा? इसकी कोई जानकारी सम्भव नहीं है। तब पर्यावरण शिक्षा का उद्देश्य, पाठ्यक्रम, शिक्षण विधायें, सहायक सामग्री और मूल्यांकन आदि का भी कोई महत्त्व ही नहीं है।

इसके अतिरिक्त पर्यावरण शिक्षा के स्वरूप को निश्चित करते समय हमें विद्यार्थियों के स्तर को भी सोचना होगा। क्या–

(अ) प्राथमिक स्तर,

(ब) उच्च प्राथमिक स्तर,

(स) सैकेण्डरी स्तर और

(द) विश्वविद्यालय स्तर।

सभी में एक ही प्रकार का स्वरूप निश्चित किया जा सकता है? जबकि विभिन्न स्तरों पर विद्यार्थी में–

(1) ज्ञान (Knowledge),

(2) अवबोध (Understanding),

(3) उपयोग (Application) और

(4) कौशल (Skill) को सीखने का प्रतिशत निश्चित ही भिन्न-भिन्न होता है।

इस पर विचार-विमर्श के बाद अधिकांश शिक्षाविदों का मत है–

(1) प्राथमिक स्तर पर पर्यावरण के माध्यम से ही विषयों को पढ़ाया जाये।

(2) उच्च प्राथमिक स्तर पर विषयों में विशिष्ट पाठ जोड़ दिये जायें जो पर्यावरण से सम्बन्धित हों।

(3) सैकण्डरी स्तर पर हर पाठ में पर्यावरण की प्रविष्टि इस प्रकार कर दी जाये कि विद्यार्थी सामान्य ज्ञान प्राप्त करते समय पर्यावरण के पक्ष को भी ग्रहण कर सकें।

इस हेतु विषयवार शिक्षक निर्देशिका तैयार की जायें और शिक्षकों को उनका उपयोग आवश्यक कार्य कर दिया जाये। और

(4) विश्वविद्यालय स्तर पर–

(अ) हर स्तर पर पर्यावरण का विशिष्ट ज्ञान स्वतंत्र रूप से दिया जाये।

(ब) पर्यावरण सम्बन्धी विशेष कोर्स ही प्रस्तावित कर दिये जायें जिनमें विद्यार्थी स्ना . अधिस्नातक या और भी ऊँची स्तर की शिक्षा प्राप्त कर सकें।

पर्यावरण शिक्षा की आवश्यकता
(Need of Environmental Education)

पर्यावरण शिक्षा की परिभाषाएं देते समय इस ओर ध्यान आकर्षित किया गया था कि पर्यावरण शिक्षा अन्ततः इस पृथ्वी वपर रहने वाले प्राणी जगत् को उस पर आने वाली संभावित विपदाओं से तथा उन्हें सुखमय जीवन देने का प्रयास करना हैं साथ ही उन्हें इस योग्य भी बनाना है कि वे आगे और हो सकने वाली समस्याओं को पूर्व में ही जान सकं और उनका इस प्रकार हल खोजें जिससे समस्या भी दूर हो जाये और नियमित जीवन प्रक्रिया में कोई बाधा भी नहीं पड़े।

इस सन्दर्भ में पर्यावरण शिक्षा देने की आवश्यकता के लिए बहुत लम्बी सूची तैयार हो सकती है, लेकिन संक्षिप्त में हम उसे निम्न प्रकार समेकित कर सकते हैं–

1. सौर मण्डल में केवल मात्र 'पृथ्वी' ही एक ऐसा ग्रह है जिस पर जीवन सम्भव है। इसे नष्ट हाने से बचाना है तथा उस पर बसने वाले प्राणी मात्र को सुखप्रद जीवन उपलब्ध कराना है।

2. जनसंख्या में जिस गति से वृद्धि प्रतिवर्ष हो रही है उससे सारा प्रकृति-चक्र गड़बड़ा गया है। प्रकृति को पुनः सन्तुलित करने तथा भावी पीढ़ियों को विरासत में सुन्दर और व्यवस्थित भविष्य छोड़ने हेतु जनसंख्या वृद्धि को नियंत्रित करना है।

3. प्रकृति में संसाधनों के विशाल भण्डार भी अन्ततः सीमित ही हैं। उनका उचित और बुद्धिमत्तापूर्ण उपयोग हो यह लोगों को सिखाना है और प्रत्येक पृथ्वी निवासी मनुष्य के मानस में बिठाना है।

4. पेड़ और वनस्पति ही केवल कार्बन डाइऑक्साइड (CO_2) को प्राणवायु ऑक्सीजन (O_2) में परिवर्तित कर सकते हैं। अतः वायुमण्डल में ऑक्सीजन की आवश्यक मात्रा बनाये रखने तथा CO_2 की वृद्धि से होने वाली पर्यावरणीय विकृतिक में अवगत कराने हेतु व्यक्तियों को 'करने' अथवा 'न करने' (do's and don not's) की बातें बतानी हैं।

5. औद्योगिक क्रान्ति तथा वैज्ञानिक उपलब्धियों के फलस्वरूप सुख-सुविधाओं

के उपकरणों ने चहुं ओर विविध प्रकार का प्रदूषण फैलाया है। उसे नियंत्रित करने तथा बचाव के उपाय सुझाने हेतु कार्यक्रम चलाना है।

(ये बिन्दु केवल दिशा निर्देशक हैं। पाठक अपने ज्ञान और विवेक से और बिन्दु जोड़ सकते हैं।)

यह सभी 'पर्यावरण शिक्षा' से ही सम्भव है, अत: पर्यावरण शिक्षा इस समय का एक महती 'आवश्यकता' है।

पर्यावरणीय शिक्षा का महत्त्व

(Importance of Environmental Education)

पर्यावरण के बारे में सोच जब से प्रारम्भ हुआ और उस सोच के आधार पर पर्यावरण के संरक्षण, सुरक्षा और सुधार की बात जब बुद्धिजीवियों ने बताई रखीं तभी से इस हेतु कोईन सैद्धान्तिक तथा उपचारात्मक तरीके अपनाने पर बल दिया गया। यह बात 'मानव पर्यावरण' पर स्टॉकहोम (1972) में आयोजित हुये अन्तर्राष्ट्रीय सम्मेलन में रखी गई और वहां ही इस बात का प्रस्ताव पारित किया गया कि पर्यावरणीय समस्याओं को सुलझाने और उन्हें दूर करने के लिए 'पर्यावरण शिक्षा' कार्यक्रम की संभावना को मूर्त रूप दिया जाय।

निश्चय ही जिन आधार पर या आधार बिन्दुओं पर (बेलग्रेड चार्टर–1975) तित्रालिसी अन्तर्देशीय सम्मेलन (1977) ने पर्यावरण शिक्षा के कार्यक्रम को प्रस्तुति दी और पर्यावरण शिक्षा के कार्यक्रम की उपादेयता स्पष्ट की, वह सभी पर्यावरण शिक्षा के महत्त्व के अन्तर्गत आते हैं। उनका विवरण और समेकित हो सकने वाले बिन्दु काफी विस्तृत हो सकते हैं, अत: मोटे रूप में हम निम्न प्रकार पर्यावरण शिक्षा के महत्त्व रख सकते हैं–

1. लोगों को पर्यावरण की सत्य और तथ्यात्मक जानकारी देना।

2. जानकारी के आधार पर संभावित कारणों का पता लगाना।

3. उन समस्याओं की जानकारी देना जो निकट भविष्य में घट सकती हों और जनजीवन की विपदाओं का कारण बन सकती हों।

4. समस्याओं के हल खोजना, बताना/जानना।

5. समस्याओं को समझने और उनसे निपटने अथवा हल खेजने हेतु मनुष्य को तैयार करना।

6. पर्यावरण संरक्षण, सुरक्षा और सुधार के कार्यों में लग जाने हेतु प्रेरित करना।

7. भावी पीढ़ी के भविष्य को समझ कर ही कार्यों को करने की समझ देना।

8. स्वयं सुखी जीयें और दूसरे प्राणी भी सुख से जीयें, वाली भावना को आत्मसात करने को तेयार करना।

इनमें वह सभी बातें समाहित हो गई हैं जिनका वास्तविक ध्यान करना पर्यावरण शिक्षा का मुख्य उद्देश्य हैं। हम प्राकृतिक संसाधनों का उचित उपयोग करें और बुद्धिमत्तापूर्ण करें; ऊर्जा की बचत करें; वनों की सुरक्षा करें और उन्हें नष्ट होने से बचायें; प्रदूषण को रोकें; स्वच्छ पानी, स्वच्छ भोजन, हवादार आवास और स्वच्छ वातावरण उपलब्ध करें आदि।

उपर्युक्त सभी बिन्दुओं से हम इस निष्कर्ष पर पहुंच रहे हैं कि पर्यावरण शिक्षा आज की आवश्यकता है। हमें इसकी उपादेयता को स्वीकार करना चाहिए और इसके कार्यक्रमों की सफलता में अपना सक्रिय-योगदान देना चाहिए। पर्यावरण शिक्षा अन्ततः हमें 'पर्यावरण की गुणवत्ता' और 'जीवन की गुणवत्ता' देने वाली है।

प्रश्न (Questions)

निबन्धात्मक प्रश्न (Essay Type Questions)

1. 'पर्यावरण शिक्षा' की अवधारणा क्या है? कोई उदाहरण देकर स्पष्ट करिये।
2. 'पर्यावरण शिक्षा' क्या है? कोई परिभाषा दीजिये।

लघुत्तरात्मक प्रश्न (Short Answer Type Questions)

3. 'पर्यावरण शिक्षा' प्राथमिक स्तर पर किस प्रकार दी जा सकती है?
4. 'पर्यावरण शिक्षा' की आवश्यकता बताइये।
5. पर्यावरण शिक्षा का क्या महत्त्व है?

वस्तुनिष्ठ प्रश्न (Objective Questions)

6. पर्यावरण के सन्दर्भ में विश्व स्तर पर सोच कहां से प्रारम्भ हुआ था?
   (अ) फिनलैण्ड
   (ब) डेनमार्क
   (स) हंगरी
   (द) भारत
7. पर्यावरण शिक्षा निम्न कारण से महत्त्वूपर्ण है?
   (अ) इसकी स्टॉकहोम सम्मेलन में अभिशंसा
   (ब) यह समस्याओं का हल खोजती है।

(स) इससे मनुष्यों में परस्पर सहयोग पनपता है।

(द) यह वाक्‌पटुता में वृद्धि करती है।

8. पर्यावरण शिक्षा की प्रथम अन्तर्राष्ट्रीय कान्फ्रेन्स कहां आयोजित हुई थी?

(अ) बेलग्रेड (यूगोस्लाविया)

(ब) बूडापेस्ट (हंगरी)

(स) विलिसी (रूस)

(द) पेरिस (फ्रांस)

निम्न प्रश्नों के उत्तर हां/नहीं में दीजिये–

9. फिल्म प्रदर्शन से पर्यावरण शिक्षा दी जा सकती है। (हां/नहीं)

10. क्या जनसाधारण को भी पर्यावरण शिक्षा दी जानी चाहिये? (हां/नहीं)

3

पर्यावरण और स्वयंसेवी संस्थाएं
(Environment and Vountary Organizations)

प्रस्तावना (Introduction)

प्रत्येक विकासशील देश की तरह हमारा देश भी आजादी के बाद (1947) से ही उन सभी समस्याओं और परिस्थितियों से गुजर रहा है जिनसे अन्य देश चिन्तित अथवा पीड़ित रहते हैं। भांति-भांति की क्षेत्रीय विभिन्नताएं (आर्थिक एवं सामाजिक तथा सांस्कृतिक) भाषायी समस्याएं, भोजन, पानी, कपड़ा और आवास जैसे प्राथमिक आवश्यकताओं में निरन्तर होती कमी, रहने का गिरता स्तर और सबसे भयावह तथा संकटपूर्ण जनसंख्या वृद्धि आदि कुछ ऐसे बिन्दु हैं जिन्हें इस सन्दर्भ में गिना जा सकता है। इसके अलावा भी बहुत सी बातें होंगी जिससे जीवन की गुणवत्ता प्रभावित होती हो, पर सामान्य जीवन की तुलना में अधिक महत्त्व न देते हुए हम उसे यहां छोड़ देते हैं।

राज्य सरकारें सामान्य जन नागरिकों के लाभ और कल्याण के लिए अनेक योजनाएं बनाती हैं और अपनी साधन सीमा में उनका क्रियान्वयन करती हैं लेकिन प्राय: यह देखा जाता है कि उनके अथक प्रयासों के बावजूद न तो वह सारी योजनाएं और कार्यक्रम सभी तक पहुंच पाते हैं और न ही व्यापक रूप से उनका लागों को लाभ मिल पाता है। एक तरफ इधर लोगों में भी असंतोष और राज्य सरकारों के प्रति उपेक्षा उत्पन्न होती हैं तो दूसरी तरफ उधर सरकारें भी अपनी विफलता के कारण क्षुब्ध रहती हैं। चाहे इसके कितने भी कारण, जिसमें अपर्याप्त अथवा दोषपूर्ण योजना निर्माण, घटिया क्रियान्विति अथवा संप्रेषण अयोग्य निष्पादनकर्त्ता वर्ग आदि शामिल हैं, रहते हों पर इस सबका एक मूल परिणाम यह है कि राज्य सरकारों की भावानुकूल उसके प्रयास और कार्यक्रम लोगों तक नहीं पहुंच पाते। सम्भवत: इस स्थिति ने ही अराजकीय संस्थाओं (Non-Governmental Organisations) अथवा निजी स्वयंसेवी संस्थाओं (Private Voluntary Organisations)

को जन्म दिया है अथवा यदि यह कहें कि उपर्युक्त समस्याओं के कारण ही NGO's अथवा PVO's की उत्पत्ति हुई है जिनका मुख्य ध्येय ऐसी संकटमय स्थितियों से लोगों को छुटकारा दिलाना है, तो कोई त्रुटिपूर्ण नहीं है।

स्वंयसेवी संस्थाओं का गठन
(Organization of Non-govt. Organisations)

स्वंयसेवी संस्थाएं मूल रूप से सामान्य जनता के लोगों में से ही बनी हुई एक समिति होती हैं जिनका द्विपक्षी कार्य ढंग होता है–

(1) ये सरकारों से तालमेल बिठाकर उनकी योजनाओं को आम जनता तक पहुंचाती हैं, और

(2) जनता की प्रतिक्रियाएं, आकांक्षाएं और उपेक्षाओं को सरकार के पास तक ले जाती हैं।

इस तरह से यह इन दोनों के बीच बहुत महत्त्वपूर्ण कड़ी होती है। निश्चय ही इन संस्थाओं में समाज के ऐसे लोग होते हैं, जो त्यागी, सेवाभावी और निष्ठावान होते हैं और उनका अन्तिम लक्ष्य समाज अथवा देश की सेवा करना होता है। सदस्यों का स्तर NGO के प्रकार पर अथववा उसके नेता पर निर्भर करता है और इस बात पर भी निर्भर करता है कि उसका कार्यक्षेत्र क्या है? इस कारण बहुत ही सामान्य शिक्षा स्तर के लोगों के समूह से लेकर यह अत्यन्त शिक्षित, दक्ष और तकनीकी (डाक्टर, इंजीनियर, विधिवेत्ता, आर्कीटेक्ट आदि) लोग तक इन संस्थाओं से जुड़े रहते हैं। ये संस्थाएं केन्द्र तथा राज्य सरकारों से मान्यता प्राप्त भी होती हैं (कुछ नहीं भी) और उनके नियमों से प्रतिबन्धित भी होती हैं।

यहां यह उल्लेख करना बहुत समायानुकूल है कि जब हम यहां अराजकीय संस्थाओं (Non-governmental Organisations) की बात करते हैं तब हमारा आशय उन संस्थाओं से नहीं है जो निजी तौर पर बनती हैं अथवा बनी होती हैं और जिनको कोई धन लाभ कमाने का लालच है। हमारा स्पष्ट आशय ऐसी संस्थाओं से है जो निजी (अराजकीय) तो हैं, पर स्वयंसेवी भी हैं (Private And Voluntary Organisations) और जिनका ध्येय जनता के कष्ट दूर करना तथा देश के विकास में सहायक होना होता है।

इसी प्रकार सभी स्वयंसेवी संस्थाओं का कार्यक्षेत्र भी समान नहीं होता है। कुछ संस्थाएं निश्चय ही किसी भी प्रकार की जिम्मेदारी उठाने में सक्षम होती है और उनकी विविधताओं में रुचि होती है, वहीं अनेक संस्थाएं किसी खास प्रकार के कार्यों को ही अपना कार्यक्षेत्र बना लेती हैं और उसी/उन्हीं क्षेत्रों की विशेषज्ञ

कहलाती हैं। उदाहरण के तौर पर गुजरात का पर्यावरण शिक्षा केन्द्र, अहमदाबाद (Centre for Environment Education, Ahmedabad) एक ऐसी अराजकीय स्वयं सेवी संस्था है जिसका कार्यक्षेत्र केवल पर्यावरण शिक्षा, चेतना अथवा जनजाग्रति है। यह भारत सरकार के वन एवं पर्यावरण मंत्रालय के अधीन केन्द्रीय पर्यावरण विभाग से संबद्ध है और देश के उत्तरी क्षेत्र में समस्त पर्यावरण शिक्षा सम्बन्धी उत्तरदायित्व वहन करती है। इसके साथ ही राजस्थान में सेवा केन्द्र उदयपुर (Sewa Kendra, Udaipur) भी ऐसी ही एक और अराजकीय स्वयंसेवी संस्था है जो महिला विकास, समाज कल्याण, विकलांग सेवा, पुनर्वास, पर्यावरण, साक्षरता और न जाने कितने क्षेत्रों में एक साथ और समान रूप से कार्य करती है। यह भी राज्य सरकार तथा केन्द्र दोनों से सम्बद्ध है।

स्वयंसेवी संस्थाओं की कार्यप्रणाली
(Working of Non-govt. Organisations)

विश्वभर में सभी स्वंयसेवी संस्थाओं की कार्यप्रणाली लगभग एकसी होती है जो पारम्परिक रूप से चल रही होती है। केवल अन्तर इतना ही होता है कि जिन सरकारों अथवा समाज के क्षेत्र के साथ उन्हें काम करना होता है उनकी सहमति सीमाओं के साथ भी जड़ना और चलना होता है।

एक केन्द्रीय व्यक्ति नेता या सरदार (Chief) होता है, उसके साथ अन्य लोग जुड़े होते हैं जो निश्चिय किये गये संस्था के नाम पर पूर्व निर्धारित संस्था नियमों के अनुसार उसी केन्द्रीय व्यक्ति के निर्देशानुसार चलते हैं। सभी कुछ निश्चित तथा गरिमापूर्ण होता है, क्योंकि यह साख ही उनको समाज में स्थान दिलाती है और सरकारें भी इसी साख को अपने यहां के उत्तरदायित्वपूर्ण जिम्मेदारी सौंपने को ध्यान में रखती हैं।

सभी स्वंयसेवी संस्थाएं छोटा या बड़ा अपना सचिवालय (Secreteriat) रखती हैं और इसी की सहायता से अपना पत्र व्यवहार तथा अन्य कार्य सम्पन्न करती हैं। धनराशि एकत्रित करने का उनका आधार कुछ समाज के दानी लोग (Philanthropist) होते हैं जो उन्हें सहयोग करते हैं।

सरकारों से मिले उत्तरदायित्व के साथ सचिवालय मद में मिलने वाली रकम भी इस कार्य के काम में आती है, पर फिर भी आवश्यकता पड़ने पर ये संस्थाएं येन केन-प्रकारेण धन एकत्रित कर लेती हैं। कारण कि समाज में इनका प्रतिबिम्ब एक ऐसी संस्था के रूप में होता है जिनका अन्तिम लक्ष्य समाज की भलाई और सेवा है।

विदेशों में स्वंयसेवी संस्थाएं
(Non-govt. Organisations in Abroad)

विश्व के विकसित देशों में जहां राजकीय मशीनरी में अपेक्षाकृत कम लोग होते हैं और उनके कार्यक्रमों का व्यापक और वृहद् विस्तार भी होता है, वहां वे निश्चय ही अच्छे स्तर पर कार्य करने वाली स्वयंसेवी संस्थाओं की तलाश में रहते हैं। हर ऐसे प्रशासनिक कार्यालय में स्वयंसेवी संस्थाओं की सूची होती है और वे इन संस्थाओं में निरन्तर सम्पर्क साधे रहते हैं। अपनी कार्ययोजना का, मय विस्तृत विवरण तथा उस पर प्रशासन द्वारा दिये जाने वाले धन के साथ, प्रस्ताव वह कई NHO's को देते हैं। यदि बहुत ही व्यापकता से कार्य करने की बात हो तो समाचार-पत्रों आदि में विज्ञप्ति भी प्रकाशित कराते हैं। कोई भी इच्छुक NGO's उस कार्य को स्वीकार कर सकता है। NGO's में आपसी वैमनस्य अथवा कोई नुकताचीनी की बात नहीं होती है, क्योंकि सभी NGO's पर उनकी साधन क्षमता से अधिक कार्य सदैव रहता है। एक अन्य प्रकार से विदेशों में NGO's द्वारा किसी कार्यक्रम को सहमति देना उनकी उपलब्धि मानी जाती है।

आर्थिक सहयोग एवं विकास संस्था OECD (Organisation for Economic Cooperation and Development) के सर्वे के अनुसार सन् 1984 में उत्तर क्षेत्र के देशों में 1602 प्रथम श्रेणी की स्वयंसेवी संस्थाएं कार्यरत थी। जो केवल समाज कल्याण के कार्यों से ही अनुबन्धित थी। मिले-जुले कार्यों के लिए कनाडा, फ्रांस, इंग्लैंड, जर्मनी में प्रत्येक में ऐसी संस्थाओं की संख्या 1000 से अधिक है। संयुक्त राष्ट्र अमेरिका में 175 ऐसी संस्थाएं हैं, जिनके सचिवालय का वार्षिक बजट 2 लाख अमेरिकी डालर से लेकर 35 करोड़ अमेरिकी डालर तक का है (जो संयुक्त राष्ट्र संघ की किसी एक विशेष एजेन्सी के बजट से भी अधिक है।) नि:सन्देह यह संख्या समय के साथ बढ़ रही है।

1987 में लंदन में आयोजित हुए 'Development Alternatives : The Challenge for NGO' पर आयोजित सिम्पोजियम के अवसर पर यह बात ध्यान में लाई गई कि लेटिन अमेरिका में NGO's की संख्या कई हजार, मैक्सिको में 250, पेरू में 300 तथा ब्राजील में 1,041 हैं। दक्षिणी एशिया (भारत सहित) तथा दक्षिणी-पूर्वी एशिया (बर्मा सहित) में भी NGO's की संख्या कई हजार है। यही स्थिति अन्य देशों में भी है। इनकी इतनी बड़ी संख्याओं का कोई बहुत पुराना इतिहास भी नहीं हैं केवल पिछले 50 वर्षों में इनकी संख्या में वृद्धि का कारण लोगों की इस अवधि में, भीषण और भयानक घटनाओं तथा दुर्घटनाओं के घटने से व्यथित जन समुदाय को राहत देने की भावना ही मुख्य रही है। इसके साथ ही आर्थिक

विपन्नता तथा अशिक्षा कम शिक्षा के कारण कई देशों के लोगों पर होने वाले अनुचित व्यवहार ने भी कई स्वयंसेवी संस्थाओं को जन्म दिया है। कई स्वयंसेवी संस्थाओं के बनने के पीछे उनके समाज के प्रति इस भावना का पनपना भी है कि लोगों को प्रशासन से तत्काल और उचित न्याय नहीं मिल पाता है जिसे वे उचित, न्यायसंगत और तर्कपूर्ण समझते हैं।

स्वयंसेवी संस्थाओं की व्यापकता
(Comprehenhsives of Non-govt. Organisation)

स्वयंसेवी संस्थाएं केवल अपने देश तक की परिधि में ही काम नहीं करती बल्कि ऐसी भी कुछ संस्थाएं हैं जो एक देश से दूसरे देश तक में कार्य सम्पन्न करती हैं। यही नहीं पूरे विश्व में अन्तर्राष्ट्रीय स्तर तक की स्वयंसेवी संस्थाएं भी आज उपलब्ध हैं और फिर ऐसी संस्थाओं का उपयोग राष्ट्र संघ तथा विश्व स्तर की एजेन्सियां बड़े विश्वास के साथ करती हैं। अकाल, सूखा अथवा बाढ़, महामारी प्रकोप, प्राकृतिक दुर्घटनाओं के समय भोजन बच्चों को दूध, दवाइयां, कपड़े और अन्य प्रकार की प्राथमिक आवश्यकताओं की पूर्ति की जिम्मेदारी यह संस्थाएं उठा लेती हैं। ऐसे समय सामान का क्रय, उनका ले जाना तथा उचित स्थानों पर निर्देशानुसार वितरण का कठिन कार्य कर लेना सहज नहीं होता है, जो यह सब करती हैं।

ऐसे अन्तर्राष्ट्रीय स्तर के संसीान, जिन्हें ऐसे NGO's की आवश्यकता होती है जो एक या कुछ देशों अथवा पूरे विश्व में उनकी योजनाओं की क्रियान्विति कर सकें, की एक सूची यहां दी जा रही है–

1. यूनीसेफ
   UNICEF (United Nations International Childrens Fund),
2. विश्व खाद्य कार्यक्रम
   WEF (The World Food Programme),
3. आई०एफ०ए०डी०–IFAD
   (International Fund for Agriculture Development),
4. राष्ट्र संघ पर्यावरण कार्यक्रम
   UNEP (United Nations Environment Programme),
5. राष्ट्र संघ विकास कार्यक्रम
   UNDP (United Nations Development Programme),
6. जनसंख्या कार्यक्रम हेतु राष्ट्र संघीय कोष
   UNFPA (United Nations Fund for Population Activities),

7. खाद्य एवं कृषि संगठन
   FAO (Food and Agriculture Organisation).
8. विश्व बैंक
   (World Bank).
9. विश्व स्वास्थ्य संगठन
   WHO (World Health Organisation).
10. राष्ट्र संघ विपदा कल्याण समन्वय कार्यालय
    UNDRO (Office of the UN Disaster Reliefs Coordination)
11. संयुक्त राष्ट्र का शरणार्थियों के लिए हाइकमिश्नर का कार्यालय
    UNHCR (Office of the UN High Commissioner for Refugees).
12. फिलीस्तीनी शरणार्थियों के लिए राष्ट्र संघ की सहायता एजेन्सी
    URRWA (UN Relief and Work Agencies for Palestine Refugees)
    आदि।

भारत में स्वंयसेवी संस्थाएं (NGO's in India)

भारत यद्यपि ऐसा देश है जिसकी सांस्कृतिक विरासत लोगों की सहायता करना है, तथापि यहां स्वयंसेवी संस्थाओं की संख्या और देशों की तुलना में बहुत कम है। इसका एक कारण यह भी है कि यहां की केन्द्र अथवा राज्य सरकारें और उनके अधिकारी अभी तक यह मानस नहीं बना पाये हैं कि स्वयंसेवी संस्थाएं बहुत ही ईमानदारी और विश्वास के साथ प्रभावी रूप में कार्य कर सकेंगी। अत: अधिकतर कार्य सरकारी विभागों के कर्मचारियों द्वारा ही सम्पन्न कराया जाता हैं इसने एक पारस्परिक कम विश्वास की भावना को जन्म दिया है जो देश के हित में नही है।

इसके साथ ही देश की बढ़ती जनसंख्या के फलस्वरूप शिक्षित बेरोजगारी ने NGO's निर्माण और उसके कार्य की विवशता के कारण व्यवसाय के रूप में स्वीकार करने को वाध्य किया है। इससे अपवाद स्वरूप वह गरिमा नहीं बन पाई है जितनी कि सिद्धान्त: अपेक्षा थी पर फिर भी अधिकांश NGO's अच्छे स्तर से समाज कल्याण कार्यों में लगी हैं, जिनमें शिक्षा का क्षेत्र सर्वाधिक चर्चित है।

पर्यावरण के क्षेत्र में स्वंसेवी संस्थाएं काफी सीमित हैं। केन्द्रीय पर्यावरण विभाग ने पूरे देश में पर्यावरण के क्षेत्र में पंजीकृत संस्थाओं के सर्वे के अनुसार, सन 1984 में 187 संस्थाओं का उल्लेख किया है, जिसका पूर्ण विवरण उन्होंने अपने एक प्रकाशन में किया है। उसके बाद पूरे देश में पर्यावरण के प्रति रुझान, केन्द्र

के साथ-साथ सभी राज्यों में स्वतंत्र अथवा अन्य विभागों के साथ मिलकर पर्यावरण विभागों की स्थापना से अब NGO's की संख्या बढ़ी है। मोटेतौर से वर्तमान में देश में लगभग 600 अच्छी स्वयंसेवी संस्थाएं पर्यावरण के विविध आयामों से जुड़ी हुई हैं। ऐसी ही ऐ व्यापक सूची का प्रकाशन ही ही में डॉ॰ बंदना शिवा ने किया है, जिसका अवलोकन आप अपनी रुचि के लिये कर सकते हैं।

पर्यावरण के क्षेत्र में स्वयंसेवी संस्थाओं से अपेक्षाएं (Expectations from NGO's in the Field of Environment)

हम चाहे प्रशासन स्तर की बात करें चाहे सामाजिक उत्तरदायित्व की; स्वयंसेवी संस्थाओं की कार्य सीमाएं कहां तक सम्भव हैं, यह एक महत्त्वपूर्ण प्रश्न है? जहां केवल प्रशासन अपने सभी कार्यों को अपने स्तर पर कर पाने में समर्थ नहीं है, वहीं स्वयंसेवी संस्थाएं चाहे उन्हें कितनी भी सुविधा उपलब्ध करायी जाये अथवा कितनी ही धनराशि उपलब्ध करायी जाये, फिर भी सभी कार्य अपने स्तर पर कर पाने में सक्षम नहीं हैं। इसके अतिरिक्त स्वयंसेवी संस्थाओं को एक और विकट समस्या से जूझना पड़ता है और वह यह है कि चाहे वह देश और समाज के हित में काम कर रहे हों अथवा सरकार द्वारा आवंटित और स्वीकृत काम को अंजाम दे रहे हों, उन्हें अन्य विभागों से सम्बन्धित कार्य करवाने में वहीं कष्ट झेलना पड़ता है जो एक आम आदमी अपने व्यक्तिगत कार्य के लिए सहन करता है। इससे स्वयंसेवी संस्थाओं में कार्य के प्रति रुचि कम ही नहीं होती बल्कि, उन्हें विरक्ति होने लगती है और भविष्य में ऐसा कोई कार्य का उत्तरदायित्व नहीं लेने का मानस बनाने लगती हैं। सरकारें भी अपना मानस कुछ इस प्रकार का रखती हैं कि जैसे कोई कार्यक्रम स्वीकृत कर तथा उससे सम्बन्धित धनराशि देकर उन्होंने किसी व्यक्ति अथवा किन्हीं स्वयंसेवी संस्थाओं पर कोई अहसान किया है। इसी कारण कार्यक्रम स्वीकृत करने के बाद न तो वे उनसे कोई विशेष सम्पर्क रखती हैं और न ही क्रियान्विति के दौरान कोई मानीटरिंग करती हैं; कार्य पूरा हो जाने के बाद प्रशंसा और सराहने की बात तो काफी दूर है। इसका भी विपरीत असर कार्य सम्पन्नता में देखने को मिलता है। कभी-कभी तो कार्य समाप्ति के बाद इस बात का पता चलता है कि उस प्रकार कार्य हुआ ही नहीं जिस प्रकार का कार्य किया जाना था और अपने आदेशों और निर्देशों में कमी का दोष उसी संस्था के ऊपर थोप दिया जाता है। ऐसी स्थिति में उसे कार्य समाप्ति के बाद धन का भी भुगतान नहीं हो पाता और संस्थाएं विभाग का चक्कर लगाती रहती हैं।

पर्यावरण के क्षेत्र में चाहे संरक्षण की बात हो चाहे सुधार हो, चाहे प्रदूषण कम करने की बात हो अथवा रोकने और नियंत्रण करने की, यह बात अनुभव

के आधार पर सराहनीय कही जा सकती है कि ये स्वयंसेवी संस्थाएं निम्न क्षेत्र में अधिक सफल हुई हैं–

1. समाज और सरकार के मध्य तालमेल बिठाना।
2. पर्यावरण शिक्षा, चेतना तथा जन जागृति के कार्य।
3. समाज की समस्याओं को सरकारों तक पहुंचाना और उनको सही कार्य करने को बाध्य, और
4. समाज हित में कानून की सहायता लेना।

अत: यही कार्य करने की अपेक्षा भी समाज और प्रशासन दोनों को स्वयंसेवी संस्थाओं से करनी चाहिए।

पर्यावरण के क्षेत्र में स्वयंसेवी संस्थाओं द्वारा किये जा रहे कार्य (Activities Taken by NGO's in the Field of Environment)

पर्यावरण के क्षेत्र में चाहे संरक्षण की बात हो, चाहे सुधार की, चाहे प्रदूषण कम करने की बात हो अथवा रोकने और नियंत्रण करने की, यह बात अनुभव के आधार पर सराहनीय कही जा सकती है कि ये स्वयंसेवी संस्थाएं निम्न क्षेत्र में अधिक सफल हुई हैं–

1. समाज और सरकार के मध्य तालमेल बिठाना।
2. पर्यावरण शिक्षा, चेतना तथा जन जागृति के कार्य।
3. समाज की समस्यओं और सरकारों तक पहुंचाना और उनको सही कार्य करने को बाध्य करना। और
4. समाज हित में कानून की सहायता लेना।

अत: यही कार्य करने की अपेक्षा भी समाज और प्रशासन दोनों को स्वयंसेवी संस्थाओं से करनी चाहिए।

पर्यावरण के क्षेत्र में स्वयंसेवी संस्थाओं द्वारा किये जा रहे कार्य (Activities taken by NGO's in the Field of Environment)

अभी हमने यह अनुभव के आधार पर निष्कर्ष निकालो है कि स्वयंसेवी संस्थाओं द्वारा किस-किस प्रकार के कार्य अधिक सरलता से किये जा सकते हैं? अब उसी परिप्रेक्ष्य में कुछ उदाहरण देकर यह पुष्टि करना चाहेंगे कि स्वयंसेवी संस्थाएं इन विविध आयामों पर किस सीमा तक कार्य कर रही हैं। आओ इसके बारे में जानें–

1. समाज और सरकार के बीच तालमेल बिठाना (To Develop Relations Between Society and Government)–यह कार्य लगता बहत सहज और प्रारम्भिक

है पर पूरी प्रक्रिया में यह अत्यन्त महत्त्वपूर्ण है। इसमें–

(1) स्वयंसेवी संस्था का गठन, जिसमें उपयुक्त प्रकार के व्यक्ति हों और जिन्हें सामाजिक हित में कार्यों के करने में आस्था हो,

(2) उसका विधिवत पंजीयन (राज्य सरकार के पंजीयन कार्यालय से पूर्व निर्मित विधान और प्रक्रियाओं के अनुरूप),

(3) समाज में संस्था की पहचान तथा आस्था बिठाना. और

(4) राज्य सरकार के पर्यावरण विभाग में नियमानुसार आवेदन कर अपनी प्रविष्टि कराना कार्य प्रमुख रूप से आते हैं। इनमें समय लगता है, धन व्यय होता है और कई स्तर पर अपना अथवा अपने किसी परिचित का सहारा लेकर कार्य कराना होता है।

इस हेतु यह भी उचित और उपयुक्त होता है कि संस्था में किसी अच्छे पदों पर ऐसे व्यक्तियों को रखा जाये जिनका प्रभाव समाज तथा सरकार दोनों में ही हो। इससे आगे विभागों से कार्यों की स्वीकृति भी असानी से मिलती है और कार्य करते समय अथवा कार्य समाप्ति पर कोई अनजाना अंदेशा भी नहीं रहता है। विभाग से पंजीयन करवा कर अपना निरन्तर उससे सम्पर्क बनाये रखने से ही अच्छा तालमेल संभव है जिसके आधार पर स्वयंसेवी संस्था का भविष्य निर्भर करता है।

2. पर्यावरण शिक्षा, चेतना तथा जन जागृति के कार्य (Activities Relating Environmental Education, Awareness and Public Consciousness)–पर्यावरण शिक्षा, चेतना एवं जन जागृति के कार्यों की संख्या अनगिनत है लेकिन उनमें से भी कुछ उन कार्यों को ही चलाना होता है–

(1) जो अधिक प्रभावी हों,

(2) कम शक्ति से अधिक लोगों तक कम समय में पहुंचाये जा सकते हों,

(3) चुने हुए आयु वर्ग की रुचि अनुकूल हों।

इनमें उन लोगों का भी ध्यान रखना आवश्यक होता है जो कम पढ़े-लिखे हों अथवा बिल्कुल ही शिक्षित (साक्षर) न हों। इन कार्यक्रमों की मिली-जुली सूची यहां समेकित कर प्रस्तुत करने का प्रयास किया गया है। इनमें और कितने ही कार्यक्रम जोड़े जा सकते हैं। यहां यह वर्णन करना आवश्यक है कि स्वयंसेवी संस्थाओं का कार्यक्षेत्र औपचारिक शिक्षा (कक्षा/शिक्षण) का बिल्कुल नहीं है। बल्कि, निपट अनौपचारिक है। अत: कार्यक्रम भी इसी प्रकार के होते हैं जो या तो सहगामी प्रवृत्तियों की तरह आयोजित किये जा सकते हों अथवा देखने-सुनने (Visual-audio) के प्रकार के हों।

(अ) विद्यार्थियों के लिये कार्यक्रम (सभी स्तर के लिये)–पारिस्थितिकी विकास शिविर, प्रशिक्षण शिविर, रैलियां, प्रदर्शनियां, विभिन्न प्र ार की प्रतियांगिताएं (चित्रकला, वाद-विवाद, निबन्ध लेखन, फोटोग्राफी, नुक्कड़ नाटक. कठपुतली शो, विद्यालय संस्थाओं की सौन्दर्य प्रतियोगिताएं, पत्रवाचन आदि) तथा वृक्षारोपण, फिल्म शोज।

(ब) अन्य शिक्षित लोगों के लिए–रैलियां, पद-यात्राएं, संगोष्ठियां, सिम्पोजियम, कार्यशालाएं, प्रशिक्षण कार्यक्रम, नाटक, लोकनृत्य आदि।

(स) कम पढ़े-लिखे अथवा निरक्षर लोगों के लिए–सभी प्रकार के श्रव्य-दृश्य सम्बन्धी कार्यक्रम जिनमें दूरदर्शन-आकाशवाणी से प्रसारण सम्मिलित हैं, लोक-नृत्य, लोकगीत, नाटक, कठपुतली प्रदर्शनी फिल्म शोज आदि।

यह उपर्युक्त वर्गीकरण भी बहुत स्पष्ट और सटीक नहीं है क्योंकि आयु वर्ग के अलावा कई और विभाजन श्रेणियों का भी कार्यक्रम आयोजन में कहीं ध्यान रखना पड़ता है जैसे–

(1) सरकारी संगठन

(2) गैर सरकार संगठन,

(3) स्कूल, कॉलेज, विश्वविद्यालय,

(4) अनुसंधान संगठन,

(5) व्यावसायिक निकाय,

(6) महिला और युवा संगठन आदि तथा

(7) विद्यार्थियों/युवाओं, शिक्षकों, अन्य विभागों के व्यक्ति, महिलाएं, प्रशासकों, जन प्रतिनिधियों, व्यावसायिकों, औद्योगिक कर्मियों आदि। सभी के लिए अलग-अलग प्रकार के कार्य ही आयोजित करने होते हैं।

3. समाज की समस्याओं को सरकार तक पहुंचाना तथा उनको सही कार्य करने को बाध्य करना (To Carry the Society Problems to the Govt. and to Force it to do Right Work)–यह बहुत कठिन कार्य है लेकिन स्वयंसेवी संस्थाओं की गरिमा में वृद्धि वाला है। ऐसे अनेक उदाहरण हैं जो पिछले 20 वर्षों में सरकार की प्रतिष्ठा के प्रश्न बन गये लेकिन समाज के आन्दोलन और आक्रोश के आगे टिक नहीं सके और सरकार को वह प्रस्ताव वापस लेने पड़े। स्पष्ट है कि इन आन्दोलनों को स्वयंसेवी संस्थाओं ने ही आगे बढ़ाया था। कुछ प्रकरण यहां प्रस्तुत हैं–

(*i*) उत्तर प्रदेश के पहाड़ी क्षेत्रों में सरकार-ठेकेदारों की मिलीभगत से भारी संख्या में कटते वन उत्पाद को रोकने हेतु जनता द्वारा उठाया गया 'चिपको आन्दोलन' अब सर्वविदित है। ठेकेदारी प्रथा को रोकने और वन उत्पादों का लाभ स्थानीय लोगों को मिलने के हम में 1970 के दशक में–

(1) गंगोत्री ग्राम स्वराज्य संघ, उत्तरकाशी तथा

(2) दशोली ग्राम स्वराज्य संघ, गोपेश्वर की भूमिका इस हद तक प्रभावी रही कि आखिर सरकार को ठेकेदारी प्रथा को रोकना पड़ा। वन उत्पादों के सही आकलन हेतु उत्तर प्रदेश वन विकास निगम (UP Forest Development Corporation) का गठन किया गया तथा स्थानीय लोगों के हितों की रक्षा का आश्वासन दिया गया। निश्चय ही यह स्वयंसेवी संस्थाओं का उदाहरणीय योगदान था।

(*ii*) टेहरी बांध (उत्तर प्रदेश) तथा नर्मदा सागर और सरदार सरोवर (नर्मदा घाटी बेसिन) बांध जो क्रमशः भागीरथी नदी पर 260.5 मीटर ऊँचा तथा नर्मदा नदी पर 137.6 मीटर और 91.4 मीटर ऊँचा बनना प्रस्तावित है, के सन्दर्भ में बहुत जन आन्दोलन हुआ। जहां सरकारें वहां बांध बनाकर जल विद्युत की विपुल सम्भावनाओं से जनता को लाभ पहुंचाने की बात को समर्थन देती थी, वहीं वहां के लोग इसे जनता के साथ खिलवाड़ तथा सरकार का अदूरदर्शितापूर्ण प्रस्ताव मानते थे। कई-कई हजारों लोगों को विस्थापितों (Refugees) की श्रेणी में लाना तथा वहां के स्थानीय उद्योगों को समाप्त करने का प्रयास जैसे दोषारोपण के साथ भारी जन आन्दोलन हुए। स्थानीय NGO's ने अपनी महती भूमिकाएं निभाई और अन्त में आन्दोलन इस शर्त के साथ स्थगित हुआ कि बांध निर्माण के पूर्व अधिकृत एंव सक्षम पर्यावरण विशेषज्ञ समिति की तकनीकी राय लेनी आवश्यक होगी जिसमें लोगों को अन्य पर्यावरणीय विकृतियों का सामना न करना पड़े।

(*iii*) इसी प्रकार के अन्य बांधों, जो देश की अन्य नदियों पर प्रस्तावित हैं, पर भी जनता की कड़ी विरोधी प्रतिक्रयाएं हुई हैं। बिहार में कोयल कारो बांध (Koel Karo Dam in Bihar) तथा बस्तर (मध्य प्रदेश) में गोदावरी और इन्द्रावती नदियों पर ईचमपल्ली (Ichampalli) और भोपाल पटनम (Bhopal Patnam) बांध ऐसे ही अन्य उदाहरण हैं। महाराष्ट्र की गंधचिरोली (Gandhchiroli) परियोजना, जिसमें 2 लाख एकड़ भूमि जलमग्न हो जायेगी तथा 40 हजार लोग निराश्रय हो जायेंगे, महान पर्यावरणविद् बाबा साहब हाम्टे समर्थित स्वयंसेवी संस्था का कार्यक्षेत्र बना है।

(*iv*) बम्बई बचाओ आन्दोलन (Save Bombay Movement) जिसमें बम्बई की बढ़ती जनसंख्या के फलस्वरूप शहर के लोगों को होने वाली समस्याओं के विरोध

में बम्बई बचाओ समिति (Save Bombay Committee) ने महाराष्ट्र सरकार पर यह दबाव डाला है कि शहर की अधिकतम जनसंख्या 80 लाख तक ही रखी जाय। उन्होंने निकट कस्बे (Satellite Towns) बनाने का प्रस्ताव भी सरकार के सम्बंघ रखा जिस पर अत्यन्त संजीदगी से विचार चल रहा है।

और भी ऐसे कई उदाहरण स्थानीय रूप में अवश्य होंगे जिनकी जानकारी पाठकों को अपने स्तर पर होगी। पर यहां कुछ उदाहरण देने से हमारा अभिप्राय यही है कि स्वयंसेवी संस्थाओं का कार्य बहुत आसान नहीं है वल्कि विपरीत बहुत दुर्गम और कठिन है।

4. समाज हित में कानून की सहायता लेना : जनहित वाद (To Help Assist Society with Law : Public Interest Litigation)—यहां हमारा आशय यह है कि जब भी सामाजिक हित की बात सामान्य जन-आन्दोलन द्वारा सरकार अथवा प्रशासन ने स्वीकार नहीं की, वहीं स्वयंसेवी संस्थाओं के माध्यम से जनता ने न्यायालयों की शरण ली और अधिकांश मामलों में निर्णय जनता के पक्ष में ही रहा। ऐसे अनेक उदाहरण इसी पुस्तक के पिछले अध्याय 'पर्यावरण और कानून' में जनहित वाद शीर्षक में दिये हैं, उनकी यहां पुनरावृत्ति नहीं करना चाहते। केवल एक बहुत महत्त्वपूर्ण प्रकरण का उल्लेख यहां जरूर करेंगे।

सरिस्का (राजस्थान) अलवर जिले में राष्ट्रीय उद्यान हैं तथा बाघ बाहुल्य क्षेत्र के कारण इसे 'टाइगर रिजर्व' के रूप में मान्यता मिली है। कई वर्षों से पर्यावरण और प्रकृति अनुरूप न होने के कारण यहां वन्य पशुओं की संख्या में निरन्तर कमी हुई है।

वन उत्पादों का अवैध रूप से ले जाना और प्रभावी व्यक्तियों तथा चोरी छिपे अनजाने लोगों द्वारा वन्य जीवों के शिकार ने भी इस रिजर्व को अर्थहीन सा बना रखा है। उस पर भी विगत कुछ दिन पूर्व यहां के क्षेत्र में राज्य सरकार द्वारा जारी किये गये खनन कार्य के पट्टों से पूरा टाइगर रिजर्व और वहां की प्राकृतिक गतिविधियों पर बहुत खराब असर हुआ है। एक सामाजिक संस्था, तरुण भारत संघ ने जिसे पूरे स्थानीय तथा अब बड़े अधिक क्षेत्र के लोगों का समर्थन प्राप्त है,

इसका भारी प्रतिवाद किया। राज्य प्रशासन के न मानने पर न्यायालय की शरण ली और अपने औचित्य के लिऐ उच्चतम न्यायालय (Supreme Court) से स्थगन (Stay Order) आदेश प्राप्त कर लिया। जनता की आवाज को एक स्थानीय स्वयंसेवी संस्था (NGO) ने इतने प्रभावी ढंग से उठा कर प्रस्तुत किया कि पूरे देश में यह प्रकरण जाना जाने लगा है।

पिछले पृष्ठों में पर्यावरण के क्षेत्र में स्वयंसेवी संस्थाओं की अहम् भूमिका की चर्चा हमने की है और उनकी शक्ति बोध का दिग्दर्शन भी संक्षिप्त में कराया है। पर इस सन्दर्भ में कुछ बातें और सोचने तथा ध्यान देने योग्य हैं–

1. स्वयंसेवी संस्थाओं का गठन कहीं भी और किसी भी प्रकार का हो, लेकिन इनके पंजीयन से पूर्व इनकी राज्य प्रशासन द्वारा कोई अल्प प्रशिक्षण की व्यवस्था अवश्य की जाये जिनसे इनका कार्य कम दोषपूर्ण हो और इनकी कार्यक्षमता में विकास हो।

2. यह बात प्रत्येक NGO के मानस में बिठानी अत्यन्त आवश्यक है कि ये संस्थाएं व्यावसायिक रूप न लें। वस्तुत: यह संस्थाएं समाज और राष्ट्रहित में हैं।

3. प्रत्येक NGO प्रत्येक क्षेत्र में कार्य नहीं कर सकती है अत: जो क्षेत्र उनकी रुचि के हों, उनका साहित्य उन्हें भरपूर उपलब्ध कराया जाये जिससे वे उस क्षेत्र की गहनता को समझ सकें।

4. NGO's का राज्य सरकार द्वारा पंजीयन होने के बाद उनका उन विभागों में भी पंजीयन होना चाहिए जिनमें वह कार्य करने में रुचि रखती हैं। इससे विभागीय निकटता में वृद्धि हागी।

5. एक महान परिवर्तन सरकार/प्रशासन से अपेक्षित इस प्रकार का है कि प्रशासन यह इन्तजार न करे कि उनके कार्यक्रमों के लिए NGO's आवेदन करेंगी। जनहित में प्रशासन को पहल कर संबंधित NGO's को आमंत्रित कर लेना चाहिए। और

6. एक राष्ट्र स्तरीय NGO's का Net Work बनना चाहिए जिससे वे सामूहिक रूप से कभी-कभार पारस्परिक रूप से मिल सकें और अपने विचारों का आदान-प्रदान कर सकें। इससे NGO's का सोचने और समझने का दायरा बढ़ेगा और कूपमण्डूकता के स्थान पर वृहद् दृष्टिकोण पनपेगा।

निश्चय ही पर्यावरण के क्षेत्र में स्वयंसेवी संस्थाओं (NGO's) की प्रभावी भूमिका से पर्यावरण की अनेक समस्याओं का निदान और समाधान अत्यन्त सरलता और सहजता से सम्भव है।

प्रश्न (Questions)

निबन्धात्मक प्रश्न (Essay Type Questions)

1. स्वयंसेवी संस्थाओं के बनने के पीछे क्या विशेष बातें रहती हैं? बताइये।
2. पर्यावरण के द्वोत्र में स्वयंसेवी संस्थाओं से क्या अपेक्षाएं की जाती हैं? स्पष्ट करिये।

लघुत्तरात्मक प्रश्न (Short Answer Type Questions)

3. अराजकीय संस्थाएं (Non governmental Organisations) और स्वयंसंवी संस्थाओं (Private Voluntary Organisations) में क्या अन्तर है?
4. पर्यावरण के प्रति जन जाग्रति हेतु किस तरह के कार्यक्रम आयोजित हो सकते हैं?
5. किसी स्वयंसेवी संस्था द्वारा पर्यावरण के क्षेत्र में किये गये कार्यों का उल्लेख करिये।

वस्तुनिष्ठ प्रश्न (Objective Questions)

6. स्वयंसेवी संस्थाएं राज्य सरकार अथवा विभागों की नीतियों को आम जनता तक पहुंचाने का कार्य करती हैं। (सत्य/असत्य)
7. स्वयंसेवी संस्थाओं को विधिवत् पंजीयन करवाना आवश्यक होता है। (सत्य/असत्य)
8. स्वयंसेवी संस्थाएं केवल अपने-अपने देश में ही कार्य कर सकती हैं। (सत्य/असत्य)
9. स्वयंसेवी संस्थाएं जनहित वाद (Public Interest Litigation) के मुकदमे दायर नहीं कर सकती हैं। (सत्य/असत्य)
10. स्वयंसेवी संस्थाओं का अन्तिम लक्ष्य केवल धन कमाना होता है। (सत्य/असत्य)

4

पर्यावरणीय सुरक्षा एवं सुधार (राष्ट्रीय स्तर पर)

(Environmental Preservation and Improvement) (At National Level)

प्रस्तावना (Introduction)

स्टॉकहोम (स्वीडन) ने मानव पर्यावरण पर अन्तर्राष्ट्रीय सम्मेलन आयोजित हुआ। भारत ने सम्मेलन से लौटते ही सबसे पहले 'नेशनल कमेटी फॉर एनवायरनमेंट प्लानिंग एण्ड कोआर्डीनेशन' (National Committee for Environment Planning and Coordination : NCEPC) की स्थापना की। इस कमेटी का मुख्य उद्देश्य अपने स्तर पर पर्यावरणीय अध्ययन करके देश के लिए उन सुझावों को प्राप्त करना था जिससे देश में पर्यावरण संरक्षण, सुरक्षा तथा सुधार के लिए कोई ठोस योजना तैयार की जा सके और साथ ही देश के लिये भावी 'पर्यावरणीय राष्ट्रीय नीति' बनाने का आधार तैयार हो सके। इस समिति ने अपना कार्य बहुत दिलचस्पी और रुचि से सम्पन्न किया और इस विषय को इतनी सरलता से जनता के सम्मुख प्रस्तुत किया कि आगामी 1980 के चुनावों में लगभग सभी राजनीतिज्ञ पार्टियों ने पर्यावरणीय सुरक्षा को अपने चुनावी मुद्दों में सम्मिलित किया था। वर्ष 1972 में ही केन्द्रीय तथा राज्य स्तरीय 'प्रदूषण नियंत्रण मण्डल' (Pollution Control Boards) बनाये गये जिसका प्रारंभिक कार्य अपने-अपने क्षेत्र में वायु एवं जल प्रदूषण को रोकना था। इसी कमेटी की सिफारिश पर तत्कालीन प्रधानमंत्री स्व० श्रीमती इंदिरा गांधी ने 1980 में 'तिवारी कमेटी' बनाई जिसके आधार पर राष्ट्री स्तर पर अनेक महत्त्वपूर्ण निर्णय लिये गये। केन्द्रीय स्तर पर पृथक से पर्यावरण विभाग की स्थापना तथा राज्य स्तरों पर भी इसी प्रकार के स्वतंत्र विभागों का बनाना इसी कमेटी के सुझावों का क्रियान्वयन था।

तिवारी कमेटी (1980) की अभिशंसा के अनुरूप केन्द्रीय सरकार के प्रशासनिक ढांचे में पर्यावरणीय कार्यक्रम के नियोजन प्रोत्साहन तथा समन्वयन के सम्बन्ध में

केन्द्र बिन्दु के रूप में कार्य करने के लिए पहली नवम्बर, 1980 से पहली बार केन्द्र स्तर पर एक पर्यावरण विभाग की स्थापना की गई थी। बाद में इस विभाग को एक नये पर्यावरण तथा वन मंत्रालय का हिस्सा बनाया गया जिसका गठन राष्ट्रपति द्वारा जारी की गई विज्ञप्ति से 74 2 85-कैब दिनांक 4/1/1985 द्वारा हुआ। इस मंत्रालय के अधीन दो विभाग रखे गये थे-

(1) पर्यावरण विभाग, तथा

(2) वन तथा वन्य जीव विभाग।

पर्यावरण तथा वन मंत्रालय के अधीन पर्यावरण, वन तथा वन्य जीव विभाग (The Department of Environment, Forests and Wildlife) के नाम से एक एकीकृत विभाग ने 25 सितम्बर, 1985 से कार्य प्रारम्भ किया। बाद में इसमें पर्यावरण विभाग और वन तथा वन्य जीव विभाग अनुभागों के कार्यों के अतिरिक्त-

(1) राष्ट्रीय भूमि उपयोग तथा परती भूमि विकास परिषद
(National Land Use and Wasteland Development Council),

(2) राष्ट्रीय परती भूमि विकास बोर्ड
(National Wastelands Development Board) और

(3) केन्द्रीय गंगा प्राधिकरण
(Central Ganga Authority)

ये कार्य भी जोड़ दिये गये। बाद में उपर्युक्त दो विभाग क्रमांक (1) व (2) को पर्यावरण विभाग से स्थान्तरित कर दिया गया।

सन् 1980 से 1996 तक की एक संक्षिप्त लेकिन लम्बी कार्य यात्रा में इसके कार्यों में शनै: शनै: और वृद्धि हुई और पूरे विभाग के वर्तमान में इतने कार्य और उत्तरदायित्व हो गये हैं, कि उनकी समेकित सूची बनाना भी कठिन है। यहां भारत सरकार के पर्यावरण एवं वन मंत्रालय द्वारा प्रसारित अधिकृत सूचना के अनुसार सूची दी जा रही है।

भारत सरकार के पर्यावरण एवं वन मंत्रालय द्वारा किये जा रहे कार्य (Allocation of Business to the Ministry of Environment and Forests of Government of India)

भारत सरकार के पर्यावरण एवं वन मंत्रालय द्वारा किये जा रहे कार्य निम्नवत हैं-

1. गहरे समुद्र में समुद्री पर्यावरण को छोड़कर तटीय जल, कच्छ वनस्पति तथ मूंग की समुद्री चट्टानों के पर्यावरणीय पहलुओं सहित पर्यावरण और पारिस्थितिकी।

(Environment and Ecology, including Environment in Coastal Waters, in Mangroves and Coral Reefs but excluding Marine Environment on the High Seats).

2. भारतीय वनस्पति सर्वेक्षण और वनस्पति उद्यान
   (Botanical Survey of India and Botanical Gardens).
3. भारतीय प्राणी सर्वेक्षण
   (Zoological Survey of India).
4. राष्ट्रीय प्राकृतिक विज्ञान संग्रहालय
   (National Museum of National History)
5. जल (प्रदूषण निवारण एवं नियंत्रण) अधिनियम, 1974
   [The Water (Prevention and Control of Pollution) Act, 1974].
6. जल (प्रदूषण निवारण एवं नियंत्रण) उपकर अधिनियम, 1977
   [The Water (Prevention and Control of Pollution) Cess Act, 1977].
7. वायु (प्रदूषण निवारण एवं नियंत्रण) अधिनियम, 1981
   [The Air (Prevention and Control of Pollution) Act, 1981].
8. भारतीय वन अधिनियम, 1972
   (The Indian Forest Act, 1927).
9. जीव जन्तुओं के प्रति क्रूरता निवरण अधिनियम, 1960
   (The Prevention of Cruelty to Animals Act, 1960).
10. वन्यजीव (संरक्षण) अधिनियम 1972
    [The Wildlife (Protection) Act, 1972].
11. वन (संरक्षण) अधिनियम, 1980
    [The Forest (Conservation) Act, 1980].
12. पर्यावरण (सुरक्षा) अधिनियम, 1986
    [The Environment (Protection) Act, 1986].
13. सार्वजनिक लोकदायित्व बीमा अधिनियम, 1991
    (The Public Liability Insurance Act, 1991).
14. जीवमण्डल रिजर्व कार्यक्रम
    (The Biosphere Reserve Programme).
15. सामाजिक वानिकी सहित देश में राष्ट्रीय वन नीति तथा वानिकी विकास
    (National Forest Policy and Forestry Development in the Country,

including Socialk Forestry).

16. अण्डमान और निकोबार द्वीप समूह के लिए वन नीति तथा वन प्रशासन से संबंधित मामले

    (The Forests Policy and all matters relating to Forests and Forest Administration in so far as the Andaman and Nicobar Islands are concerned).

17. भारतीय वन सेवा

    (The Indian Forest Services).

18. वन्य जीव परिरक्षण तथा वन्य पक्षियों तथा पशुओं की सुरक्षा

    (The Wildlife Preservation and Protection of Wild Birds and Animals).

19. पशुओं के प्रति क्रूरता का निवारण

    (Prevention of Cruelty to Animals).

20. केन्द्रीय चिड़ियाघर (प्राणी) प्राधिकरण

    (Central Zoo Authority).

21. वानिकी ने बुनियादी अनुसंधान और इसका समन्वय तथा उच्च शिक्षा

    (Fundamental Research, including co-ordination thereof and Higher Education in Forestry).

22. पद्मजा नायडू हिमालयन प्राणी उद्यान

    (Padmaja Naidu Himalayan Zoological Park).

23. वानिकी विकास योजना के लिए राष्ट्रीय सहायता

    (National Assistance to Forestry Development).

24. राष्ट्रीय वनीकरण एवं पर्यावरणीय विकास बोर्ड

    (National Afforestation and Eco-development Boards).

25. केन्द्रीय गंगा प्राधिकरण (The Central Ganga Authority).

26. भारतीय प्लाईवुड उद्योग अनुसंधान और प्रशिक्षण संस्थान बंगलौर

    (The Indian Plywood Industries Research and Training Institute, Bangalore).

27. मरुस्थल वनीकरण एवं पारिस्थितिकीय विकास बोर्ड

    (National Afforestationa dn Eco-development Board).

28. राष्ट्रीय वनीकरण एवं पारिस्थितिकीय विकास बोर्ड

    (National Afforestation and Eco-development Board).

29. राष्ट्रीय वन सर्वेक्षण, देहरादून
(Forest Survey of India, Dehradun).

30. राष्ट्रीय पर्यावरण न्यायाधिकरण अधिनियम, 1995
(The National Environment Tribunal Act, 1995).

31. राष्ट्रीय पर्यावरण अपिलीय प्राधिकरण अधिनियम, 1997
(The National Environment Appellate Authority Act, 1997).

इस सूची से यह अनुमान सहज ही लगाया जा सकता है कि इस नवीन एकीकृत वन एवं पर्यावरण मंत्रालय के अधीन कितना कार्य है? इस पुस्तक में बहुत से विभागों से सम्बन्धित वर्णन विभिन्न अध्यायों में कहीं न कहीं उपलब्ध होगा लेकिन पर्यावरणीय जन चेतना और आस्था के कार्य तथा अच्छे कार्यों हेतु उत्प्रेक्षण (पुरस्कार) आदि के कार्यों का संक्षिप्त विवरण यहां इस भावना से दिया जा रहा है जिससे पर्यावरण क्षेत्र की नवीनतम तथा प्रभावी गतिविधियों से पाठकों की जानकारी बनी रहे।

भारत सरकार के पर्यावरण विभाग द्वारा किये जा रहे विशेष कार्य (Special Works Taken by the Ministry of Environment and Forests of Government of India)

1. प्रमुख दिवस (Important Days)–पर्यावरण से प्रत्यक्ष अथवा परोक्ष रूप से सम्बन्धित विश्व स्तर पर मान्यता प्राप्त प्रमुख दिवसों की सूची यहां दी जा रही है। पाठकों को चाहिये कि इन दिनों के महत्त्व के बारे में अधिकाधिक जानकारी प्राप्त करें और यह देखें कि इन्हें व्यक्तिगत अथवा समूह में अथवा किसी छोटे-बड़े सामाजिक दायरे में किस प्रकार मनाया जा सकता है? दिवसों को रुचिपूर्ण मनाने का अपना औचित्य है, इससे उस दिन समाचार-पत्रों, पत्रिकाओं तथा विद्वानों से ऐसी विविध सामग्री पढ़ने को, सुनने को तथा जानने को मिल सकती है, जिसका आपको कतई पूर्वाभास ही न हो। महत्त्व जानने से उस सन्दर्भ में स्वयं ही कुछ करने की, संकल्प लेने की इच्छा हो सकती है और यह आपकी एक स्वयं की बूंद पूरे सागर में भावनाएं जाग्रत कर सकती है।

पर्यावरण विभाग द्वारा जिन दिवसों को महत्त्वपूर्ण ढंग से मनाया जाता है तथा पूरे देश में मनाये जाने के लिए निर्देश प्रसारित करता है, उसका विवरण यहां दिया जा रहा है–

1. **पृथ्वी दिवस–22 अप्रैल (Earth Day : 22 April)**–आज केवल हमारे देश में ही नहीं बल्कि पूरे विश्व में 22 अप्रैल का दिन प्रति वर्ष पृथ्वी दिवस

(Earth Day) के रूप में मनाया जाता है। लोग एकत्रित होते हैं, सामूहिक रूप से चर्चायें करते हैं, रैलियां निकालते हैं और जिस पृथ्वी पर हम रहते हैं, उसकी नवीनतम भौगोलिक स्थिति, प्राकृतिक संसाधनों के शेष रहे कोष आकाश, वायुमण्डल का स्वरूप तथा उन सभी स्थितियों का जायजा लेते हैं, जिनसे इस पृथ्वी पर निवास करने वालों का प्रत्यक्ष या अप्रत्यक्ष रूप से सम्बन्ध है। आगे के लिए कुछ निर्णय लेकर उन पर देश की सरकारों को उन पर नीतियां बनाने का सुझाव देते हैं।

इस दिन का कोई बहुत पुराना इतिहास नहीं है। पिछले कई वर्षों से बिगड़ते पर्यावरण से अमेरिका के निवासी बहुत चिन्तित थे। लॉस ऐंजिल्स की 1940 की वायुमण्डल की प्रदूषित गैसों से बने आवरण से हजारों मौतों की घटना उनको याद थी। 1952 की लंदन की घटना जिसमें 'स्मोग' के कारण 4000 मौतें हुई तथा जापान की 'मिनीमाटा एपीसोड' जिसमें एक उद्योग से निकले जहरीले एल्कोहल में लाखों लोग व समुद्री जीव प्रभावित हुए का स्मरण था। अत: वह यह चाहते थे कि अमेरिका में तत्काल 'वायु अधिनियम' बनाया जाय तथा पर्यावरण संरक्षण हेतु 'एनवायरनमेंट प्रोटैक्शन एजेन्सी कमेटी' का गठन किया जाय।

इन दोनों प्रमुख मुद्दों को समान रख कर सिनेटर गलार्ड नेल्सन ने 2 करोड़ अमेरिका के निवासियों की एक विशाल रैली 22 अप्रैल, 1970 को (32 वर्ष पूर्व) निकाली। इसका लाभ उस समय चाहे केवल अमेरिका निवासियों को ही हुआ हो, पर इन दिन को लोगों ने 'पृथ्वी दिवस' (Earth Day) अथवा 'पृथ्वी बचाओ' (Save the Earth) के रूप में याद रखा।

इसके बीस वर्ष पश्चात् 22 अप्रैल, 1990 को इसकी पहली वर्षगांठ मनाई गई। लगभग 80 देशों के 10 करोड़ व्यक्तियों ने इसके विभिन्न कार्यक्रमों में भाग लिया।

भारत में भी इस दिन का आयोजन अधिक महत्त्व देकर हुआ। केन्द्रीय तथा राज्य के पर्यावरण विभागों ने अपनी विविध एजेन्सियों द्वारा लोगों को बताया कि आज पृथ्वी और भूमण्डल की पर्यावरण समस्याएं, इतना विकराल रूप धारण किये है कि आम आदमी का जीना भी दूभर हो गया है। पानी, हवा और भोजन शुद्ध रूप से प्राप्त नहीं हो रहे हैं। ईंधन की अधिक मांग से पेड़ों की अधिक कटाई से वन क्षेत्रों का प्रतिशत कम हो गया है। पेट्रोल व डीजल से चलने वाले वाहनों ने वायु को इतना जहरीला बना दिया है कि सांस लेना कठिन हो रहा है। कार्बन डाइऑक्साइड की निरन्तर वृद्धि ने 'ग्रीन हाउस इफैक्ट' को जन्म दिया है। ओजोन की नष्ट होती पर्त से 'स्किन कैन्सर' की समस्या उठ खड़ी हुई है और न जाने क्या हो गया है और क्या-क्या हो रहा है।

अत: 'पृथ्वी दिवस' के आयोजन ने लोगों को पुन: प्रति वर्ष यह सोचने का अवसर दिया है कि यह वस्तुस्थिति की जानकारी करें और अपने जीने तथा आगे आने वाली पीढ़ी को विरासत में कुछ देने के लिए ऐसे कार्य करें जिससे इस पृथ्वी को विनाश से बचाया जा सके।

वस्तुत: 'पृथ्वी दिवस' का आयोजन अपने आप को पर्यावरणीय समस्याओं से बचाने तथा प्राणी मात्र के सुखमय जीने देने का एक क्रियाकलाप है।

(2) विश्व पर्यावरण दिवस : 5 जून (World Environment Day : 5 June)—जब विज्ञान की प्रगति के साथ विश्व में अनेक विकसित देशों ने सुख-सुविधाओं के उपकरण लोगों का उपलब्ध कराने प्रारम्भ किये तथा साथ ही जब लोगों की बढ़ती मांग के अनुरूप औद्योगिक क्षेत्र में क्रान्ति आई तो पर्यावरण प्रदूषण की समस्या उठ खड़ी हुई। लॉस ऐन्जिल्स तथा लंदन की स्मोग दुर्घटनाएं विश्व आश्चर्य थीं और स्थानीय तौर पर स्वच्छता के मानदण्डों की गिरावट ने सभी देशों को चिन्तित कर दिया था अविकसित तथा विकासशील देशों की समस्या कुछ इससे भी अधिक भयावह और चौंकाने वाली थी।

अत: बड़े राष्ट्रों की पहल पर राष्ट्र संघ द्वारा जून 1972 में स्टॉकहोम (स्वीडन) में 'मानव पर्यावरण' पर अन्तराष्ट्रीय स्तर की कान्फ्रेन्स आयोजित हुई। इसमें 113 देशों ने भागीदारी की। भारत की ओर से तत्कालीन प्रधानमंत्री स्व. श्रीमति इन्दिरा गांधी ने अपने देश का प्रतिनिधित्व किया था।

5 जून से 16 जून 1972 तक की अवधि में पर्यावरण के विविध क्षेत्रों पर विस्तृत चर्चा हुई। कुछ देशों की बढ़ती जनसंख्या, ठीक से उपयोग न होने के कारण अनेक प्राकृतिक संसाधनों के भण्डारों की होती कमी जल तथा वायु-प्रदूषण, अम्लीय वर्षा, औद्योगीकरण के फलस्वरूप संस्थानों (उद्योगों) से निकलने वाले अपशिष्टों के निपटाने की समस्या, कार्बन डाइऑक्साइड की निरन्तर वृद्धि से भूमण्डल पर बढ़ता ताप, ओजोन पर्त के नष्ट होने की सम्भावना से त्वचा केन्सर का भय आदि अनेक चिन्तनीय प्रकरण रहे।

यहां पर सर्वसम्मति से 26 सूत्री कार्यक्रम भी अनुमोदित हुआ जिसे इस कान्फ्रेन्स में महा-अधिकार पत्र (Magna Carta) का नाम दिया गया। इसी के आधार पर आगे देशों से अपेक्षायें, अलग-अलग विषयों पर क्षेत्रीय स्तर के सम्मेलन तथा पर्यावरणीय शिक्षा एवं जागरूकता की पहली आवश्यकता पर सम्भावित कार्यक्रमों की रूपरेखा तैयार की गई।

यह एक ऐतिहासिक अन्तर्राष्ट्रीय स्तर का सम्मेलन था जिसमें सभी स्तर के देशों की चिन्ताओं के प्रति चिन्तन था, अत: इसे सभी क्षेत्रों से प्रशंसाएं और मान्यताएं

मिलीं। स्वयं आयोजक तथा भाग लेने वाले देश इस कान्फ्रेन्स में विचारे गये प्रकरण और उन पर आगे की अपेक्षित कार्यवाही से अत्यन्त सन्तुष्ट थे।

यही पर सर्वसम्मति से यह घोषणा की गई कि 5 जून को प्रति वर्ष पूरे विश्व में 'विश्व पर्यावरण दिवस' (World Environment Day) के नाम से मनाया जाये। तभी से इस दिवस को नियमित रूप से प्रति वर्ष गरिमा और भावना से मनाते हैं। इस आयोजन का सबसे बड़ा लाभ यह है कि जन-साधारण में मानसिक और व्यावहारिक परिवर्तन आता है और वे प्रत्यक्ष अथवा अप्रत्यक्ष रूप में किसी न किसी प्रकार विश्व चिन्ता में भागीदार बनते हैं और उनके स्तर पर की गई अपेक्षाओं के प्रति अपने आप को उत्तरदायी समझते हैं

(3) ओजोन दिवस : 16 सितम्बर (Ozone Day : 16 September)– ओजोन (Ozone : O_3) परत जमीन की सतह से करीब 20 किलोमीटर ऊपर वायुमण्डल में एक प्रकार से ऑक्सीजन का ही रूप है जो सूर्य की लगभग सभी हानिकारक अल्ट्रावॉयलेट किरणों को कुशलतापूर्वक ढक लेती है। सूर्य की इन किरणों से त्वचा का कैन्सर, आंखों में खराबी तथा शरीर के इम्यून सिस्टम में खराबी आ सकती है। फसल की पैदावार में कमी, वनों की हानि और समुद्री जीवों को नुकसान पहुंच सकता है।

ओजोन की पर्त की सुरक्षा के लिए अन्तर्राष्ट्रीय प्रयास सत्तर के दशक से शुरू हुए, जिनके परिणामस्वरूप सन् 1985 में वियना कन्वेंशन (Vienna Convention: 1985) तथा सन् 1987 में मोन्ट्रियल प्रोटोकॉल (Montreal Protocol : 1987) स्वीकार किये गये। इनका अन्तिम संशोधन लंदन (London) में हुआ और उस संशोधन के बाद भारत ने भी इसे अपने देश में 17.5.1992 से लागू कर दिया।

ओजोन की परत को नुकसान पहुंचाना अभी भी चिन्ता का विषय बना हुआ है क्योंकि ओजोन को नुकसान पहुंचाने वाले तत्त्वों का विकासशील देशों द्वारा रेफ्रीजरेशन और एअरकन्डीशनिंग, फोम तथा स्प्रे उत्पाद तैयार करने में, अग्नि बुझाने में तथा इलैक्ट्रोनिक्स और अन्य उद्योगों में सोलवेन्ट्स के रूप में प्रयोग किया जा रहा है।

इन तत्त्वों का, जिनमें विशेषत: क्लोरोफ्लोरोकार्बन्स (Chlorofluorocarbons : CFC's), कार्बन टेट्राक्लोराइड (Carbon Tetrachloride) तथा मिथाइल क्लोरोफार्म (Methyl Chloroform) हैं तथा इनका विभिन्न उपकरणों में उपयोग का एक तिथिवार लक्ष्य अन्तर्राष्ट्रीय स्तर पर प्रसारित किया गया है। सभी देशों से अपेक्षा है कि इस भयानक चिन्ता के निवारण में वे पूरी आस्था से सहयोग करें।

ओजोन दिवस को भारत में भी 16 सितम्बर को प्रति वर्ष मनाया जाता है और यह प्रयास किया जा रहा है कि साधारण जन समाज इस समस्या से परिचित हों और उनके अपने स्तर पर दे सकने वाले सहयोग के लिये सदैव तैयार और तत्पर रहें।

(4) विश्व जल दिवस : 22 मार्च (World Water Day : 22 March)– "जल की गुणवत्ता और उसकी उपलब्धि निरन्तर चिन्ता का विषय बनी हुई है। अगर वर्तमान स्थिति भी यथावत बनी रही तब भी यह अनुमान लगाया जा सकता है कि विश्व के अधिकांश लोग जल संकट से जूझते रहेंगे। यह स्थिति इसलिये भी अधिक चिन्ता की है कि जहां पानी की कमी है, उन क्षेत्रों की आबादी भी तेजी से बढ़ रही है।"

आज पूरा विश्व पीने के पानी के लिये, उद्योगों को चलाने के लिये, अनाज उत्पादन के लिये और आवास निर्माण के लिये चिन्तित है। कुछ देश तो पीने के पानी के लिये भी तरस रहे हैं। भारत में भी पानी की किल्लत, राजस्थान, मध्य प्रदूषण, बंगाल, बिहार और महाराष्ट्र, गुजरात ही नहीं बल्कि बड़े-बड़े नगरों तक पहुंच गई है।

विश्व और भारत की जल समस्या को यदि समान रूप से आंकें, तो निम्न प्रश्न हमारे सामने खड़े हो जाते हैं–

1. क्या सबके लिये पानी है?
   (Is water available for all?)
2. एक बाल्टी पानी का मूल्य क्या है?
   (What is the cost of a bucket of water?)
3. क्या पानी का दुरुपयोग रोका जा सकता है?
   (Can improper use of water be checked?)
4. पानी का संरक्षण कैसे करें?
   (How to conserve water?)
5. भविष्य में जल की क्या स्थिति होगी?
   (What will be the status of water in future?)

और ऐसे ही अनेक प्रश्नों के उत्तर खोजने के लिये विश्व स्तर पर जल दिवस (Water Day) सन् 1994 से मनाया जाने लगा है। इसे मनाने के पीछे भावना यही है कि–

(1) जल के दुरुपयोग को रोकें,

(2) जल को दूषित होने से बचायें,

(3) वर्षा जल को एकत्रित करें,

(4) जल का संरक्षण करें आदि।

"जल ही जीवन है। तब भी इस मूल्यवान संसाधन का भारी दुरुपयोग हो रहा हैं जब तक हम जल के सही प्रवन्धन में अपने तरीके नहीं बदलेंगे तब तक हमें आगे भविष्य में जल संकट से जूझना पड़ेगा।"

[Water is life. Yet the precious resource is widely mismanaged. Unless we change our ways of managing water we will face serious crisis in the ear, future.]

— **Ismail serageldin:** Chairman of the World Water Commission, Vice President of the World Bank and Chairman of the Global Water Partnership (GWP).

Source : Source Bulletin, ibid, issue no. 9, March 2000.

2. कृष्टता केन्द्र (Centres of Excellence)–भारत सरकार के वन एवं पर्यावरण मंत्रालय के अर्न्तगत कार्य कर रहे पर्यावरण विभाग ने पर्यावरणीय विज्ञान और प्रबन्ध (Environmental Science and Management) के प्राथमिकता वाले क्षेत्रों में अनुसन्धान और प्रशिक्षण की दृष्टि से सात उत्कृष्टता केन्द्र (Centres of Excellence) स्थापित किये हैं।

उपर्युक्त विवरण से यह प्रारम्भिक जानकारी पाठकों को मिल रही है कि इन केन्द्रों पर किन-किन क्षेत्रों में कार्य करने का पर्यावरण विभाग का प्रायोजन है। एक निश्चित उद्देश्य को दृष्टिगत रखते हुए भी प्रत्येक केन्द्र की वार्षिक रूपरेखा निश्चित लक्ष्यों की वर्ष के पूर्व में ही बन जाती है और उस पर पूरे परिश्रम से कार्य सम्पन्न होता है। उदाहरण के लिये सन् 1986 में पर्यावरण शिक्षा केन्द्र, अहमदाबाद ने पूरे देश में पर्यावरणीय जागरूकता अभियान (Environmental Awareness Compaign) चलाया। एक ही वर्ष की अवधि में सभी राज्यों और कन्द्र शासित प्रदेशों में 45 केन्द्रों (मुख्यालय) पर लगभग 6,000 शिक्षकों को एक दिवसीय प्रशिक्षण देकर विभिनन प्रदेशों की सरकारों के सहयोग से उप जिले, तहसील स्तर और फिर निचले स्तर तक के अध्यापकों को पर्यावरणीय प्रशिक्षण दिया गया। नि:सन्देह पर्यावरण चेतना का यह कार्यक्रम पूरे देश को जाग्रति देने वाला प्रथम अपने प्रकार का एक ही अनूठा कार्यक्रम था।

इसी प्रकार अन्य उत्कृष्टता केन्द्रों में विशेषत:–

(1) मद्रास केन्द्र पर पर्यावरण शिक्षा सामग्री के पैकेज

(2) धनबाद केन्द्र पर पर्यावरणीय विज्ञान एवं खनन में M. Tech की व्यवस्था,

(3) बंगलौर केन्द्र पर जैविक विविधता (Biological Diversity) और

(4) कोयम्बटूर केन्द्र पर भारतीय पक्षी विज्ञान एवं प्राकृतिक विज्ञान पर Data Bank प्रमुख हैं। कुल मिलाकर यह केन्द्र पर्यावरण के क्षेत्र में प्रकाश स्तम्भ हैं, जिनसे बहुत अपेक्षाएं हैं।

3. विद्यालयों में पर्यावरणीय अनुस्थापना कार्यक्रम (Environmental Orientation Programmes in Schools)—मानव के पिछले पचास हजार वर्षों के इतिहास में ऐसा कहीं उल्लेख नहीं है कि पृथ्वी पर निवास करने वाले प्राणी को (मनुष्य और पशु) कोई ऐसी समस्या हो, जिससे उनका जीवन ही दूभर हो जाय। अथाह जल, विस्तृत भूमि, अपार वनस्पति सभी कुछ उपलब्ध था। पृथ्वी पर रहने वाले व्यक्तियों की संख्या भी इतनी न्यून थी कि वह आज की तुलना में नगण्य ही कही जा सकती है। अब से 10,000 वर्ष पूर्व का लिखित विवरण भी केवल 50 लाख ही बताता है।

पर ज्यों-ज्यों जनसंख्या में वृद्धि हुई तैसे-तैसे कई समस्याएं, खाने, पीने और रहने की आने लगी। मांग की पूर्ति के लिए वन कटे, बांध बनाये गये, उपजाऊ जमीनों पर आवासीय मकानों का निर्माण हुआ, उद्योग-धन्धों को बढ़ावा मिला, आवागमन के साधन बढ़े और इन सबके साथ पुरानी समस्याओं के साथ कई अन्य समस्याएं और जुड़ गई। वायु और जल जैसे नैसर्गिक पदार्थों की शुद्धता भी नहीं रह सकी। भोजन का भी अकाल होने लगा। कुल मिलाकर सामान्य प्राणी का जीवन अस्त-व्यस्त हो गया।

1972 में स्वीडन (स्टॉकहोम) में संयुक्त राष्ट्र संघ द्वारा 'मानव पर्यावरण' पर ओयाजित अन्तर्राष्ट्रीय कान्फ्रेन्स में विश्व के अनेक राष्ट्रों के बीच पर्यावरण के विभिन्न पहलुओं पर विश्व चर्चा हुई। पर्यावरणीय असन्तुलन और पर्यावरण विकृति से विश्व को बचाने हेतु कई सुझाव प्रस्तुत हुए और स्वीकार भी किये गये। इसके बाद विविध आयामों पर अनेक क्षेत्रीय स्तर की कान्फ्रेन्स आयोजित हुई। इस बात पर सदैव बल दिया गया कि पर्यावरणीय संकट से बचाने के लिये 'पर्यावरण शिक्षा' का स्तर हर स्तर पर चलाया जाये। साथ ही पर्यावरण विकृति के कारणों से सभी को परिचित कराया जाय।

विद्यालयों में पर्यावरण अनुस्थापना कार्यक्रम (Environmental Orientation Programmes in Schools) इसी क्रम में भारत सरकार द्वारा स्कूली बच्चों के लिये चलाये जाने वाला एक प्रोग्राम है जिसके अन्तर्गत विद्यालयों में एक ऐसा वातावरण

तैयार करना है जिससे बच्चे अपने दायित्वों को समझें और पर्यावरणीय समस्याओं से भी अवगत हो जावें। नि:सन्देह बच्चें पर ही तो देशों का भविष्य निर्भर है।

इस योजना में कुल मिलाकर ग्यारह (11) कार्यक्रम हैं–

1. विद्यालयों में नर्सरी कार्य (वाटिकाओं का निर्माण)।
2. पाठ्य पुस्तकों का पर्यावरणीय सामग्री के समावेश के साथ रिवीजन।
3. अध्यापकों का प्रशिक्षण (प्रत्येक विद्यालय से एक अध्यापक)।
4. ऐतिहासिक एवं पुरात्त्व महत्त्व के स्मारकों को गोद लेना।
5. विद्यार्थियों का प्रकृति भ्रमण।
6. गांवों का पर्यावरणीय अध्ययन।
7. शहरों का पर्यावरणीय अध्ययन।
8. विभिन्न पर्यावरणीय विकृतियों का अध्ययन।
9. सेमीनारों का आयोजन।
10. पाठ्यक्रम निर्माण हेतु कार्यगोष्ठियों एवं
11. पर्यावरणीय सामग्री का निर्माण।

इस योजना के एक प्रोजेक्ट में सामान्यतया दो जिले सम्मिलित किये जाते हें, और उन दोनों जिलों के समस्त प्राइमरी एवं उच्च प्राइमरी विद्यालयों के विद्यार्थियों को इस योजना के कार्यक्रमों में रखा जाता है। पूरी योजना व्यावहारिक पक्ष पर आधारित है।

भारत सरकार द्वारा ऐसे प्रोजेक्ट्स राज्य सरकार के शिक्षा विभाग को दिये जाते हैं और इन पर होने वाला समस्त व्यय भारत सरकार द्वारा ही किया जाता है।

नि:सन्देह इस प्रकार की योजना से छोटी आयु से ही पर्यावरण के प्रति विद्यार्थियों में विचार दृढ़ होते हैं, जिससे भविष्य में वे और ऊँचे स्तर के कार्य सम्पन्न कर सकें। निश्चय ही यह एक अच्छा प्रयास है।

पिछले सात वर्षों से चली आ रही योजना का जब 1992 में मूल्यांकन किया गया तो मूल्यांकन समिति ने अपने प्रतिवेदन में इस कार्यक्रम की उपलब्धि के बारे में बहुत उत्साहवर्द्धक रिपोर्ट नहीं दी। विशेषत: व्यावहारिक रूप से विद्यालयों में किये जाने वाले नर्सरी कार्य को वह गति नहीं मिल पाई जितनी विभाग को अपेक्षा थी। अत: उन्होंने कई कठोर कदम उठाये–

(1) कार्यक्रम के अन्तर्गत प्रस्तावित अधिकारी व अन्य कर्मचारियों के स्टाफ के वेतन आदि का भुगतान राज्य सरकार के जिम्मे ही कर दिया। तथा

(2) विभिन्न स्वीकृत कार्यों को जिनमें पाठ्यक्रम का निर्माण, सेमीनारों का आयोजना, वर्कशाप्स तथा अध्यापकों के प्रशिक्षण आदि सम्मिलित हैं, शिक्षा विभाग के जिले स्तर पर के कार्यरत अधिकारियों को सौंप दिया।

वस्तुत: इस प्रकार केन्द्रीय पर्यावरण विभाग द्वारा निर्देशित तथा केन्द्रीय शिक्षा विभाग भारत सरकार द्वारा संचालित इस कार्यक्रम को अब राज्यों के शिक्षा विभाग का एक नियमित कार्यक्रम बना दिया गया है। वैसे इस कार्यक्रम से पूरे देश की भावी पीढ़ी में जो प्राथमिक स्तर के विद्यालयों में पढ़ रही है, देश की पर्यावरण सुरक्षा के प्रति भावना उपजेगी और बदलती होगी।

4. राष्ट्रीय पर्यावरणीय चेतना अभियान (National Environmental Awareness Compaign : NEAC)—पर्यावरण मानव जीवन से गहरा और अटूट सम्बन्ध है और इसीलिए एक अच्छे जीवन के लिए जो मुख्य आवश्यकताएं अपेक्षित हैं, वहीं पर्यावरण के मुख्य घटक भी हैं। प्रकृति ने वायु, जल, भूमि, प्रकाश, आकाश, पेड़-पौधें और वनस्पति सभी विशुद्ध रूप से हमें उपलब्ध कराये हैं और उनका वितरण भी सभी को समान रूप से बिना भेदभाव के किया है। पर जब-जब भी मानव ने इस प्राकृतिक सन्तुलन को छेड़ा है तब-तब ही पर्यावरण बिगड़ा है और वही चिन्ता का विषय बन गया है।

पर्यावरण विकृति से अनेक समस्याएं उठ खड़ी हुई हैं। वायु प्रदूषण, जल प्रदूषण, भूमि प्रदूषण, ध्वनि प्रदूषण, पेड़-पौधों और वनस्पति की कमी, खनिजों का प्राय: समाप्त होना, ईंधन का अभाव, भोजन और भूसा की कमी, बाढ़ और सूखा आदि इनमें मुख्य हैं।

यदि हम पर्यावरण असन्तुलन के मुख्य कारणों को खोजें तो मूल में हमें चार बातें अत्यन्त प्रभावी रूप से दिखती हैं—

1. निरत्नर बढ़ती जनसंख्या से प्राकृतिक संसाधनों का अधिक दोहन।

2. औद्योगिक क्रान्ति के कारण उद्योगों से निकलने वाले धुएं और अपशिष्टों को अनियंत्रित निकास।

3. प्राकृतिक नियमों की अवहेलना और उपेक्षा तथा

4. पर्यावरण असन्तुलन के कारणों से जानकारी रखते हुए भी जनमानस का उनसे अलगाव।

बढ़ती जनसंख्या को नियंत्रित करने हेतु राज्य सरकार ने 'परिवार कल्याण कार्यक्रम' चला रखे हैं। विभिन्न उद्योगों से जन-साधारण को कम से कम हानि

पहुंचे इस हेतु राज्य ने 'राज्य प्रदूषण नियंत्रण मण्डल' का गठन किया हुआ है, जिसके विशेषज्ञ चिमनियों से निकलने वाले धुएं और कारखानों से निकलने वाले पानी का नियमित मानीटरिंग करके उद्योग मालिकों को निर्देशित करते रहते हैं। पर इनसे भी महत्त्वपूर्ण बात आम आदमी की पर्यावरण के प्रति उदासीनता है जिससे न तो वह प्रकृति के अनुरूप चलता है और न ही अन्य कारणों को समाप्त अथवा कम करने की बात सोचता है।

अत: केन्द्रीय पर्यावरण विभाग ने 'राष्ट्रीय पर्यावरणीय चेतना अभियान' के अन्तंगत एक बहुत ही ठोस और देशव्यापी कार्यक्रम बनाया और जिसे सर्वप्रथम 1986 में 'पर्यावरण शिक्षा केन्द्र, अहमदाबाद' के द्वारा सम्पन्न कराया गया।

भूतपूर्व प्रधानमंत्री स्व० श्रीमती इन्दिरा गांधी के जन्म दिवस 19 नवम्बर से 18 दिसम्बर तक चलाये गये इस पहले कार्यक्रम की अवधि एक माह थी, जिसे पर्यावरण माह (Environment Month) नाम दिया गया। अब निरन्तर यह चेतना का कार्यक्रम 'पर्यावरण माह' इसी अवधि में अब प्रति वर्ष पूरे देश में चलाया जाता है।

सन् 1986 से अब तक चलाये गये कार्यक्रमों की प्रति वर्ष एक निश्चित विषय वस्तु (Theme) रही है, जिसमें आज पूरे देश के हजारों बच्चे, वयस्क और बड़ी आयु के लोग बहुत ही दिलचस्पी से भाग लेते हैं। इसमें–

(1) पद यात्राएं,

(2) रैलियां,

(3) जनसभाएं,

(4) प्रदर्शनियां,

(5) लोक-नृत्य,

(6) नुक्कड़-नाटक,

(7) स्कूली बच्चों के लिये निबन्ध/वाद विवाद/चित्रकला/पोस्टर प्रतियोगिताएं,

(8) सेमीनार,

(9) कार्यशालाएं,

(10) प्रशिक्षण कार्यक्रम,

(11) पर्यावरणीय सामग्री निर्माण आदि कार्य आयोजित किये जाते हैं। पिछले वर्षों की समेकित जानकारियां निम्न सारणी में प्रस्तुत की गई हैं

राष्ट्रीय पर्यावरण जन चेतना अभियान (NEAC)

क्र०सं०	*सत्र*	*जनचेतना का विषय*
1.	1986-87	पर्यावरण के सामन्य पक्ष (General Aspects of Environment)
2.	1987-88	बाढ़ और सूखा (Floods and Droughts)
3.	1988-89	अपने जल संसाधनों का संरक्षण करे (Conserving Our Water Resources)
4.	1989-90	उपरोक्त प्रकार ही (Same as above)
5.	1990-91	पर्यावरण बचाओ : स्वयं को बचाओ (Sae Environment : Save Yourself)
6.	1991-92	विश्व पर्यावरण समस्याओं में जनता की भागीदारी (People's Participation in Global Environmental Concerns)
7.	1992-93	जैविक विविधता (Biodiversity)
8.	1993-94	पशु कल्याण और अपशिष्ट प्रबन्ध (Animal Welfare and Waste Management)
9.	1994-95	संयुक्त वन प्रबन्धन पारिस्थितिकी विकास और मोन्ट्रियल प्रोटोकॉल (Joint Forest Management, Eco Development and Montreal Protocol)
10.	1995-96	महिलाएं और पर्यावरण (Women and Environment)
11.	1996-97	औषधीय पौधे (Medicinal Plants)
12.	1997-98	प्रदूषण बचाव व नियंत्रण तथा वृक्षारोपण संरक्षण (Pollution Prevention and Control and Conservation of Plantation)
13.	1998-99	अपने जल स्रोतों को साफ रखें (Keep Our Water Resources Clean)
14.	1999-2000	अपने पर्यावरण को साफ और हरा रखें (Keep your Environment Clean)
15.	2000-2001	उपर्युक्त प्रकार ही (Same as above)
16.	2001-2002	सतत् विकास (Sustainable Development)
17.	2002-03	जल : जीवन का अमृत (Water Elixir of Life)

यह कार्यक्रम पर्यावरण शिक्षा क्षेत्र में कार्यरत 28 निर्धारित क्षेत्रीय संसाधन एजेन्सियों (Region Resource Agencies : RRA) के मार्फत चलाये जाते हैं। प्रदेशों को निश्चित एजेन्सी के साथ पूर्व में सम्बद्ध कर दिया जाता है।

5. पर्यावरण वाहिनी (Paryavaran Vahini/Environment Brigrades)– केन्द्रीय पर्यावरण विभाग द्वारा यह नया कार्यक्रम सत्र 1992-93 से ही प्रारम्भ किया गया है जिसका प्रमुख उद्देश्य निम्नलिखित हैं–

1. सक्रिय भागीदारी से जनता में पर्यावरण के प्रति चेतना (जाग्रति) तथा उनकी संबद्धता उत्पन्न करना।
2. वन, वन्य जीव, प्रदूषण तथा पर्यावरणीय ह्रास के सन्दर्भ में गैरकानूनी किये जा रहे कार्यों की सूचना देना।
3. वनीकरण तथा पौधों के जीवित रहने के सन्दर्भ में पूरी जानकारी उपलब्ध कराना। तथा
4. शुद्ध वायु और जल की गुणवत्ता तथा वाहन प्रदूषण का विश्लेषण और मानीटरिंग करना।

इन उद्देश्यों से ही यह स्पष्ट है कि पर्यावरण संरक्षण, पर्यावरण सुधार तथा पर्यावरण प्रदूषण अथवा विकृति के कारणों से आम जनता को संबंद्ध करने का यह एक अद्‌भुत शक्तिशाली प्रयास है। आगे भी इन समस्याओं का जन्म न हो इस हेतु भी लोगों की भागीदारी में वृद्धि करना है।

प्रथम चरण के अन्तर्गत सत्र 1992-93 में देश के 25 राज्य तथा 4 केन्द्र प्रशासित प्रदेशों में 100 जिलों में 'पर्यावरण वाहिनियों' का गठन किया गया जो सीधे जिला कलेक्टर के अधीन थे। प्रत्येक वाहिनी में 20 सदस्य होते हैं जिन्हें विद्यार्थी, युवक, व्यक्ति तथा अराजकीय स्वयंसेवी संस्थाओं से लिया जाता है।

इन्हें पर्यावरण के विभिन्न पहलुओं की जानकारी छोटी-छोटी सेमीनारों तथा प्रशिक्षण कार्यक्रमों में देकर इस योग्य बनाया जाता है कि वे अपने जिले (क्षेत्र) की पर्यावरण की समस्याओं के बारे में समझ सकें तथा उनकी तथ्यात्मक रिपोर्टिंग वाहिनी के मनोनीत अध्यक्ष (जिला कलेक्टर पदेन) को कर उस पर सम्बन्धित विभागों से समुचित कार्यवाही करा सकें।

अब तक सभी राज्यों में और संघ राज्य क्षेत्रों में 144 जिलों में ऐसी वाहिनियां कार्य प्रारम्भ कर चुकी हैं (194 जिलों का चयन किया जा चुका है)।

इन वाहिनियों का समस्त व्यय केन्द्रीय वन एवं पर्यावरण मंत्रालय द्वारा किया जाता है। प्रत्येक राज्य के पर्यावरण विभागों से ये अपेक्षा की गई है कि वे इस वाहिनी के सदस्यों को सामान्य तकनीकी जानकारी उपलब्ध कराने में सम्बन्धित जिला कलेक्टरों को सहयोग करेंगे।

6. पारिस्थितिकी क्लब (Eco-Clubs) - वर्ष 1994–95 से यह कार्यक्रम केन्द्रीय पर्यावरण विभाग ने प्रारम्भ किया है। प्रत्येक राज्य तथा केन्द्र शासित प्रदेशों के मान्यता प्राप्त सेकण्डरी/सीनियर सेकण्डरी विद्यालयों के कक्षा V से X तक के विद्यार्थी विद्यालय स्तर पर बनाये क्लब में सदस्य बन सकते हैं। एक क्लब में 20 से 50 तक सदस्य हो सकते हैं।

इन क्लबों के बनाने के पीछे पर्यावरण के क्षेत्र में बालकों की रुचि को बनाये रखने का मुख्य लक्ष्य है। इनकी देखरेख कोई मान्यता प्राप्त शिक्षा संस्था, स्वंयसेवी संस्था अथवा केन्द्रीय पर्यावरण विभाग द्वारा अधिकृत संस्था के अधीन हो सकती है। अब तक इस क्षेत्र में 3000 से अधिक क्लब खोले जा चुके हैं। इन क्लबों का सभी वित्तीय भार केन्द्रीय पर्यावरण विभाग वहन करता है।

नवीनतम जानकारी के अनुसार अब यह योजना 'राष्ट्रीय हरित दल' (National Green Corps) के नाम से कार्य करेगी। इस कार्यक्रम में प्रत्येक जिले के न्यूनतम 100 स्कूलों में पारि-क्लब (Eco-clubs) स्थापित करना है ताकि देश के लगभग 55,000 स्कूलों में यह कार्यक्रम चल सके। शनैः-शनैः यह कार्यक्रम देश के सभी उच्च प्राथमिक से उच्च माध्यमिक विद्यालयों में नियमित रूप से चलेगा।

इस कार्यक्रम के निम्न उद्देश्य हैं–

1. स्कूली बच्चों को पर्यावरण एवं पर्यावरणीय समस्याओं से अवगत कराना,
2. स्कूल में ही बच्चों में 'पर्यावरण शिक्षा' उपलब्ध कराना,
3. बच्चों को समाज के हित में तैयार करना,
4. बच्चों को पर्यावरण और विकास से जोड़ना तथा
5. बच्चों को पर्यावरणीय समस्याओं को सुलझाने हेतु तैयार करना।

7. स्वच्छ गंगा : गंगा परियोजना (Clean Ganga : Ganga Project)– श्रीमती इन्दिरा गांधी की मृत्यु (31 अक्तूबर, 1983) के बाद जब राजीव गांधी 1984 में प्रधानमंत्री बने तो उन्होंने अपने पहले राष्ट्रीय प्रसारण में पर्यावरण संरक्षण की महत्ता बताते हुए सर्वप्रथम पूरी विषय से देश की पावन नदी गंगा को स्वच्छता पुनः वापस लाने का संकल्प लिया। गंगा नदी पूरे देश की एकमात्र ऐसी नदी है जिससे सभी औपचारिकताओं के अतिरिक्त यहां की संस्कृति और भावनायें सदियों से जुड़े हैं। निरन्तर बढ़ते औद्योगीकरण के फलस्वरूप, उनसे निकलते प्रदूषित बहिस्राव से तथा किनारे पर बसे शहरों के मल-मूत्र विसर्जन और कूड़े-करकट के मिलने से नदी का पानी इतना दूषित हुआ है कि वह पीने के योग्य नहीं रहा। अतः उसे हर सम्भव प्रयास से स्वच्छ करने की बात निश्चित की गई थी।

इस कार्य की पूरी योजना तैयार करने तथा उचित मानीटरिंग कर क्रियान्विति करने के लिए फरवरी 1985 में केन्द्रीय गंगा प्राधिकरण (Central Ganga Authority) का गठन किया गया, जिसके अध्यक्ष स्वयं प्रधानमंत्री थे। 13 सदस्यीय प्राधिकरण के गठन का प्रकार निम्न है–

1. प्रधानमंत्री – अध्यक्ष
2. केन्द्रीय वित्त मंत्री – सदस्य
3. केन्द्रीय जल संसाधन मंत्री – सदस्य
4. मुख्यमंत्री, उत्तर प्रदेश – सदस्य
5. मुख्यमंत्री, पश्चिमी बंगाल – सदस्य
6. मुख्यमंत्री, बिहार – सदस्य
7. उपाध्यक्ष, योजना आयोग – सदस्य
8. केन्द्रीय योजना आयोग – सदस्य
9. केन्द्रीय पर्यावरण एवं वन राज्य मंत्री – सदस्य
10. केन्द्रीय विज्ञान एवं प्रौद्योगिकी राज्य मंत्री – सदस्य
11. सदस्य (विज्ञान), योजना आयोग – सदस्य
12. सचिव, गैर पारस्परिक ऊर्जा स्रोत विभाग – सदस्य
13. सचिव, पर्यावरण, वन और वन्य जीव विभाग – स्थायी आमंत्रित

इस प्राधिकरण का मुख्य कार्य गंगा नदी के गुणों को पुनर्जीवित करने के लिए एक दीर्घकालीन कार्यक्रम तैयार कर इसकी क्रियान्विति करना था।

गंगा नदी 8 राज्यों (हिमाचल प्रदेश, पंजाब, हरियाणा, उत्तर प्रदेश, राजस्थान, मध्य प्रदेश, बिहार और पश्चिमी बंगाल) में तथा केन्द्र प्रशासित राज्य दिल्ली में होती हुई बहती है। प्रदूषण का मुख्य स्रोत शहरी और औद्योगिक संस्थानों का कूड़ा-करकट है जो एक लाख से ऊपर आबादी वाले 20 शहरों, पचास हजार से एक लाख तक की आबादी वाले 23 शहरों तथा पचास हजार से कम की आबादी वाले 48 कस्बों द्वारा फेंका जाता है।

ये आबादियों गंगोत्री से गंगासागर तक के 2525 किलोमीटर लम्बे जल मार्ग पर बसी हुई हैं। अनुमान है कि गंगा नदी का 75 प्रतिशत प्रदूषण स्थानीय निकायों द्वारा डाले गये कूड़े-करकट से होता है जिसमें असंसाधित मल, जल शामिल हैं।

गंगा के प्रदूषण से सबसे अधिक प्रभावित एवं त्रस्त मुख्यत: केवल तीन प्रदेश (उत्तर प्रदेश, बिहार और पश्चिमी बंगाल) है। अत: सभी कार्य योजनाएं, इन्हीं

प्रदेशों के लिए बनाई गई थी तथा आंशिक व्यय भार भी इन्हीं प्रदेशों के हिस्से में आया था। केन्द्र सरकार द्वारा विशेष बजट इस हेतु अलग से आवंटित था। इसके साथ ही विदेशी सरकारों ने भी इस योजना में अपनी भागीदारी की पेशकश की थी। जिमें ब्रिटेन, फ्रान्स, नीदरलैण्ड, संयुक्त राज्य अमेरिका सम्मिलित रहे हैं। विश्व बैंक ने भी सहायता प्रदान की थी जिसमें उसका योगदान विशेषत: परियोजना की व्यवस्था, वर्तमान उपचार संयंत्रों का पुनर्वास, संयंत्रों की क्षमता में वृद्धि और उपकरणों के उपलब्ध कराने सम्बन्धी कार्य प्रस्तावित था।

इस परियोजना में 6 प्रकार की कुल 261 योजनाएं (स्कीमें) स्वीकृत की गई थीं जिनमें मार्च 2002 तक की रिपोर्ट के अनुसार 258 पूरी हो चुकी थीं। शेष समाप्ति की ओर हैं।

इस योजना की क्रियान्विति से जनता को लाभ इस मूल्यांकन से आंका जा रहा है कि इस क्षेत्र में जल से सम्बन्धित बीमारियों जैसे पेचिस, त्वचा रोग, श्वांस सम्बन्धी रोग, कृमि रोग आदि की संख्या में कमी आई है। लोगों में स्वच्छता का आभास होने लगा है ओर उनमें इसे स्वच्छ रखने तथा जहां तक संभव हो इसमें गंदगी न मिल पाने के प्रति जागरूकता आई है।

विशेष ध्यान देने की बात यह है कि 1.4.2000 से 'केन्द्रीय गंगा प्राधिकरण' (Central Ganga Authority) को बन्द कर दिया गया है। अब यह नई योजना के अर्न्तगत 'गंगा कार्य योजना' (Ganga Action Plan) के नाम से कार्य करेगी, जिसे विभिन्न चरणों में विभाजित किया गया है। उपरोक्त कार्य इस योजना के तहत 'गंगा परियोजना' का प्रथम चरण (Ganga Action Plan-Phase I) कहा जायेगा।

गंगा परियोजना का दूसरा चरण 'स्वच्छ यमुना और गोमती' (Clean Yamuna and Gomati) है, जिसमें 421 करोड़ रुपये के प्रस्तावित व्यय से यमुना के किनारे के 15 शहरों तथा गोमती नदी के किनारे के 3 शहरों से प्रदूषण रोकना है। यह केन्द्रीय परिवर्तित योजना (Centrally Sponsored Scheme) के तहत होगा जिसमें आधा व्यय केन्द्र तथा आधा व्यय राज्य सरकार करेगी। नवीनतम् जानकारी के अनुसार 'यमुना परियोजना' हेतु व्यय प्रस्तावित राशि 357 करोड़ रुपये के लिए जापान सरकार से सहायता उपलब्ध होने की आशा है; तथा इसी प्रकार 'गोमती परियोजना' के प्रस्तावित व्यय 64 करोड़ रुपये का भार यू०के० का ओवरसीज डवलपमेंट एडमिनिस्ट्रेशन उठाने को सहमत हो गया है।

इस क्रम में अब आगे 'दामोदर नदी स्वच्छता कार्यक्रम' को लिये जाने हेतु सर्वेक्षण और अध्ययन किया जा रहा है।

विशेष–1. जुलाई 1995 में राष्ट्रीय नदी संरक्षण योजना के अनुमोदन से 'केन्द्रीय गंगा प्राधिकरण' का राष्ट्रीय नदी संरक्षण प्राधिकरण के रूप मे पुनर्गठन किया गया है तथा 'गंगा परियोजना निदेशालय' का नाम बदलकर पुनः राष्ट्रीय नदी संरक्षण निदेशालय कर दिया गया है।

2. कालान्तर में राष्ट्रीय नदी कार्य योजना (National River Action Plan–NRAP) के तहत देश की प्रमुख सभी नदियों की स्वच्छता का काम होगा। राज्य स्तर पर इसकी योजनाएं, क्रियान्विति चरण और अनुमानतः व्यय का विवरण तैयार किया जा रहा है।

8. पर्यावरण के अनुकूल उत्पाद (Environment Friendly Products)– देश की जनता को पर्यावरण के अनुकूल उत्पाद उपलब्ध कराने की दिशा में पर्यावरण विभाग (भारत सरकार) ने एक योजना तैयार की है जिनमें उन सभी वस्तुओं, जिनसे पर्यावरण की दृष्टि से उपभोक्ताओं को न तो कोई स्वयं को हानि हो और न ही पर्यावरण को, पर 'लेबिल' अथवा 'मार्का' लगा होगा।

यह मार्का जैसे ऊन पर 'वूलमार्क़' होता है, के प्रकार का होगा। 'ECOMARK' नाम से जाना जाने वाले मार्क के साथ उसका लोगों (प्रतीक चिन्ह), निश्चित किया हुआ एक मिट्टी का घड़ा (Earthen Pot) भी होगा। इसकी विज्ञप्ति समाचार पत्रों में दी जा चुकी है (21 फरवरी, 1991) तथा आगे कार्यवाही निरन्तर लेकिन धीमी प्रगति पर है।

अब तक की जानकारी के अनुसार प्रारम्भ में 16 वस्तुओं को इस परिधि में लाने हेतु चुना गया है। 4 वस्तुएं साबुन, डिटरजेन्ट्स, कागज और पेन्ट्स के समाचार पत्रों में नोटीफिकेशन दिये जा चुके हें शेष के ड्राफ्ट्स तैयार हैं।

एक राष्ट्रीय स्तर की संचालन समिति का गठन इस योजना को लागू करने के लिए कर दिया गया है। दूसरी तकनीकी कमेटी इस संचालन समिति की सहायता करेगी और इस प्रकार के उत्पादों का चयन तथा ECOMARK अंकित करने का माप दण्ड तैयार कर उससे अंकन करायेगी।

निश्चय ही यह एक अपने प्रकार की विभाग की प्रथम पहल है जिससे प्रशासन और जनता दोनों का पर्यावरण के क्षेत्र में अपने-अपने सहयोगी की भावना की पूर्ति दिखाई देगी। ऐसा अनुमान है कि जैसे-जैसे अनुकूल उत्पादों की संख्या बढ़ेगी, वैसे-वैसे उत्पादों की शुद्धता, सही माप अथवा तोल और सही उपलब्धता की प्रमाणिकता बढ़ेगी, जो भारत जैसे देश के लिए वरदान साबित होगी। पर्यावरण की दृष्टि से मिलावट पर रोक, उपयोग से कोई हानि होने की संभावना आदि से छुटकारा

तो मिलेगा ही, साथ ही उपभोक्ताओं की भी कई व्यावहारिक समस्याएं कम हो जायेंगी।

9. **राष्ट्रीय स्तर के प्रमुख पुरस्कार (Important National Level Awards)**–भारत सरकार के वन एवं पर्यावरण मंत्रालय के अन्तर्गत स्वतंत्र रूप से कार्य कर रहे पर्यावरण विभागन ने पर्यावरण क्षेत्र में कार्य कर रहे व्यक्ति अथवा संस्थाओं को कई पुरस्कारों का प्रावधान किया है। इसमें सीधे विभाग का मुख्य लक्ष्य पर्यावरण के प्रति व्यक्ति, समूहों तथा संस्थाओं में रुचि जाग्रत कर पूरे देश में स्पर्धा का वातावरण तैयार करना है। यह है–

(1) इन्दिरा गांधी पर्यावरण पुरस्कार (Indira Gandhi Paryavaran Puraskar-IGPP)–यह पुरस्कार किसी व्यक्ति अथवा किसी संस्था (संगठन) को प्रतिवर्ष उनके द्वारा पर्यावरण के क्षेत्र में उल्लेखनीय कार्य किये जाने के फलस्वरूप प्रदान किया जाता है। 1987 से प्रारम्भ हुआ यह पुरस्कार पहले केवल व्यक्तियों तक ही सीमित था, जिसे 1991 से संस्थाओं व संगठनों के लिए भी दिया जाने लगा है। इस पुरस्कार में एक चांदी की ट्राफी, एक लाख रुपये नगद, एक स्क्रोल तथा एक प्रशस्ति पत्र दिया जाता है।

(2) इन्दिरा प्रियदर्शिनी वृक्ष मित्र पुरस्कार (Indira Priyadarshini Vriksha Mitra awards-IPVM)–वनरोपण (Afforestation) और परती भूमि विकास (Wastelands Development) के क्षेत्र में व्यक्तियों और संगठनों के महत्त्वपूर्ण योगदान को मान्यता देने के लिए वार्षिक पुरस्कार सन् 1986 से प्रारम्भ किये गये। प्रतिवर्ष निम्न आठ श्रेणियों में कुल सोलह पुरस्कार दिये जाते हैं–

1. व्यक्तियों
   (Individuals)
2. पंचायत/ग्राम सभा/ग्रामीण संस्थाएं
   (Panchayat/Gram Sabha/Village Level Institutions)
3. शैक्षिक संस्थाएं
   (Educational Institutions)
4. स्वैच्छिक एजेन्सियां महिला मण्डल, युवक मण्डल सहित
   (Voluntary Agencies including Mahila Mandals and Yuvak Mandals)
5. सरकारी एजेन्सियां : जिसका स्तर जिला स्तर से ऊपर न हो
   (Government Agencies Status r higher that of a District)

6. निगम क्षेत्र
   (Corporate Sector)
7. सरकारी कर्मचारी : व्यक्ति
   (Government Servants : Individuals)
8. नगरपालिकाएं, नगर निगम
   (Manicipalities and Municipal Corporations)

प्रत्येक पुरस्कार के लिए एक पदक, प्रशस्ति पत्र, एक स्क्रोल तथा 50,000 रुपये नगद पुरस्कार का प्रावधान है।

3. प्रदूषण निवारण एवं नियंत्रण हेतु राष्ट्रीय पुरस्कार (National Awards for Prevention and Control of Pollution)–यह राष्ट्रीय स्तर के पुरस्कार सन् 1991 से प्रारम्भ किये गये। यह प्रति वर्ष उन उद्योगों को दिये जाते हैं जो पर्यावरणीय प्रदूषण के निवारण एवं नियंत्रण के क्षेत्र में अपनी महती भूमिका निभाते हैं। इस पुरस्कार में एक 'कप' अथवा शील्ड (Cup or Shield) तथा प्रशस्ति पत्र दिया जाता है।

इस श्रेणी में प्रतिवर्ष निम्न 18 भारी प्रदूषण फैलाने वाले उद्योगों में अनुकरणीय कार्य करने वाली इकाइयों को यह पुरस्कार दिये जाने का प्रावधान है–

1. चीनी (Sugar),
2. उर्वरक (Fertilizer),
3. सीमेंट (Cement),
4. फर्मेन्टेशन और डिस्टलरी (Fermentation and Distillery),
5. एल्यूमिनियम (Aluminium),
6. पेट्रो रसायन (Petro-chemicals),
7. ताप विद्युत (Thermal Power),
8. कास्टिक सोडा (Castic-soda),
9. तेल शोधन (Oil Refinery),
10. सल्फ्यूरिक अम्ल (Sulphuric Acid),
11. चर्म शोधन (Tanneries),
12. तांबा प्रगालक (Copper Smelting),
13. जस्ता प्रगालक (Zinc Smelting),

14. लौह और इस्पात (Iron and Steel),

15. लुग्दी और कागज (Pulp and Paper),

16. रंग और रंग अवयव (Dye and Dye-intermediates),

17. कीटनाशक (Pesticides) और

18. फार्मास्यूटीकल्स (Pharmaceuticals)।

इसके अतिरिक्त प्रतिवर्ष निम्न पांच लघु उद्योगों की इकाइयों हेतु भी पुरस्कार हैं–

1. चर्म शोधक (Tanneries),

2. लुग्दी और कागज (Pulp and Paper),

3. रंग और रंग अवयव (Dye and Dye-intermediates),

4. कीटनाशक (Pesticides) और फार्मास्यूटीकल्स (Pharmaceuticals)।

जो उद्योग पुरस्कार प्राप्त करता है उनके कर्मचारी अपनी टाई, कमीज अथवा कहीं कोट के कालर आदि पर ENV का चिन्ह लेपिल पिन (Lapel Pin) लगा सकते हैं, जो इनकी इस उपलब्धि का सूचक है।

4. पीताम्बर पंत राष्ट्रीय पर्यावरण फैलोशिप पुरस्कार (Pitamber Pant National Environment Fellowship Award)–पर्यावरण विज्ञान की किसी भी शाखा में उल्लेखनीय शोध को बढ़ावा तथा मान्यता देने केलिए यह फैलोशिप पुरस्कार प्रतिवर्ष शोधकर्त्ताओं को प्रदान किये जाते हैं। 1978 से प्रारम्भ हुए इस पुरस्कार (फैलोशिप) में जिस व्यक्ति का चयन होता है उसे दो वर्ष तक पूर्णकालिक शोध कार्य करना होगा तथा इस अवधि में किये गये कार्य की नियमित रिपोर्ट देनी होगी।

फैलोशिप प्राप्त करने वाले व्यक्ति को दो वर्ष तक की अवधि के लिये 4000 रुपये प्रतिमाह (इनकम टैक्स की छूट के साथ) मिलेगा। अन्य स्टेशनरी आदि कन्टिन्जैन्सी व्यय हेतु 18,000 रुपये प्रति वर्ष तथा किसी एक सहयोगी स्टाफ रखने हेतु व्यय प्रति माह अलग से मिलेगा। यह सारा व्यय पर्यावरण विभाग भारत सरकार द्वारा उठाया जायेगा।

5. मरुपारिस्थितिकी फैलोशिप (Deser Ecology Fellowship)–मरु पारिस्थितिकी के सन्दर्भ में अध्ययन व शोध को बढ़ावा देने तथा प्रकृति संरक्षण के विश्नोई समाज के यादान को मान्यता देने के उद्देश्य से यह फैलोशिप केन्द्रीय वन एवं पर्यावरण मंत्रालय ने जोधपुर विश्वविद्यालय के लिए उपलब्ध कराई है। विश्वविद्यालय स्तर पर प्रति वर्ष इस फैलोशिप को उपयुक्त प्रार्थी/प्रत्याशी को प्रदान करने हेतु एक निर्धारित कमेटी द्वारा चयन किया जाता है। फैलोशिप में मिलने वाली

धनराशि 3,500 रु० प्रतिमाह तथा 12,000 रु० प्रतिवर्ष का कन्टिन्जैन्सी अनुदान दिया जाता हैं

6. मेदिनी पुरस्कार (Medini Puraskar)—पर्यावरण से सम्बन्धित विषयों पर हिन्दी में सृजनात्मक तथा मौलिक लेखन को बढ़ावा देने के लिए यह योजना सन् 1987 से प्रारम्भ की गई। इसमें प्रति वर्ष लगभग पांच पुरस्कार, प्रथम 25,000 रुपये, द्वितीय 20,000 रुपये, तृतीय 15,000 रुपये तथा सांत्वना (दो) 10,000 रुपये प्रत्येक प्रदान किये जाते हैं। यह प्रोत्साहन केवल अच्छे साहित्य की प्रविष्टियों पर निर्भर करता है और इस क्रम में अनेक नये लेखकों को प्रोत्साहन मिला है।

7. पर्यावरण सुरक्षा हेतु सुल्तान काबू पुरस्कार (The Sultan Quabos's Prize for Environmental Preservation)—पर्यावरण सुरक्षा के क्षेत्र में यह एक नया पुरस्कार है जिसकी वृहद् जानकारी वर्ष 1991-92 में यूनेस्को की पेरिस कान्फ्रेन्स में दी गई। यह पुरस्कार ओमान के सुल्तान के सौजन्य से बनाये गये एक संचित कोष जिसका मूल्य 2,50,000 अमेरिकी डालर है, से आने वाले ब्याज से दो वर्ष में एक बार प्राप्त होगी।

यह पुरस्कार पर्यावरण तथा प्राकृतिक संसाधन, शोध कार्य, पर्यावरणीय शिक्षा और प्रशिक्षण, पर्यावरणीय चेतना तथा जाग्रति के लिये किये गये प्रयास, किसी बायोस्फीयर रिजर्व अथवा किसी विश्व स्तर के पर्यावरणीय क्षेत्र के विकास से क्षेत्र में कार्य करने वाले व्यक्ति, व्यक्ति समूह, संगठन अथवा संस्थानों को मिल सकेगी।

इस पुरस्कार की कुल संख्या तथा इसमें मिलने वाली राशि निश्चित नहीं है क्योंकि किसी खास सूत्र (Formula) के अनुसार प्रतिवर्ष यह निश्चित की जाया करेगी। यह उल्लेखनीय है कि प्रथम बार प्रथम पुरस्कार पाने वाली प्रत्याक्षी को यह राशि 20,000 अमेरिकी डालर की घोषणा हुई थी।

आवेदन पत्र पर्यावरण विभाग, भारत सरकार से प्राप्त कर उन्हें ही भेजे जाते हैं, जहां से वह गन्तत्व स्थान पर भिजवाये जा सकेंगे।

8. महावृक्ष पुरस्कार (Maha Vriksha Puraskar)—यह एक नया पुरस्कार सत्र 1993-94 से ही प्रारम्भ किया है जो वस्तुतः राष्ट्रीय वनीकरण एवं पारिस्थितिकी विकास बोर्ड (National Afforestation and Eco-development Board) द्वारा प्रतिवर्ष प्रत्येक उस व्यक्ति संस्था को दिया जाता है जिसके वृक्षों की मोटाई, ऊँचाई तथा स्वस्थता सबसे अच्छी हो। विभाग द्वारा वृक्षारोपण की किस्म की विज्ञप्ति की जाती है, जो 5 वर्ष तक रहती है। पुरस्कार में 2[illegible]0 रु. नगद, एक स्मृति

चिन्ह (Plaque) तथा एक प्रशस्ति पत्र दिया जाता है।

9. पर्यावरण एवम् वन मंत्रालय विशिष्ट वैज्ञानिक पुरस्कार (Paryavaran Evam Van Mantralaya Vishistha Vaigyanik Puraskar)—यह पुरस्कार सत्र 1992-93 से प्रारम्भ किया गया है। वन मंत्रालय तथा उसके सहयोगी कार्यालय और स्वयं स्वायत्त संस्थाओं के 'ए' श्रेणी के वैज्ञानिकों को शोधकार्य के लिए यह पुरस्कार दिया जाता है। प्रति वर्ष 20,000 रु. प्रत्येक के दो पुरस्कार दिये जाने का प्रावधान है।

10. स्वच्छ टैक्नोलॉजी के लिए राजीव गांधी पर्यावरण पुरस्कार (Rajiv Gandhi Environment Award for Clean Technology)—यह पुरस्कार वर्ष 1993 से प्रारम्भ किया गया है। उन औद्योगिक इकाइयों को, जो स्वच्छ टेक्नोलोजी का विकास करें तथा उद्योगों की पर्यावरणीय समस्याओं को अच्छे तरीके से सुलझा सकती हों, यह पुरस्कार देय होगा। इसमें देय धनराशि अथवा/तथा प्रमाण-पत्र का विवरण प्राप्त किया जा रहा है।

11. राजीव गांधी राष्ट्रीय वन्य जीव पुरस्कार (Rajiv Gandhi National Wildlife Award)—प्रति वर्ष उन अधिकारियों तथा वन्य क्षेत्र में कार्य करने वाले व्यक्तियों को दिया जाता है, जिन्होंने वन्य जीव संरक्षण और शोध के क्षेत्र में अनुकरणीय कार्य किया हो। इसमें प्रति वर्ष दो पुरस्कार दिये जाते हैं। प्रत्येक पुरस्कृत व्यक्ति को 1 लाख रु० नगद, एक प्रशस्ति पत्र तथा एक पदक दिया जाता है।

12. बी०पी० पाल राष्ट्रीय जैव विविधता पर्यावरण फैलोशिप पुरस्कार (B.P. Pal National Environment Fellowship Award for Biodiversity)—जैव विविधता की महत्ता को स्वीकार करते हुये और देश में उपलब्ध सुविधाओं और विकास तथा सुदृढ़ीकरण के ध्येय से भारत सरकार ने 1995 में जैव-विविधता के क्षेत्र में राष्ट्रीय फैलोशिप प्रारम्भ की हैं इस पुरस्कार में दो वर्ष के लिये 4,000 रुपये की मासिक फैलोशिप, 18,000 रुपये प्रतिवर्ष का कन्टिन्जैन्सी अनुदान और अन्य सुविधाओं का प्रावधान है।

13. जिले की सबसे हरी पंचायत (Zile ki Sabse Hari Panchayat)—यह पुरस्कार 1995-96 से वन एवं पर्यावरण मंत्रालय द्वारा शुरू किया गया है। 4 वर्ष के निरन्तर मूल्यांकन से चयनित सबसे अधिक वृक्ष लगाने वाली ग्राम पंचायत को 1 लाख रु. का नगद पुरस्कार दिया जाता है।

14. डॉ. सलीम अली और डॉ. कैलाश सांखला फैलोशिप (Dr. Salim Ali and Dr. Kailash Sankhla Fellowship)—यह फैलोशिप वन्य जीव क्षेत्र

में अनुसंधान व संरक्षण कार्य के लिये दो फैलोशिप 2000 रुपये प्रति माह की प्रति वर्ष दी जाती है। यह फैलोशिप सन् 1999 से प्रारम्भ किये गये हैं।

15. अमृदा देवी वन्य जीव सुरक्षा पुरस्कार (Amrita Devi Wildlife Protection Award)—वन्य एवं पर्यावरण मंत्रालय ने वन्य जीव संरक्षण के लिये पराक्रम एवं साहस दिखाने के लिये लोगों/समुदायों को अमृता देवी विश्नोई के नाम से 'अमृता देवी वन्य जीव सुरक्षा पुरस्कार' की स्थापना की है। इसमें ग्रामीण समुदाय से जुड़े व्यक्ति/संस्थ्थान को 1 लाख रूप में नगद देने का प्रावधान है।

राज्य सरकारों द्वारा अपने स्तर पर किये जा रहे पर्यावरणीय कार्यक्रम (Environmental Programmes Taken by State Governments at Their Own level)

यह ऊपर बताया जा चुका है कि तिवारी कमेटी (1980) की अभिशंसा के अनुरूप जहां केन्द्रीय स्तर पर स्वतंत्र पर्यावरण विभाग की स्थापना की गई वहीं राज्य सरकारों को भी भारत सरकार द्वारा यह निर्देश दिये गये कि वे भी अपने-अपने राज्यों में पर्यावरणीय कार्यों का संचालन करने। इस हेतु योजना मद (Plan Head) में धनराशि भी उन्हें उपलब्ध कराई गई तथा मार्गदर्शन भी दिये गये। स्वतंत्र संचालन हेतु प्रयुक्त किये गये अधिकारी व अन्य स्टाफ का वेतन एवं अन्य व्यय की पूर्ति का प्रावधान किया गया।

राज्य सरकारों ने अपने-अपने स्तर पर गवर्निंग काउन्सिल्स का निर्माण कर उनकी अभिशंसा के आधार पर कार्य प्रारम्भ किया। कुछ राज्यों में स्वतंत्र पर्यावरण विभाग बने, कुछ ने प्रदूषण नियंत्रण मण्डल के साथ कार्य प्रारम्भ किया तथा शेष कई राज्यों ने इस कार्यक्रम को विज्ञान व टैक्नोलोजी विभाग के साथ मिला दिया। पर यह इस क्षेत्र का दुर्भाग्य ही रहा कि किसी भी राज्य में पर्यावरण विभाग का न तो स्वतंत्र मंत्री रहा और न ही स्वतंत्र सचिव स्तर का अधिकारी। अत: पर्यावरण विभाग जिस वृहद विभाग के भी अधीन रहा, वहीं के अधिकारी से खानापूर्ति का ही लाभ मिल सका।

राज्य स्तर पर पर्यावरण के क्षेत्र में कार्य निम्न सीमित क्षेत्रों में ही प्रारम्भ हुआ—

1. प्रकृति संरक्षण कार्य (Nature Conservation Programme)—इन कार्यों में ऐसे स्थलों के पर्यावरण संरक्षण कार्य सम्मिलित किये जाते हैं, जहां—

(अ) जिन खेत्रों की वनस्पति सम्पदा नष्ट हो गई हो, जैसे खनन क्षेत्र, भूमि क्षरण अथवा कृत्रिम बंजर भूमि क्षेत्र आदि।

अथवा/और

(ब) जो स्थान ऐतिहासिक, धार्मिक अथवा पर्यटन के दृष्टिकोण से महत्त्वपूर्ण हों और वह क्षतिग्रस्त हो गये हों, जैसे-मन्दिर, किले, दरगाह आदि। तीर्थ स्थल भी इसमें लिये जा सकते हैं।

2. पर्यावरण चेतना (जागरण) व शिक्षा (Environment Awareness and Education)–इस क्षेत्र में विभिन्न आयु वर्ग के विद्यार्थी, कार्यरत विभागीय अधिकारी/कर्मचारी तथा जन-समुदाय के लोगों के लिये कार्यक्रमों को लिया गया है–

(अ) विद्यार्थियों के लिए–

(1) पारिस्थितिकी विकास शिविर,

(2) विभिन्न प्रकार की पर्यावरणीय प्रतियोगिताएं,

(3) भ्रमण आदि।

(ब) विभिन्न स्तर के शिक्षित लोगों के लिए–

(1) सेमीनारें,

(2) कार्यगोष्ठियां,

(3) अनुसंधान कार्य,

(4) प्रशिक्षण कार्यक्रम,

(5) व्याख्यान शृंखलाएं,

(6) सिम्पोजियम आदि।

(स) अन्य लोगों के लिए–

(1) फिल्म शोज,

(2) नुक्कड़ नाटक,

(3) कठपुतली प्रदर्शन,

(4) पोस्टर्स-स्टिकर्स-सिनेमा स्लाईड्स आदि।

इसके अतिरिक्त साहित्य प्रकाशन, उत्सव दिवसों का आयोजन, प्रदर्शनियों आदि सम्मिलित किये गये हैं।

3. प्रदूषण नियंत्रण गतिविधियां (Population Control Activities)–राज्य के प्रदूषण नियंत्रण मण्डल के समन्वय से राज्य में प्रदूषण फैलाने वाली औद्योगिक इकाइयों का नियंत्रण करना, प्रदूषण नियंत्रण उपचार संयंत्रों की आवश्यक रूप से अनिवार्यता को देखने तथा दोषी उद्योगों के चालान की व्यवस्था का कार्य मुख्य रहा।

4. जिला पर्यावरण समितियों का परिवीक्षण (Supervision of District Environment Committees)—भारत सरकार के निर्देशों के अनुरूप सभी जिलों में जिला कलेक्टर की अध्यक्षता में जिला पर्यावरण समितियों का गठन किया गया है, जिसकी प्रति तीन माह में एक बैठक का आयोजन अपेक्षित है। इन समितियों का कार्य स्थानीय पर्यावरणीय समस्याओं की जानकारी कर उनका यथासंभव हल खोजना है। यह समितियां नियमित रूप से कार्य करती रहें, यह परिवीक्षण पर्यावरण विभाग के स्तर पर किया जाता है।

5. केन्द्र सरकार के निर्देशों के अनुरूप विभिन्न कार्यक्रम (Different Programmes according to Central Government Directives)—ऐसे कार्यक्रम जैसे—

(1) पर्यावरण वाहिनियां,

(2) विद्यार्थियों के इको क्लब्स,

(3) जागरुकता अभियान कार्यक्रम आदि।

इनका निर्देशन तो कन्द्रीय स्तर से होता है लेकिन उनका कार्य राज्य क्षेत्र में आता है, उनकी अप्रत्यक्ष रूप से संचालन व्यवस्था को देखा जाता है।

6. स्वयंसेवी संस्थाओं से तालमेल व समन्वय (Co-ordination and Co-operation with Voluntary Organisations)—राज्य स्तर पर अनेक स्वयंसेवी संस्थाएं पर्यावरण के क्षेत्र में भी कार्यरत हैं और पूर्णतया समर्पित हैं। इन संस्थाओं से तालमेल मिलाकर इनकी सेवाओं का अधिकतम लाभ उठाया गया है। विभाग द्वारा संचालित विविध कार्यों में उनका उत्तरदायित्व सौंपकर एक ओर अपने कार्य भार में कमी लाने का प्रयास किया गया है, वहीं उनसे भी कर्त्तव्य बोध को सशक्त किया गया है।

देश की विशिष्ट संस्थाओं द्वारा पर्यावरणीय कार्य (Environmental work by Specific Institutions of the Country)

देश में अनेक ऐसी विशिष्ट संस्थाएं हैं, जो पर्यावरण के क्षेत्र में अद्वितीय कार्य कर रही हैं। राजस्थान में—

(1) सेवामन्दिर (उदयपुर),

(2) तरुण भारत संघ (अलवर),

(3) इंडियन एनवाइरनमेन्टल सोसायटी (उदयपुर),

(4) विज्ञान परिषद (कोटा)।

मध्य प्रदेश में–एप्को-पर्यावरण नियोजन एवे समन्वय संगठन (भोपाल)। गुजरात में–सेन्टर फॉर एनवायरनमेन्ट एजूकेशन (अहमदाबाद)। केरल में-केरल शास्त्र साहित्य परिषद (त्रिवेन्द्रम)। उत्तर प्रदेश में-ग्राम स्वराज्य मण्डल (दशौली) आदि का उल्लेख इस क्रम में किया जा सकता है। विशिष्ट मुद्दों पर स्थानीय स्वयंसेवी संस्थाएं अत्यन्त समर्पित हो सभी स्तर पर जुटी हैं जो राष्ट्र के हित में शुभ संकेत हैं।

पर्यावरण की गतिविधियों पर व्यय अनुमान
(Expenditure Estimate on Environmental Activities)

यहां हम यह बताना चाहेंगे कि पर्यावरण के क्षेत्र में व्यय का आकलन तीन स्तर पर है, प्रथम विदेशी सहायता, द्वितीय केन्द्र सरकार द्वारा बजट आवंटन तथा तृतीय राज्य सरकारों द्वारा अपने-अपने राज्यों में बजट आवंटन। विदेशी सहायता अनेक प्रकार से प्राप्त हो जाती है, जिनमें विकसित देशों की उदार नीति के फलस्वरूप विभिन्न देशों द्वारा उपलब्ध है। विश्व बैंक भी एक ऐसा स्रोत है जिससे वित्तीय सहायता प्राप्त है और इसके अतिरिक्त कई संगठन विशेष योजना के लिए धनराशि उपलब्ध कराती हैं। कुल मिलाकर यथेष्ट धनराशि उपलब्ध होती है, जो परिवर्तित है।

राज्य सरकारें अपने स्तर पर विशेष प्रकार से धनराशि आवंटित करती हैं। योजना व्यय का लगभग 2% वे वर्तमान में पर्यावरण एवं वन विकास हेतु उपलब्ध करा रही हैं, जो उनकी अधिकतम सीमा में आता है।

भारत की केन्द्रीय सरकार का बजट आवंटन अपने कुल प्लान का लगभग 0.5 से 0.6% तक है जिनमें की राशि किसी निश्चित आधार पर चार मदों–

(1) पर्यावरण,

(2) राष्ट्रीय नदी संरक्षण प्लान,

(3) वन एवं वन्य जीव तथा

(4) अन्य योजनाओं में वितरित होता है।

प्रश्न (Questions)

निबन्धात्मक प्रश्न (Essay Type Questions)

1. 'ओजोन दिवस' कब मनाया जाता है? और क्यों?
2. राष्ट्रीय पर्यावरण जन चेतना अभियान (NEAC) में किस-किस प्रकार की गतिविधियां सम्पन्न की जाती हैं? पूरे देश में इसे कौन-सी संस्था आयोजित करती हैं?

3. गंगा एक्शन प्लान–Phase -II में किन-किन नदियों की सफाई का अभियान शुरू किया है? इनमें कौन-कौन से कार्य सम्मिलित किये गये हैं?
4. पर्यावरण के क्षेत्र में पुरस्कारों की परम्परा क्यों शुरू की गई? इन्दिरा गांधी पर्यावरण पुरस्कार के बारे में विस्तार से बताइये।
5. राज्य स्तर पर पर्यावरण के क्षेत्र में कौन-कौन से कार्य किये जाते हैं?

लघुत्तरात्क प्रश्न (Short Answer Type Questions)

6. पर्यावरण शिक्षा केन्द्र, अहमदाबाद की गतिविधियों के बारे में बताइये।
7. पारिस्थितिकी क्लब्स क्या होते हैं? संक्षिप्त में इनके कार्यकलाप बताइये।
8. विश्व जल दिवस मनाने का आयोजन कब से प्रारम्भ हुआ? उसका मुख्य उद्देश्य क्या है?
9. महावृक्ष पुरस्कार किसको प्रदान किया जाता है?
10. पर्यावरण जन चेतना के लिये कौन-कौन से कार्यक्रम आयोजित किये जाते हैं?

वस्तुनिष्ठ प्रश्न (Objective Questions)

11. विश्व जल दिवस किस दिन मनाया जाता है?
    (अ) 18 सितम्बर (ब) 5 जून
    (स) 22 मार्च (द) 22 अप्रैल
12. ओजोन की पर्त के विनाश से निम्न रोग संभव हैं?
    (अ) मलेरिया (ब) कैन्सर
    (स) टायफाइड (द) एड्स
13. वन एवं पर्यावरण मंत्रालय द्वारा स्थापित उत्कृष्टता केन्द्रों की संख्या कितनी है?
    (अ) 5 (ब) 9
    (स) 7 (द) 8
14. जिला पर्यावरण वाहिनी समिति का पदेन अध्यक्ष कौन होता है?
    (अ) मुख्यमंत्री (ब) चीफ सेक्रेटरी
    (स) जिला प्रमुख (द) जिला कलेक्टर

15. पर्यावरण के अनुकूल उत्पादन पर किस प्रकार का 'लेबिल' निर्धारित किया गया है?

    (अ) स्वास्तिक चिन्ह (ब) मिट्टी का घड़ा

    (स) दौड़ता बालक (द) उड़ता वायुयान

रिक्त स्थानों की पूर्ति करिये–

16. पृथ्वी दिवस प्रति वर्ष .... को मनाया जाता है।
17. सत्र 2001-2002 में विश्व जल दिवस का विश्व .... था।
18. जल और स्वास्थ्य के लिये अन्तर्राष्ट्रीय मैगजीन Source Bulletin का प्रकाशन होता है।
19. राष्ट्रीय नदी संरक्षण प्लान के पदेन अध्यक्ष .... होते हैं।
20. गंगा एक्शन प्लान का नाम .... से बदल दिया गया है।

5

पर्यावरणीय संरक्षण
(Environmental Conservation)

प्रस्तावना (Introduction)

भारत में कानून और पर्यावरण (Law and Environmental in India)

अपने देश में पर्यावरण की रक्षा के लिये कानूनों की कोई कमी नहीं, देश में करीब 200 ऐसे कानून है जिनका पर्यावरण की रक्षा के लिये किसी न किसी रूप में इस्तेमाल किया जा सकता है, किन्तु दुर्भाग्य ही कहा जायेगा कि जितने अधिक कानून हैं, प्रदूषण फैलाने वाले व्यक्ति, उद्योग व अन्य कारखाने उतने ही ज्यादा निर्भीकता का परिचय दे रहे हैं। इनमें सबसे पुराना शोर एक्ट (बम्बई का कोलावा) है, जो 1853 में बना था, लेकिन पर्यावरण संरक्षण के विशिष्ट उद्देश्य से कानून बनाए जाने की रफ्तार धीमी रही है, इसके पीछे एक कारण तो पर्यावरण संबंधी समस्याओं की अपर्याप्त समझ और दूसरा कानून की क्षमता के बारे में प्रचलित गलत धारणाएं रही हैं।

1976 तक संविधान में पर्यावरण सुरक्षा का जिक्र तक नहीं था, सातवीं अनुसूची में विभिन्न कानूनों की तीन श्रेणियां हैं, यहां कानूनों को संघ सूची, राज्य सूची और समवर्ती सूची में बांटा गया है, राज्य विधान सभाओं को पर्यावरण संबंधी मसलों पर कानून बनाने का अधिकार है। 1976 में संविधान के 42 वें संशोधन के तहत पर्यावरण संबंधी मुद्दों को शामिल किया गया, पहली बार संविधान में पर्यावरण सुरक्षा का उल्लेख हुआ। सरकार 42वें संशोधन के जरिये पर्यावरण सुरक्षा के लिये कुछ ऐसे अधिकार हासिल करना चाहती थी, जो उसके पहले नहीं प्राप्त थे।

राज्य के नीति निदेशक सिद्धान्तों में अनुच्छेद 48(अ) जोड़ा गया और कहा गया "राज्य देश के प्राकृतिक पर्यावरण और वनों व वन्य जीवन की सुरक्षा और विकास के उपाय करेगा।" संविधान में पहली बार दर्ज मौलिक कर्तव्यों के अध्याय (अनुच्छेद 51 अ, जी) में कहा गया, "वनों, झीलों, नदियों और वन्य जीवन की

सुरक्षा व विकास और सभी जीवों के प्रति सहानुभूमि रखना हरेक नागरिक का कर्त्तव्य होगा।" वनों और वन्य जीवन से जुड़े मसले राज्य सूची से समवर्ती सूची में स्थानान्तरित कर दिए गये।

42वें संशोधन से यह स्पष्ट नहीं हो पाता है कि केन्द्र सरकार का अतिरिक्त अधिकार हासिल करने का कोई इरादा है। मौलिक कर्त्तव्यों के अध्याय में जो बातें शामिल की गई हैं, उनका कोई खास मतलब नहीं नजर आता। इन कर्त्तव्यों का पालन कराने वाला कोई ढांचा नजर नहीं आता। इस अतिरिक्त अनुच्छेद से क्या अतिरिक्त अधिकार हासिल होते हैं, यह समझना मुश्किल ही है, हां, इन मुद्दों पर कानून बनाने की सरकार की तैयारी जरूर दिखती है, जंगलों और वन्य जीवन को राज्य सूची में समवर्ती सूची में लाने के बावजूद राज्यों का इन मामलों पर कानून बनाने का अधिकार नहीं छीना गया है। इसका अर्थ सिर्फ यहीं रहा होगा कि केन्द्र सरकार भी इन दोनों मामलों पर कानून बना सकती है।

लेकिन क्या केन्द्र सरकार को दूसरी तरह से ये अधिकार प्राप्त नहीं है? अनुच्छेद 253 के अनुसार, "इस अध्याय के अन्य प्रावधानों के अलावा संसद को किसी देश या देशों के साथ हुए समझौते, संधि या किसी अन्तर्राष्ट्रीय सम्मेलन, संघ या अन्य किसी संस्था के किसी फैसले को लागू करने के लिए पूरे देश या किसी क्षेत्र विशेष के लिए कानून बनाने का अधिकार होगा। जैसाकि जून 1992 के ब्राजील में सम्पन्न पृथ्वी सम्मेलन के दौरान भारतीय प्रतिनिधि मण्डल की कार्यप्रणाली से संकेत मिलता रहा है। पुरानी संसद को 42वें संविधान संशोधन से पहले भी राज्य सूची के विषयों पर कानून बनाने का असीमित अधिकार रहा है। नया वायु कानून (1981) इसी आधार पर बना है।"

कहा जाता है कि वन्य-जीवन (संरक्षण) कानून (1972) और जल प्रदूशण (निवारण और नियंत्रण) कानून (1974) के बनाए जाने से नए पर्यावरण युग की शुरुआत हुई है। इन कानूनों में दो और कानून जोड़े जा सकते हैं–वन संरक्षण कानून (1980) और वायु प्रदूषण निवारण कानून (1981)।

ये कानून साफ तौर पर पर्यावरण संरक्षण को ध्यान में रखकर बनाए गए, जबकि 1972 में पहले बनाए गये कानून ऐसे साफ नहीं थे, केन्द्र सरकार ने वन्य-जीवन कानून (1972) और जल कानून (1974) अनुच्छेद 252 के तहत बनाई गई प्रक्रिया के बाद बनाया था। इस प्रक्रिया के तहत दो या ज्यादा राज्य किसी विषय पर प्रस्ताव पास करके संसद को उस कानून बनाने का अधिकार देते हैं। वायु कानून 1981, स्टाक होम में 1972 में मानवीय पर्यावरण सम्मेलन के फैसलों का लागू करने के लिए बनाया गया था।

वन्य-जीवन कानून—वन्य-जीवन (संरक्षण) कानून 1972 के तहत वन्य-जीवन सलाहकार बोर्ड के गठन, वन्य प्राणियों व पक्षियों के शिकार के नियमन, अभ्यारण्यों और राष्ट्रीय उद्यानों के लिये क्षेत्रों के निर्धारण और वन्य पशुओं के व्यापार के नियंत्रण का प्रावधान है।

इसे लागू करने का श्रेय भारतीय वन्य जीवन बोर्ड को जाता है, वैसे कुछ सरकारी और गैर सरकारी सदस्यों का यह बोर्ड केवल एक सलाहकार संस्था है चूंकि इसके अध्यक्ष प्रधानमंत्री है इसलिए इसकी सलाहों को विशेष महत्त्व दिया जाता है।

इस बोर्ड की तर्ज पर राज्यों में भी राज्य वन्य-जीवन सलाहकार बोर्ड बनाए गए हैं। वनों और वन्य प्राणियों को एक विषय मानकर उनका प्रबन्ध राज्यों के वन विभागों के अधीन करने के सवाल पर काफी बहस हुई है। कुछ विशेषज्ञों का मानना है कि वन विभाग को दो भागों में बांटकर एक नया वन्य जीवन विभाग बनाया जाये, जो राष्ट्रीय उद्यानों और अभ्यारण्यों की देखभाल का काम करें।

केन्द्र सरकार अब इस बारे में एक नया कानून बनाने पर भी विचार कर रही है, विचाराधीन विधेयक भारतीय जींव-जगत कानून (इण्डियन बायोस्फीयर एक्ट) भी वन्य जीवन संरक्षण विधेयक की तर्ज पर ही होगा।

जल कानून

स्वास्थ्य मंत्रालय ने जल प्रदूषण के अध्ययन के लिए 1962 में ही एक विशेषज्ञ समिति बनाई थी। समिति ने इस मसले पर केन्द्रीय और प्रादेशिक स्तर पर कानून बनाने की सिफारिश की थी। स्थानीय स्वशासन की केन्द्रीय और परिषद ने भी संसद के कानून बनाए जाने की सिफारिश 1963 में ही की थी। 1965 में इसके लिए एक विधेयक का मसौदा सभी राज्यों को भेजा गया।

राज्यों से अनुरोध किया गया कि वे इस विषय पर कानून बनाने का अधिकार संसद को सौंपने के लिए प्रस्ताव करें, जल प्रदूषण निवारण विधेयक 1969 में राज्यसभा में पेश किया गया। इससे पहले छः राज्यों ने इसके लिए प्रस्ताव पास किये थे, अगस्त 1970 में राज्यों ने विधेयक संयुक्त समिति को सौंपा। समिति ने इसमें कई फेर-बदल किए और 1972 में इसे संसद में पेश किया गया। 1974 में यह विधेयक मंजूर किया गया।

जल कानून का दायरा व्यापक है। प्रदूषण, मूल, जल, कचरा, कारखानों का कचरा आदि की व्यापक परिभाषा दी गई है, कानून में केन्द्रीय व राज्य बोर्डों के गठन का प्रावधान है। इन पर मुकदमा चल सकता है और यह मुकदमा चला सकेंगे;

कृषि, मछली पालन, केन्द्र व राज्य सरकारों के निगमों या कम्पनियों और अन्य कारखानों के प्रतिनिधित्व का भी प्रावधान किया गया है।

जल प्रदूषण की रोकथाम के मसले पर केन्द्र सरकार को सलाह देने के अलावा केन्द्री बोर्ड सभी केन्द्र शासित प्रदेशों के लिए राज्य बोर्ड की भूमिका भी निभाता है, अगर राज्य सरकार का कोई निर्देश केन्द्रीय बोर्ड के निर्देश से मेल नहीं खाता तो मामला केन्द्र सरकार के हवाले कर दिया जाता है।

कानून को लागू करने में कई समस्याएं हैं, जल बोर्डों के अधिकारी और कार्य क्षेत्रों का तो इस कानून में उल्लेख है, लेकिन कोष के मामले में कुछ नहीं कहा गया है, यह राज्य सरकारों के भरोसे छोड़ दिया गया है, जब तक कोष के मामले में कुछ निश्चित नहीं होता राज्यों के बोर्ड कानून को प्रभावी तरीके से लागू नहीं करा सकते। इसे ध्यान में रखकर सरकार ने केन्द्र कानून को बार्डों का खर्च जुटाने के लिए उप-कर लगाने के प्रस्ताव पर भी विचार किया। साधन मुहैया कराने और जल प्रदूषण नियंत्रण के लिये 1977 में जल (प्रदूषण रोकथाम) उप-कर कानून बनाया गया।

इस कानून पर कई कारखानों की ओर से मुकदमे दायर किये गये। इसकी बारीकियों पर मीन-मेख निकाला गया। कारखानों ने इसकी गिरफ्त से निकलने की कोशिशें की। बोर्ड के लिए साधन जुटाने के लिए बेहतर यह होता कि सभी कारखानों से उपकर वसूल किया जाता। ऐसा नहीं किए जाने पर यह धारणा बनी कि प्रदूषण फैलाने वाले कारखानों से जुर्माना वसूल किया जाना चाहिए।

जल कानून 1974 के सेक्शन 24(1) पर विशेष ध्यान देने की जरूरत है। इस सेक्शन में प्रदूषण फैलने वाले कचरे को जल स्रोतों या कुओं में बहाने पर रोक लगाने की बात कही गई है। जल स्रोतों के नैसर्गिक प्रवाह को कुप्रभावित करने या उसमें प्रदूषण फैलाने की जानबूझकर कोशिश या कोशिश करने की अनुमति को अपराध करार दिया गया है। इस सेक्शन की वाक्य संरचना ऐसी है कि प्रदूषण फैलाने वाले को दोषी करार देने से पहले यह साबित करना जरूरी होगा कि उसने जानबूझकर प्रदूषण फैलाया है अगर काई व्यक्ति अनजाने में प्रदूषण फैला रहा है तो उसे इस कानून के दायरे में नहीं लाया जा सकता।

जल बोर्ड को गलती करने वाले कारखानों से सीधा निपटने का अधिकार प्राप्त नहीं हैं उसे इसके लिए न्यायपालिका का सहारा लेना पड़ता है, अगर कोई कारखाना दोषी पाया भी जाता है तो प्रबन्धकों को जेल या जुर्माना तो हो सकता है लेकिन अदालत किसी कारखाने को बन्द करने का आदेश नहीं जारी कर सकती। अदालती कार्यवाही लम्बी खिंचती है और इससे रोकथाम के उपायों में देर होती है।

जल कानून के सेक्शन 32 के तहत बोर्ड को कुछ आपातकालीन उपाय करने के अधिकार भी दिए गए हैं। लेकिन ये उपाय तभी किये जा सकते हैं जब राज्य बोर्ड को पता चले कि किसी जल स्रोत में किसी दुर्घटना या अनदेखी के कारण से कोई जहरीला तत्त्व मिल रहा है।

अन्त में सेक्शन 49(1) में कहा गया है, इस कानून के तहत अपराधों के बारे में कोई भी शिकायत जब तक राज्य बोर्ड के द्वारा उसकी लिखित मंजूरी के बिना नहीं की जाती, अदालतें उस पर ध्यान नहीं देगी, अगर यह अधिकार बोर्ड के अलावा लोगों को भी दिया गया होता तो जल कानून और ज्यादा कारगर हो सकता था। उड़ीसा नदी प्रदूषण कानून 1954 में यह व्यवस्था थी।

इस कानून को लागू करने के दौरान हुए अनुभवों के बाद 1978 में इसमें एक संशोधन की कोशिश की गई है ताकि बार्डों के हाथ मजबूत हों, संशोधित कानून में 22 सेक्शन हैं। लेकिन ऐसी कोई व्यवस्था नहीं की गई है, जिससे कि कानून को प्रभावी तरीके से लागू करने में मद्द मिले।

इन सबसे निराश होकर केन्द्रीय बोर्ड ने एक संशोधन समिति बनाई, जिसमें विभिन्न राज्यों में बोर्डों के प्रतिनिधियों को शामिल किया गया। राज्यों के बोर्डों ने प्रस्ताव पेश किए, 1978 में संशोधित जल कानून 1974 में संशोधित जल कानून 1974 और जल उपकर कानून 1977 में संशोधित के कुल 58 प्रस्ताव आए, एक बड़े संशोधन के तहत ये सिफारिशें की गई बोर्डों को जरूरी सूचनाएं हासिल करने का अधिकार, उत्तरदायित्व के सिद्धान्त का समावेश, बोर्डों को प्रदूषण की सम्भावना की रोकथाम के लिए अदालत की मदद के बिना कार्यवाही का अधिकार, मामलों में शीघ्र निपटारे के लिए विशेष अदालतों का गठन, ये सिफारिशें अभी मंजूर नहीं हो पाई हैं।

वायु कानून

देश में वायु प्रदूषण निवारण और नियंत्रण के लिए कानून बनाने की हालांकि कोई खास कोशिश नहीं हुई थी, लेकिन 81 वर्षों से इस मसले पर एक कानून जारी है, "बंगाल स्मोक न्यूसेंस एक्ट" 1905 में ही बन गया था। इसके बाद 1912 में बम्बई और 1958 में कानपुर में भी इस तरह के कानून बने। फिर कई अन्य राज्यों ने बंगाल कानून को अपने यहां लागू किया। ये कानून मुख्यत: कारखानों की चिमनियों से निकलने वाले धुंए से संबंधित थे, लेकिन कई नये कारखाने लगते गए और उन पर इन कानूनों का जैसे कोई असर ही नहीं पड़ा।

मोटरगाड़ियों से निकलने वाले धुएं से संबंधित कानून का भी यही हाल रहा। मोटर व्यहिकल्स एक्ट 1939 में राज्य सरकारों को मोटर गाड़ियों से निकलने वाले

धुएं, वाष्प, चिंगारियों, राख और तेल आदि के बारे में नियम बनाने का अधिकार दिया गया था। पर मोटरगाडिंयों से निकलने वाले नुकसानदेह धुंए के बारे में पर्याप्त निर्देशों, निगरानी और कार्यवाही एजेंसी के अभाव में इस कानून के बावजूद स्थिति सुधरी नहीं।

फिर केन्द्र सरकार ने सन् 1970 में वायु प्रदूषण पर अध्ययन के लिए एक विशेष समिति का गठन किया, और इस वायु प्रदूषण रोकथाम के उपायों को सुलझाने और इसके लिए एक विधेयक का मसौदा तैयार करने का काम सौंपा गया। इस समिति ने वायु की गुणवत्ता को आधार मानकार प्रदूषण नियंत्रण के कुछ तरीके सुझाये। फिर नया वायु कानून भी जल कानून की तर्ज पर ही बनाया गया और इस कारण खामियां भी दोनों में समान रहीं, लेकिन कुछ प्रावधान उल्लेखनीय है– कानून के सेक्शन 20 के तहत राज्य सरकारों को अधिकार दिया गया कि वे मोटरगाड़ियों के पंजीकरण से संबंधित अधिकारियों को गाड़ियों से निकलने वाली गैसों के बारे में मानक तय करने का निर्देश है, सेक्शन 52 में कहा गया है कि वायु में रेडियोधर्मिता के कारण होने वाले प्रदूषण में परमाणु ऊर्जा एक्ट 1939 के बावजूद कोई कमी रह जाए तो यह कानून उसे पूरा करेगा।

फिर प्रस्ताव आया कि केन्द्रीय बोर्ड जल प्रदूषण के अलावा वायु प्रदूषण की रोकथाम का काम भी देखे और यही व्यवस्था राज्यों व केन्द्रशासित प्रदेशों में भी लागू हो, चूंकि, वायु प्रदूषण से संबंधित कानून कुछ राज्यों में लागू नहीं है, इसलिए ऐसे राज्यों में वायु प्रदूषण रोकथाम के लिए अलग बोर्ड बनाने का प्रस्ताव भी किया गया।

यहां यह बात उल्लेखनीय है कि जल और वायु प्रदूषण से संबंधित इन कानूनों को अन्तिम रूप लेने में 10 से ज्यादा साल लगे, यह तो अपने आप में नुकसानदेह रहा ही, लेकिन अब इन कानूनों के लागू करने में देरी और भी ज्यादा निराशाजनक है। वायु संबंधी कानून किन राज्यों नियमों के अनुसार लागू किए जाएं यही तय करने में 18 महीने बीत चुके हैं।

प्रदूषण की रोकथाम के मामले में असमान कानून, उन्हें लागू करने वाले अपंग विभाग, कुल मिलाकर उस संकल्प की कमी की ओर ही संकेत करते हैं, जिसके बिना न देश की नदियां साफ हो पाएंगी और न आकाश, न पीने का स्वच्छ जल ही मिल सकेगा और न ही सांस के लिए शुद्ध वायु।

वन संरक्षण कानून

इस कानून की ओर लोगों का ध्यान कम ही गया है। लोगों का सारा ध्यान मुख्यतः उस वन विधेयक की ओर रहा है जिसके तहत वन कानून 1927 में संशोधन का

प्रस्ताव है। इस कानून में कहा गया है कि वन भूमि का वन के अलावा किसी और मतलब से इस्तेमाल केन्द्र सरकार की अनुमति के बिना नहीं किया जा सकता। जंगल कटाई के मामलें में सरकार को सलाह देने के लिए एक सलाहाकार समिति बनाने का भी प्रावधान है।

पर्यावरण संरक्षण से सम्बद्ध विभिन्न दृष्टिकोण
(Different Aspects Related to Environmental Conservation)

मानव स्वयं भी पर्यावरण का एक अंग है, अतः मानव के समस्त क्रियाकलाप, विभिन्न स्थितियों में उसकी भूमिका तथा पर्यावरण संरक्षण के लिये उस द्वारा किये गये प्रयास, सभी का प्रत्यक्ष और अप्रत्यक्ष प्रभाव स्पष्ट दृष्टिगत होता है। हम यहां इस क्रम में–

(अ) धर्म और पर्यावरण (Religions and Environment),

(ब) अर्थव्यवस्था और पर्यावरण (Economics and Environment),

(स) राजनीति और पर्यावरण (Politics and Environment) और

(द) संस्कृति और पर्यावरण (Culture and Environment) के बारे में संक्षिप्त विवेचन करना चाहेंगे–

(अ) धर्म और पर्यावरण (Religions and Environment)–विश्व के सभी मुख्य धर्म (भारत सहित) पर्यावरण की सुरक्षा और संरक्षा हेतु अति संवेदनशील रहे हैं और उनके लम्बे इतिहास में वनस्पति वन्य जीव, जल, आकाश, प्रकाश (अग्नि) का ही उल्लेख नहीं मिलता बल्कि, इनका उचित प्रयोग और उनसे होने वाले अप्रत्यक्ष लाभों का भी विवरण इस विशेषता से मिलता है कि मानो पूरे विश्व के लोगों का यही मानस हो कि पर्यावरणीय घटक ही हमारे जीवन को सही रूप से संचालित करते हों। प्रकृति और प्राकृतिक संसाधनों की इस महत्ता का अवलोकन हम निम्न संक्षिप्त विवरण में दे रहे हैं–

1. हिन्दू धर्म (Hindu Religion)–विश्व की कुल आबादी के लगभग 13% व्यक्ति हिन्दू धर्म के अनुयायी हैं। उनके सबसे प्राचीन ग्रन्थ वेद और उपनिषद् हैं। इनमें जगह-जगह प्रकृति और प्रकृति से विरासत में मिली सभी वस्तुओं का जीवन से गहरा जुड़ाव मिलता है और इन सभी को अत्यन्त पवित्र मानकर लोग इनकी पूजा अर्चना करते हैं। इनके अनुसार आकाश (Space), वायु (Air), तेज (Energy), जल (Water) और पृथ्वी (Earth) पंच तत्त्व है, जिनसे ही प्राणीमात्र को जीवन मिलता है ओर मृत्यु के बाद वह जीवन इन्हीं में विलीन हो जाता है; अतः यह तत्त्व उनके जीवन के आधार हैं।

जल की महत्ता को हिन्दू धर्म में इस सीमा तक स्वीकार किया गया है कि व्यक्ति किसी नदी में स्नान करने से पूर्व उसके जल को नमन करता है, स्नान करते समय मंत्रोच्चारण से उसकी पूजा अर्चना करता है और अत्यन्त श्रद्धा से आचमन कर अपना जीवन धन्य समझता है, और उसकी यह भी मान्यता है कि जल के स्पर्श मात्र से दैविक शक्ति उसकी रक्षा करेगी। ऋग्वेद में इसका उल्लेख कुछ इस प्रकार दिया है–

"आकाश में पानी, नदी और कुओं के पानी, जिनका स्रोत सागर है, यह सब पवित्र पानी मेरी रक्षा करें।"

(The water in the sky, the water of rivers and water in wells, whose source is ocean, may all these sacred waters protect me.)

वनस्पति और पेड़-पौधों के महत्त्व को हिन्दू धर्म में बहुत मान्यता दी है और किसी न किसी प्रकार हर पेड़ को किसी देवी-देवता अथवा मान्यता से जोड़कर उसकी रक्षा करने का उपाय कालान्तर से बनाये रखा है। वैज्ञानिक दृष्टि से जो महत्त्व आज वृक्षों को बताया जाता है और जिस वस्तुनिष्ठ आधार पर उनकी रक्षा करने पर बल दिया जाता है वह पूर्व काल में अप्रत्यक्ष रूप से ही प्रचलन में था। इस सन्दर्भ में निम्न सारणी का अवलोकन करें–

देवी-देवताओं से सम्बद्ध विभिन्न वृक्ष

क्र०सं०	*वृक्ष*	*सम्बन्धित देवी-देवता*
1.	वट	ब्रह्मा, विष्णु और कुबेर
2.	तुलसी	लक्ष्मी, विष्णु
3.	सोम	चन्द्रमा (चन्द्र)
4.	बेल	शिव
5.	अशोक	इन्द्र
6.	आम	लक्ष्मी
7.	कुदम्ब	कृष्ण
8.	नीम	शीतला, मंसा
9.	पलाश	ब्रह्मा, गन्धर्व
10.	पीपल	विष्णु, कृष्ण
11.	महुवा	पूजा पाठ हेतु
12.	सेमल	पूजा पाठ हेतु
13.	गूलर	विष्णु, रुद्र
14.	तमाल	कृष्णा

हिन्दुओं के मान्य ग्रन्थ 'वराह पुराण' में वृक्षों के महत्त्व को निम्न प्रकार बताया है–

"एक व्यक्ति जो एक पीपल, एक नीम, एक बड़, दस फूल वाले पौधे अथवा लताएं, दो अनार, दो नारंगी और पांच आम के वृक्ष लगाता है, वह नरक में नहीं जायेगा।"

(One who plants one Pipal, one Neem, one Bar, ten Flowering Plants or Creepers, two Pamogranates, two Oranges and five Mango trees will not go to hell.)

पशुओं और पक्षियों की रक्षा हेतु उन्हें पालना, भोजन खिलाना और उन पर किसी अत्याचार की आशंका को जड़ से हटाने के उद्देश्य से प्राचीन काल से ही हिन्दू धर्म में बड़ी सुन्दर व्यवस्था की गई है। अनेक देवी-देवताओं से इनको जोड़ना भी इसी क्रम में आंका जा सकता है कि पुराने लोगों को सभी पशु और पक्षियों के प्रति अत्यन्त लगाव रहा है और जिससे निःसन्देह प्रकृति का सन्तुलन व्यवस्थित हुआ है। निम्न सारणी को देखें–

देवी-देवताओं से सम्बद्ध पशु एवं वन्य जीव

क्र०सं०	*पशु एवं पक्षी*	*सम्बन्धित देवी-देवता*
1.	शेर	दुर्गा
2.	कलहंस	ब्रह्मा
3.	हाथी	इन्द्र, गणेश
4.	नादिया	शिव
5.	चूहा	गणेश
6.	हंस	सरस्वती
7.	गरुण	विष्णु
8.	बन्दर	राम
9.	घोड़ा	सूर्य
10.	मोर	कार्तिकेय
11.	उलूक	लक्ष्मी
12.	गिद्ध	शनि
13.	चीता	कात्यायवी
14.	कुत्ता	भैरव
15.	हिरण	वायु
16.	गधा	शीतला

यही नही बल्कि, पुराने ग्रन्थों में प्राकृतिक प्रदूषण फैलाने को रोकने तथा दोषी को दण्ड देने की व्यवस्था का विवरण भी कई स्थानों पर मिलता है। अवलोकन करें–

"किसी भी व्यक्ति को पानी में पेशाब, मल अथवा थूकना नहीं चाहिये। किसी भी वस्तु को, जो इन अपवित्र वस्तुओं, रक्त और विष से मिश्रित हों, जल में फेंकना नहीं चाहिये।"

(One should not cause urine, stool, cough in the water. Anything which is mixed wi th these unpious objects, blood and poison, should not be thrown in water.)

"व्यक्ति जिसने शहर के अन्दर बिल्ली, कुत्ता, नेवला और सांप जैसी जीव के लोथ अथवा कंकाल को फेंका तो उसे तीन पाना का दण्ड दिया गया था; गधा, ऊँट, खच्चर और नर कंकाल फेंकने वाले को पचास पाना का जुर्माना किया गया था।"

(The person who threw inside the city the carcass of animals, such as cat, dog, mangoose and a snake was punished with three panas; of animals such as an ass, a camel, a mule and a corpse, he was punished with a fine of fifty panas.)

इससे यह स्पष्ट है, कि हिन्दू धर्म पर्यावरण के संरक्षण हेतु और उसे विकृति से बचाने हेतु कितना जागरूक था? और उसमें कितनी रुचि रखता था?

2. बौद्ध धर्म (Buddh Religion)–बुद्ध धर्म का फैलाव भारत, दक्षिण और दक्षिणी एशिया के अनेक देशों में रहा है और सन् 2001 की जनसंख्या के अनुसार विश्व में लगभग 6% प्रतिशत व्यक्ति इस धर्म के अनुयायी हैं। भारत के संस्कारों का भी इस धर्म पर प्रभाव रहा है और इसी कारण पर्यावरणीय प्रबन्ध और मनुष्य की आवश्यता के अनुकूल ही प्राकृतिक संसाधनों का उपयोग इस धर्म के अनुयायियों ने करने को महत्त्व दिया है। सादगी (Simplicity) और अहिंसा (Non-violence) को मानने वाले बौद्ध धर्मी लोगों ने 'बुरे काम करना बन्द करो; अच्छे काम करने का प्रयास करो' (Cease to do evil; try to do good) के अन्तर्गत सभी प्रकृति अनुकूल कार्य करने को स्वीकार किया है। वृक्ष लगाना और उसकी रक्षा करना तथा किसी पर अत्याचार न करना इस धर्म की विशिष्टताएं रही हैं।

3. जैन धर्म (Jain Religion)–मुख्यत: हिन्दू धर्म में से ही उपजे जैन धर्म ने अपने कुछ विशिष्ट नियमों को बनाकर उनको कठोरता से पालन करने की प्रस्तुति की है। बौद्ध धर्म के समकालिक होने के कारण इस धर्म का भी प्रभाव जैन धर्म के अनुयायियों पर पड़ा है। जिन बिन्दुओं पर जैन धर्म में अधिक महत्त्व है, वह हैं–

(*i*) मनुष्य और प्रकृति के मध्य समन्यवय

(Harmony between man and nature)

(*ii*) मनुष्य की आवश्यकताओं की पूर्ति हेतु जैविक अथवा अजैविक संसाधनों का न्यूनतम विनाश

(Minimum destruction of resources—living and non-living for man's satisfaction of material needs)।

(*iii*) अहिंसा (Ahinsa or non-violence)।

यह सभी बातें पर्यावरण को किसी भी विनाश से बचाने और उसे पूर्ण व्यवस्थित रखे रहने की दिशा की प्रभावी सूचक हैं।

4. सिख धर्म (Sikh Religion)–सिख धर्म और उसका दर्शन गहराई से प्रकृति से जुड़ा है और इसी कारण इस धर्म के प्रवर्तक गुरु नानक ने प्रकृति को दैविक मान्यता दी है। सिखों के पवित्र गन्थ 'गुरु ग्रन्थ साहिब' में लिखा है–

'सिख धर्म, दुनियां की सभी वस्तुओं से ऊपर प्राकृतिक नियम, पशु और पक्षी, मौसम, वन-वनस्पति और वन्य जीव को महत्त्व देता है; इन सबके ऊपर सृष्टि रचियता प्रमुख हैं।'

(Sikhism deals with natural phenomena, animals and birds, seasons, flora and fauna and above all the creation of the world.)

उनके अनुसार "ईश्वर स्वयं पर्यावरण में ही निहित है।"

(Part of God's divine plan is to have himself represented in the environment.)

सिख धर्म पांच वस्तुओं (1) वायु (Air), (2) जल (Water), (3) पृथ्वी (Earth), (4) दिन (Day), (5) रात (Night) को अधिक महत्त्व देकर अपने पर्यावरणीय दृष्टिकोण को प्रभावी भूमिका को प्रस्तुत करता है। इनके अनुसार–

"यह तत्त्व मनुष्य जाति को शान्ति, प्रसन्नता, निश्चलता और विकास के लिये आवश्यक हैं। ऐसा कोई क्षण नहीं होता जबकि मनुष्य और प्रकृति के मध्य कोई अलगाव सम्भव हो। प्रकृति और मनुष्य जाति के मध्य सन्तुलन सृष्टि का अविभाज्य अंग है।"

(These elements are essential for peace, happiness, tranquality and development of humanity. There is no moment when separation between man and nature is possible. Balance between nature and human beings is an integral part of the universe.)

प्रकृति असन्तुलन के लिये इस धर्म की चेतावनी देखें–

"अत: चेतावनी स्पष्ट है : सन्तुलन को बिगाड़ने से व्यवस्था अस्त-व्यस्त हो जायेगी। ईश्वर को सम्पूर्ण पारिस्थितिकीय सन्तुलन के बिना समस्त पारिस्थितिकीय उथल-पुथल हो जायेगी।"

(Thus, the warming is clear : Upset the balance and out of order will come chos. Out of God's perfect ecological balance will come ecological upheaval.)

इसके अतिरिक्त भी परम पवित्र ग्रन्थ 'गुरु ग्रन्थ साहब' में अनेक जगह 'पौधे और वनस्पति' (Plants and Vegetation), 'पशु और पक्षी' (Animals and Birds) तथा 'वर्षा और ऋतुओं' (Rains and Seasons) का वर्णन मिलता है, जो निश्चित ही पर्यावरण की महत्ता और सुरक्षा के लिये है।

5. इस्लाम धर्म (Islam Religion)–इस्लाम धर्म एक एकेश्वरवादी धर्म (Mono-theistic Religion) है जिसके विश्व में लगभग 19 प्रतिशत अनुयायी हैं। उनकी एक सार्वभौम शक्ति प्रणेता खुदा (Khuda) है जिसके अनुसार ही पूरे जगत की सभी गतिविधियां चलती हैं। कुरान (Quran) उनकी एकमात्र धर्म पुस्तक है जिसमें इस धर्म के लोगों को करने अथवा न करने के सभी कार्यों के लिये निर्देशन है। इस्लाम में तीन बिन्दुओं पर अधिक महत्त्व दिया गया है–

(*i*) ब्रह्माण्ड में प्रत्येक वस्तु का निर्माण अल्लाह ने किया है और उसी ने नियम बनाये हैं।

(Allah has created everythin in the universe and has also given the regulations.)

(*ii*) उसने ही सभी वस्तुओं को एक निश्चित मात्रा में बनाया है।

(He has only created everyting by measure.)

(*iii*) प्रत्येक व्यक्ति को अनुपात के हिसाब से सन्तुलन को चलाना है।

(Everyone has to observe the balance with proportion.)

यह तीनों बिन्दु अपने आप में इतने सम्पूर्ण हैं कि इसमें प्राकृतिक दत्त वस्तुओं के प्रति सहज दृष्टिकोण और उनके साथ व्यक्तियों का व्यवहार स्पष्ट निर्देशित है।

A. Hussain द्वारा लिखित पुस्तक 'Spirit of Islam' में पवित्र कुरान के आधार पर व्यक्त किया है कि–

"इस्लाम की शिक्षा हमें पर्यावरण के साथ सफल समन्वय करने योग्य बनाती है और दैविक नियमों, सही ढंग, सन्तुलन करने हेतु निर्देशित करती है तथा सीमा के उल्लंघन हेतु मना करती है।"

(The teachings of Islam enable us to successfully interact with the environment and guide us to follow divine regulation, right order, observer the balance and not to transgress the measure.)

इसी सन्दर्भ में 'कुरान' में लिखा है–

"अल्लाह ने जो कुछ भी हमारे लिये बनाया है उसके अपव्यय की सख्त मनाही है और इस्लाम में यह निषेध है।"

(Extravagence in the use of what Allah was provided for us is strictly prohibited and banned in Islam.)

वनस्पति, वन्य जीव और जंगलों की रक्षा हेतु कई जगह इस्लाम की पुस्तकों में बहुत स्पष्ट उल्लेख मिलता है। प्राकृतिक संसाधनों में वायु और जल को प्रधानता और सम्भावित प्रदूषण की भी सम्भावना व्यक्त की गई है। इस्लाम में जल को व्यक्ति के पवित्र करने का एकमात्र साधन माना है और खुदा की इवादत के साथ यह कहा जाता है कि–

"अल्लाह की प्रशंसा करनी चाहिये कि उन्होंने इस्लाम और उसकी इवादतें हमें दीं। अल्लाह की प्रशंसा करनी चाहिये जिसने हमें पवित्र करने के लिये जल बनाया और प्रकाश देने हेतु इस्लाम।"

(Praise be to Allah for Islam and for his grace. Praise be to Allah who has made water a purifying agent and Islam a light.)

पर्यावरण के प्रति इनका व्यापक दृष्टिकोण इस बात से भी प्रतीत होता है कि इस्लाम धर्म में भूमि का एकमात्र मालिक खुदा है और उस पर रहने वाले निवासी केवल न्यासी (Trustees) हैं। प्राकृतिक उत्पादन की महत्ता के फलस्वरूप यूनानी औषधि पद्धति इस धर्म की ही देन है जिसे ईश्वर ने लोगों की रक्षा करने हेतु ईजाद किया है।

6. ईसाई धर्म (Christian Religion)–विश्व में सबसे अधिक अनुयायी रखने वाले (32 प्रतिशत) ईसाई धर्म का पूर्व इतिहास 'यहूदी-ईसाई आचार संहिता (Indeo-Christian Ethic) के नाम से जाना जाता है जिसमें प्रकृति को मान्यता तो प्रदान की गई है, पर उस व्यक्ति के अधीन रखा है। सम्भवत: यह उनकी पूर्वग्रसित विचारधारा रही हो, लेकिन इसके पीछे उनका सोच यह था कि–

(*i*) व्यक्ति मूलत: पृथ्वी के अन्य सभी जीवों से भिन्न हैं, जिन पर उनका प्रभुत्व रहता है।

(People are fundamentally different from all other creatures on earth, over which they have domination.)

(*ii*) व्यक्ति स्वयं अपनी नियति के मालिक हैं; वे अपने लक्ष्य चुन सकते हैं और उनको प्राप्त करने के लिये, जो भी आवश्यक है, उसे सीख सकते हैं।

(People are masters of their own destiny, they can choose their goals and learn to do whatever is necessary to achieve them.)

(*iii*) दुनिया विशाल है, अत: मनुष्य को असीमित अवसर मिलते हैं।

(The world is vast, and thus provides unlimited opportunities for humans.)

(*iv*) मानव जाति का इतिहास प्रगति का रहा है; हर समस्या के लिये कोई समाधान है, अत: प्रगति अथवा उन्नति की आवश्यकता कभी समाप्त नहीं होती है।

(The history of humanity is one of progress, for every problem there is a solution and thus progress need never ceases.)

और इसी प्रकरर उनका मत था कि पृथ्वी और आकाश (Earth and Space) के मध्य प्राकृतिक संसाधन और ऊर्जा मनुष्य के उपयोग के लिये बने हैं। कुछ वस्तुएं अनन्त है, उनका खुलकर उपयोग करें; और जो सीमित हैं, उनके समाप्त होने पर उनके विकल्प विज्ञान और तकनीकी सहायता से तैयार किये जा सकते हैं। उनका विचार रहा है–

"मानव का प्रकृति पर प्रभुत्व बना रहेगा क्योंकि मनुष्य जाति हर प्रकार से प्रकृति से श्रेष्ठ है। प्रकृति की दुनिया वस्तुत: मनुष्य जाति के कल्याण और प्रसन्नता के लिये ही बनी है।"

(Humans will continue to dominate nature because human begings are superior to outside of and above the rest of anture. The world of nature primarily exists for the happiness and the welfare of human beings.)

लेकिन उन्नींसवीं शताब्दी के उत्तरार्द्ध में जब से पश्चिमी देशों में औद्योगिक क्रान्ति का सूत्रपात हुआ और प्राकृतिक तौर-तरीकों की बेपरवाही से लोगों का जीवन संकट ग्रस्त होने लगा, तब से इस धर्म के सोच में शनैः-शनैः परिवर्तन होने लगा और तब निम्न प्रकार के विचार सामने आये–

(*i*) पर्यावरण का ह्रास जीवन की गुणवत्ता को भी प्रभावित करता है।

(Environmental degradation affects also the quality of life.)

(*ii*) चाहे, हम विश्वास करें या न करें, पर्यावरणीय संकट हमारे जीवन के सभी क्षेत्र, हमारे सामाजिक सम्बन्ध, हमारा स्वास्थ्य, हमारे आचरण,

अर्थव्यवस्था, राजनीति, हमारी संस्कृतिक और हमारे भविष्य को प्रभावित करता है।

(Whether we believe or not, ecological crisis affects every area of our life—our social relations, our health, our morals, economy, politics, our culture and out future.)

(*iii*) मानव नियति पर्यावरण से बहुत निकट से जुड़ी हैं और उससे प्रभावित हैं। हम अब मनुष्य के प्रकृति से ऊपर होने की बात कहने में समर्थ नहीं हैं।

(Human density is intimately tied up with the environment and conditioned by it. We can no longer now afford to speak of man being above nature.)

(*iv*) प्रकृति की समाप्ति प्राणी प्रजाति की समाप्ति है। इस सन्दर्भ में मनुष्य और प्रकृति दोनों की नियति एक-दूसरे के समापक हैं।

(The death of nature means the death of the human species. In this sense the destiny of both man and nature is conterminating.)

और वर्तमान स्थिति यह है कि ईसाई धर्म जिसके अनुयायी पूरे विश्व में फैले हैं, उपरोक्त पश्चिमी देशों की संस्कृति की नवीनतम विचारधारा से प्रभावित हैं। प्रदूषण को रोकने हेतु हरित क्रान्ति (Green Movement) जैसे अभियान चला रहे हैं और मनुष्य के भविष्य के कल्याण के लिये पर्यावरण संरक्षण के समर्थक बने हैं। यही नहीं बल्कि, विश्व के अनेक देशों को पर्यावरण संरक्षण हेतु तकनीकी और आर्थिक सहायता देने में भी सम्बद्ध हैं।

पोप पौल षष्टम (Pope Paul VI) का 'मानव पर्यावरण सम्मेलन', 1972 (स्टॉक होम : स्वीडन) में भेजे गये सन्देश से यह बात और अधिक प्रमाणित होती है–

"पर्यावरण और संसाधन सभी के लिये हैं; यह सभी के लिये अहस्तान्तरणीय सम्पत्ति हैं; और ऐसी कोई सार्वभौमिक सम्पत्ति तथा विवेकशील प्रभुसत्ता नहीं है जो आज और कल मानव जाति को उत्तरदायित्व से मुक्त कर सके।"

(The environment and resources are for everyone; they are the inalineable property of everyone; and there does not exist over this universal property and discretionary sovereignty exempting from responsibility towards the humanity of today and tomorrow.)

Source : India's Environment, Crisis and Responses, Chapter 10, Environment in India's Religions and Cultural Heritage by B.V. Krishnamurti and Urs Schoettli, Ibid. p. 163

7. पारसी धर्म (Zoroastrain Religion)–पारसी धर्म का प्रारम्भ ईसा से 660 वर्ष पूर्व (660 B.C.) से माना जाता है और यह मीडिया (Medea), जो अब ईरान में समाहित है, से चलकर 8वीं शताब्दी में भारत में आकर स्थापित हो गया था। इनकी धार्मिक भावना विशेषत: दो बातों में अच्छा (Good) और बुरा (Evil) निहित रही है। इनके अनुसार प्रत्येक व्यक्ति को 'अच्छा' पाने के लिये संघर्ष करना चाहिये; इसी से उसको स्वर्ग मिल सकता है।

पर्यावरण के सन्दर्भ में विश्वस्तर पर यह माना गया है कि पारसी धर्म ने अपने प्रारम्भ से ही लोगों को पर्यावरण के प्रति आस्था की शिक्षा दी है। उनके धार्मिक ग्रन्थों में छ: वस्तुओं, पशु (Animals), अग्नि (Fire), खनिज (Minerals), पृथ्वी (Earth), जल (Water) और वनस्पति (Vegetation) का उल्लेख मिलता है जिनकी यह किसी न किसी रूप में मान्यता देते हैं और उनकी पूजा करते हैं; इन सब तत्त्वों में 'अग्नि' को प्रमुख रूप से प्रधानता दी गई है।

प्रकृति के बारे में इस धर्म की मान्यता है–

"प्रकृति संवेदनशील और विनाशकारी दोनों है, साथ ही असामान्य तौर से शक्तिशाली और लचीली भी। हमारे ग्रह के लिये हमारी भूमिका इसे किसी भी प्रकार के और प्रदूषण से बचाना है।"

(Nature is both delicate and destructive as well as powerful and resilent in a very unusal way. Our role for the sake of our planet is to defend it from further pollution.)

पवित्रता (Purity) को अपने धर्म का मूल मंत्र मानते हुए पारसी धर्म के लोग प्रकृति के किसी भी संसाधन की अपवित्रता को किसी भी स्तर पर सहन नहीं करते। जल में लाश डालने अथवा उसे किसी भी प्रकार अपवित्र करने को यह लोग जघन्य कार्य मानते हैं।

(ब) अर्थव्यवस्था और पर्यावरण (Economics and Environment)– पर्यावरण संरक्षण में आर्थिक पक्ष की महत्त्वपूर्ण भूमिका है।

1. हम यह जानते अवश्य हैं कि हमें वह सभी सुविधायें मिलनी चाहिये जो एक पर्यावरण के दृष्टिकोण से अपेक्षित हैं पर व्यय के नाम पर हम उसे दूसरे अथवा कम आवश्यक स्थान पर रखते हैं। इस सन्दर्भ में कुछ उदाहरण देखें–

(*i*) हम अपने लिये अच्छी रकम देकर एक कार खरीदना चाहते हैं, लेकिन उसे चलाने के लिये अच्छी सड़कों की व्यवस्था हेतु 'सड़क कर' (Road Tax) नहीं देना चाहते।

(*ii*) हम अपना नया मकान बनाना चाहते हैं, पर उसे अच्छे पर्यावरण में रखने हेतु कोई व्यय नहीं करना चाहते।

(*iii*) यही नहीं, सरकारी स्तर पर भी अच्छी सड़कों का निर्माण तो करना चाहते हैं, पर उसे सड़क को सुन्दर बनाने हेतु वृक्षों अथवा अन्य किसी व्यवस्था को टालना चाहते हैं।

ऐसे और भी अनेक उदाहरण हैं जब पर्यावरण संरक्षण हेतु अर्थिक पक्ष सामने आकर मूल्य और लाभ (Cost and Benefit) की बात प्रस्तुत करने लगता है।

2. दूसरी स्थिति पर्यावरण संरक्षण में आर्थिक पक्ष की यह है कि प्रत्येक देश के पास अपने कुछ साधन हैं, जिनका उपयोग वह अपने देश के लोगों के लिये करता है, लेकिन अन्य आवश्यकताओं की पूर्ति हेतु वह दूसरे देशों पर निर्भर है। सक्षम देश इस स्थिति का लाभ उठाकर अपनी सामग्री की उपलब्धता अन्य देशों को कुछ विशेष शर्तों और अनुबन्धों पर करता है। आर्थिक रूप से कमजोर देश अपने पर्यावरण की कीमत आवश्यक वस्तुएं जुटाता है।

उदाहरण–कई अफ्रीकी देशों ने अनाज खरीदने हेतु अपने जंगल बेच दिये और फिर यह देश वनों के अभाव में स्थाई अकाल की चपेट में आ गये। यह तरीका पर्यावरण संरक्षण को कैसे पनपने देगा?

3. लोगों के रहन-सहन के तरीके और संसाधनों के उपयोग का स्तर उस देश की आर्थिक स्थिति पर निर्भर करता है जहां वह रहते हैं और अपने धन के बल पर ही वह देश सभी सुविधाओं का भरपूर उपयोग करता है चाहे इस कारण अनेक अन्य देश उनके लिये तरसते ही क्यों न रहें?

अमेरिका देश इसका एक स्पष्ट उदाहरण है, जहां प्राकृतिक संसाधन और ऊर्जा का उपयोग प्रति व्यक्ति सर्वाधिक है और वह यह सब अपनी मजबूत आर्थिक स्थिति के बलबूते पर करता है। अन्य देशों को वह जीवन की गुणवत्ता (Quality of Life) की बात सोचने का अवसर ही नहीं देता है।

4. जो देश किसी भी संसाधन को प्रचुर मात्रा में रखते हैं और जिसकी पूरे विश्व में अच्छी मांग है उसका लाभ वह उचित-अनुचित रूप से उठाते हैं। ईरान, इराक और तेल के भण्डार वाले देश इसके उदाहरण हैं कि जिन्होंने अपनी शर्तों पर सदैव विश्व के अनेक छोटे देशों को या तो इस संसाधन से महरूम कर दिया है अथवा उनकी आर्थिक स्थिति दयनीय बना दी है, जिससे उनके पर्यावरण पर अप्रत्यक्ष प्रभाव पड़ा है।

5. स्थानीय स्थितियों की ओर ही देखें, कि पर्यावरण विकृति का सबसे अधिक प्रभाव गरीब अथवा कम वाले परिवारों पर जो अप्रत्याशित रूप से कच्ची बस्ती जैसे स्थानों पर रहते हैं अथवा रहना पड़ता है। जल सम्बन्धित अनेक बीमारियां सर्वाधिक इन्हें ही होती हैं। किसी फैक्टरी से वायु-प्रदूषण से प्रभावित होने वाले अधिकतर वह श्रमिक ही होते हे। जो वहीं फैक्टरी के पास के मकानों में रहते हैं। ऊर्जा संकट, जल संकट और विभिन्न पारिस्थितिकी विषमताओं का शिकार भी छोटे स्तर के लोग ही होते हैं।

अत: यह स्पष्ट है कि पर्यावरण संरक्षण में अर्थव्यवस्था एक बहुत प्रभावी भूमिका निभाती है।

(स) राजनीति और पर्यावरण (Politics and Environment)–पर्यावरण की समस्याएं चाहे वह–

1. स्थानीय हों, जैसे वह गांव, जहां पानी का अभाव हो, बंजर भूमि हो अथवा जलमग्नता के कारण सारी भूमि ही दलदल हो,

2. राष्ट्रीय स्तर की हो, जैसे तापीय विद्युत गृह, सीमेंट के कारखाने अथवा खाद और कीटनाशी फैक्टरियों के निकट वाले क्षेत्रों के लोगों की परेशानियां, अथवा

3. अन्तर्राष्ट्रीय स्तर की हों, जैसे हरितगृह गैसों का वायुमण्डल में मिलना, आणविक विस्फोट अथवा महासागर की धाराओं में विविध प्रकार के प्रदूषकों का एक देश से दूसरे देशों तक पहुंचना आदि।

यह सभी अन्तत: पूरे विश्व के पर्यावरण को प्रभावित करती हैं। 'स्मोग घटना' (London Episode) जैसे घटनाओं ने पूरे विश्व को चिन्तित कर संयुक्त राष्ट्र को अन्तर्राष्ट्रीय सम्मेलन आहूत करने को विवश कर दिया था; क्योंकि सभी देश इस बात से सिद्धान्तत: सहमत हैं कि एक देश की पर्यावरणीय घटना को दूसरे देशों पर प्रभाव अवश्य पड़ता है। इसीलिये विश्व स्तर पर यह सोच प्रारम्भ हुई थी कि 'विश्व स्तर' पर सोचो और स्थानीय स्तर पर कार्य करो (Think globally; Act locally)।

किसी भी देश की इन स्थितियों को सोचने और उस पर अधिकारिक रूप से कार्य किये जाने अथवा करवाये जाने का उत्तरदायित्व स्पष्टत: आज उन जन नेताओं पर है जो नीति निर्धारक हैं और जो निवासियों के कल्याण के लिये चुनकर सरकार की विधान सभा तथा संसद में भेजे जाते हैं। यह सशक्त अभिकरण पर्यावरण संरक्षण हेतु ऐसी व्यवस्थायें बना सकती हैं, जिससे समस्याओं को कम किया जा सके। ऐसी व्यवस्थायें पूर्व में भी सोची गई थीं और भारत के संविधान में ऐसे कई उल्लेख हैं जिनसे लोगों को पर्यावरणीय समस्याओं से बचाकर उन्हें अच्छे

जीवन जीने के लिये सरकार का उत्तरायित्व बताया गया है। संसद ने भी अनेक कानून बनाये हैं जिससे पर्यावरणीय प्रदूषण को रोका जा सके; लेकिन आवश्यकता है इन सभी व्यवस्थाओं को मजबूती से लागू करने की।

विश्व के अनेक देशों ने अपने-अपने स्तर पर पर्यावरण कानून और सामाजिक व्यवस्थाएं ऐसी बनाई है जिससे वह अपने देश को गर्व से प्रदूषण रहित कह सकते हैं। प्रदूषण रहित पेट्रोल, बैटरी से संचालित वाहन, सौर ऊर्जा से भवनों को गर्म रखना, बिना क्लोरोफ्लोरोकार्बन्स के शीत उपकरण, औद्योगिक संस्थानों से शून्य स्तर (Zero level) का धुआं उत्सर्जन और जलस्राव आदि उन देशों की उपलब्धियां हैं जो पर्यावरण संरक्षण में लगे हैं। लेकिन यह तभी सम्भव हो सका है जब राजनीति इस सबके पीछे सम्बल और अधिकार बने हैं।

अन्तर्राष्ट्रीय स्तर पर इसी सोच की आज आवश्यकता है जिससे एक देश की गलत भूमिका अन्य देश अथवा देशों को प्रभावित न कर सके। लेकिन इसकी क्रियान्विति राजनैतिक स्तर पर ही समझ की वृद्धि से सम्भव है, क्योंकि सभी देश शुद्ध पर्यावरण हेतु पर्यावरण संरक्षण को प्राथमिकता देना चाहते हैं।

(द) संस्कृति और पर्यावरण (Culture and Environment)—पृथ्वी का जन्म लगभग 4 अरब वर्ष पूर्व हुआ था, लेकिन मानव सभ्यता का इतिहास 50,000 वर्ष पूर्व से ही आंका जाता है। आज यह कल्पना भी नहीं की जा सकती कि तब लोग कहां और कैसे रहते थे? क्या खाते थे और कहां सोते थे? खाने के लिये सामग्री क्या थी? लेकिन आज अजब पृथ्वी के निवासियों की ओर दृष्टिपात करते हैं, तब लगता है कि पूरे विश्व के लोग पृथ्वी की बनावट के अनुरूप अलग-अलग टुकड़ों में बंट गये हैं, और प्रकृति द्वारा उपलब्ध सुविधायें और संसाधनों का अपने-अपने स्तर पर उपभोग करते हैं।

प्रत्येक देश के रीति-रिवाज, रहन-सहन, वेश-भूषा, त्यौहार, ऐतिहासिक इमारतें, स्मारक, कला और उद्योग आदि मिलकर उस देश की संस्कृति का निर्माण करती हैं। निश्चिय ही इस संस्कृति की वहां के निवासियों पर गहरी छाप रहती है और इसी से उनके पर्यावरण पर भी गहरा प्रभाव पड़ता है। यह संस्कृति ही उन्हें प्रकृति के साथ प्रेम और सहयोग, पशु-पक्षियों के साथ सद्व्यवहार, प्राकृतिक संसाधनों की सुरक्षा के साथ-साथ सुखी जीवन, मैत्री भाव और जीवन की गुणवत्ता की ओर प्रेरित करती है।

भारत देश के परिप्रेक्ष्य में देखें कि यह देश ऋषि-मुनियों का देश रहा है, जहां प्रकृति के ऊपर ही लोग पूर्णतया आश्रित थे। कन्द-मूल फल का भोजन, झरनों का विशुद्ध जल, पेड़ अथवा पहाड़ों की कन्दराओं में आश्रय और योग तथा

तपस्या में मग्न लोग प्रकृतिमय थे। समय के साथ परिवर्तन तो हुआ लेकिन मूल संस्कृति-पर्यावरण और प्रकृति की संस्कृति की छाप बनी रही। पेड़ों की पूजा, जल का सूर्य के समक्ष अरण्य जीवों की सुरक्षा और धार्मिक स्थल के रूप में पवित्रता का वातावरण निरन्तर चलता रहा। जितने भी कार्य यहां सम्पन्न हुये उनके पीछे यहां की मूल भावना अरण्य संस्कृति ही रही। जितने भी पुराने शिक्षा के क्षेत्र विश्व प्रसिद्ध संस्थान (नालन्दा विश्वविद्यालय, शांति निकेतन आदि) स्थापित किये गये उन्हें सघन जंगलों की छाया में ही बसाया गया; बड़े तीर्थ (रामेश्वर, गया, द्वारका और प्रयाग आदि) नदियों अथवा सागर के किनारे रहे; महान विचारकों (विवेकानन्द, स्वामी परमहंस, योगी अरविन्द, महर्षि दयानन्द और रवीन्द्रनाथ ठाकुर आदि) की कर्मभूमि प्रकृति प्रधान ही रही और यही नहीं, बल्कि अनेक नदियां (गंगा, यमुना, कृष्णा, गोदावरी, नर्मदा-ताप्ती, रावी-सतलज-चिनाव, व्यास और झेलम आदि) राष्ट्रीय सांस्कृतिक धरोहर के रूप में स्वीकार की गईं। इनकी अपनी महत्ता ने इन्हें भारतीय संस्कृति का रूप ही प्रदान नहीं किया है बल्कि, देश के पर्यावरण संरक्षण के परिप्रेक्ष्य में एक अनोखी और अलौकिक पहचान भी दी है।

पर्यावरण संरक्षण में विभिन्न अभिकरणों का योगदान एवं भूमिका (Contribution and Role of Different Agencies in Environmental Conservation)

वर्तमान में हमने पर्यावरण के विविध पहलुओं पर विषद चर्चा की है और हर प्रकार से यह बताने का प्रयास किया है कि पर्यावरण की समस्याओं की जानकारी एवं उनका समाधान केवल आज और अभी के लिये नहीं है बल्कि, अब यह भविष्य के आगे कई सौ वर्षों तक सोचने और समझने की समस्या है अत: समाज में बच्चों से लेकर बड़ी आयु तक के लोगों के लिये पर्यावरण संरक्षण की नियमित जानकारी मिलती रहना और उसके आधार पर व्यक्तिगत लोगों की भागीदारी और उनके कर्त्तव्य का बोध कराना बहुत सामयिक हो गया है। इस सन्दर्भ में कुछ महत्त्वपूर्ण अभिकरणों की महती भूमिका और उनके सम्भावित योगदान की चर्चा अत्यन्त आवश्यक है, जिसे हम यहां कर रहे हैं–

1. स्कूली/महाविद्यालयी विद्यार्थियों के लिये

(For School/College Going Students)

(*i*) **घरों की भूमिका (Role of Homes)**–बच्चे की प्रारम्भिक शिक्षा हर प्रकार से घर से ही शुरू होती है, जहां मां शिक्षक होती है; पिता, बड़े भाई-बहन व परिवार के अन्य बड़ी आयु के सदस्य के कार्यकलाप पाठ्यक्रम के रूप में उदाहरण

बनते हैं और परिवार की दैनिकचर्या उनकी आदर्श व्यवहार संहिता बनती है। अत: उसे छोटी आयु में ही क्या देखने को, करने को और समझने को मिलता है यह बहुत महत्त्वपूर्ण है? जल, भोजन और ऊर्जा जैसे महत्त्वपूर्ण संसाधनों का बुद्धिमत्तापूर्ण उपयोग क्यों आवश्यक है? यह बात यही निश्चित रूप से सीखने को मिलती है। ऐसा न करने से सम्भावित भविष्य की विभीषिकाएं भी किसी न किसी प्रकार उनके ज्ञान भण्डार में जुड़ती हैं तथा पड़ोस के दो परिवारों में प्राकृतिक संसाधनों का असमान वितरण के कारण हो रहे क्लेशों का विवरण भी विद्यार्थी समय के साथ जाना जाता है। अत: पर्यावरण के संरक्षण की आवश्यकता और उस हेतु किये जा रहे हैं। विभिन्न लोगों के योगदान की जानकारी अनजाने ही बच्चों को घर पर ही मिलती है जो महत्त्वपूर्ण है।

(*ii*) विद्यालय/महाविद्यालयों की भूमिका (Role of School/Colleges)– विद्यार्थियों को पर्यावरण के बारे में ज्ञान (Knowledge), कौशल (Skills), मूल्य (Values) एवं अभिवृत्तियों (Attitudes) के लिये घर के तत्काल बाद विद्यालय तथा महाविद्यालय ही ऐसी जगह हैं जहां शिक्षक, विद्यार्थियों को हर सम्भव जानकारी देकर उनमें पर्यावरण के प्रति उनकी रुचि उत्पन्न करते हैं और उन्हें पर्यावरण क्षेत्र की निकटता से जोड़ते हैं। लेकिन इस हेतु शिक्षक समूह तथा शिक्षण से जुड़े अन्य लोगों की स्वयं का पर्यावरण के बारे में यथेष्ट जानकारी रखना भी आवश्यक है। शिक्षण के समय उन सभी स्थितियों का लाभ शिक्षक को उठाना चाहिये जहां पर प्रत्यक्ष अथवा अप्रत्यक्ष रूप से पर्यावरण को जोड़ा जा सकता है। शिक्षक की स्वयं की योग्यता, पर्यावरण जैसे आवश्यक क्षेत्र की जानाकारी को विद्यार्थियों में समाहित कर देने की क्षमता और विद्यार्थियों में रुचि उत्पन्न कर सकने की कुशलता और निपुणता ही विद्यालय, महाविद्यालय की प्रभावी भूमिका प्रतिपादित कर सकती है।

(*iii*) सामाजिक संस्थाओं की भूमिका (Role of Social Institutions)– हर स्तर का व्यक्ति घर और विद्यालय के अतिरिक्त, चाहे वह विद्यार्थी हो अथवा नहीं, अपना कुछ समय अन्य पारस्परिक सम्बन्धों पर देता है। यह खेलने के स्थान हो सकते हैं, मनोरंजन स्थल हो सकते हैं और अन्यथा, चर्चा अथवा सत्संग स्थल (मन्दिर, मस्जिद, गुरुद्वारा और चर्च आदि) हो सकते हैं। इनमें सक्रिय भाग लेते समय अनेक क्रियाकलापों मे पर्यावरण सम्बन्धी वह स्थिति सम्मुख आती अवश्य है, जिनमें व्यक्ति को उचित निर्णय लेना होता है। वस्तुओं का उचित एवं केवल आवश्यक उपयोग, अन्य व्यक्तियों की रुचि व अरुचि के साथ ताल-मूल और समन्वय (जैसे-लाउडस्पीकरों का कम आवाज में बजाना) एवं अब तक सीखे और जाने गये ज्ञान की व्यावहारिकता की उपयोगिता का इन वास्तविक स्थितियों

में ही पता चलता है। यहीं से व्यक्ति को क्या करना है? और क्या नहीं करना है? (Do's & Don'ts) का मानस बनता है। पर्यावरण के क्षेत्र में इतनी स्थिति का आभास होना कोई कम महत्त्वपूर्ण नहीं है।

2. अन्य लोगों के लिये (For Other People)

(*i*) संचार माध्यमों की भूमिका (Role of Communication Media)–संचार माध्यमों में से किसी न किसी प्रकार का कार्यक्रम अन्य उन व्यक्तियों के लिये उपयोग हो सकता है जो–

(1) अपपढ हैं,

(2) जो पढ़ें हैं और विद्यालय/महाविद्यालयों की परिधि से बाहर आ गये है;

(3) जो उच्च शिक्षा प्राप्त हैं।

और या अनेक सरकारी और गैर सरकारी संस्थानों/कार्य स्थलों पर विभिन्न पद/स्तर पर कार्यरत है इनमें समाचार-पत्र, पत्र-पत्रिकाएं, रेडियो, दूरदर्शन, वार्ताओं के ऑडियो/विडियो कैसेट्स, विभिन्न फिल्में आदि सम्मिलित हैं। शिक्षकों के सेवारत प्रशिक्षण कार्यक्रमों में भी इन माध्यमों का बहुत प्रभावी उपयोग हो सकता है। आवश्यकता इस बात की है कि इनकी सामग्री सरल, सहजता से ग्राह्य योग्य, सही और अधिकृत हो। भारत जैसे विशाल देश में अधिक लोगों तक बात पहुंचाने के आकर्षण से कई बार ऐसी जानकारी प्रसारित हो जाती है जिससे अनर्थ हो सकता है। अत: पर्यावरण जैसे महत्त्वपूर्ण क्षेत्र में सभी जानकारी का समीकरण बहुत ही योग्य और विषद विशेषज्ञों के अधीन होना चाहिये।

(*ii*) शोध संस्थानों की भूमिका (Role of Research Institutions)–जितनी भी सामग्री पर्यावरण के क्षेत्र में उपलब्ध है अथवा विभिन्न स्रोतों से एकत्रित की गई है, केवल उसको विविध प्रकार से विभिन्न स्तर तक के लोगों तक पहुंचाना ही इस क्षेत्र की इतिश्री नहीं है, बल्कि हमें अपने देश की स्थिति के अनुसार पर्यावरण की विशिष्ट जानकारी देश के सभी लोगों तक पहुंचाने की ओर अधिक ध्यान देना है। देश में ऐसे संस्थानों की आवश्यकता है जो शोधकार्य हेतु समर्पित हों, और प्रत्येक ज्ञान को जांच परख कर सही जानकारी देश के निवासियों के आगे प्रस्तुत कर सकें। यह आवश्यक नहीं है कि अमेरिका की कोई पर्यावरणीय समस्या का इस देश में भी वही विकराल रूप हो, जो वहां है और हम अनावश्यक ही उस समस्या पर बेहद ध्यान दे रहे हैं। बहुत अच्छी स्थिति तो यह होगी कि स्थानीय स्थितियों पर (On Local Specifies) शोधकर्त्ताओं को विचार-विमर्श करने और उन्हीं समस्याओं के हल खोजने का उन्हें प्रचुर अवसर मिल सके। शोध-संस्थान एक

प्रकाश स्तम्भ (Light House) की तरह हमें मार्गदर्शन दे सकते हैं।

***(iii)* विभिन्न विशिष्ट संस्थानों की भूमिका (Role of Different Specific Institutions)**–शिक्षा और पर्यावरण शिक्षा एक प्राण और दो शरीर हैं। अत: अनेक शिक्षण संस्थान और अनेक विशिष्ट पर्यावरण शिक्षा संस्थान पर्यावरण के विभिन्न पहलुओं पर जानकारी रखने, नवीन सूचनाओं के आधार पर प्रसारित योग्य ज्ञान को सत्यापित करने और उसे प्रभावी रूप से प्रस्तुत करके आम लोगों तक पहुंचाने का कार्य करते हैं। अन्तर्राष्ट्रीय, राष्ट्रीय और प्रदेश स्तर पर इनकी संख्या आज इतनी अधिक है कि इसकी समस्त सूची बनाना अत्यन्त कठिन है, लेकिन सन्दर्भ हेतु कुछ संस्थानों की जानकारी यहां प्रस्तुत कर रहे हैं–

(क) अन्तर्राष्ट्रीय स्तर पर (At International Level)

1. यूनाइटेड नेशन्स एनवायरनमेंट प्रोग्राम नैरोबी–केन्या
   (UNEP : United Nations Environment Pogramme, Nairobi : Kenya)
2. यूनाइटेड नेशन्स एजूकेशनल, साइन्टिफिक एण्ड कल्चरल आर्गेनाइजेशन, पेरिस–फ्रांस
   (UNSECO : United Nations Educational, Scientific and Cultural Organisation, Paris : France)
3. इन्टरनेशनल यूनियन फॉर कन्जरवेशन ऑफ नेचर एण्ड नेचुरल रिसोर्सेज, मोर्गेज–स्विटजरलैण्ड
   (IUCN : International Union for Coinservation of Nature and Natural Resources, Morges : Switzerland)
4. यूनाइटेड नेशन्स डवलपमेंट प्रोग्राम
   (UNDP : United Nations Develop-ment Programme).

(ख) अन्य देश अथवा क्षेत्रीय स्तर पर
(At Other Countries or Regional Level)

1. एनवायरनमेन्टल प्रोटेक्शन एजेन्सी–संयुक्त राष्ट्र
   (EPA : environmental Protection Agency : US)
2. नेचुरल कन्जरवेशन काउन्सिल–यू०के०
   (NCC : Natural Conservation Council : UK)
3. दी पीपुल्स कमीशन ऑफ एनवायरनमेंट एण्ड डवलपमेंट–भारत
   (PCED : The People's Commission on Environment and Development : India)

(ग) राष्ट्र स्तर पर (At National Level)

1. राष्ट्रीय शैक्षिक शोध एवं प्रशिक्षण परिषद्, नई दिल्ली
   (NCERT : National Council of Educational Research and Training, New Delhi)
2. राष्ट्रीय शैक्षिक योजना एवं प्रशासन संस्थान, नई दिल्ली
   (NIEPA : National Institution of Education Planning and Administration, New Delhi)
3. पर्यावरण शिक्षा केन्द्र, अहमदाबाद
   (Centre for Environment Education, Ahmedabad)
4. सी॰पी॰आर॰ पर्यावरणीय शिक्षा केन्द्र, मद्रास
   (C.P.R. Environmental Edu-cation Centre, Madras)
5. खनन पर्यावरणीय केन्द्र, धनबाद
   (Centre for Mining Environment, Dhanbad)
6. पारिस्थितिकीय अनुसंधान और प्रशिक्षण केन्द्र, बंगलौर
   (Ecological Research and Training Centre, Banglore)
7. सालीम अली पक्षी विज्ञान तथा प्राकृतिक विज्ञान केन्द्र, बम्बई
   (Salim Ali Centre for Omithology and Natural History, Bombay)
8. केन्द्रीय प्रदूषण नियंत्रण मण्डल, नई दिल्ली
   (Central Pollution Control Board, New Delhi)
9. गोविन्द बल्लभ पंत हिमालय पर्यावरण एवं विकास संस्थान, अल्मोड़ा
   (G.B. Pant Himalaya P5aryavaran Evam Vikas Sansthan, Almora)
10. भारतीय प्लाइवुड उद्योग अनुसंधान संस्थान, बंगलौर
    (Indian Plywood Research and Training Institute, Banglore)
11. राष्ट्रीय प्राकृतिक विज्ञान संग्रहालय, नई दिल्ली
    (National Museum of Natural History, New Delhi)
12. बोटेनीकल सर्वे ऑफ इण्डिया, कलकत्ता
    (Botanical Survey of India, Calcutta)
13. जूलोजीकल सर्वे ऑफ इण्डिया, कलकत्ता
    (Zoological Survey of India, Calcutta)
14. भारतीय वन प्रबन्ध संस्थान, भोपाल

(Indian Institute of Forest Management, Bhopal)

15. भारतीय वन्य जीव संस्थान, देहरादून
(Indian Wildlife Institute, Dehradun)

16. पर्यावरणीय सूचना प्रणाली, पर्यावरण विभाग, नई दिल्ली
(ENVIS : Environmental Information System, Deptt. of Environment, New Delhi)

17. भारतीय पशु कल्याण बोर्ड, मद्रास
(Animal Welfare Board of India, Madras)

18. पद्मजा नायडू हिमालय जूलोजीकल पार्क, दार्जिलिंग
(Padmja Naidu Himalayan Zoological Park, Darjeeling)

19. काष्ठ विज्ञान और प्रोद्यौगिकी संस्थान, बंगलौर
(Institute of Wood Science and Technology, Banglore)

20. शुष्क क्षेत्र वानिकी अनुसंधान संस्थान, जोधपुर
(Institute of and Zone Forestry Research Jodhpur)

21. टाटा इनर्जी रिसर्च इन्स्टीट्यूट, नई दिल्ली
(Tata Energy Research Institute, New Delhi)

22. विश्व वन्य जीव कोष-प्रकृति, नई दिल्ली
(World Wildlife Fund for Nature, New Delhi)

23. नेशनल एनवायरनमेन्ट्स इंजीनियरिंग इन्स्टीट्यूट, नागपुर
(National Environments Engineering Institute, Nagpur)

24. फोरेस्ट रिसर्च इन्स्टीट्यूट, देहरादून
(Forest Research Institute, Dehradun)

25. बम्बई नेचुरल हिस्ट्री सोसायटी, मुम्बई
(Bombay Natural History Society, Mumbai)

वायु, जल और मिट्टी को संरक्षित करने की सामान्य प्रविधियां
(Simple Techniques to Conserve Air, Water and Soil)

मनुष्य के सुखी जीवन जीने के लिये प्रकृति ने अनेक वस्तुएं उसे विरासत में दी है। उनमें कुछ को सीधे ही और अन्य को उनके आवश्यकतानुसार परिवर्तित रूप में मनुष्य ने अपने काम में लिया। यह सभी प्राकृतिक संसाधन (Natural Resources) कहलाते हैं। वायु, जल, मृदा (मिट्टी), वन, वनस्पति, वन्य जीव, खनिज पदार्थ

(कोयला, तेल, गैस आदि) सभी इसके अन्तर्गत आते हैं। सभी संसाधनों की अलग-अलग महत्ता है और कमोवेश एक संसाधन दूसरे पर आधारित हैं, लेकिन प्रमुखता के क्रम में वायु, जल और मिट्टी (भोजन उत्पादन हेतु आवश्यक आधार) सबसे ऊपर हैं। इनका संरक्षण कैसे हो? इस हेतु कुछ सरल प्रकार और प्रविधियां यहां दी जा रही हैं।

यहां संरक्षण (Conservation) के परिवेश में हमारे उद्देश्य–

(1) वस्तु की सहज उपलब्धता (Easy Availability of the Commodity),

(2) स्वच्छता और उपादेयता (Cleanliness and Usefulness) और

(3) प्रदूषण रहित (Non-polluted) प्रमुख हैं।

अत: हम अप्नी चर्चा इन तीन बिन्दुओं के आधार पर ही करेंगे।

1. वायु संरक्षण (Conservation of Air)–देश में वायु प्रदूषण निवारण और नियंत्रण के लिये कानून बनाने की हालांकि कोई खास कोशिश नहीं हुई थी, लेकिन 81 वर्षों से इस मसले पर एक कानून जारी है, "बंगाल स्मोक न्यूसेंस एक्ट" 1905 में ही बन गया था। इसके बाद 1912 में बम्बई और 1958 में कानपुर में भी इस तरह के कानून बने। फिर कई अन्य राज्यों ने बंगाल कानून को अपने यहां लागू किया। ये कानून मुख्यत: कारखानों की चिमनियों से निकलने वाले धुंए से संबंधित थे, लेकिन कई नये कारखाने लगते गए और उन पर इन कानूनों का जैसे कोई असर ही नहीं पड़ा।

मोटरगाड़ियों से निकलने वाले धुएं से संबंधित कानून का भी यही हाल रहा। मोटर वैहिकल्स एक्ट 1939 में राज्य सरकारों को मोटर गाड़ियों से निकलने वाले धुएं, वाप्प, चिंगारियों, राख और तेल आदि के बारे में नियम बनाने का अधिकार दिया गया थ। पर मोटरगाड़ियों से निकलने वाले नुकसानदेह धुएं के बारे में पर्याप्त निर्देशों, निगरानी और कार्यवाही एजेंसी के अभाव में इस कानून के बावजूद स्थिति सुधरी नहीं।

फिर केन्द्र सरकार ने सन् 1970 में वायु प्रदूषण पर अध्ययन के लिए एक विशेष समिति का गठन किया, और इस वायु प्रदषण रोकथाम के उपायों को सुलझाने और इसके लिए एक विधेयक का मसौदा तैयार करने का काम सौंपा गया। इस समिति ने वायु की गुणवत्ता को आधार मानकर प्रदूषण नियंत्रण के कुछ तरीके सुझाये। फिर नया वायु कानून भी जल कानून की तर्ज पर ही बनाया गया और इस कारण खामियां भी दोनों में समान रहीं, लेकिन कुछ प्रावधान उल्लेखनीय हैं- कानून के सेक्शन 20 के तहत राज्य सरकारों को अधिकार दिया गया कि वे

मोटरगाड़ियों के पंजीकरण से संबंधित अधिकारियों को गाड़ियों से निकलने वाली गैसों के बारे में मानक तय करने का निर्देश है, सेक्शन 52 में कहा गया है कि वायु में रेडियोधर्मिता के कारण होने वाले प्रदूषण में परमाणु ऊर्जा एक्ट 1939 के बावजूद कोई कमी रह जाए तो यह कानून उसे पूरा करेगा।

फिर प्रस्ताव आया कि केन्द्रीय बोर्ड जल प्रदूषण के अलावा वायु प्रदूषण की रोकथाम का काम भी देखे और यही व्यवस्था राज्यों व केन्द्रशासित प्रदेशों में भी लागू हों, चूंकि वायु प्रदूषण से संबंधित कानून कुछ राज्यों में लागू नहीं है, इसलिए ऐसे राज्यों में वायु प्रदूषण रोकथाम के लिए अलग बोर्ड बनाने का प्रस्ताव भी किया गया।

यहां यह बात उल्लेखनीय है कि जल और वायु प्रदूषण से संबंधित इन कानूनों को अन्तिम रूप लेने में 10 से ज्यादा साल लगे, यह तो अपने आप में नुकसानदेह रहा ही, लेकिन अब इन कानूनों के लागू करने में देरी और भी ज्यादा निराशाजनक है। वायु संबंधी कानून किन राज्यों नियमों के अनुसार लागू किये जाए यही तय करने में 18 महीने बीत चुके हैं।

प्रदूषण की रोकथाम के मामले में असमान कानून, उन्हें लागू करने वाले·अपंग विभाग, कुल मिलाकर उस संकल्प की कमी की ओर ही संकेत करते हैं, जिसके बिना न देश की नदियां साफ हो पाएंगी और न आकाश, न पीने का स्वच्छ जल ही मिल सकेगा और न ही सांस के लिए शुद्ध वायु।

(अ) रसोईघर के धुएं से (From the Kitchen Smoke)–अपना देश गांवों का देश है और लगभग इसकी 80% आबादी गांवां मं ही•रहती है। अत: देश की आबादी का एक प्रमुख भाग उन परिवारों का है जो परम्परागत तरीके से पुराने, बिना रोशनदान और खिड़कियों के कमर में खाना बनाते हैं। चूल्हे में आग जलाने हेतु लकड़ी और उपलों का उपयोग करते हैं। इन परिवारों की गृहणियां प्रतिदिन जाने कितनी विषैली कार्बन मोनोऑक्साइड गैस और कार्बन के कणों को अपने शरीर में अप्रत्यक्ष रूप से ग्रहण कर अनेक रोगों का शिकार बनती हैं, उनका अनुमान लगाना सहज नहीं है। गुजरात में हुए एक अध्ययन के अनुसार एक गृहणी रसोईघर में लकड़ी से खाना बनाने में प्रतिदिन विश्व स्वास्थ्य संगठन (World Heath Organisation) द्वारा स्वीकृत न्यूनतम सूक्ष्म कण (SPM : Suspended Particulate Matter) के 40 गुना ग्रहण कर लेती हैं, अथवा तीन घंटे की अवधि में इतनी विषैली गैस ग्रहण कर लेती हैं जितना बीस सिगरेट पीने से होता है। निश्चित ही इस प्रकार देश की लगभग 20 प्रतिशत आबादी शुद्ध वायु का ठीक से उपयोग ही नहीं कर पाती। इस हेतु यह सझाव हैं–

(क) रसोईघर बड़े, हवादार खिड़कियों वाले और रोशनदान सहित होने चाहिये, जिससे धुंआं का अधिकांश भाग इनसे बाहर चला जाये।

(ख) उन्नत किस्म के चूल्हों (निर्धूम चूल्हे) का प्रयोग करने से धुंये के अधिक प्रभाव को कम किया जा सकता है।

(ग) ईंधन के रूप में कोयले को लकड़ी के विकल्प के रूप में उपयोग में लेने से वातावरण कम विषैला होगा।

(घ) बायो गैस का उपयोग करने से प्रदूषण न्यूनतम होगा।

(ब) स्वचलित वाहनों के उत्सर्जन से (From Exhaust of The Automobiles)–वायु प्रदूषण का दूसरा मुख्य कारण स्वचलित वाहनों के साइलैन्सरों से निकलने वाले उत्सर्जक हैं जिनकी दिन-प्रतिदिन देश में निरन्तर वृद्धि होती जा रही है। नगरों में तो लगभग 60 प्रतिशत वायु प्रदूषण तो इन स्वचलित वाहनों से ही आंका गया है। पेट्रोल व डीजल के चलने वाले इन वाहनों (कार, जीप, स्कूटर, मोपेड, मोटर साइकिल, बस ट्रक, टैम्पो आदि) से निकलने वाले प्रदूषण कई हैं जिनमें कार्बन मोनोक्साइड (CO), सल्फरडाइऑक्साइड (SO_2), नाइट्रोजन ऑक्साइड्स (NO_x), अधजले हाइड्रोकार्बन्स (HC) और सूक्ष्म कण (SPM) प्रमुख हैं। इसके अतिरिक्त पेट्रोल से चलने वाले वाहनों से निकलने वाला लैड यौगिक (Lead Compounds) भी बहुत विषैला प्रदूषक है। वायु में मिलकर यह प्रदूषक सारे वायुमण्डल को ही विषैला बना देते हैं। शरीर में श्वसन क्रिया को प्रभावित करते हैं, स्मरण शक्ति को नष्ट करते हैं, कैन्सर जैसी भयानक बीमारी का कारण बनते हैं। वायुमण्डल की आर्द्रता से SO_2 तथा NO_2 तेजाबी वर्षा कर भवन, वनस्पति और जल स्रोतों को नष्ट करते हैं। इनसे बचने हेतु कुछ सुझाव प्रस्तावित हैं–

(क) गाड़ियों के इंजनों की नियमित देखभाल की जाये अथवा कराई जाये। ठीक से ट्यूनिंग होने पर प्रदूषकों की मात्रा में कमी हो जाती है।

(ख) सीसा रहित पेट्रोल (Unleaded Petrol) का वाहनों में प्रयोग किया जाये।

(ग) निजी वाहनों के संचालन को निरुत्साहित कर अधिक से अधिक सार्वजनिक वाहनों का उपयोग किया जाये।

(घ) बाइसाइकिल के उपयोग को बढ़ावा दिया जाये।

(स) औद्योगिक संस्थानों के उत्सर्जन से (Exhaust from Industrial Works)–अनेक प्रकार की इण्डस्ट्रीज, फैक्टरियां और संस्थान अपनी चिमनियों से जो उत्सर्जन करती हैं, उनमें उन उद्योगों के कार्य में आने वाले पदार्थों के सूक्ष्म कण, गैसें आदि निकलती हैं। वह सूक्ष्म कण आसपास के वायुमण्डल को प्रदूषित

करते हैं और वनस्पति और कृषि क्षेत्र को हानि पहुंचाते हैं। सीमेंट के कारखाने, खाद बनाने के कारखाने और तापीय विद्युत संयंत्र आदि उनमें से कुछ उदाहरण हो सकते हैं। कीटनाशी दवाइयों की फैक्टरियां, टैक्स्टाइल उद्योग भी उनमें गिने जा सकते हैं जो वायु को निरन्तर प्रदूषित करते हैं। इन हेतु यह उचित है कि–

(क) उद्योगों के स्थापित करते समय ही उनके साथ प्रदूषक नियंत्रण यंत्र लगाये जाने चाहिये।

(ख) विषैले उद्योगों को रिहाइश से बहुत दूर स्थापित करना चाहिये।

(ग) चिमनियों की ऊँचाई में वृद्धि करनी उचित है जिससे नीचे के वायुमण्डल के प्रदूषण को कम किया जा सके।

(द) कार्बन डाइऑक्साइड की अधिकता से (Due to Excess of Carbon dioxide)–वायुमण्डल में एक निश्चित अनुपात में कार्बन डाइऑक्साइड के रहने से प्रकृति का सन्तुलन (ऑक्सीजन का कार्बन डाईऑक्साइड में परिवर्तन और पुनः कार्बन डाइऑक्साइड का ऑक्सीजन में परिवर्तन) बना रहता है। इसका माध्यम बनते हैं वनस्पति, पेड़ और हरियाली। लेकिन निरन्तर जनसंख्या में वृद्धि, विभिन्न उद्योगों के माध्यम से निकलने वाली गैसें और परम्परागत ईंधन के दहन से निरन्तर कार्बन डाइऑक्साइड की मात्रा वायुमण्डल में बढ़ती जाती है। इससे भू-तापन (Global Warming) बढ़ने लगा है। वैज्ञानिकों को यह आशंका है कि CO_2 की अधिक मात्रा से वायुमण्डल के अधिक गर्म होने से ध्रुवों की बर्फ पिघल कर महासागरों की ऊँचाई में वृद्धि न कर दे जो विश्व के अनेक भूभागों को जलमग्न कर सकता है। अतः इस हेतु–

(क) बढ़ती आबादी को रोका जाये।

(ख) खूब वृक्ष लगाये जायें जिससे बढ़ती CO_2 के दुष्परिणामों को रोका जा सके।

(ग) जीवाश्म ईंधन (Fossils Fuel) के उपयोग को कम किया जाये। इससे CO_2 का निर्माण कम होगा।

जल कानून

स्वास्थ्य मंत्रालय ने जल प्रदूषण के अध्ययन के लिये 1962 में ही एक विशेषज्ञ समिति बनाई थी। समिति ने इस मसले पर केन्द्रीय और प्रादेशिक स्तर पर कानून बनाने की सिफारिश की थी। स्थानीय स्वशासन की केन्द्रीय परिषद् ने भी संसद के कानून बनाए जाने की सिफारिश की थी। स्थानीय स्वशासन की केन्द्रीय परिषद ने भी संसद के कानून बनाए जाने क सिफारिश 1963 में ही की थी। 1965 में

इसके लिए एक विधेयक का मसौदा सभी राज्यों को भेजा गया। राज्यों से अनुरोध किया गया कि वे इस विषय पर कानून बनाने का अधिकार संसद को सौंपने के लिए प्रस्ताव करें, जल प्रदूषण निवरण विधेयक 1969 में राज्यसभा में पेश किया गया। इससे पहले छः राज्यों ने इसके लिए प्रस्ताव पास किये थे, अगस्त 1970 में राज्यों ने विधेयक संयुक्त समिति को सौंपा। समिति ने इसमें कई फेर-बदल किए और 1972 में इसे संसद में पेश किया गया। 1974 में यह विधेयक मंजूर किया गया।

जल कानून का दायरा व्यापक है। प्रदूषण, मूल, जल, कचरा, कारखानों का कचरा आदि की व्यापक परिभाषा दी गई है, कानून में केन्द्रीय व राज्य बोर्डो के गठन का प्रावधान है। इन पर मुकदमा चल सकता है और यह मुकदमा चला सकेंगे; कृषि, मछली पालन, केन्द्र व राज्य सरकारों के निगमों या कम्पनियों और अन्य कारखानों के प्रतिनिधित्व का भी प्रावधान किया गया है।

जल प्रदूषण की रोकथाम के मसले पर केन्द्र सरकार को सलाह देने के अलावा केन्द्रीय बोर्ड सभी केन्द्र शासित प्रदेशों के लिए राज्य बोर्ड की भूमिका भी निभाता है, अगर राज्य सरकार का कोई निर्देश केन्द्रीय बोर्ड के निर्देश से मेल नहीं खाता तो मामला केन्द्र सरकार के हवाले कर दिया जाता है।

कानून को लागू करने में कई समस्याएं है, जल बोर्डों के अधिकारी और कार्य क्षेत्रों का तो इस कानून में उल्लेख है लेकिन कोष के मामले में कुछ नहीं कहा गया है, यह राज्य सरकारों के भरोसे छोड़ दिया गया है, जब तक कोष के मामले में कुछ निश्चित नहीं होता राज्यों के बोर्ड कानून को प्रभावी तरीके से लागू नहीं करा सकते। इसे ध्यान में रखकर सरकार ने केन्द्र व राज्य बोर्डों का खर्च जुटाने के लिए उपकर लगाने के प्रस्ताव पर भी विचार किया। साधन मुहैया कराने और जल प्रदूषण नियंत्रण के लिये 1977 में जल (प्रदूषण रोकथाम) उपकर कानून बनाया गया।

इस कानून पर कई कारखानों की ओर से मुकदमें दायर किये गए। इसकी बारीकियों पर मीनमेख निकाला गया। कारखानों ने इसकी गिरफ्त से निकलने की कोशिशें कीं। बोर्ड के लिए साधन जुटाने के लिए बेहतर यह होता कि सभी कारखानों से उपकर वसूल किया जाता। ऐसा नहीं किए जाने पर यह धारण बनी कि प्रदूषण फैलाने वाले कारखानों से जुर्माना वसूला जा रहा है।

जल कानून 1974 के सेक्शन 24(1) पर विशेष ध्यान देने की जरूरत है। इस सेक्शन में प्रदूषण फैलाने वाले कचरे को जल स्रोतों या कूओं में बहाने पर

रोक लगाने की बात कही गई है। जल स्रोतों के नैसर्गिक प्रवाह को कुप्रभावित करने या उसमें प्रदूषण फैलाने की जानबूझकर कोशिश या कोशिश करने की अनुमति को अपराध करार दिया गया है। इस सेक्शन की वाक्य संरचना ऐसी है कि प्रदूषण फैलाने वाले को दोषी करार देने से पहले यह साबित करना जरूरी होगा कि उसने जानबूझकर प्रदूषण फैलाया है अगर कोई व्यक्ति अनजाने में प्रदूषण फैला रहा है तो उसे इस कानून के दायरे में नहीं लाया जा सकता।

जल बोर्ड को गलती करने वाले कारखानों से सीधा निपटने का अधिकार प्राप्त नहीं है। उसे इसके लिए न्यायपालिका का सहारा लेना पड़ता है, अगर कोई कारखाना दोषी पाया भी जाता है तो प्रबन्धकों को जल या जुर्माना तो हो सकता है लेकिन अदालत किसी कारखाने को बन्द करने का आदेश नहीं जारी कर सकती। अदालती कार्यवाही लम्बी खिंचती है और इससे रोकथाम के उपायों में देर होती है।

जल कानून के सेक्शन 32 के तहत बोर्ड को कुछ आपातकालीन उपाय करने के अधिकार भी दिए गए हैं। लेकिन ये उपाय तभी किये जा सकते हें जब राज्य बोर्ड को पता चले कि किसी जल स्रोत में किसी दुर्घटना या अनदेखी के कारण से कोई जहरीला तत्त्व मिल रहा है।

अन्त में सेक्शन 49(1) में कहा गया है, इस कानून के तहत अपराधों के बारे में कोई भी शिकायत जब तक राज्य बोर्ड के द्वारा उसकी लिखित मंजूरी के बिना नहीं की जाती, अदालतें उस पर ध्यान नहीं देगी, अगर यह अधिकार बोर्ड के अलावा लोगों को भी दिया गया होता तो जल कानून और ज्यादा कारगर हो सकता था। उड़ीसा नदी प्रदूषण कानून 1954 में यह व्यवस्था थी।

इस कानून को लागू करने के दौरान हुए अनुभवों के बाद 1978 में इसमें एक संशोधन की कोशिश की गई है ताकि बोर्डों के हाथ मजबूत हों, संशोधित कानून में 22 सेक्शन है। लेकिन ऐसी कोई व्यवस्था नहीं की गई है, जिससे कि कानून को प्रभावी तरीके से लागू करने में मद्द मिले।

इन सबसे निराश होकर केन्द्रीय बोर्ड ने एक संशोधन समिति बनाई, जिसमें विभिन्न राज्यों में बोर्डों के प्रतिनिधियों को शामिल किया गया। राज्यों के बोर्डों ने प्रस्ताव पेश किए, 1978 में संशोधित जल कानून 1974 में संशोधित जल कानून 1974 और जल उपकर कानून 1977 में संशोधन के कुल 58 प्रस्ताव आए, एक बड़े संशोधन के तहत ये सिफारिशें की गईं–बोर्डों को जरूरी सूचनाएं हासिल करने का अधिकार, उत्तरदायित्व के सिद्धान्त का समावेश, बोर्डों को प्रदूषण की सम्भावना की रोकथाम के लिए अदालत की मदद के बिना कार्यवाही का अधिकार, मामलों

में शीघ्र निपटारे के लिए विशेष अदालतों का गठन, ये सिफारिशें अभी मंजूर नहीं हो पाई हैं।

(अ) जल को नष्ट होने से बचाने के लिए–

- अपने घर के नलों को टपकने से रोकें। उपयोग के बाद उन्हें कसकर बन्द करें।
- पानी की टंकियों के भरने पर पानी न बिखरे, इसका ध्यान रखा जाये।
- जल को प्रदूषित न होने दें। इससे शारीरिक व्याधियां भी होती हैं और जल भी नष्ट होता है।
- शौचालयों, वाटर हीटर्स आदि के रिसाव को रोकने हेतु तत्काल कार्यवाही करें।
- केवल मनोरंजन के लिए लॉन अथवा टेरेस में फुब्बारे आदि न लगावें। एक बाल्टी पानी प्रति मिनट कम से कम 20 व्यक्तियों की प्यास बुझा सकता है।
- यदि कोई सार्वजनिक नल बह रहा हो अथवा पाइप लाइन टूट कर पानी बिखेरती हो तो तत्काल सम्बन्धित अधिकारी को सूचित करें।

(ब) जल के दुरुपयोग को रोकने तथ कम करने के लिए–

- ऐसे शौचालयों का उपयोग करें जिनमें कम पानी की आवश्यकता हो।
- मंजन करते अथवा शेव करते समय चलते नल का उपयोग न करें; यह कार्य एक गिलास अथव एक लोटे जल से सम्पन्न हो सकता है।
- स्नान के लिऐ फोहारे का उपयोग न करें; सामान्यतया, एक बाल्टी से नहाना सम्भव है।
- रसोई के पानी का उपयोग किचन गार्डन में करें।
- जहां सामान्य पोंछने से काम चल सकता हो, वहां धोने की आदत हटायें; कमरे, गलियारे, मोटर वाहन आदि इस दुरुपयोग के उदाहरण हैं।
- लॉन के मेन्टीनेन्स हेतु आवश्यकतानुसार ही पानी का उपयोग करें; प्रात:काल के समय में कम पानी से काम चल सकता है।
- घरों में ऐसे पौधे अधिक लगावें जिन्हें कम पानी की आवश्यकता हो।
- डिटरजेंट की बजाय कपड़े धोने के लिये सामान्य साबुन का उपयोग करें।

- बाढ़ लगाकर खेती करने से बहुत से पानी को रोककर उसका उपयुक्त उपयोग कर सकते हैं। फुब्बारे पद्धति से भी पानी की बचत होती है।

(स) जल को संरक्षित रखने के लिए–

- वर्षा के पानी को एकत्र कर टांके में रखकर उसका वर्षपर्यन्त उपयोग किया जा सकता है। यह हमारे देश की सदियों से प्रचलित प्राचीन प्रथा रही है।
- गांव की निचली सतहों के क्षेत्र में वर्षा के पानी को रोककर उसे पशुओं के पीने के उपयोग में लिया जा सकता है। इसका रख-रखाव अच्छी तरह करना चाहिये।
- छोटे-छोटे एनीकट बनाकर पानी का खेती में उपयोग करें। एनीकट बनने से पीने के पानी के कुओं में जल स्तर बढ़ जाता है।
- घरों में पानी रखने के लिये ऐसी प्लास्टिक की टंकियों का उपयोग करें जो बजन में हल्की हों और जिनमें धूप और हवा न जा सकती हो। इनमें रखा पानी कई दिनों तक स्वच्छ व पीने योग्य रह जाता है।
- पेड़ों को अधिक से अधिक लगाना व उनकी रक्षा करनी चाहिए। यह पानी में बहती मिट्टी को रोकते हैं, मिट्टी में जल संरक्षण हेतु सहायक होते हैं और स्वच्छ पानी को आश्वस्त करते हैं।
- पानी को भू-जल मात्रा, भूमण्डल में उपलब्ध जल का लगभग 4.1 प्रतिशत है। इसका न अधिक दोहन करें और न इसे प्रदूषित करें। यह प्रकृति द्वारा संरक्षित जल प्राणी मात्र को विरासत में मिला है। इसे भविष्य के लिये सुरक्षित रखें।
- पीने के जल स्रोतों के आसपास स्वच्छता रहनी चाहिये तथा इसे सभी प्रकार की गन्दगी से बचाना चाहिये।
- कुओं और तालाबों की नियमित सफाई करनी चाहिये। मिट्टी को नियमित रूप से निकालते रहना चाहिये।

3. मृदा संरक्षण (Conservation of Soil)–पृथ्वी के भूपटल की ऊपरी पतली पर्त, जो पौधे अथवा वनस्पति के उगने का प्राकृतिक माध्यम बनती है, मृदा (Soil) कहलाती है। (Soil may be defined as a thin layer of earth's crust which serves as a natural medium for the growth of plants and vegetation)। स्पष्ट है कि यह सीमित भी है और अत्यन्त महत्त्वपूर्ण भी, क्योंकि पृथ्वी पर बसने वाले

प्राणी (मनुष्य, पशु और अन्य जीव-जन्तु अपने जीने के लिये आहार इसी पर उत्पन्न करते हैं अथवा इससे पाते हैं। इसकी रचना का आधार ठोस चट्टानें (Soil Rocks) हैं जिन पर भौतिक तथा रासायनिक क्रियाओं से मृदा का निर्माण होता है।

भौतिक क्रियाओं में तापक्रम (Temperature), जल (Water : Torrential Rains and Flowing Water), वायु (Wind) और पौधों और पशुओं के अवशेष (Remains of Plants and Animals) होते हैं तथा रासायनिक क्रियाओं में निर्जलन एवं जल- योजन (Dehydration and Hydration), जल अपघटन (Hydrolysis), कार्बनीकरण (Carbonation), ऑक्सीकरण (Oxidation) और अपचयन (Reduction) मुख्य पद होते हैं।

1. मिट्टी अथवा मृदा जिसके विषय में हम यहां चर्चा कर रहे हैं, वह जमीन की सतह से लगभग 15 सेमी (6 इंच) नीचे तक का वह भूमि भाग है जो विशेष प्रकार की व्यवस्था तथा पदार्थों से निर्मित होता है। इसके मुख्य चार भाग होते हैं–

(1) खनिज : 45% (Minerals : 45%),

(2) कार्बनिक पदार्थ : 5% (Organic Matter : 5%),

(3) जल : 20-30% (ater : 20-30%) और

(4) वायु : 20-30% (Air : 20-30%)A

जिनका संक्षिप्त विवरण निम्न है–

(अ) खनिज (Minerals) –मृदा में इनकी संख्या और मात्रा का अनुमान प्रसिद्ध कृषि वैज्ञानिक 'मैल्हबी' (Malherbe) ने निम्न प्रकार दिया है–

(1) ऑक्सीजन : 49-20% (Oxygen : 49-20%),

(2) सिलिकोन : 25.67% (Silicon : 25-67%),

(3) अल्युमिनियम : 7.50% (Aluminium : 7.50%),

(4) लोहा : 4.71% (Iron : 4.71%),

(5) कैल्सियम : 3.39% (Calcium : 3.39$),

(6) मैग्नीशियम : 1.93% (Magnesium : 1.93%),

(7) सोडियम : 0.11% (Sodium : 0.11%),

(8) पोटैशियम : 0.06% (Sulphur : 0.06%), तथा

(11) अन्य : 7.26% (Others : 7.26%)।

इन खनिजों में उत्पादन शक्ति होती है जो आवश्यकतानुसार स्वत: ही उपयोग में आती हैं। जिस मिट्टी में इनकी मात्रा कम होती है उसकी पूर्ति फिर अत्यधिक प्रकार से की जाती है।

(ब) कार्बनिक पदार्थ (Organic Matter)–मिट्टी में कार्बनिक पदार्थ पौधे और पशुओं के नष्ट हुये अवशेष से बने होते हैं और यह खनिजों के साथ मिलकर मृदा की उर्वरा शक्ति में वृद्धि करते हैं। इसके अतिरिक्त भी यह मृदा के कणों को बांधने, जल व पोषक तत्त्वों को अपने आप में रोकने और उत्पादन क्रिया में आवश्यकतानुसार कार्बनिक तत्त्वों को देते रहने का महत्त्वूपर्ण कार्य करते हैं।

(स) मृदा जल (Soil Water)–मृदा की संरचना में जो सूक्ष्म मिट्टी के कण होते हैं उनके मध्य स्थान रहता है। उसमें विद्यमान जल, मृदा जल (Soil Water) के नाम से जाना जाता है जिसकी मात्रा 20 से 25 प्रतिशत तक होती है। इस जल के दो मुख्य कार्य होते हैं–

(1) पौधों के पोषक तत्त्वों के लिये यह वाहक का कार्य करता है, क्योंकि मृदा के महत्त्वपूर्ण खनिज और कार्बनिक पदार्थों का यह घोलक (Solvent) है और

(2) यह तापक्रम को उत्पादन के अनुकूल बनाये रखता है।

(द) मृदा वायु (Soil Air)–मृदा के सूक्ष्म कणों के मध्य जो भाग पानी (जल) से मुक्त रहता है वहां वायु रहती है। इसकी मात्रा का अनुपात भी 20 से 30 प्रतिशत तक होता है। मृदा वायु में ऑक्सीजन का उपयोग और कार्बन डाइऑक्साइड का निष्कासन की क्रियाएं निरन्तर गतिशील रहती हैं और जल के साथ यह पौधों की वृद्धि को संचालित करती हैं।

2. मृदा का वह भाग, जिसे हम भूपटल की ऊपर पतली पर्त (Thin top layer) कह रहे हैं, इसमें मिट्टी के सूक्ष्म कणों की स्थिति की जानकारी निम्न सारणी से प्राप्त की जा सकती है–

मृदा वर्ग कण का वर्गीकरण

क्र०सं०	*मृदा वर्ग कण*	*व्यास मिमी में*
1.	मोटी रेत (Cross Sand)	0.2 से 2.0 मिमी तक
2.	बारीक रेत (Fine Sand)	0.02 से 0.2 मिमी तक
3.	सिल्ट (Silt)	0.002 से 0.02 मिमी तक
4.	मृतिका (Clay)	0.002 से कम

इस वर्गीकरण से सबसे सूक्ष्म कणों वाला भाग सबसे अधिक महत्त्वपूर्ण एवं उपयोग होता है जो क्रम से गिरता जाता है। मृतिका (Clay) के ऊपरी एक इंच (2.5 सेमी) पर्त के निर्माण में सैकड़ों वर्ष का समय लगता है, जो हमारी त्रुटियां अथवा नासमझी से मिनटों में नष्ट हो जाता है। प्रकृति प्रकोप (तेज हवा, तेल वर्षा

व पानी का बहाव) से भी इस महत्त्वपूर्ण मिट्टी (मृदा) का नाश होता है जो हमारे बस के बाहर है।

विश्व के कुल धरातलीय क्षेत्रफल का लगभग एक-चौथाई भाग ही भूमि है। इसमें भी आधे से अधिक भाग ध्रुवीय क्षेत्र, मरुस्थल, पर्वतीय भाग एवं दलदल अथवा बंजर भूमि है। वन क्षेत्र के अतिरिक्त लगभग पृथ्वी के क्षेत्रफल का केवल 2 प्रतिशत भाग ही ऐसा है जो कृषि योग्य है और जिस पर विश्व की तीन-चौथाई आबादी खाद्य पदार्थों हेतु निर्भर है। अतः कृषि योग्य भूमि की महत्ता का अनुमान ऊपर की भूमि उपलब्धता से सहज ही लगाया जा सकता है और उस भाग की मिट्टी, जो उत्पादन का आधार है, की सुरक्षा और संरक्षा हेतु जिम्मेदारी का अहसास किया जा सकता है।

भारत का सतही क्षेत्रफल 329 मिलियन हेक्टेअर है, जिसमें से 266 मिलियन हेक्टेअर भूमि का उत्पादन हेतु उचित उपयोग किया जा सकता है (शेष भूमि या तो बंजर है अथवा अन्य कार्यों हेतु उसका उपयोग हो रहा है)। लेकिन हमारे देश का दुर्भाग्य यह है कि इस 266 मिलियन हेक्टेअर भूमि में से 91 मिलियन हेक्टेअर भूमि को अधिकारिक रूप से वन क्षेत्र में ले लिया गया है और शेष 175 मिलियन हेक्टेअर भूमि किसी न किसी प्रकार के मृदा ह्रास से ग्रसित है–

जल और वायु क्षरण (Water and Wind Erosion)– 150 मिलियन हेक्टेअर
जल से ग्रसित भूमि

जल मग्नता (Water Logging) से ग्रसित भूमि– 6 मिलियन हेक्टेअर

लवणीय तथा क्षारी (Salinity and Alkalinity)– 7 मिलियन हेक्टेअर
दोष से ग्रसित भूमि

परिवर्तित कृषि (Shifting Cultivation) से ग्रसित भूमि– 3 मिलियन हेक्टेअर

अन्य प्रकार (Other Factors) से प्रभावित भूमि– 9 मिलियन हेक्टेअर

3. इस भूमि के संरक्षण एवं इसे इस योग्य बनाने कि जिससे अधिक से अधिक उत्पादन हो सके, कुछ सुझाव दिये जा रहे हैं–

1. अधिक से अधिक वृक्ष लगाये जाने चाहिये; वृक्ष मिट्टी को बांधते हैं, वर्षा जल के प्रवाह को नियमित करते हैं जिससे मिट्टी को रोकने की क्षमता बढ़ जाती है।

2. पर्वतीय ढलानों पर मिट्टी को बहने से रोकने के लिये कन्टूर पद्धति का उपयोग किया जाना चाहिये।

3. परिवर्तित कृषि (Shifting Cultivation) को स्थाई कृषि (Settled Agriculture) रूप में बदला जाये।

4. रासायनिक खादों तथा कीटनाशी दवाइयों का केवल आवश्यकतानुसार ही उपयोग करें। अधिक पैदावार का लालच छोड़ें।

5. कृषि उत्पादन क्षमता को बनाये रखने हेतु सभी उपाय काम में लेवें। कार्बनिक खादों का अधिक उपयोग करें।

6. कृषि भूमि को प्रदूषण फैलाने वाले उद्योगों से दूर रखें।

7. भूमि अपरदन (Soil Erosion) के रोकने हेतु सभी सम्भावित उपाय अपनाने चाहिये।

(*i*) शस्य विज्ञानीय उपाय (Agronomic Measures)

- वायुक्षरण रोकने हेतु खेत के चारों ओर रक्षक पंक्ति के रूप में वृक्षप लगाना; खरपतवार आदि अन्य वनस्पतियों की सहायता से सुरक्षा पंक्तियां (Shelter Belts) बनाना।
- खेत के चारों ओर मेंड़ लगाना।
- ढलान के प्रतिकूल जुताई करना।
- वर्षा के अधिक पानी को इस प्रकार निकालना जिससे मृदा न बह पाये।
- पशुओं द्वारा नियंत्रित चराई पद्धति अपनायें।
- दाल वाली फसलों को उगाना; इससे मृदा की उर्वरता में वृद्धि होती है।
- मिश्रित खेती (Mixed Cropping) करना; पट्टीदार खेती (Strip Cropping) करना।

(*ii*) अभियान्त्रिकी उपाय (Mechanical or Engineering Methods)

- भूमि को समतल बनाकर पानी के वेग को कम करना।
- लम्बे ढलान वाली भूमि को छोटे-छोटे टुकड़ों में विभाजित कर कम ढलान की स्थिति बनाना।
- छोटे बांध (Anicuts) बनाकर पानी और मिट्टी को रोकना।

(*iii*) वानिकी सम्बन्धी उपाय (Forestry Measures)

- मृदा की उर्वरता बनाये रखने हेतु फसलों को बदल कर बोना।
- मिट्टी में जल की मात्रा को आवश्यकतानुकूल बनाये रखना।
- सम्भावित कटाव क्षेत्र के आसपास सघन झाड़ियां व घास की रोपाई करना।
- मृदा pH की जानकारी कर भूमि की विशेषतानुसार फसलों की बुवाई करना।

पर्यावरण संरक्षण के सन्दर्भ में एक सामान्य व्यक्ति (परिवार) की भूमिका क्या हो?

(What should be the Role of a Common Man (Family) with Reference to Environmental Conservation?)

पर्यावरण के सन्दर्भ में जितनी भी बातें कही गई हैं उन सबसे कुछ पिछले मानव इतिहास की जानकारी मिलती है; वर्तमान स्थिति का भान होता है और भविष्य की भयावह स्थिति का चित्रण हमारे सामने उतरता है। इन सभी का समेकित लेखा-जोखा कुछ इस प्रकार का दिखता है–

1. इक्कीसवीं सदी के प्रारम्भ में 6 अरब से अधिक व्यक्ति इस पृथ्वी पर होंगे; उनको रहने, काम करने, खेती उगाने, उद्योग धन्धे चलाने को भूमि चाहिये और उपयोग में लाने हेतु विभिन्न प्राकृतिक संसाधन जो अब सीमित ही नहीं बल्कि, निरन्तर कम होते जा रहे हैं।
2. बढ़ती आबादी ने पृथ्वी पर के संसाधनों को सामान्य प्राय: ही नहीं कर दिया है बल्कि उन्हें प्रदूषित भी किया है जिससे प्राणीमात्र के अस्तित्व को खतरा हो गया है।
3. अधिक अन्न उपजाने की विवशता ने रासायनिक खादों और कीटनाशी दवाइयों का प्रयोग इस स्तर तक बढ़ा दिया है कि उत्पादन विषैले हो गये हैं। किसानों के गलत तरीकों से भोजन श्रृंखला को कम बिखरने लगा है जिसका पूरे पर्यावरण पर असर पड़ा है।
4. मनोरंजन और व्यावसायिक लालच ने वन्य जीवों का जीवन खतरे में डाल दिया है। चीता, हाथी, गेंडा, मगरमच्छ, सांप और न जाने कितने वन्य जीवन लुप्त प्राय: हो चले हैं।
5. वनों की अधिक कटाई ने जल चक्र को प्रभावित किया है। वर्षा कम होने लगी है; पेड़ों के कम होने से भूमि-क्षरण बढ़ गया है और पीने के पानी की कमी हो रही है।
6. क्लोरोफ्लोरोकार्बन्स और एरोसोल के छिड़काव से ओजोन पर्त का ह्रास हो रहा है; जिसके फलस्वरूप, सूर्य से अल्ट्रावायलेट किरणें पृथ्वी पर आकर त्वचा कैन्सर का कारण बन रही हैं।
7. जीवाश्म ईंधन के प्रयोग ने वायुमण्डल में कार्बन डाइऑक्साइड की मात्रा में वृद्धि की है। चूंकि वनों की कमी से उपयुक्त CO_2 की मात्रा का

अवशोषण नहीं हो पाता, अत: इससे ग्रीन हाउस प्रभाव (Greenhouse Effect) के कारण पृथ्वी का तापमान निरन्तर बढ़ रहा है। आशंका है इससे ध्रुवों की बर्फ पिघलकर महासागरों के जल स्तर में वृद्धि करेगी और पृथ्वी के अनेक भाग जलमग्न हो जायेंगे।

8. स्वचलित वाहनों के साइलैन्सरों से निकलने वाले विषैले उत्सर्जन पदार्थ से वायुमण्डल प्रदूषित हो गया है। लोगों को अनेक श्वास सम्बन्धी बीमारियों का शिकार होना पड़ रहा है। तेजाबी वर्षा से भवन, जल स्रोत और वनस्पति नष्ट हो रहे हैं।
9. औद्योगिक संस्थान जल और वायु दोनों को बेरहमी से प्रदूषित कर रहे हैं।
10. विभिन्न प्रकार के अवशिष्टों (Wastes) की की निस्तारण प्रक्रिया पर्याप्त नहीं हैं। रेडियोधर्मी अवशिष्ट सदियों तक मानव जाति को प्रभावित करते रहेंगे। प्लास्टिक के उपयोग ने प्रदूषण के क्षेत्र में हड़कम्प मचा रखा है, क्योंकि सामान्यतया, यह नष्ट नहीं हो सकते।
11. विविध प्रकार के पर्यावरण जन-चेतना के कार्यक्रम पर्याप्त नहीं हैं और किसी भी स्तर पर प्रशासन आम जनता को पर्यारण की सुरक्षा के कार्य में रुचि लेने में सफल नहीं हो सका है।
12. प्रकृति के कार्यकलापों से भी सामान्य लोग भली-भांति परिचित नहीं हैं, अत: वह अनजाने ही उससे छेड़छाड़ कर प्राकृतिक असन्तुलन को बढ़ावा दे रहे हैं। अत: अप्रत्यक्ष रूप से जीवन को गुणवत्ता (Quality of Life) में कमी आ रही है।
13. ऊर्जा की आवश्यकता जीवन के हर क्षेत्र में है। सीमित मात्रा के बावजूद ऊर्जा का दुरुपयोग हो रहा है, इसे विलासिता, मनोरंजन और प्रदर्शन के लिये उपयोग करना अनैतिक आचरण है।
14. महासागर हमें अप्रत्यक्ष रूप से अधिक संसाधन उपलब्ध कराते हैं, जिनमें ऑक्सीजन, वनस्पति और जन्तु प्रमुख हैं। इनको प्रदूषण से बचाना बहुत आवश्यक है।

हरित परिवार की अवधारणा (The Green Family Concept)

इन समस्त बिन्दुओं को दृष्टिगत रखते हुए एक सामान्य परिवार के लिये 'हरित परिवार की अवधारणा' (The Green Family Concept) प्रस्तावित की गई है। ऐसा विश्वास है कि इससे बहुत अधिक प्रतिशत पर्यावरण की समस्याओं से छुटकारा मिलेगा और पर्यावरण संरक्षण को गति मिलेगी। यह प्रस्तावित बिन्दु निम्न है–

1. अपने परिवार को नियोजित करें और इस प्रकार राष्ट्रीय योजना में सहयोग करें।
2. जल का बुद्धिमत्ता से प्रयोग करें। नष्ट होने या दुरुपयोग होने के सभी कारणों को समाप्त करें, घर के रिसते नलों की मरम्मत करायें। जल स्रोतों का प्रदूषण से बचायें।
3. प्रतिवर्ष अपने घर अथवा अपने आस-पास से दो वृक्ष लगायें, उनकी समुचित देखभाल करें; किसी उगते वृक्ष को कटने अथवा नष्ट होने से बचायें। इससे अनेक दिशाओं में पर्यावरणीय लाभ होगा।
4. पशु-पक्षियों पर अत्याचार न करें।
5. अनचाही बत्तियां और पंखे/कूलर आदि न चलायें। गर्म पानी और रसोई हेतु सौर ऊर्जा को उपयोग करने की बात सोचें।
6. घर के कूड़े-करकट को व्यवस्थिति कर उसका उपयोगिता की दृष्टि से निस्तारण करें। कार्बनिक खाद का बगीचे में उपयोग हो सकता है।
7. छोटी-दूरी के लिये साइकिल का उपयोग करें।
8. प्राकृतिक पर्यावरण से छेड़छाड़ न करें। मानवकृत पर्यावरण आपकी सुविधा के लिये है, उसके दास भी न बनें और न ही उसे पर्यावरण विकृति का कारण बनायें।

प्रश्न (Questions)

निबन्धात्मक प्रश्न (Essay Type Questions)

1. पर्यावरण संरक्षण से क्या अभिप्राय है? किन-किन वस्तुओं को आप संरक्षण हेतु प्राथमिकता देंगे? बताइये।
2. धर्म का पर्यावरण संरक्षण से सम्बन्ध बताते हुये किसी एक धर्म का उदाहरण दीजिये।
3. पर्यावरण संरक्षण में घर की भूमिका का उल्लेख कीजिये।
4. अन्तर्राष्ट्रीय स्तर पर कौन-कौन सी संस्थाएं पर्यावरण संरक्षण में अपना सक्रिय योगदान दे रही है? सामान्यतया, यह संस्थाएं क्या करती हैं?
5. एक सामान्य व्यक्ति पर्यावरण संरक्षण के लिये न्यूनतम क्या कर सकता है?

लघुत्तरात्मक प्रश्न (Short Answer Type Questions)

6. जैन धर्म के अनुयायी पर्यावरण संरक्षण के लिये क्या करते हैं?
7. राजनीति कैसे पर्यारण संरक्षण को हतोत्साहित कर देती है?

8. गांवों में रसोई के विषैले धुएं से कैसे बचा जा सकता है?
9. पर्यावरण संरक्षण में मिट्टी की उपयोगिता बताइये।
10. जल के बुद्धिमत्तापूर्ण उपयोग के कुछ उदाहरण दीजिये।

वस्तुनिष्ठ प्रश्न (Objective Questions)

11. ग्रीन हाउस प्रभाव के लिये उत्तरदायी मुख्य गैस है–
(अ) ऑक्सीजन (ब) ओजोन
(स) नाइट्रोजन (द) कार्बन डाइऑक्साइड
12. भगवान शिव से संबंधित वृक्ष का नाम क्या है?
(अ) वट (ब) पीपल
(स) बेल (द) गूलर
13. हिन्दू धर्म में शेर को वाहन के रूप में किस देवी/देवता ने स्वीकार किया है?
(अ) सरस्वती (ब) लक्ष्मी
(स) शीतला माता (द) दुर्गा
14. ओजोन पर्त के विनाश से प्राणी मात्र को किस रोग का भय है?
(अ) ब्रोन्काइटिस (ब) त्वचा कैन्सर
(स) अस्थमा (द) मेनिनजाइटिस
15. राष्ट्रीय स्तर पर पर्यावरण के क्षेत्र में कार्यरत संस्थाओं की संख्या कितनी है?
(अ) 10 (ब) 15
(स) 20 (द) 20 से अधिक

रिक्त स्थानों की पूर्ति करिये–

16. वायु, जल और...............प्राणी मात्र को प्राथमिक आवश्यकताएं हैं।
17. विश्व वन्य कोष (WWF) का केन्द्रीय कार्यालय .... में है।
18. पृथ्वी पर वायु की कुल मात्रा..................ट्रिलियन मैट्रिक टन आंकी गई है।
19. भारत में वर्षा का निरन्तर कम होने का मुख्य कारण .... है।
20. मिट्टी की उर्वरक शक्ति की वृद्धि के लिये .... खाद का उपयोग अधिक श्रेष्ठ रहता है।

6

पर्यावरणीय सुरक्षा एवं सुधार (अन्तर्राष्ट्रीय स्तर पर)
(Environmental Preservation and Improvement)
(At International Level)

प्रस्तावना (Introduction)

कई अमेरिकन डेमोग्राफर्स ने विश्व की पिछले 10 हजार वर्षों पर पृथ्वी पर रहने वाले मनुष्यों की संख्या में निरन्तर हो रही वृद्धि के आधार पर यह निश्चित रूप से अगाह किया था कि बीसवीं सदी की जनसंख्या वृद्धि अनेक प्रकार की समस्याओं को जन्म देगी। कल्पना कर विश्व की एक अरब जनसंख्या होने में 10,000 वर्षों से भी अधिक लगे, जबकि अब लगभग 12-13 वर्षों में एक अरब मानव पुत्र इस पृथ्वी पर आ उतरते हैं। चूंकि वर्तमान में पर्यावरण के विभिन्न घटकों की जानकारी अब सभी स्तर पर हो चुकी है, अतः इस वृद्धि से पर्यावरण पर क्या प्रभाव पड़ेगा इसे बताने में अब कोई मानसिक योग्यता की आवश्यकता नहीं।

असामान्य जन-वृद्धि के कारण प्रकृति से विशुद्ध रूप से मिल रहे विरासत के संसाधनों में कमी आने लगी और फिर मूर्खता से उपयोग करने पर प्रदूषण होने लगा। आवास हेतु घने जंगल कटे, वन-क्षेत्र कम हो गये, प्रकृति का सन्तुलन बिगड़ने लगा। अमीर व विकसित देश अपने पैसे के बल पर अधिक सामग्री/सुविधा का उपयोग करने लगे तो विकासशील व अविकसित देश इस कदर पिछड़ गये कि वहां के लोगों की मूलभूत आवश्यकताएं–जल, वायु और भोजन की पूर्ति भी नहीं हो सकीं। पूरे विश्व में पर्यावरणीय संकट गहरा गया।

अधिक साधन जुटाने हेतु औद्योगीकरण में वृद्धि आवश्यक हो गई तो अनेक प्रकार की ऐसी भयावह घटनायें घटने लगी कि जिनसे सामान्यतया बच पाना कठिन था। पिछले 50 वर्षों में घटित हुई कुछ घटनाओं का अवलोकन करें–

1. सन् 1940 में लौस-ऐंजिल्स (अमेरिका) शहर की एक शाम और सारा शहर धुएं के बादलों से ढक गया। पहले थोड़ी बेचैनी, फिर घबराहट और बाद

में सांस लेने की कठिनाई। अनुमान है कि इस अप्रत्याशित धुएं के आवरण ने उस रात कई हजार लोगों की जानें लीं।

2. सन् 1952 में लंदन (इंग्लैण्ड) में हुए इसी प्रकार के घटनाक्रम में लगभग 5000 व्यक्तियों की जानें गईं। इसे London Episode of SMOG अथवा स्मोग घटना के नाम से जाना जाता है। एक शाम उद्योगों और कारखानों से निकलते धुएं तथा वायुमण्डल के पानी की आर्द्रता से कुहरे की पर्त पूरे लंदन शहर पर छा गई और वही घबराहट और बेचैनी तथा श्वांस अवरोध से अनेक जीवन लीलाएं समाप्त कीं।

3. जापान में एक मिनीमाटा नाम की खाड़ी है। इसके कई ओर बड़े-बड़े कारखाने लगे हैं। उनमें से एक कारखाने से निकलने वाले जल उच्छिष्ट में एल्काइल मरकरी कम्पाउण्ड की भारी मात्रा खाड़ी के पानी में मिल गई। इस जहरीले पदार्थ से खाड़ी का पानी प्रदूषित हुआ और पानी में रहने वाले अनेक जीव मर गये। यही नहीं बल्कि, इस खाड़ी से निकलने वाली मछलियों और जानवरों के भोजन से वहां के लोगों को एक खास प्रकार का चकते वाला रोग हुआ। जिसे मिनीमाटा रोग कहा गया। प्रभावित लोग लकवा, हाथ-पैर की जकड़न, मस्तिष्क विकृति, बहरापन, दृष्टिदोष आदि अनेक प्रकार की बीमारियों से ग्रसित हुए और अनेक लोग मौत के शिकार हुए।

और भी अनेक घटनाएं हुई होंगी जिनका स्थानीय उल्लेख रहा होगा (भारत की भोपाल गैस दुर्घटना जिसमें लाखों लोग प्रभावित हुए, हजारों मरे, कोई कम खतरनाक उदाहरण नहीं है) लेकिन इन कुछ या अनेक घटनाओं ने संयुक्त राष्ट्र संघ को इस बात के लिए विवश कर दिया कि इस समस्या को सामूहिक रूप से विश्व हित में सुलझाया जाये। परिणति में सन् 1972 में मानव पर्यावरण पर अन्तर्राष्ट्रीय कॉन्फ्रेन्स का आयोजन स्टाकहोम (स्वीडन) में हुआ। 5 जून से 16 जून, 1972 की अवधि में आयोजित इस कॉन्फ्रेन्स में 100 से अधिक देशों के प्रतिनिधियों ने भाग लिया जिसमें भारत का प्रतिनिधित्व तत्कालीन प्रधानमंत्री स्वर्गीय श्रीमती इन्दिरा गांधी ने किया था। यहीं 26 सूत्री महाधिकार-पत्र (मेग्नाकार्टा) घोषित किया गया जो ऐतिहासिक दस्तावेज बना। इसका संक्षिप्त उल्लेख करना असामयिक न होगा जो सारांश रूप में इस प्रकार है–

संयुक्त राष्ट्र संघ द्वारा 'मानव पर्यावरण' पर आयोजित अन्तर्राष्ट्रीय सम्मेलन की घोषणाएं : (Declarations Made in the International Conference on 'Human Environment' Organised by U.N. : 5-16 June, 1972)

5-16 जून, 1972 : संयुक्त राष्ट्र संघ द्वारा मानव पर्यावरण पर आधारित अन्तर्राष्ट्रीय सम्मेलन की घोषणाएं निम्नवत हैं–

1. मनुष्य अपने पर्यावरण का रचयिता तथा उसे ढालने वाला दोनों ही है जिससे उसे भौतिक स्थिरता तथा बौद्धिक, नैतिक, सामाजिक और आत्मिक वृद्धि के अवसर मिलते हैं। मानव जाति की लम्बी और टेढ़ी-मेढ़ी विकास यात्रा में अब इस ग्रह (पृथ्वी) पर ऐसी स्थिति आ गई है जब मनुष्य ने विज्ञान एवं प्रौद्योगिकी की तेज गति के साथ अपने पर्यावरण को अनेक प्रकार से और अपूर्व ढंग से बदलने की शक्ति अर्जित कर ली है। प्रकृतिदत्त तथा मानवकृत दोनों ही प्रकार के पर्यावरण मनुष्य के स्वयं के रख-रखाव, मानव-अधिकार और स्वंय के जीवन अधिकार के उपभोग के लिये आवश्यक हैं।

2. मानव पर्यावरण की सुरक्षा तथा सुधार ऐसे प्रमुख विषय हैं जिनसे पूरे विश्व के लोगों के हित तथा उनके आर्थिक विकास पर प्रभाव पड़ता है। यही पूरे विश्व के लोगों की आवश्यक आकांक्षा और सभी सरकारों का कर्त्तव्य भी है।

3. मनुष्य को अपने अनुभवों को लगातार संगृहित करते रहना है और साथ ही उन्हें खोज, आविष्कार और नये-नये विचारों से समृद्ध भी करते रहना है। अपने समय में यदि मनुष्य, जिसमें अपने पर्यावरण में परिवर्तन करने की योग्यता है, अपनी बुद्धिमत्ता से उसका उपयोग करता है तो इससे लोगों को विकास के लाभ तथा जीवन की गुणवत्ता में वृद्धि के अवसर मिल सकते हैं। इसके विपरीत गलत और अविवेक रूप से उपयोग करने पर वही शक्ति मानव तथा मानव पर्यावरण को अपार क्षति पहुंचा सकती है। हमारे सामने पृथ्वी के कई भागों में मानवकृत हानि के ऐसे कई उदाहरण हैं, जैसे–वायु, जल, भूमि और प्राणियों (जीव-जन्तुओं तथा पौधों) में भयानक स्तर पर प्रदूषण, जीवमण्डल पर पारिस्थितिकी सन्तुलन में भारी तथा अनचाही बाधायें, पुनः उत्पन्न न हो सकने वाले अनेक संसाधनों की कमी तथा उनका विनाश, मानवकृत पर्यावरण, विशेषकर जैविक और क्रियाशील पर्यावरण में मनुष्य के भौतिक, मानसिक तथा सामाजिक स्वास्थ्य की भारी गिरावट।

4. विकासशील देशों में बहुत-सी पर्यावरणीय समस्याएं उनके विकसित नहीं होने के कारण हैं। लाखों लोग अच्छे जीवन के लिये अपेक्षित न्यूनतम स्तर से नीचे स्तर पर रहते हैं, जिनमें पर्याप्त भोजन और कपड़े, आवास और शिक्षा, स्वास्थ्य और सफाई की कमी सम्मिलित हैं। इसलिए विकासशील देशों को अपने विकास के प्रयासों को लोगों की आवश्यकता की प्राथमिकताओं और पर्यावरण सुधार को दृष्टिगत रखते हुए नियंत्रित करना चाहिए। इसी उद्देश्य से उद्योग प्रमुख देशों को विकासशील देशों के मध्य आ रहे ऐसे अन्तर को कम करना चाहिए। उद्योग प्रमुख

देशों में पर्यावरणीय समस्याएं विशेषतः औद्योगिक तथा तकनीकी विकास सम्बन्धी होती हैं।

5. सामान्य जनसंख्या वृद्धि ने पर्यावरण की सुरक्षा के लिए कई समस्याएं उत्पन्न की हैं, इन समस्याओं को दूर करने के लिए उचित योजनाएं और उपाय लागू किये जाने चाहिए। विश्व की कुल वस्तुओं में मनुष्य सबसे अधिक मूल्यवान है। वह मनुष्य ही है, जो सामाजिक प्रगति को आगे बढ़ाता है, सामाजिक परम्पराओं की संरचना करता है, विज्ञान एवं प्रौद्योगिकी में वृद्धि करता है और अपने कठिन परिश्रम से लगातार मानव पर्यावरण को परिवर्तित करता रहता है। सामाजिक प्रगति और विज्ञान एवं प्रौद्योगिकी तथा उत्पादकता की वृद्धि से मनुष्य दिन-प्रतिदिन पर्यावरण सुधारने में कार्यरत है।

6. अब वह ऐतिहासिक क्षण आ गया है जब हम विश्व स्तर पर पर्यावरणीय परिणामों की दृष्टि से अपने क्रियाकलापों में विवेकपूर्ण परिवर्तन लायें। अपने अज्ञानता और उपेक्षा से हम पृथ्वी के पर्यावरण को, जिस पर प्राणी मात्र और उनके हित अवलम्बित हैं, बहुत भारी और अपरिवर्तनीय हानि पहुंचा सकते हैं। इसके विपरीत पूरी जानकारी और बुद्धिमत्तापूर्ण कार्यों से हम अपने तथा अपनी सन्ततियों के लिए मानव आवश्यकताओं के अनुरूप तथा आशानुकूल एक अच्छे जीवन के लिए एक अच्छा पर्यावरण भी बना सकते हैं। अच्छा जीवन जीने और पर्यावरणीय गुणवत्ता में वृद्धि के कुछ मोटे सिद्धान्त हैं। आवश्यकता है शांतिपूर्ण मन से सोचने और गम्भीरतापूर्ण तरीके से कार्य करने की प्रकृति के संसार में स्वतंत्रतापूर्वक रहने के लिए मनुष्य को प्रकृति के साथ मिलकर एक अच्छा वातावरण बनाने की योग्यता को उपयोग में लाना चाहिए। वर्तमान तथा भावी पीढ़ियों के लिए मानव पर्यावरण की सुरक्षा और सुधार ही अब मनुष्य मात्र का आवश्यक लक्ष्य बन गया है; ऐसा लक्ष्य जो विश्वव्यापी आर्थिक और सामाजिक विकास तथा मौलिक और स्थिर शांति के लक्ष्य के साथ समन्वय बिठा सके।

7. इस पर्यावरणीय लक्ष्य को प्राप्त करने के लिए हर स्तर पर नागरिकों और समुदायों तथा सभी संस्थानों और संस्थाओं द्वारा सार्वजनिक प्रयासों में न्यायसंगत भागीदारी के उत्तदायित्व को स्वीकार करना होगा। प्रत्येक क्षेत्र और प्रत्येक संस्थान में कार्यरत लोगों को अपनी मान्यताओं और कार्यों से विश्व के भावी पर्यावरण को बदलना होगा। स्थानीय, राज्य स्तरीय सरकारों तथा राष्ट्रीय स्तर सरकार को शासन मण्डलों को व्यापक पर्यावरणीय नीति और अपने अधिकार क्षेत्र में कार्य योजना तैयार करने का भारी भार वहन करना होगा। विकासशील देशों को इस क्षेत्र में अपने उत्तरदायित्व वहन करने को आवश्यक संसाधन जुटाने के लिए

अन्तर्राष्ट्रीय सहयोग की भी आवश्यकता रहेगी। बहुत-सी पर्यावरणीय समस्याओं को, क्योंकि वे क्षेत्रीय अथवा सार्वभौमिक विस्तार की है या वे अन्तर्राष्ट्रीय स्तर पर प्रभावशील हैं, परस्पर विभिन्न राष्ट्रों के विस्तीर्ण सहयोग तथा अन्तर्राष्ट्रीय संस्थाओं की क्रिया विधाओं की आवश्यकता रहेगी। यह कॉन्फ्रेन्स राज्यों और लोगों से सभी लोगों तथा उनकी सन्ततियों की भलाई के लिए मानव पर्यावरण की सुरक्षा और सुधार हेतु व्यापक प्रयास करने का आग्रह करती है।

इन उपर्युक्त घोषणाओं पर कॉन्फ्रेन्स ने निम्नलिखित 26 सूत्र बहुमत से जारी किये–

1. मानव को ऐसे पर्यावरण में जिसमें वह सुखी और मर्यादापूर्ण जीवन जी सके तथा जहां स्वतन्त्रता, समानता और रहन-सहन की पर्याप्त सुविधा उपलब्ध हों, जीने का मूलभूत अधिकार है और साथ ही उसका वर्तमान तथा भावी पीढ़ी के लिए सुरक्षित और सुधारे हुए पर्यावरण को उपलब्ध कराने का महत्त्वूपर्ण दायित्व है। इस सन्दर्भ में रंग-भेद, जातीय पृथक्कीकरण, भेद-भाव उपनिवेशवादी अथवा अन्य प्रकार की प्रभुसत्ता के प्रकार के रंग-ढंग की किसी भी नीति की निन्दा करनी चाहिए तथा उसे दूर कर देना चाहिए।

2. सतर्कतापूर्ण उचित योजना अथवा व्यवस्था से पृथ्वी के प्राकृतिक संसाधनों, वायु, जल, भूमि, पेड़-पौधे और जीव-जन्तु तथा विशेषरूप से प्राकृतिक पारिस्थितिकी तंत्र को वर्तमान तथा भावी पीढ़ी की भलाई के लिए सुरक्षित रखना चाहिए।

3. पृथ्वी के संसाधनों को पुनर्निर्मित किये जा सकने वाली उत्पादन क्षमता को बनाये रखना चाहिए और जहां तक व्यावहारिक हो, वहां उसे पुनर्स्थापित किया जाना चाहिए।

4. मनुष्य पर वन्य प्राणियों एवं उनके आश्रय-स्थलों की सुरक्षा और विवेकपूर्ण व्यवस्था का उत्तरदायित्व है, जिन्हें अनेक कारणों से भारी खतरा हो गया है। अतः आर्थिक विकास की योजना बनाते समय प्राकृतिक संरक्षण (वन्य जीव सहित) को उचित महत्त्व दिया जाना चाहिए।

5. पुनर्नवीनीकरण न हो सकने वाले पृथ्वी के संसाधनों का इस प्रकार उपयोग किया जाना चाहिए जिससे वह बिल्कुल समाप्त न हो जायें, साथ ही इस बात से भी आश्वस्त होना चाहिए कि उनका लाभ समस्त मानव जाति को मिले।

6. विषैले तथा अन्य ऐसे ही पदार्थों तथा ऊष्मा का उत्सर्जन, जो पर्यावरण को न हानि पहुंचाने की सीमा से अधिक हो, को रोका जाना चाहिए, ताकि पारिस्थितकी तंत्र पर कोई गम्भीर आघात न हो। प्रदूषण को रोकने के लिए सभी देशों के लोगों के न्यायोचित संघर्ष को समर्थन मिलना चाहिए।

7. राज्यों को समुद्रों को प्रदूषण को रोकने के लिए, ऐसे सभी पदार्थों पर, जिनसे मानव स्वास्थ्य को हानि पहुंचती है, जो प्राणी तथा समुद्री जीव-जन्तुओं को हानिकारक हों और जिनसे समुद्री उपयोग तथा उसी रम्यता में बांधा आये, सभी आवश्यक कदम उठाने चाहिए।

8. मनुष्य के अच्छे जीवनस्तर और कार्य करने के पर्यावरण की आश्वस्तता हेतु तथा पृथ्वी पर ऐसी स्थिति बनाने के लिए जिससे जीवन की गुणवत्ता में सुधार हो, आर्थिक तथा सामाजिक प्रगति आवश्यक है।

9. कम विकास तथा प्राकृतिक प्रकोपों से होने वाली पर्यावरणीय क्षति को दूर करने के लिए विकासशील देशों को, उनके अपने प्रयासों के अतिरिक्त, समुचित वित्तीय तथा तकनीकी सहायता यथासमय तथा आवश्यकतानुसार उपलब्ध होनी चाहिए।

10. पर्यावरणीय व्यवस्था हेतु विकासशील देशों के लिए मूल्यों में स्थिरता तथा प्राथमिकता वाली वस्तुओं और कच्चे माल का सही मूल्य मिलना बहुत आवश्यक है क्योंकि पर्यावरणीय गतिविधियां और आर्थिक पक्ष दोनों ही इससे सम्बन्धित हैं।

11. सभी राज्यों की पर्यावरण नीति उन्नतशील होनी चाहिए। न तो उनसे विकासशील देशों के वर्तमान अथवा भविष्य की विकास सम्भावनाओं पर विपरीत प्रभाव पड़ना चाहिए और न ही उनसे सभी लोगों के अच्छे रहन-सहन को कोई आघात पहुंचना चाहिए। राज्य तथा अन्तर्राष्ट्रीय संस्थानों को कुछ ऐसे कदम उठाये जाने चाहिए, जिनसे पर्यावरणीय गतिविधियों के कार्यों के संचालन से होने वाले राष्ट्रीय तथा अन्तर्राष्ट्रीय आर्थिक परिणामों की पूर्ति हेतु आपसी समझौता हो सके।

12. विकासशील देशों को उनकी स्थिति तथा विशिष्ट आवश्यकतओं के अनुरूप पर्यावरणीय सुरक्षा और सुधार के कार्यों के लिए साधन-सुविधायें उपलब्ध करानी चाहिए तथा उनकी प्रार्थना पर ही उन्हें अन्तर्राष्ट्रीय तकनीकी और वित्तीय सहायता भी उपलब्ध होनी चाहिए, जिससे वे अपनी विकास योजना बनाते समय पर्यावरणीय सुरक्षा को उचित स्थान दे सकें।

13. पर्यावरणीय सुधार के अन्तर्गत संसाधनों का विवेकपूर्ण प्रबन्ध हो सके, इस हेतु राज्यों को अपनी विकास योजनाओं के निर्माण करते समय ऐसी समग्र और व्यापक दिशा रखनी चाहिए, जिससे लोगों के लाभ के लिए बनाये जाने वाले मानव पर्यावरण के सुरक्षा और सुधार कार्यक्रमों तथा विकास के बीच समुचित तालमेल रह सके।

14. विकास और पर्यावरणीय सुरक्षा और सुधार की आवश्यकताओं के मध्य होने वाले किसी भी विवाद को विवेकपूर्ण तरीके से सुलझाया जा सकता है।

15. मानव आबादी और शहरीकरण के लिए इस प्रकार की योजना तैयार की जानी चाहिए जिससे पर्यावरण को हानि पहुंचाये बिना सभी को अधिकतम सामाजिक, आर्थिक और पर्यावरणीय लाभ मिल सके। इस सन्दर्भ में उपनिवेशवादी और जातिवादी श्रेणी के लिए तैयार किये गये कार्यक्रमों को छोड़ देना चाहिए।

16. उन स्थानों (क्षेत्रों) में जहां अधिक आबादी पर्यावरण अथवा विकास पर विपरीत प्रभाव डालती हो अथवा जहां कम आबादी विकास और पर्यावरणीय सुधार को रोकती हो, वहां पर मूल मानव अधिकारों के लिए बिना पक्षपात वाली डेमोग्राफर्स द्वारा सुझाई गई नीति राज्यों द्वारा अपनाई जानी चाहिए।

17. पर्यावरणीय गुणवत्ता में वृद्धि को ध्यान में रखते हुए पर्यावरणीय संसाधनों को योजना, व्यवस्था, और नियंत्रण कार्य का उत्तरदायित्व राज्यों को किसी राष्ट्रीय स्तरीय संस्था को सौंप देना चाहिए।

18. आर्थिक और सामाजिक विकास में योगदान देने वाली विज्ञान एवं प्रौद्योगिकी को पर्यावरणीय संकटों के निदान, बचाव और नियंत्रण तथा पर्यावरणीय समस्याओं के हल जानने और लोगों की भलाई के लिए उपयोग में लाना चाहिए।

19. मानव हित में पर्यावरणीय सुरक्षा और सुधार के लिए विभिन्न व्यक्तियों तथा संस्थाओं में विस्तृत दृष्टिकोण बनाने के लिए बच्चे बड़े और उन सभी को जिन्हें सुविधाओं का अभाव है, पर्यावरणीय शिक्षा बहुत आवश्यक है। साथ ही यह भी आवश्यक है कि संचार माध्यमों द्वारा विगड़त पर्यावरण की पुष्टि करने का कार्य रोका जाये और इसके विपरीत इस प्रकार से पर्यावरणीय सुरक्षा तथा सुधार की आवश्यकता पर शैक्षिक जानकारी फैलाई जाये जिससे मनुष्य को हर तरह से उन्नत होने का अवसर मिल सके।

20. सभी देशों में विशेषत: विकासशील देश में राष्ट्रीय तथा बहुराष्ट्रीय पर्यावरणीय समस्याओं के सन्दर्भ में वैज्ञानिक शोध और अनुसंधान किये जाने चाहिए। इस सन्दर्भ में पर्यावरणीय समस्याओं के समाधानों की सुविधा के लिए नवीनतम वैज्ञानिक जानकारी और अनुभवों की उपलब्धता बनी रहनी चाहिए। विकासशील देशों को बिना किसी वित्तीय भार के पर्यावरणीय तकनीकी जानकारी इस आधार पर उपलब्ध करानी चाहिए कि वे और अधिक उत्साह से उसका अन्य क्षेत्रों में प्रसार कर सकें

21. संयुक्त राष्ट्र के घोषणा पत्र (चार्टर) तथा अर्न्राष्ट्रीय कानून के आधार पर किसी भी राज्य की अपेन अधीन क्षेत्र के संसाधनों को, अपनी पर्यावरण

नीति के अर्न्तगत बिना किसी अन्य देश को हानि पहुंचाए, उपभोग (दोहन) करने का पूरा अधिकार हैं।

22. राज्यों से यह अपेक्षा है कि वे अपनी क्षेत्र में हो रही गतिविधियों के कारण दूसरे बाहरी क्षेत्र में हो रहे प्रदूषण के शिकार लोगों के दायित्व तथा मुआवजा तय करने के लिए बनाये जाने वाले अन्तर्राष्ट्रीय कानून के निर्माण में सहयग्र करें।

23. अन्तराष्ट्रीय समुदायों द्वारा स्वीकार किये गये अथवा राष्ट्रीय स्तर पर निर्धारित मानकों को लागू करने से पूर्व विभिन्न देशों को प्रचलित सामाजिक व्यवस्थाओं और उनकी उपयुक्तता सीमा को ध्यान में रखना होगा, क्योंकि जो मानक विकसित देशों के लिऐ वैध हों, वहीं विकासशील देशों के लिऐ अनुपर्यक्त तथा सामाजिक मूल्यों के विपरीत भी हो सकते हैं।

24. छोटे व बड़े देशों के पर्यावरण की सुरक्षा और सुधार के अन्तर्राष्ट्रीय स्तर के सभी प्रकरण समान रूप से सहयोग के आधार पर निपटाने चाहिए। साथ ही बहुपक्षीय अथवा द्विपक्षीय व्यवस्थाओं के सहयोग से या अन्य किसी भी प्रकार चहुं ओर ही हो रहे विविध कार्यों के फलस्वरूप बिगड़ते पर्यावरण के नियंत्रण, रोकथाम, कम करने अथवा दूर करने के लिए उचित व्यवस्थाएं किया जाना भी आवश्यक है। यह सब इस प्रकार होना चाहिए जिससे अन्य राज्यों की सार्वभौमिकता और हितों की सुरक्षा रहे।

25. राज्य यह सुनिश्चित करेंगे कि अन्तर्राष्ट्रीय संगठन पर्यावरण की सुरक्षा तथा सुधार के लिए एक समन्वित, श्रेष्ठ (कुशल) और गतिशील भूमिका का निर्वाह करते हैं।

26. मानव तथा उसके पर्यावरण को परमाणु हथियारों तथा जन-संहार के अन्य साधनों से बचाया जाना चाहिए। राज्यों को ऐसे नाश अथवा सम्पूर्ण विनाश करने वाले हथियारों के सम्बन्ध में सम्बन्धित अन्तर्राष्ट्रीय संस्थाओं के साथ अथवा शीघ्र समझौते के प्रयासर किये जाने चाहिए।

इस महाधिकार-पत्र (मैग्नाकाटा) की अभिशंसाओं के आधार पर यूनेस्को के अन्तर्गत 'संयुक्त राष्ट्र पर्यावरण कार्यक्रम (UNEP)' कमेटी का निर्माण हुआ जिसमें 50 सदस्य थे। इसी अभिकरण द्वारा सन् 1975 में 'अन्तर्राष्ट्रीय पर्यावरणीय शिक्षा कार्यक्रम (IEEP)' के अन्तर्गत 'बेल्ग्रेड कान्फ्रेन्स' का आयोजन किया। इस कान्फ्रेन्स की देन 'बेलग्रेड' घोषणा पत्र रही जिसमें यह निर्देशित किया गया कि विश्व के बिगड़ते पर्यावरण को रोकने तथा उसे सुधारने हेतु शिक्षा (पर्यावरण शिक्षा) का व्यापक कार्यक्रम हर स्तर पर चलाया जाना आवश्यक है। इसी सम्मेलन में प्रत्येक देश ने अपनी-अपनी पर्यावरण नीति बनाने का भी निर्णय लिया। बिगड़ते पर्यावरण

को सन्तुलित करने के लिए देश में उपलब्ध भूमि भाग में 33 प्रतिशत वन क्षेत्र की अनिवार्यता भी यहीं प्रस्तावित की गई।

मानव पर्यावरण पर नैरोबी (केन्या) सम्मेलन : 10-18 जून, 1982 [Nairobi (Kenya) Conference on 'Human Environment' : 10-18 June, 1982]

दस वर्ष बाद सन् 1982 में विश्व के राष्ट्राध्यक्ष पुन: नैरोबी (अफ्रीका) में मानव पर्यावरण कॉन्फ्रेन्स की दसवीं वर्षगांठ मनाने एकत्रित हुए। 10 जून से 18 जून, 1982 तक चलने वाले इस सम्मेलन में 105 देशों के प्रतिनिधियों ने भाग लिया तथा वहां एक विशेष चार्टर (Special Charter) जारी किया गया जिसे नैरोबी पोषण-पत्र के नाम से जाना गया। इस चार्टर में यह विशेष जोर दिया गया कि जो घोषण-पत्र स्टाकहोम कॉन्फ्रेन्स में सन् 1972 में जारी किया गया था, तही स्थिति आज भी है; अत: पूर्व की योजनानुसार ही कार्य करके पर्यावरण सुरक्षा और सुधार के कार्यक्रमों को और प्रभावी बनाया जाये।

पर्यावरण एवं विकास पर संयुक्त राष्ट्र सम्मेलन : रियो सम्मेलन : 3-14 जून, 1992 (U.N. Conference on Environment and Development : Rio Conference : 3-14 June, 1992)

ब्राजील के रियो डी. जैनीरो शहर में 3 जून से 14 जून, 1992 के मध्य संयुक्त राष्ट्र द्वारा 'पर्यावरण एवं विकास सम्मेलन' का आयोजन किया गया। इसकी महत्ता के कारण इसे 'पृथ्वी सम्मेलन' (Earth's Summit) के नाम से भी पुकारने लगे हैं। इस ऐतिहासिक सम्मेलन में विश्व के 170 राष्ट्राध्यक्षों व शासनाध्यक्षों ने भाग लिया।

इस सम्मेलन में जहां एक ओर परम्परागत समस्याओं–

(1) वन क्षेत्र की निरन्तर कमी,

(2) ग्रीन हाउस का बढ़ता प्रभाव,

(3) ओजोन पर्त का विघटन,

(4) शीत उपकरणों में क्लोरोफ्लोरोकार्बन्स के स्थान पर नई टैक्नोलोजी,

(5) बढ़ती जनसंख्या,

(6) ईंधन की कमी,

(7) प्रदूषण की रोकथाम आदि पर चर्चायें हुईं।

वहीं जैव-विविधता तथा स्वच्छ टैक्नोलोजी के हस्तान्तरण पर भी विशेष बल दिया गया।

एजेन्डा-21, जो 40 अध्यायों तथा 900 पृष्ठों में एक प्रमुख दस्तावेज था-21वीं सदी की मुख्य कार्य-योजना थी। सबसे महत्त्वपूर्ण मुद्दा इसमें यह था कि विकसित देश अपनी देश की आय का 0.7% पर्यावरण कोष में जमा करायें जिससे अन्य देश अपने देश को विविध पर्यावरणीय समस्याओं से बचा सकें और ऐसा करने पर होने वाले व्यय की पूर्ति वह कोष से कर सकें।

अन्तर्राष्ट्रीय स्तर पर कार्यरत विभिन्न अभिकरण

(Different Working Agencies at International Level)

पर्यावरण के क्षेत्र में अन्तर्राष्ट्रीय स्तर पर जो विभिन्न अभिकरण कार्यरत हैं, उनमें से कुछ प्रमुख निम्न हैं-

1. Earth Scan : अर्थ स्कैन-संयुक्त-राष्ट्र द्वारा सन् 1976 में UNEP के मार्गदर्शन ने यह संस्था बनाई गई है, जिसका मुख्य उद्देश्य पर्यावरण संबंधी साहित्य तैयार कर उसे विश्व के हर कोने तक पहुंचाना है। इसका मुख्यालय लन्दन (यू. के.) में है।

2. FAO : फूड एण्ड एग्रीकल्चन ऑर्गेनाइजेशन-विश्व में खाद्यान्न की समस्या सुलझाने तथा जरूरत वाले दशों को खाद्यान्न की पूर्ति हेतु इस संस्था का गठन 16 अक्टूबर, 1945 को हुआ। इसका मुख्यालय रोम (इटली) में है।

3. IAEA : इन्टरनेशनल एटोमिक इनर्जी एजेन्सी-संयुक्त राष्ट्र की अणुशक्ति के सभी पक्षों/पहलुओं से संबंधित एक अन्तर्राष्ट्रीय संस्था है। इसका जन्म 29 जुलाई, 1957 को हुआ था। 150 देश इस संस्था के सदस्य हैं तथा इसका मुख्यालय वियाना (आस्ट्रिया) में है।

4. IEEP : इन्टरनेशनल एनवायरमेन्टल एजूकेशन प्रोग्राम-वस्तुतः यह एक कार्यम है जो स्टाकहोम में 1972 में आयोजित 'मानव पर्यावरण' सम्मेलन की अभिशंसाओं के आधार पर 'यूनेस्को' तथा 'यूएनईपी' (UNESCO-UNEP) ने मिलकर तैयार किया है। इसका प्रारम्भ 1975 से हुआ है तथा केन्द्रीय मुख्यालय यूनेस्को सैकोट्रियेट-पेरिस में है। विश्व के सभी देशों को 5 क्षेत्रों-

(1) अफ्रीका,

(2) अरब राज्य,

(3) एशिया एवं पेस्फिक,

(4) यूरोप और उत्तरी अमेरिका और

(5) लेटिन अमेरिका तथा कैरिबियन

में विभाजित कर उनमें पर्यावरण शिक्षा का कार्य संचालन की योजना बनाकर उन्हें मार्गदर्शन देता हैं

5. IUCN : इन्टरनेशनल यूनियन फॉर कन्जरवेशन ऑफ नेचर एण्ड नेचुरल रिसोर्सेज–एक स्वतंत्र अन्तर्राष्ट्रीय स्तर की संस्था जिसका मुख्यालय मोर्गेस (स्विटजरलैण्ड) में है की स्थापना सन् 1948 में हुई। प्रकृति संतुलन तथा प्राकृतिक संसाधनों के संरक्षण हेतु बनाई गई संस्था ने पिछले कुछ समय से विश्व वन्य कोष संस्था से सहयोग कर वन्य जीव संरक्षण की दिशा में भी अपना कार्यक्षेत्र बढ़ाया है। वन्य जीवों की खालों व अन्य समान/सामग्री की तस्करी रोकने में भी इन दिनों यह संस्था अत्यन्त सही योगदान देकर राष्ट्रहित में कार्य कर रही है।

6. UNDP : यूनाइटेड नेशन्स डवलपमेंट प्रोग्राम–संयुक्त राष्ट्र द्वारा सन् 1972 में विश्व में अन्तर्राष्ट्रीय स्तर पर पर्यावरण के क्षेत्र में विविध योजनाएं बनाने तथा देशों द्वारा पर्यावरण के क्षेत्र में किये जा रहे कार्यों को मार्गदर्शन देने हेतु यह संस्था स्थापित की गई। पर्यावरण के क्षेत्र में अन्तर्राष्ट्रीय स्तर पर समस्त कार्य UNEP द्वारा किया जाता है और इसका मुख्यालय नैरोबी (केन्या) में है। EARTHWATCH प्रोग्राम द्वारा पूरे विश्व के देशों को पर्यावरण स्थिति का आकलन तथा EARTHSCAN द्वारा सभी देशों को साहित्य सामग्री की उपलब्धि का कार्य यही से होता है। IEEP द्वारा पर्यावरण शिक्षा का कार्य संचालन यद्यपि पेरिस (फ्रांस) से होता है पर उसका अन्तिम लेखा-जोखा UNEP द्वारा ही रखा जाता है। पर्यावरण के क्षेत्र में अन्य कोई भी महत्त्वपूर्ण कार्य, योजना अथवा प्रायोजना भी इसी संस्था से संचालित होती है। विश्व स्तर के सम्मेलन के मूल आयोजन में भी इसी संस्था का ही मार्गदर्शन, सहयोग तथा वित्तीय सहयोग मिलता है।

8. UNESCO : यूनाइटेड नेशन्स एजूकेशनल, साइन्टिफिक एण्ड कल्चरल आर्गेनाइज़ेशन–संयुक्त राष्ट्र द्वारा इस एजेन्सी की सन् 1945 में स्थापित किया गया था। इस एजेन्सी का मुख्य कार्य विभिन्न देशों में शैक्षिक, वैज्ञानिक तथा सांस्कृतिक क्षेत्र में सहयोग करना है तथा उन द्वारा राष्ट्रहित में बनाई गई योजनाओं में आर्थिक व तकनीकी पक्ष में सहायता देना है। इसका मुख्यालय पेरिस (फ्रांस) में है। इस सन्दर्भ में यह एजेन्सी सम्मेलनों क़ा आयोजन ज्ञानोपयोगी साहित्य का प्रकाशन व उसका वितरण तथा तकनीकी रायों का आदान-प्रदान जैसे महत्त्वपूर्ण कार्यों क़ा निष्पादन करती है।

9. UNFPA : यूनाइटेड नेशन्स फंड फॉर पोपूलेशन एक्टीविटीज–इस एजेन्सी द्वारा विकासशील एवं अविकसित देशों की परिवार कल्याण की समस्याओं के निवारण हेतु धनराशि उपलब्ध कराई जाती है। जनसंख्या वृद्धि को रोकने हेतु देशों में किये जा रहे अनेक प्रयोग जिनमें 'जनसंख्या शिक्षा' भी सम्मिलित है, भी इससे सहायता प्राप्त करते हैं। लगभग 130 देशों को इससे वर्तमान में सहयोग मिल रहा है और विश्व की 25% तक की मांग को यह एजेन्सी पूरा कर रही है।

10. UNICEF : यूनाइटेड नेशन्स इन्टरनेशनल चिल्ड्रन्स इमरजैन्सी फण्ड–संयुक्त राष्ट्र द्वारा इस एजेन्सी का निर्माण सन् 1946 में बच्चों को किसी भी आपत्ति काल में वित्तीय सहायता की आवश्यकताओं की पूर्ति हेतु किया गया था। वर्तमान में यह बच्चों के विकास, शिक्षा तथा उनके जीवन की गुणवत्ता को सुधारने में सहयोग करता है। विकासशील देश इस एजेन्सी की प्राथमिकता है।

11. UNIDO : यूनाइटेड नेशन्स इन्डस्ट्रियल डवलपमेंट ऑर्गेनाइजेशन–विश्व के अविकसित एवं विकासशील देशों को औद्योगिक क्षेत्र में सभी प्रकार की समस्याओं के निदान सुझाने तथा उन्हें विकसित करने हेतु सभी प्रकार की सहायता देने हेतु यह संयुक्त राष्ट्र की अन्तर्राष्ट्रीय स्तर की संस्था है। इसका मुख्यालय वियाना (आस्ट्रिया) में है और सनृ 1985 से इस संस्था ने कई विशेष सेवाएं प्रारम्भ की हैं।

12. WHO : वर्ल्ड हैल्थ आर्गेनाइजेशन–विश्व स्तर पर बनी यह अन्तर्राष्ट्रीय संस्था विश्वभर में लोगों के स्वास्थ्य संबंधी कार्यों के लिए है। रोगों से बचाव, खाद्यान्न तथा अवाश्यक पोषणाहार की पूर्ति हेतु भी इस संस्था का उत्तरदायित्व है। 22 जुलाई, 1946 को स्थापित हुई इस संस्था का मुख्यालय जेनेवा (स्विटजरलैण्ड) में है।

13. WWF : वर्ल्ड वाल्डलाइफ फण्ड–विश्व स्तर की संस्था का प्रारम्भ सन् 1961 से हुआ। प्रारम्भ में इसका मुख्य कार्य केवल वन्य जीवों के सुरक्षा व उनके विकास के लिए सीमित था। 'प्रोजेक्ट टाइगर' प्रायोजना इसी संस्था की विश्व की देन है। पिछले कुछ वर्षों से वन की महत्ता को स्वीकार करते हुए उसे भी अपने कार्यों में सम्मिलित किया है। इसके फलस्वरूप इस संस्था के नाम में 'विश्व वन्य कोष-प्रकृति' परिवर्तन हुआ है। संस्था का मुख्यालय ग्लैण्ड (स्विटजरलैण्ड) में है। सिसली : इटली के धार्मिक कस्बे असीसी में सन् 1986 में इसकी रजत जयंती मनाई गई थी। एडिनबर्ग के ड्यूक प्रिंस फिलिप (यू०के०) इस संस्था के राष्ट्रीय अध्यक्ष हैं। भारत में इस संस्था के राष्ट्रीय अध्यक्ष डॉ. एम. एस. स्वामीनाथन तथा महामंत्री डॉ. समर सिंह है।

14. Earthwatch Programme : अर्थवाच प्रोग्राम—स्टाकहोम कान्फ्रेन्स में घोषित कार्यक्रमों के क्रम में पूरे विश्व के पर्यावरणीय कार्यों की देश स्तर पर समीक्षा करने मार्गदर्शन देने तथा लेखा-जोखा रखने हेतु यह कार्यक्रम संयुक्त राष्ट्र द्वारा संस्थापित किया गया है। यह UNEP द्वारा ही संचालित होता है जिससे इस कार्य हेतु अनेक क्षेत्रीय स्टेशन बनाये गये हैं।

प्रश्न (Questions)

निबन्धात्मक प्रश्न (Essay Type Questions)

1. संयुक्त राष्ट्र संघ द्वारा मानव पर्यावरण पर आयोजित अन्तर्राष्ट्रीय सम्मेलन किस आधार पर आयोजित हुआ। भारत से इसमें किसने प्रतिनिधित्व किया?
2. मानव पर्यावरण पर नैरोबी (केन्या) सम्मेलन कहां और कब आयोजित हुआ? इसके आयोजन के पीछे मुख्य लक्ष्य क्या थे?
3. पृथ्वी सम्मेलन किसे कहते हैं? पर्यावरण के क्षेत्र में इसकी मुख्य घोषणाएं क्या थीं?
4. अन्तर्राष्ट्रीय स्तर पर पर्यावरण से संबंधित किन्हीं पांच एजेन्सियों के बारे में बताइये।
5. पर्यावरण के क्षेत्र में 'अन्तर्राष्ट्रीय पर्यावरण शिक्षा कार्यक्रम' (International Environmental Education Programme : IEEP) संस्था की क्या भूमिका है?

लघुत्तरात्मक प्रश्न (Short Answer Type Questions)

6. प्राय: कौन-कौन से देश भारत की पर्यावरणीय गतिविधियों में सहयोग करते हैं?
7. संयुत्त रा^ट्र संघ द्वारा मानव पर्यावरण पर आयोजित अन्तर्राष्ट्रीय सम्मेलन से प्रसारित किसी एक सूत्र को लिखिये।
8. विश्व वन्य कोष (WWF) संस्था के मुख्य कार्य क्या हैं?
9. पर्यावरण के क्षेत्र में विश्व बैंक किस-किस प्रकार की प्रवृत्तियों में सहयोग करता है?
10. जापान द्वारा भारत को पर्यावरणीय क्षेत्र में दिये गये सहयोग पर टिप्पणी करिये।

वस्तुनिष्ठ प्रश्न (Objective Questions)

11. 'मानव पर्यावरण' पर अन्तर्राष्ट्रीय सम्मेलन कब आयोजित हुआ?

(अ) 5-16 जून, 2002 (ब) 5-16 जून, 1982

(स) 5-16 जून, 1972 (द) 5-16 जून 1992

12. प्रथम अन्तर्राष्ट्रीय मानव पर्यावरण सम्मेलन में स्वीकृत महाधिकार पत्र (मैग्नाकाटा) में सूत्रों की संख्या कितनी थी?

(अ) 7 (ब) 14

(स) 21 (द) 26

13. प्रथम अन्तर्राष्ट्रीय मानव पर्यावरण सम्मेलन की 10वीं वर्षगांठ कहां मनाई गई?

(अ) न्यूयार्क में (ब) पेरिस में

(स) रिओ डी जैनीरो में (द) नैरोबी में

14. अर्थ स्कैन संस्था का मुख्यालय कहां है?

(अ) स्टॉकहोम (Sweeden) में (ब) लंदन (U.K.) में

(स) जकार्ता (Indonesia) में (द) रोम (Italy) में

15. विश्व स्वास्थ्य संगठन की स्थापना किस वर्ष हुई थी?

(अ) सन् 1946 में (ब) सन् 1961 में

(स) सन् 1985 में (द) सन् 1957 में।

7

पर्यावरणीय समस्याएं
(Environmental Problems)

प्रस्तावना (Introduction)

सभी मनुष्यों की इच्छाएं होती हैं कि उसके पास हर प्रकार की सुविधा होनी चाहिए–

(1) उसे स्वच्छ वायु मिले,

(2) शुद्ध जल उपलब्ध हो,

(3) अमिश्रित भोजन हो,

(4) साफ-सुथरा आवास हो,

(5) मनोरंजन के अच्छे साधन साथ रहे, और न जाने क्या-क्या?

हमने स्वयं अपने पैरों पर कुल्हाड़ी मारी है। प्रकृति से विरासत में मिली वस्तुओं की अवहेलना कर स्वयं अपनी सुविधा के हिसाब से प्रकृति को तोड़-मरोड़ करने का प्रयास किया, अत: परेशानी के जाल में फंसते चले गये।

हमने वृक्ष काटे तो O_2 और CO_2 का चक्र ही बिगड़ गया। एक तरफ शुद्ध हवा का अभाव होने लगा तो दूसरी तरफ CO_2 ने विश्वतापन की समस्या खड़ी कर दी। वृक्ष नहीं तो वर्षा भी नहीं। वर्षा नहीं तो आगे वृक्षों की संभावना भी नहीं। कमजोर वृक्षों ने पकड़ ढीली कर दी तो उपजाऊ मिट्टी कटने लगी। उत्पादन घटने लगा। लोग भुखमरी का शिकार होने लगे। जमीन की हालत गैर-उपजाऊ और बंजर की श्रेणी में आने लगी। औद्योगिक क्रान्ति का सहारा लिया तो चारों ओर प्रदूषण बिखर गया। साथ ही अपशिष्ट निस्तारण की समस्या आ गई। सब मिलाकर मनुष्य का जीवन कष्टमय जीवन बन गया।

अब सुखी जीवन की कल्पना पर्यावरण की समस्याओं से छुटकारा पाने में लग गई। जनसंख्या वृद्धि ने तो, क्या व्यक्तिगत, क्या सरकारी, सभी प्रयासों को झुठला दिया। कुल मिलाकर आज स्थिति यह है कि पर्यावरण की समस्याओं के

आगे हम विवश और असहाय हो गये हैं। यह समस्याएं क्या हैं? इन्हीं पर हम यहां चर्चा करेंगे।

पर्यावरणीय समस्याएं (Environmental Problems)

आज के युग में पर्यावरण की अनेक समस्यायें हैं जिनमें से कुछ समस्याएं निम्न-लिखित हैं–

1. हरित गृह प्रभाव (Green House Effect),
2. अम्लीय वर्षा (Acid Rains),
3. ओजोन पर्त का विघटन (Ozone Layer Depletion),
4. औद्योगीकरण (Industrialization),
5. विभिन्न प्रकार के प्रदूषण: वायु, जल, भूमि, ध्वनि, वाहन आदि। (Different Kinds of Pollution: Air, Water, Land, Noise, Vehicular etc.)
6. अपशिष्ट निस्तारण (Waste Disposal),
7. निर्वनीकरण (Deforestation),
8. स्मोग (Smog),
9. जनसंख्या वृद्धि (Growing Population),
10. शहरीकरण (Urbanisation),
11. भीड़ (Crowds),
12. रेगिस्तानिता (Desertification),
13. नम भूमि (Wetlands),
14. बंजरभूमि (Wastelands),
15. जल और अन्न की कमी (Shortage of Water and Food),
16. कुपोषण (Malnutrition),
17. स्वास्थ्य सुविधाओं का अभाव (Inadequate Health Facilities),
18. पारिस्थितिकी असन्तुलन (Eco Imbalance),
19. वन्य जीव संरक्षण में कमियां (Shortcomings in Wildlife Conservation),
20. पर्यावरणीय अज्ञानता (Environmental Unawareness)।

कुछ विशेष समस्याओं का वर्णन हम निम्न प्रकार करेंगे।

1. जनसंख्या वृद्धि (Population Growth)–पृथ्वी पर निरन्तर बढ़ती जनसंख्या आज विश्व में चिन्ता का प्रमुख कारण बन रही है क्योंकि इस वृद्धि में लगभग सभी देशों को किसी न किसी प्रकार प्रभावित किया है और उनकी प्रगति में बाधाएं उत्पन्न की हैं, ऐसे अनेक उदाहरण हैं कि जहां विख्यात जनसंख्या विशेषज्ञों (डेमोग्राफर्स) के द्वारा निकाले गये निष्कर्षों के आधार पर बनाई गई योजनाएं या तो प्रारम्भ ही नहीं हो सकीं अथवा उनसे उतनी उपलब्धि प्राप्त नहीं हो सकी जितनी लक्ष्यों में निर्धारित थी। इसी सन्दर्भ में विख्यात शिक्षाविद् और दार्शनिक बर्ट्रन्स रसेल ने एक जगह लिखा है–

"विश्व में कोई सरकार तब तक टिकाऊ नहीं हो सकती जब तक उस देश में स्थिर आबादी नहीं रहती।"

स्पष्ट है कि बढ़ती जनसंख्या किसी देश में उपलब्ध साधन और उपभोक्ताओं के अनुपात को गड़बड़ा देती है अतः अनेक देशों में (विशेषतः अविकसित तथा विकासशील देशों में) विविध प्रकार की समस्याएं उठ खड़ी होती हैं। इनमें–

(1) भोजन, कपड़ा और मकान की कमी,

(2) रहने का निम्न स्तर,

(3) चिकित्सा सुविधा के अभाव या कमी के कारण अनेक रोग,

(4) बेरोजगारी,

(5) कम शिक्षा सुविधाएं,

(6) बुरी आदतों के व्यसन (चोरी, जुआ, ड्रग्स सेवन) आदि।

कुछ को सूचीबद्ध किया जा सकता है। निःसन्देह जनसंख्या वृद्धि जीवन की गुणवत्ता को कम करती है।

पर्यावरण विकृति पर भी बढ़ती जनसंख्या का बहुत प्रभाव पड़ता है। सन् 1972 में स्टाकहोम (स्वीडन) में संयुक्त राष्ट्र संघ द्वारा आयोजित 'मानव पर्यावरण' पर अन्तर्राष्ट्रीय कान्फ्रेन्स में भारत की भूतपूर्व प्रधानमंत्री स्व. श्रीमती इन्दिरा गांधी ने पर्यावरण के संबंध में बोलते हुए कहा था–

"अधिक जनसंख्या गरीबी को बुलावा देती है और गरीबी प्रदूषण को जन्म देती है।"

अतः यदि हम यह कहें कि विश्व में जनसंख्या विस्फोट ने प्रकृति से विरासत में मिले बहुमूल्य पदार्थ वायु, वनस्पति और जल को कम साथ-साथ प्रदूषित ही नहीं किया है, बल्कि पूरी प्रकृति के चक्र को ही विविध प्रकार से डगमगा दिया है तो यह कोई अशियोक्ति नहीं होगी।

(ब) विश्व जनसंख्या की वर्तमान स्थिति (Present Situation of the World Population)–आज जनसंख्या की समस्या एक ज्वलंत समस्या के रूप में विश्व के सामने हैं जनसंख्या का निरन्तर बढ़ता दबाव, असमान वितरण, कृषि एवं अकृषि भूमि पर 'बढता जनप्रसार' तीव्र गति से उत्तरोत्तर बढ़ती जनसंख्या की रोटी, कपड़े एवं मकान की आवश्यकतायें वर्तमान समय में हमारे सामने हैं। अधिक चिन्ता का विषय यह है कि विश्व समाज आज दो भागों में विभाजित हो चुका है–विकसित एवं विकासशील। जिसका मुख्य कारण जनसंख्या का संसाधनों की तुलना में असमान वितरण एवं विकास है। जो क्षेत्रीय पर्यावरण असन्तुलन को बढ़ाने में अग्रणी भूमिका निभाता है।

उत्तर अमेरिका का क्षेत्रफल विश्व का 16% है। जिस पर केवल 6% जनसंख्या ही निवास करती है और विश्व के संसाधनों का लगभग 48% उपभोग करती है। यू०एस०ए० विकसित राष्ट्रों की पंक्ति में अग्रगण्य है। इसी प्रकार यूरोपीय देश भी विकसित राष्ट्रों में आते हैं जहां की मानव विकास एवं समस्यायें शेष तीसरी दुनिया अर्थात् विकासशील राष्ट्रों से पूर्णतया भिन्न है। एशिया का क्षेत्रफल विश्व का 18% है जिस पर विश्व की 57% जनसंख्या निवास करती है किन्तु, विश्व के संसाधनों की केवल 12% ही उपभोग करती है। इन आंकड़ों को देखने से स्पष्ट होता है कि अधिक जनसंख्या भार से युक्त क्षेत्र जो मूलत: विकासशील देश हैं आर्थिक एवं सामाजिक दृष्टि से पिछड़े एवं गरीब हैं क्योंकि प्रति व्यक्ति संसाधनों का उपभोग अति न्यून है तथा आय के स्रोत भी कम हैं। खान-पान का स्तर कुपोषण से ग्रस्त है। विश्व की लगभग आधी जनसंख्या अर्द्धनग्न, अस्वस्थ, अशिक्षित, गरीब एवं भरपेट भोजन न मिलने से पीड़ित है। कुछ मुट्ठी भर देश एवं कुछ व्यक्ति साधन सम्पन्न एवं धनवान तथा सुख-सुविधाओं से युक्त हैं।

जनसंख्या विस्फोटक क्षेत्र–विकासशील राष्ट्रों की जनसंख्या समस्याओं से पर्यावरण प्रभाव का विश्लेषण एवं विवेचन करने से पूर्व विश्व में जनसंख्या विस्फोटक क्षेत्रों का वर्णन करना अति आवश्यक है क्योंकि ये जनसंख्या विस्फोटक क्षेत्र, विकासशील देशों की आर्थिक-सामाजिक पर्यावरणीय एवं राजनीतिक समस्याओं पर न केवल अपना प्रभाव डाल रहे हैं बल्कि, स्वंय समस्या का कारण भी है। ये क्षेत्र निम्न हैं–

(*i*) दक्षिणी एशियाई (सार्क)–इस समूह में भारत सहित दक्षिणी एशिया के 7 देश सम्मिलित हैं। विश्व का अधिकतम जनघनत्व का देश बंगलादेश भी इसी क्षेत्र में है। भारत में विश्व का प्रत्येक छठा व्यक्ति निवास करता है जबकि यहां विश्व क्षेत्रफल का लगभग 2% भौगोलिक क्षेत्रफल है। अधिक जनसंख्या एवं

संसाधनों की कमी एवं अनुपयुक्त दोहन के कारण इस क्षेत्र में पर्यावरण विनाश की स्थिति पायी गयी है। बेरोजगारी, भुखमरी, गरीबी एवं अशिक्षा के कारण जनसंख्या एक बम के रूप में भयानक विस्फोटक की स्थिति में है। श्रीलंका, पाकिस्तान, बांगलादेश तथा भारत सभी राष्ट्रों में उग्रवाद एवं आतंकवादी गतिविधियां पनप रही हैं।

(*ii*) **पश्चिमी एशियाई देश**–यह कट्टर इस्लाम का क्षेत्र है। मुस्लिम राष्ट्रों में आपसी कलह के कारण विश्व अशान्ति का कारण बना हुआ है। खनिज उत्खनन ने यहां पर्यावरणीय राजनीतिक समस्या भी उत्पन्न की है।

(*iii*) **दक्षिणी पूर्वी एशियाई देश**–इसमें चीन, जापान, इण्डोनेशिया, मलेशिया, वियतनाम, थाईलैण्ड में इस प्रकार का फसल चक्र अपनाया जाये जिससे मिट्टी की उर्वरता प्रभावित न हो। और पर्यावरण का प्रत्येक घटक सुरक्षित रह सके।

लाओस तथा कम्पूचिया आदि विकासशील राष्ट्र इसमें सम्मिलित है। जनसंख्या के निरन्तर दबाव एवं बढ़ती आवश्यकताओं की पूर्ति के कारण इन देशें में प्राकृतिक संसाधनों पर भारी दबाव डाला है। जिससे पर्यावरण असन्तुलन की समस्या उत्पन्न हो रही है।

(*iv*) **दक्षिणी अमेरिकी देश**–यहां जनसंख्या का दबाव यद्यपि राष्ट्रों की अपेक्षा कम है परन्तु, यहां निरन्तर नगरीकरण हो रहा है और नगरीय सुविधाओं एवं पर्यावरण में सतत् ह्रास हो रहा है। यू॰एस॰ए॰ एवं यूरोपीय देशों के बढ़ते कदम, कर्ज का जनमानस व सरकारों पर भार राजनीतिक अस्थिरता उत्पन्न कर रहा है तथा विश्व में अशान्ति पैदा करने की स्थिति में है।

(*v*) **अफ्रीकी क्षेत्र**–यह क्षेत्र अति अविकसित स्थिति में है। जनसंख्या का बढ़ता दबाव तथा आर्थिक व वैज्ञानिक साधनों की कमी के कारण ये क्षेत्र जनसंख्या की समस्या में ग्रस्त क्षेत्रों में सम्मिलित हैं। आन्तरिक कलह, जनजातीय एवं आपसी झगड़े विश्व की अशान्ति के सूचक हैं।

जैसाकि उपरोक्त विवेचन से स्पष्ट है कि एशिया, अफ्रीका तथा दक्षिणी अमेरिकी क्षेत्र, जो मूलत: विकासशील क्षेत्र है, जनसंख्या की विभिन्न प्रकार की समस्याओं से पीड़ित हैं। जिसने पर्यावरण की अनेक समस्याओं को उत्पन्न किया है।

जनसंख्या समस्या (Population Problem) का पर्यावरण पर प्रभाव

जनसंख्या की निम्नलिखित समस्या से पर्यावरण प्रभावित है–

1. जनसंख्या समस्या के कारण
2. जनसंख्या समस्या के प्रभाव।

जनसंख्या समस्या के कारण (Causes of Population Problem)–जनसंख्या की समस्या विश्वव्यापी है यह अब केवल विकसित या विकासशील राष्ट्रों तक ही सीमित नही है इसके कारण मूलत: निम्नलिखित. हैं–

(*i*) जनसंख्या की तीव्र वृद्धि दर–यह एक महत्त्वपूर्ण कारण है। यह उचित है कि विकसित राष्ट्रों की अपेक्षा विकासशील देशों में जनसंख्या वृद्धि गत दशकों में काफी अधिक रही है। भारत में प्रत्येक वर्ष जनसंख्या वृद्धि होती है वह सम्पूर्ण आस्ट्रेलिया की जनसंख्या के बराबर होती है। विकासशील देशों की गर्म जलवायु एवं भौतिक दशाओं का प्रभाव भी इस मानव वृद्धि दर का कारण रहा है जिससे अनेक पर्यावरणीय समस्यायें उत्पन्न हो गयी हैं। अधिक जनसंख्या से प्राकृतिक स्रोतों पर अधिक दवाव बढ़ा है। इस कारण कुछ प्राकृतिक संसाधन या तो समाप्ति की ओर हैं या उनकी गुणवत्ता नष्ट हो रही है। प्राकृतिक संसाधनों के निर्माण की एक व्यवस्था है, परन्तु मानव की बढ़ती आवश्यकता से यह व्यवस्था भंग हो गयी है इसीलिए पृथ्वी के कुछ क्षेत्र असन्तुलित पर्यावरण के क्षेत्र बन गये जिससे वहां जैव जाति के लिए संकट उत्पन्न हो गया है।

(*ii*) जनसंख्या वितरण की असमानता–यह दूसरा महत्त्वपूर्ण कारण है। सम्पूर्ण विश्व की लगभग 60% जनसंख्या अकेले महाद्वीप में निवास करती हैं जबकि उत्तरी अमेरिका व अन्य विकसित राष्ट्रों में जनसंख्या का घनत्व कम है जिससे स्थानिक संसाधनों पर दबाव एवं उपभोग की मात्रा में अन्तर आ जाता है। इस असमान वितरण के कारण भी दक्षिणी एशियाई (सार्क), दक्षिणी पूर्वी व पूर्वी एशियाई देश जनसंख्या की समस्या से सर्वाधिक ग्रस्त है।

(*iii*) जनसंख्या का आकार–विभिन्न देशों में जनसंख्या का आकार (Size) भिन्न-भिन्न है। चीन विश्व जनसंख्या की दृष्टि से सबसे बड़ा देश है और भारत का स्थान दूसरा है इन देशों में एवं इनके चतुर्दिक फैले देशों में भौतिक दशायें लगभग समान हैं। अत: कम जनसंख्या की वृद्धि भी हो तो भी यहां जनसंख्या में भारी बढ़ोत्तरी हो जाती है। जो पर्यावरण को हानि पहुंचाती है।

(*iv*) उपनिवेशवाद–अधिकांश एशिई एवं अन्य विकासशील देश किसी न किसी यूरोपीय एवं विकसित राष्ट्र के उपनिवेश रहे हैं जिन्होंने इस उपनिवेश देशों के संसाधनों का दोहन कर स्वदेशी विकास किया तथा उपनिवेश राष्ट्रों का शोषण किया उनके विकास, उत्थान तथा जनकल्याण की तरफ कोई ध्यान नहीं दिया जिस कारण विकासशील राष्ट्रों में प्राकृतिक साधनों के ह्रास की स्थिति उत्पन्न हो गयी है। वहां गरीबी, अशिक्षा, भुखमरी एवं बेरोजगारी भी इस क्षेत्र की भारी समस्या

हैं। भारत की 2001 की जनगणना के अनुसार लगभग 37% जनसंख्या गरीबी रेखा के नीचे निवास करती है।

(v) **औद्योगिक एवं वैज्ञानिक विकास**–विकसित राष्ट्रों में तकनीकी एवं वैज्ञानिक विकास अधिक हुआ है जिससे वहां विकास की दर भी अधिक है। मानव की सन्तानोपत्ति की इच्छा एवं आवश्यकता पर भी इसका प्रभाव पड़ता है। विकासशील राष्ट्रों में वैज्ञानिक विकास कम हुआ है। मानव की सोच रूढ़िवादी है जो जनसंख्या की समस्या में वृद्धि कर रही है।

(*vi*) **जन्म दर एवं मृत्यु दर**–विभिन्न नागरिक सुविधाओं एवं स्वास्थ्य सेवाओं में विकास के कारण विश्व के विभिन्न क्षेत्रों में जहां जन्म दर में वृद्धि हो रही है वहीं मृत्यु दर निरन्तर कम हो रही है। परिणामत: जनसंख्या का आकार सतत् बढ़ रहा है। विकासशील देशों में उच्च जन्म दर एवं घटती मृत्यु दर के कारण जनसंख्या में अनअपेक्षित वृद्धि हो रही है। इसके विपरीत विकसित राष्ट्रों में निम्न जन्म दर के साथ-साथ मृत्यु दर भी निम्न है। अत: जनसंख्या की वृद्धि और उसकी आवश्यकतायें सर्वत्र वृद्धि की ओर उन्मुख हैं जिस कारण अनेकानेक समस्यायें पैदा होती जा रही हैं।

(*vii*) **जनसंख्या के अनुरूप खाद्य सामग्री की अनुपलब्धता**–जिस गति से विश्व में जनसंख्या में दिन दूनी और रात चौगुनी वृद्धि हुई है उसी अनुपात में खाद्य सामग्री में भी एवं उसके उत्पादन में वृद्धि नहीं हो पाई है। जिस कारण विश्व की 50% के आसपास जनसंख्या दरिद्रता एवं भरपेट रोटी न मिलने की समस्या से ग्रसित है। जिसके कारण समाज कुपोषण एवं विभिन्न सामाजिक बुराईयों से घिरता जा रहा है।

(*viii*) **उपयोगी भूमि की कमी**–विश्व के विभिन्न क्षेत्रों एवं देशों में कृषि भूमि तथा उपयोगी भूमि की मात्रा भिन्न-भिन्न एवं अति न्यून है। जिस कारण जनसंख्या के फैलाव एवं दबाव का प्रभाव सीमित भूमि एवं पर्यावरण पर सतत् बढ़ रहा है और उपयोगी भूमि ह्रासोन्मुख है। जिसके कारण जनसंख्या की समस्या ने विभिन्न मोड़ लिये हैं जो विश्व समाज के लिये खतरा बन चुके हैं।

जनसंख्या वृद्धि, सामाजिक एवं आर्थिक विकास पर पर्यावरण प्रभाव

(*i*) **जनसंख्या एवं प्रति व्यक्ति आय**–आर्थिक स्थिति समाज और राष्ट्र के विकास की कुंजी होती है। बढ़ती हुई जनसंख्या का विकसित एवं विकासशील सभी देशों में प्रति व्यक्ति आय पर प्रतिकूल प्रभाव पड़ा है। यही कारण है कि विभिन्न सरकारों के सतत् प्रयास के उपरान्त भी प्रति व्यक्ति आय में वृद्धि नहीं हो पा रही है जिस कारण विकास की गति धीमी एवं आशा के विपरीत है और

सामाजिक व आर्थिक दरिद्रता बढ़ रही है। इससे स्पष्ट है कि राष्ट्रीय विकास एवं प्रयास में विकासशील देश अपने पर्यावरण को स्वयं नष्ट करने लगे हैं। उत्खनन व्यवसाय इसका प्रमुख उदाहरण है। विश्व के विकसित देशों ने अपने खनन पदार्थों को संरक्षण प्रदान करने के लिए उत्खनन को कम कर दिया है। जबकि विकासशील देशों ने अधिक मात्रा में विदेशी मुद्रा प्राप्त करने के लिए अपने उत्खनन पदार्थों की मात्रा में वृद्धि करके उनके आपात को बढ़ाया है अत: अधिक गरीबी भी पर्यावरण विनाश का महत्त्वपूर्ण कारण है।

(*ii*) पूंजी निर्माण की समस्या–राष्ट्रीय आय में जो वृद्धि सरकारी प्रयासों से की जाती है वह बढ़ती जनसंख्या द्वारा आत्मसात कर ली जाती है जिस कारण पूंजी निर्माण की दर में गिरावट के साथ-साथ विनियोग दर में (Rate) में भी गिरावट आ रही है।

(*iii*) खाद्य आपूर्ति की समस्या–यह एक मौलिक आवश्यकता एवं समस्या दोनों है। सभी राष्ट्र अपने नागरिकों को भरपेट भोजन देना चाहते हैं लेकिन खाद्यान्न उत्पादन उस गति से नहीं बढ़ रहा है जिस गति से जनसंख्या में वृद्धि हो रही है। खाद्य आपूर्ति की समस्या विकसित एवं विकासशील सभी देशों की है लेकिन विकसित राष्ट्र उच्च आय एवं संसाधनों का आयात करके उपयोग में लाकर अपनी समस्या का निराकरण कर लेते हैं, परन्तु विकासशील राष्ट्र भोज्य सामग्री की आपूर्ति हेतु दूसरे राष्ट्रों से जब आयात करते हैं तो उनकी राष्ट्रीय आय का एक बड़ा हिस्सा उसी में खर्च हो जाता है जिसकी पूर्ति वह अपनी प्राकृतिक सम्पदा को बेचकर करते हैं

(*iv*) अशिक्षा–अधिक जनसंख्या के कारण विकासशील राष्ट्रों में अधिसंख्या जनमानस अशिक्षित एवं साक्षर तक नहीं है। अशिक्षा विकासशील देशों की जनसंख्या का कोढ़ बन चुका है। जो पर्यावरण विनाश का महत्त्वपूर्ण कारण है। शिक्षा ही पर्यावरण को संरक्षण प्रदान करती है।

(*v*) आवास/घर–बढ़ती जनसंख्या के कारण गृहों की आपूर्ति की समस्या निरन्तर बढ़ रही है। विकासशील राष्ट्रों में लगभग 40% जनसंख्या के पास अपने आवास नहीं है। अभी यह महत्त्वपूर्ण हिस्सा अस्वास्थ्यकर वातावरण एवं मकानों में रहकर जीवन चला रहा है जिसका प्रभाव उसके स्वास्थ्य, मस्तिष्क एवं सेवाओं पर पड़ रहा है।

(*vi*) मनोरंजन के साधन–क्योंकि निरन्तर बढ़ती जनसंख्या, विभिन्न राष्ट्रों की मौलिक समस्याओं के निराकरण हेतु राष्ट्रीय आय को खर्च करा देती है अत: मनोरंजन जैसे पक्ष विकासशील देशों में प्राय: नगण्य स्थान रखते हैं। जिस कारण मानव

जनसंख्या का विकास नहीं हो पाता है। साथ ही पर्यावरण ह्रास जैसी समस्या को दूर करने के लिए जन जागरूकता अभियान को गति नहीं प्राप्त होती है।

(*vii*) **कानून एवं व्यवस्था**–विकसित राष्ट्रों की अपेक्षा विकासशील राष्ट्र इस समस्या से बहुत अधिक पीड़ित है। जनसंख्या में अशिक्षा, गरीबी, भुखमरी तथा अन्य समस्यायें इतनी अधिक हैं कि भ्रष्टाचार एवं उपद्रव व उत्पात सा मचा है। चारों तरफ अफरा-तफरी का वातावरण है जिस कारण कानून एवं व्यवस्था बनाये रखने हेतु राष्ट्रीय आय का एक महत्त्वपूर्ण हिस्सा खर्च करना पड़ता है जिससे मानव-समाज पिछड़ रहा है। तथा मानव गैर कानूनी कार्यों द्वारा पर्यावरण को हानि पहुंचा रहा है।

(*viii*) **बेरोजगारी की समस्या**–यह एक अति गहरी समस्या है। सभी विकासशील देशों में जनसंख्या का 40% जनसंख्या 20 वर्ष से कम आयु की है जिसे रोजगार की आवश्यकता है लेकिन उन्हें रोजगार नहीं मिल रहा है इसमें शिक्षित, अर्द्ध-शिक्षित, अशिक्षित एवं कुशल तथा अकुशल सभी प्रकार के लोग सम्मिलित हैं जो रोजगार न मिलने के कारण पथ भ्रष्ट हैं तथा अनेक गैरकानूनी तथा असामाजिक कार्यों में लिप्त होते जा रहे हैं जिसके कारण समाज एवं राष्ट्रों की उन्नति अवरुद्ध हो रही है। और संस्कृति प्रदूषण में वृद्धि हो रही हैं

(*ix*) **बढ़ती आश्रितता**–विकासशील राष्ट्रों में यह एक अत्यन्त भारी समस्या है निरन्तर बढ़ती जनसंख्या तथा बेरोजगारी के कारण आश्रितता में वृद्धि हो रही है जिसका परिवार एवं राष्ट्र की आय, आर्थिक उन्नति एवं स्तर पर प्रतिकूल प्रभाव पड़ रहा है।

(*x*) **कृषि के विकास में बाधा**–तीव्र जनसंख्या वृद्धि के कारण कृषि भूमि की कमी होती जा रही है क्योंकि निरन्तर कृषि भूमि पर आवास, सड़कें तथा अन्य उपभोगों में लायी जा रही हैं साथ ही संसाधनों के समुचित विकास न होने के कारण उन्नति एवं प्रसार नहीं हो पा रहा है जिसका खाद्य आपूर्ति एवं राष्ट्रीय आय पर प्रतिकूल प्रभाव पड़ रहा है। विकासशील देश क्योंकि कृषि प्रधान देश हैं अत: यह समस्या इन देशों में अधिक गहराई हुई है।

(*xi*) **अन्य**–उपरोक्त समस्याओं के अतिरिक्त जनसंख्या के उत्तरोत्तर बढ़ते दबाव के कारण प्रति व्यक्ति संसाधन अनुपात कम हो रहा है, वायु, जल, भूमि एवं सामाजिक प्रदूषण की समस्या उत्पन्न हो गई है। जनसंख्या की विभिन्न आवश्यक- ताओं की पूर्ति हेतु औद्योगिक एवं नगरीयकरण की प्रक्रिया को राष्ट्रों ने अंगीकृत किया है जो बढ़ती जनसंख्या के कारण आशानुकूल परिणाम नहीं दे पा रहे हैं। ग्रामीण

क्षेत्रों में भूमि का विखण्डन हो रहा है। पूंजी के निर्माण के अभाव के कारण औद्योगिक विकास में बाधा हो रही है। विकासशील राष्ट्रों में आर्थिक अक्षमता के कारण प्रौद्योगिक एवं वैज्ञानिक विकास के कार्य भी अद्यतन रूप में नहीं चलाये जा रहे हैं तथा सम्पूर्ण पर्यावरण अवनयन के दौर से गुजर रहा है। अत: जनसंख्या की समस्या "परमाणु बम" के खतरे से भी भयवह रूप धारण कर चुकी है जो न केवल विकासशील देशों को नष्ट कर देगी वरन् सम्पूर्ण विश्व धाराशाही हो जायेगा अगर समय रहते इस समस्या का सही निराकरण नहीं किया गया। तो पर्यावरण समाप्त हो जायेगा, जिसका परिणाम वर्तमान ही नहीं भावी पीढ़ी को भी भोगने पड़ेंगे।

(स) अन्तराष्ट्रीय विश्व जनसंख्या सम्मेलन (International World Popu-lation Conference)–विश्व में विभिन्न देशों की बढ़ती जनसंख्या से भविष्य में होने वाले परिणामों से अवगत हो इस समस्या का समाधान खोजने हेतु संयुक्त राष्ट्र संघ के तत्वावधान में सन् 1994 में रूमानिया की राजधानी 'बुखारेस्ट में प्रथम विश्व जनसंख्या सम्मेलन' (World Population Conference) का आयोजन हुआ जिसमें बहुमत के आधार पर 20 सूत्री 'एक्शन प्लान' स्वीकार किया गया।

1. बुखारेस्ट कान्फ्रेन्स (प्रथम विश्व स्तरीय जनसंख्या सम्मेलन)– अगस्त 16-31, 1974 (Bucharest Conference) –यह विश्व स्तरीय सम्मेलन 2 सप्ताह की अवधि का था जो 16 अगस्त से 31 अगस्त, 1974 तक चला। इसमें भाग लेने वाले संभागियों की लगभग संख्या 4,000 थी, जिसमें डेमोग्राफर्स (जनसंख्या विशेषज्ञ), विभिन्न देशों के प्रतिनिध, पत्रकार, देशों के नीति निर्धारक तथा राष्ट्र संघ के अधिकारी और अराजकीय स्वयंसेवी संस्थाओं के प्रतिनिधि सम्मिलित थे। बहुमत के आधार पर स्वीकृत हुए 'एक्शपान प्लान' में निम्नलिखित बिन्दु थे–

1. राष्ट्रीय नीति और कार्य-योजनाओं का परिवर्द्धन।
2. कम जन्म दर और मृत्यु दर में सन्तुलन।
3. सन् 1985 तक 62 वर्ष और सन् 2000 तक 74 वर्ष की जीवन आयु की प्रत्याशा।
4. मां-बापों को उचित शिक्षा कार्यक्रम।
5. परिवार सीमित रखने के उपाय।
6. जीवन स्तर में बढ़ोत्तरी।
7. जिन देशों में आबादी में वृद्धि आवश्यक है, उसकी अवधि सन् 1985 तक।

8. विकसित देशों द्वारा अन्य देशों को सभी प्रकार सहयोग।
9. कानून द्वारा परिवार का सीमांकन।
10. पुरुषों के साथ-साथ स्त्रियां की समान भागीदारी।
11. जन्म-दर में वृद्धि के बजाय मृत्यु-दर में कमी के के आधार पर जनसंख्या में वृद्धि।
12. जनसंख्या वृद्धि में समयबद्ध लक्ष्य निर्धारण।
13. स्त्रियों के लिए शिक्षा।
14. जनसंख्या झुकाव का नियमित वार्षिक सर्वे।
15. देश में ग्रामीण अंचलों को उत्साहित करना।
16. परदेश गमन को उत्साहित करना।
17. शोध योजनाएं।
18. विभिन्न अभिकरणों द्वारा जनसंख्या सम्बन्धी सहायता कार्यों में सहयोग।
19. परस्पर राष्ट्रों में सहयोग।
20. एक्शन प्लान का उचित समन्वयन।

इन कार्यक्रमों के संचालन में अनेक राष्ट्रीय तथा अन्तर्राष्ट्रीय संस्थाओं ने स्वेच्छा से भारी आर्थिक अनुदान देने की घोषणा की, जिनमें विश्व बैंक, फोर्ड फाउन्डेशन, राकेफैलर फाउन्डेशन, संयुक्त राष्ट्र संघ तथा अनेक देश जैसे स्वीडन, नार्वे, कनाडा, जापान, यू.के., डेनमार्क, जर्मनी के नाम उल्लेखनीय हैं।

2. मैक्सिको कान्फ्रेन्स (द्वितीय विश्वस्तरीय जनसंख्या सम्मेलन)– 6-14 अगस्त, 1984 (Mexico Conference) यह भी अन्तर्राष्ट्रीय स्तर पर संयुक्त राष्ट्र द्वारा आयोजित विश्वस्तरीय सम्मेलन था, जिसमें पूरे विश्व की निरन्तर बढ़ती जनसंख्या पर चिन्ता व्यक्ति की गई। पिछले दशक में आयोजित सम्मेलन में लिये गये निर्णयों के आधार पर 'जनसंख्या शिक्षा' की व्यावहारिकता पर भी चर्चा हुई और विस्तृत विचार-विमर्श हुआ जन्म दर कम करने के लिये विभिन्न देशों द्वारा अपनाई गई नीतियों और कार्यक्रमों की। ऐसे देश जिसमें जनसंख्या वृद्धि तुलनात्मक रूप से अधिक थी, उसका मुख्य कारण वहां की गरीबी थी, जिसने दो समस्याएं एक साथ पैदा की–

(1) बेरोजगारी, अशिक्षा और आमोद-प्रमोद के सीमित साधनों के कारण अधिक बच्चों का जन्म, तथा

(2) चिकित्सा सुविधाओं और उपयुक्त भोजन के अभाव में अस्वस्थता।

परिणामत: चहुं ओर भारी प्रदूषण। एक प्राथमिकता के आधार पर दूसरी समस्या का विकृत रूप में उठ आना स्वाभाविक प्रवृत्ति थी। पिछले सभी कार्यक्रमों को निरन्तर चालू रखते हुए अनेक देशों में 'गर्भपात को वैधानिक स्वीकृति' (Legal Recognition to Abortion) को जनसंख्या नियंत्रण हेतु व्यावहारिक बताया, जिसे स्वीकार नहीं किया गया। विश्व जनसंख्या का 1971-80 दशक (2.07% कृषि अनेक प्रयासों के बावजूद वृद्धि रोक नहीं सका और 1981-90 के दशक में (2.28% वृद्धि) और एक नई चेतावनी दे गया।

3. काहिरा कान्फ्रेन्स (तृतीय विश्वस्तरीय जनसंख्या सम्मेलन) सितम्बर 5-13, 1994 (Cairo Conference)—इस सम्मेलन में विश्व के लगभग 180 देशें के 10,000 लोगों ने भाग लिया, जिसमें विभिन्न देशों के प्रतिनिधि जनसंख्या विशेषज्ञ, विभिन्न स्तरीय अधिकारी, चिकित्सक, महिलाएं-प्रतिनिधि, स्वंयसेवी संस्थाएं, पत्रकार तथा अन्य वह लोग सम्मिलित थे जिन्हें इस क्षेत्र में अन्तर्राष्ट्रीय स्तर पर अनुभव था। विचारणीय मुद्दों में विशेषत:–

1. लिंग समानता तथा निष्पक्षता (Gender Equality and Equity),

2. स्त्रियों को अधिक अधिकार तथा गरीबी कम करने हेतु स्त्रियों की जिम्मेदारी (Women's Empowerment and Women's Rights to Poverty Alleviation),

3. पर्यावरणीय सुरक्षा (Environmental Protection),

4. सन्तान उत्पन्न कर सकने वाला स्वास्थ्य (Reproductive Health) तथा

5. राष्ट्रीय व अन्तर्राष्ट्रीय देशागमन (National and International Migration)

आदि प्रमुख रहे। इन सभी मुद्दों में महिलाओं की भूमिका को ही अधिक प्रभावी रूप में रखा गया, जो अनेक देशों की अरुचि का कारण बना। स्त्रियों को गर्भपात की स्वतंत्रता (Freedom of Abortion for Women) पुन: चर्चा का प्रमुख बिन्दु रहा, जिसे आज की आवश्यकता तो सब ने माना लेकिन कुछ देशों ने धर्म का हवाला देकर इसे सर्वसम्मत स्वीकृति नहीं होने दी। हां अप्रत्यक्ष रूप से सुरक्षित मातृत्व (Safe Motherhood) का नाम देकर यह बिन्दु देशों के लिए अपने स्वतंत्र निर्णय पर छोड़ दिया।

जनसंख्या वृद्धि कम करने का मुख्य मुद्दा उतनी गति नहीं पा सका जितनी अपेक्षा थी और अन्त में यह सम्मेलन व्यावहारिक कम तथा औपचारिक अधिक रहा।

(द) जनसंख्या वृद्धि के प्रमुख कारण (Main Causes of Growing Popu-lation)—यद्यपि जनसंख्या वृद्धि के लिए अलग-अलग देशों तथा अलग-

अलग स्थितियों में भिन्न-भिन्न कारण होते हैं, पर तब भी व्यापक रूप से कुछ कारणों को सूचीबद्ध किया जा सकता है–

(1) अधिक जन्म दर,

(2) विभिन्न देशों के स्वीकृत मानदण्ड,

(3) अन्धविश्वास,

(4) बाल-विवाह,

(5) अशिक्षा,

(6) परिवार नियोजन सुविधाओं का अभाव,

(7) बहु-विवाह,

(8) बेरोजगारी,

(9) प्रचार साधनों की कमी,

(10) महिलाओं की अनभिज्ञता, आदि।

(इ) जनसंख्या वृद्धि को रोकने के उपाय (Ways to Check the Population Growth)–सारे विश्व में जनसंख्या में वृद्धि को रोकने के लिये अनेक सुझाव गये उपायों के बावजूद फैमिली प्लानिंग को ही अत्यन्त व्यावहारिक तथा उपलब्धि परख बताया गया है। भारत ने इस कार्यक्रम को अपेन देश में चलाने की पहल की और सन् 1952 से ही व्यवस्थित रूप से कार्य योजना प्रारम्भ की। विभिन्न पंचवर्षीय योजनाओं में लक्ष्य निर्धारित किये गये। सन् 1981 में जन्म दर का लक्ष्य 25 प्रति हजार प्रतिवर्ष रखा जो प्राप्त नहीं हो सका, लेकिन उसके बाद भी कई प्रकार के प्रोत्साहन, संचार माध्यमों के योगदान और जनसंख्या शिक्षा के सहयोग से परिवार कल्याण कार्यक्रम (परिवार नियोजन का नया नाम) चलाये जा रहे हैं और इनसे हमें सफलता भी मिल रही है। लेकिन 20 प्रति हजार प्रति वर्ष की कुल अन्तिम वृद्धि (जन्म दर-मृत्यु दर) का लक्ष्य पाना असम्भव नहीं तो कठिन अवश्य लग रहा है। नियंत्रित जनसंख्या से ही देश की भलाई है।

जनसंख्या वृद्धि एवं पर्यावरण अवनयन (ह्रास) (Population Increase and Environmental Degradation)–पर्यावरण संकट या पारिस्थितिकीय असन्तुलन के लिऐ तीव्रजन संख्या वृद्धि एक प्रमुख संख्या है। क्योंकि कृषि में विस्तार, नगरीयकरण, औद्योगीकरण एवं विभिन्न प्रकार के प्रदूषण आदि सभी के पीछे मूल कारण जनसंख्या वृद्धि ही है। मानव की अधिक संख्या अधिकाधिक संसाधनों की आवश्यकता ही जननी है, जो प्रकृति के बने नियमानुसार पूरा करना अत्यन्त कठिन है, परिणामस्वरूप पर्यावरण अवनयन उत्पन्न होना स्वाभाविक हो जाता है। पर्यावरण

अवनयन विवेचन के पूर्व यदि हम विश्व जनसंख्या के कतिपय पक्षों पर विचार करें तो पर्यावरण संकट के पीछे जनसंख्या वृद्धि मूल कारण के रूप में प्रत्यक्ष नजर आयेगी।

प्रागैतिहासिक काल से वर्तमान शताब्दी तक विश्व जनसंख्या में बड़ी तीव्रगति से वृद्धि हुई है। जिसमें जनसंख्या दुगुनी होने की अवधि लगातार छोटी होती जा रही है। अग्रलिखित तालिका इस तथ्य को स्पष्ट करती है–

तालिका विश्व महाद्वीपों में जनसंख्या वृद्धि (करोड़ में) 1750-2000

अवधि	*एशिया*	*यूरोप*	*अफ्रीका*	*उ०अमे०*	*द०अ०*	*ओसीनिया*	*विश्व*
1750	49.8	10.0	10.0	0.1	1.2	0.2	79.1
1800	63.0	12.5	10.6	0.2	1.1	0.2	97.8
1850	81.1	20.8	11.1	2.6	3.3	0.2	126.2
1900	92.5	29.6	13.3	8.2	6.3	0.6	165.0
1950	138.1	39.2	22.2	16.6	16.2	1.3	241.5
2000	345.8	52.2	76.1	35.4	63.8	3.2	613.0

उपरोक्त तालिका से स्पष्ट है कि विश्व जनसंख्या में तीव्र गति से वृद्धि हो रही है तथा जनसंख्या वृद्धि सर्वत्र समान नहीं हैं। विशेषरूप से विकासशील देशों में जनसंख्या वृद्धि तीव्र है। जनसंख्या वृद्धि और जनसंख्या वितरण में असमानताओं के कारण पर्यावरण अवनयन की समस्या और अधिक गम्भीर रूप धारण करती जा रही है। विश्व जनसंख्या के इस असमान वितरण से कुछ क्षेत्रों में अधिक जनसंख्या के कारण प्राकृतिक संसाधनों पर अधिक भार पड़ा है। इसलिए वहां पर्यावरण अवनयन अधिक हुआ है। विश्व की बढ़ती जनसंख्या के कारण भोजन, कपड़ा और आवास की समस्याओं में वृद्धि हुई है। वनभूमि को संकुचित करके कुछ सीमा तक इन समस्याओं को दूर करने का प्रारम्भिक प्रयास किया गया है। परन्तु, अन्त में वन विनाश द्वारा क्षणिक समस्या समाधान तो हुआ है लेकिन इससे चिरकालीन समस्याएं उत्पन्न होने का खतरा भी बढ़ा है। वन विनाश से पर्यावरण असन्तुलन उत्पन्न होकर, प्राकृतिक परिवर्तन, बाढ़, सूखा आदि इसी का परिणाम है। स्पष्ट है कि बढ़ती जनसंख्या की आवश्यकता पूर्ति के लिये किये गये अविवेकपूर्ण प्रयासों से प्रकृति को नुकसान पहुंचाया गया है। जिसका परिणाम आज ऊर्जा संकट, प्रदूषण, मिट्टी ह्रास, बाढ़, सूखा, असाध्य रोग आदि के रूप में मानव समाज को झेलना पड़ रहा है। वास्तव में विश्वव्यापी पर्यावरणीय समस्याओं के लिए सबसे बड़ा कारण जनाधिक्य है। इसी को उपभोग संकट कहा जाने लगा है क्योंकि आज भी मानव अपनी आवश्यकताओं की पूर्ति के लिए प्रकृति पर प्रहार करता जा रहा है।

पर्यावरण अवनयन के प्रमुख कारण–जनसंख्या वृद्धि से सम्बन्धित पर्यावरण अवनयन के निम्नलिखित महत्त्वपूर्ण कारण हैं–

1. विश्व जनसंख्या में तीव्रगति से वृद्धि।
2. नगरों की संख्या एवं नगरीय जनसंख्या के सान्द्रण में सतत् वृद्धि।
3. विकाराशील देशों में तीव्र जनसंख्या वृद्धि।
4. विकसित एवं विकासशील देशों की जनसंख्या वृद्धि में भारी अन्तराल।
6. नगर-ग्राम जनसंख्या के अनुपात में वृद्धि।

वास्तव में, पर्यावरण ह्रास को कम करने का एक मात्र स्थाई उपाय जनसंख्या वृद्धि को रोकना है। इसके अतिरिक्त जनसामान्य पर्यावरण संरक्षण के प्रति सर्तक करना और सीमित साधनों से अधिकतम उपभोग की तकनीक विकसित करना अस्थाई रूप तत्काल आवश्यक है।

नगरीयकरण का पर्यावरण पर प्रभाव (Urbanisatin and Environment)–पर्यावरण अवनयन में नगरीय करण की भूमिका का उद्घाटन इस तथ्य से होता है कि पश्चिमी देशों के नगरों से जनसंख्या का पलायन प्रारम्भ हो गया है। क्योंकि आज के नगरों की जिन्दगी जानवरों से बद्तर हो गयी है मलिन बस्तियों का विस्तार तथा जीवन की भौतिक सुविधाओं का अभाव, औद्योगीकरण के विस्तार आदि के कारण नगर अब रहने लायक नहीं रहे हैं। निम्न तालिका से स्पष्ट होता है कि 1950 के बाद तीव्रगति से नगरीकरण हुआ है। 1950 से 1980 के मध्य विश्व की सकल जनसंख्या के सन्दर्भ में नगरी जनसंख्या 29 से बढ़कर 41.3% हो गयी है। इसी प्रकार विकसित प्रदेशों में 70.2% तथा विकासशील देशों में 30.5% हो गयी है।

तालिका विश्व में नगरीय जनसंख्या की प्रगति (प्रतिशत में)

1950-2000

क्षेत्र	*1950*	*1975*	*1980*	*2000*
विकसित देश	52.5	67.5	70.2	78.8
विकासशील देश	16.7	28.0	30.5	43.5
विश्व	29.0	39.3	41.3	51.3

वास्तव में, नगरीकरण में विस्तार एवं वृद्धि के फलस्वरूप नगरों में मानव जनसंख्या का दबाव अत्यधिक बढ़ा है। इसके कारण अनेक समस्याओं का मार्ग प्रशस्त हुआ है। नगरों में भवनों का अभाव सड़कों, गलियों में निरन्तर संकुचन,

स्वचालित वाहनों का दबाव, कारखानों की अत्यधिक संख्या हानिकारक गैसों में वृद्धि से कई पर्यावरणीय समस्यायें उत्पन्न हो गयी हैं।

भारतीय नगरों मुम्बई, दिल्ली, चैन्नई, कोलकाता, कानपुर, अहमदाबाद आदि में मानव जीवन अनेक समस्याओं से ग्रस्त हैं। ये नगर न केवल अपनी सीमा में पर्यावरण नष्ट कर रहे हैं बल्कि, दूर क्षेत्रों तक इनका प्रभाव दिखाई देता है। इन नगरों द्वारा निसृत अपशिष्ट अशुद्ध जल एवं कचरे के कारण समीपवर्ती क्षेत्र भी प्रभावित होते हैं। कानपुर से होकर बहने वाली गंगा नदी बंगाल की खाड़ी तक पहुंचने पर एक गन्दे सीवर जल नाले के रूप में बदल चुकी है, क्योंकि इस नदी के किनारे पर बसे सभी नगरों का गन्दा जल नदी में ही प्रवाहित किया जाता है। दिल्ली में यमुना नदी के शहर में प्रवेश करने से पूर्व प्रति 100 मिलीलीटर जल में रोग फैलाने वाली बैक्टीरियों की संख्या 87500 होती है। जबकि दिल्ली शहर के मल, जल विसर्जन से यह मात्रा बढ़कर 24 मिलियन तक पहुंच जाती है। संक्षेप में यह कहा जा सकता है कि विश्व एवं भारत की प्राय: सभी बड़ी नदियों के किनारे बसे नगरों में प्रदूषण के कारण कैंसर, दमा, तपेदिक, पेचिस, आंख, फेफड़े आदि असाध्य रोगी सबसे अधिक होते हैं। अत: कहा जा सकता है कि नगर प्रदूषण के गुम्बद बनते जा रहे हैं जहां आकर पर्यावरण पंगु हो गया है।

3. भीड़ (Crowds)–मानव परिस्थितिकी तथा पर्यावरण सदैव एक-दूसरे से सम्बन्धित तथा व्यक्ति की आवश्यकताओं से प्रभावित रहे हैं। व्यक्ति ने अपने जीवन को सुरक्षित रखने तथा उसके स्तर को उन्नत करने हेतु अपने आसपास के वातावरण को ही नहीं, बल्कि पूरे पारिस्थितिकी तंत्र को भी बदलने का प्रयास किया है लेकिन हर स्थिति में मनुष्य को विशेष परिस्थितियों में उनसे होने वाले परिणाम, चाहे वह सुखद हों अथवा कष्टमय, सभी से गुजराना होता है।

शहरीकरण का एक आवश्यक दुष्परिणाम है, भीड़ (Crowd)। चाहे अच्छा कार्य हो अथवा बुरा, लोग उपलब्ध रहते हैं और अवसर खोजते हैं इस स्थिति में अपने आपको सम्मिलित करने का। कुछ अपवादों को छोड़कर इसका अन्तिम परिणाम कष्टप्रद होता है, लेकिन पर्यावरण की दृष्टि से सामाजिक सन्तुलन बना रहे इस सन्दर्भ में इस पर थोड़ी चर्चा करेंगे।

शब्द भीड़ (Crowd) को परिभाषित करना बहुत आसान नहीं है। मोटेतौर पर अधिक लोगों के एक जगह एक साथ इकट्ठे होने से भीड़ होती है। इससे एक बल, दबाव अथवा मनोवैज्ञानिक प्रतिक्रिया का अहसास होता है। चार्ल्स एल. साउथविक ने इसे परिभाषित किया है।

जब अत्यधिक संख्या में कुछ व्यक्ति किसी कार्य अथवा पर्यावरण के परिप्रेक्ष्य में किसी घटना के क्रम में एकत्रित होते हैं तो वह भीड़ कहलाती है।

भीड़ को 'साउथविक' के अनुसार परिभाषित करने के बजाय समझना सहज है और उसी से इस अभिशप्त समस्या से बचा भी जा सकता है और पर्यावरण को नष्ट होने से भी बचाया जा सकता है।

समल्यजन साधारण भीड़ को निम्न प्रकार से व्यक्त करते हैं–

"अधिक लोगों के एक जगह एकत्रित होना ही भीड़ है।"

(A crowd is a large number of person gathered closely together.) यह दो प्रकार की हो सकती है–

1. स्थानों के घनत्व के अनुसार भीड़ (Crowd as Per Spatial Density)–इसमें समूह का आकार वही रहता है केवल स्थान परिवर्तन होता है।

2. समूह के घनत्व के अनुसार भीड़ (Crowd as Per Social Group Density)–इसमें विभिन्न समूह परिवर्तित होते रहते हैं।

(अ) भीड़ का वर्गीकरण (Classification of Crowd)–भीड़ का अपना स्वयं का कोई महत्त्व नहीं है। भीड़ में किस प्रकार का समूह है? और उस समय की क्या स्थिति है? इससे भीड़ से होने वाले अथवा हो सकने वाले प्रभाव अथवा परिणाम को जाना जा सकता है। हानि की सम्भावना पर तत्काल कोई उचित निर्णय अथवा कार्यवाही कर एक भयावह पर्यावरणीय संकट से मुक्त हुआ जा सकता है। ब्राउन (Brown) ने भीड़ को निम्नांकित चार्ट द्वारा वर्गीकरण किया है–

उपर्युक्त वर्गीकरण से स्वयं इतना स्पष्ट है कि भीड़ किस-किस उद्देश्य हेतु हो सकती है? यह इस चित्रण से जाना जा सकता है।

(ब) भीड़ का प्रभाव (Effects of Crowd)–भीड़ का मुख्यत: प्रभाव निम्नलिखित है–

(1) व्यवहार परिवर्तन (Behavioural Change),

(2) आमने-सामने उत्तर-प्रत्युत्तर (Coping Responses) अथवा

(3) मारपीट और दंगा (Aggression and Riots) होते हैं।

ऐसा केवल अपवादस्वरूप ही होता है जब भीड़ नियंत्रित होकर कोई सद्‌भावना पूर्ण निर्णय ले और शांति का वातावरण बना रहे। उपर्युक्त वर्गीकरण के अनुसार जहां भीड़ केवल मनोरंजन अथवा शांतिपूर्ण कार्यों हेतु ही इकट्ठी हुई हो, तब तक की बात सर्वथा अलग है।

भीड़ का वर्गीकरण

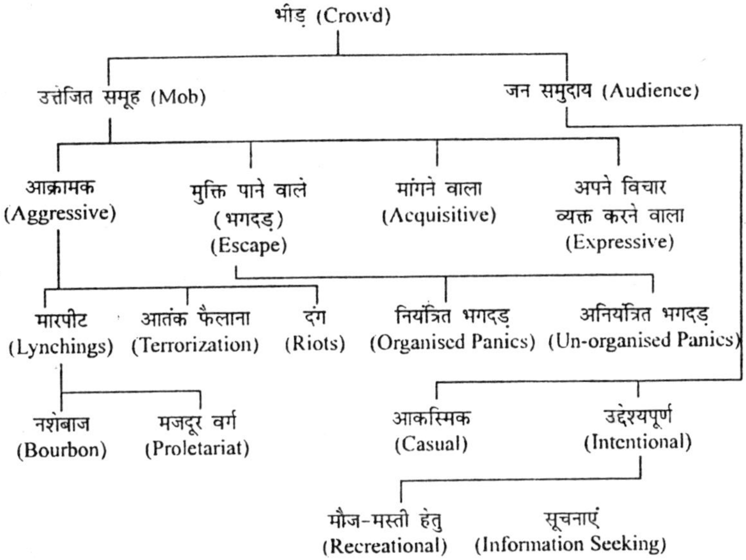

"एक भीड़ अत्यन्त गुस्से के माहौल में उत्तेजित समूह में परिवर्तित हो जाती है तथा यदि कोई सामूहिक भय हो तो आतंक का वातावरण बन जाता है।"

(A crowd turns into a 'mob' when common emotion is 'intense anger'; it turns out into a 'panic' when common emotion is 'intense fear'.)

4. रेगिस्तानिता (Desertification)–इस समस्या के उत्पन्न होने के कई कारण हैं। इनमें से–

(1) पानी की नितान्त कमी,

(2) वन क्षेत्रों का विनाश,

(3) संरक्षण करने वाली पहाड़ियों की निर्जनता,

(4) जनसंख्या वृद्धि,

(5) पर्यावरणीय अथवा पारिस्थितिकी असन्तुलन आदि प्रमुख हैं।

यहां पर मानव जीवन तथा पशु धन और कृषि उत्पादन सभी मुश्किल हैं। जहां-जहां पर प्रयास कर कुछ रहने की स्थितियां पैदा की भी गई हैं, वहां अब निरन्तर बढ़ते पर्यावरणीय असन्तुलन ने उस पर रोक लगाई है और अन्ततः जहां निरन्तर मरुस्थल क्षेत्र बढ़ता जा रहा है। वहां का उच्च तापमान 58° सेल्सियस तक

तथा निम्न तापमान – 88° सेल्सियस तक होता है। औसत वार्षिक वर्षा 250 मिमी है।

विश्व में बड़े-बड़े मरुस्थल 11.29% पृथ्वी पर हैं जिनका क्षेत्रफल मोटेतौर पर निम्न प्रकार है–

विश्व के मुख्य मरुस्थलों का क्षेत्रफल

क्र०सं०	*नाम*	*सम्बन्धित देश*	*क्षेत्रफल वर्ग किमी में*	*पृथ्वी के क्षेत्रफल का प्रतिशत*	*अपने देश में क्षेत्रफल का प्रतिशत*
1.	सहारा	उत्तरी अफ्रीका	84,00,000		
2.	लिबयान	उत्तरी अफ्रीका	15,50,500	6.85	34.26
3.	नूबियन	उत्तरी अफ्रीका	2,60,000		
4.	आस्ट्रेलियान	आस्ट्रेलिया	15,50,000		
5.	ग्रेट विक्टोरिया	आस्ट्रेलिया	3,25,000	1,75	33.91
6.	ग्रेट सैंडी	आस्ट्रेलिया	4,20,400		
7.	अरुनता	आस्ट्रेलिया	3,10,000		
8.	सीरियन	अरब	3,25,000		
9.	अरेबियन	अरब	1,30,000	0,74	47.25
10.	रबअलखाली	अरब	6,47,500		
11.	गोबी	मंगोलिया	1,40,000	0,70	66.45
12.	कालाहारी	बोत्सयाना	5,20,000	0.35	86.29
13.	ताकला माकस	चीन	3,20,000	0.21	3.35
14.	काराकुम	टर्की	2,72,000	0,19	34.89
15.	सोनोरन	मेक्सिको	3,10,000	0.21	15.72
16.	थार	भारत	2,60,000	0.17	7.91
17.	अटाकामा	चिली	1,80,000	0.12	23.79
		कुल	1,68,20,400	11.29	–

उपयुर्क्त सारणी का अवलोकन करें कि विश्व में ऐसे देश हैं जहां अधिक अथवा आधे से अधिक भू-क्षेत्र पर रेगिस्तान हैं अर्थात् ऐसा स्थान है जहां का पारिस्थितिकी आवास अनुकूल नहीं है।

भारत में भी थार लगभग 8% भू-भाग में एक बड़ा मरुस्थल है। 2,60,000 वर्ग किमी में यह गुजरात, पंजाब, हरियाणा और राजस्थान में फैला हुआ है। पति

वर्ष 100 मिमी से 150 मिमी तक अधिकतम वर्षा होती है। तापमान गर्मियों में 48° सेल्सियस को छू लेता है तथा न्यूनतम जाड़ों में शून्य ° सेल्सियस तक पहुंच जाता है। रेत के तूफान आम बात हैं जिनका वेग 100 किमी प्रति घंटा तक होता है। आबादी बहुत कम और प्राथमिक आवश्यकताओं की पूर्ति न हो पाने के कारण निरन्तर कम हो रही है। पशुधन भी काफी कम है। अरावली की पहाड़ियों की निर्जनता ने कई स्थानों पर ऐसे रास्ते बना लिए हैं, जिसमें से रेतीली बालू अन्दर वहां भी प्रवेश कर रही है जहां अभी तक मरुस्थल नहीं है। भारत इससे बहुत चिन्तित है। स्वीडन तथा विश्व बैंक की सहायता से कई ऐसी प्रयोजनाएं चलाई हैं, जिससे वृक्षों का प्रतिशत बड़े और मरुभूमि को बढ़ने से रोका जा सके।

औद्योगिक विकास (औद्योगिकरण) एवं पर्यावरण ह्रास (Industrial Development and Environmental Degradation)–औद्योगीकरण का प्रारम्भ औद्योगिक क्रान्ति से माना जाता है। 1860 से प्रारम्भ औद्योगिक विकास यूरोप से होते हुए उत्तरी अमेरिका तक ही सीमित नहीं रहा है बल्कि विश्व के विभिन्न देशों में तेजी से इसका विस्तार हुआ है। 1960 से वर्तमान तक यह पश्चिमी देशों में अपने चरम बिन्दु तक पहुंच गया है। औद्योगीकरण के फलस्वरूप दो प्रमुख तथ्य सामने आये हैं–

(अ) प्राकृतिक संसाधनों का तीव्रगति से विदोहन,

(ब) उत्पादन में वृद्धि।

इन दोनों तथ्यों से पर्यावरण पर निम्नलिखित प्रभाव स्पष्ट दिखाई देने लगे हैं–

1. वनों की अत्यधिक कटाव से वन, मृदा, जलस्तर एवं जलवायु में परिवर्तन तथा आधारभूत संसाधनों में ह्रास।
2. खनिज पदार्थों के अत्यधिक उत्खनन से खनिज का अभाव एवं बंजर भूमि में वृद्धि।
3. औद्योगिक विस्तार से कृषि भूमि में ह्रास।
4. भूमिगत जल के अत्यधिक निष्कासन से जलस्तर में गिरावट एवं जल गुणवत्ता में ह्रास।
5. अत्यधिक जल एवं खनिज तेल निष्कासन से भूमि सतह में अवतलन।
6. अत्यधिक उत्पादन के परिणामस्वरूप वायुमण्डल में विषैली गैस और धुंए आदि की वृद्धि से शुद्ध वायु का अभाव।
7. औद्योगिक अपशिष्ट निष्कासन से पेय जलस्रोत एवं भूमि प्रदूषण में वृद्धि।

8. रासायनिक कारखानों से उत्पादित खादों एवं कीटनाशी दवाओं के प्रयोग से प्राकृतिक आहार शृंखला एवं मिट्टी के भौतिक गुणों में परिवर्तन।
9. प्रदूषित जल, वायु एवं मिट्टी के कारण जैव विविधता का विनाश जिस कारण प्राकृतिक वनस्पति एवं विभिन्न जीव-जन्तुओं की प्रजाति या विलुप्त हो गयी है या संकटग्रस्त है।
10. घने बसे औद्योगिक विकसित प्रदेशों से होकर बहने वाली नदियां तथा अन्य जलस्रोत अपने मौलिक प्राकृतिक रूप को खो चुकी हैं तथा अब यह नदियां कारखानों एवं महानगरों के अपशिष्ट पदार्थों को बहाने वाले सीवर बनकर रह गयी है।

औद्योगीकरण के उपरोक्त प्रभाव के परिणामस्वरूप पर्यावरण अवनयन या ह्रास की समस्या लगातार विकट होती जा रही है कारखनों से चाहे गैस रिसाव हो, या चिमनियों से निकलने वाली विभिन्न गैस और धूम्र हो सभी पर्यावरण पर प्रतिकूल प्रभाव डालते हैं जीवाश्म ईंधन के अत्यधिक उपयोग से वायुमण्डल में लगातार CO_2 का सान्द्रण हो रहा है। जिस कारण वायुमण्डल की मौलिक गैसों में परिवर्तन आया है। अम्ल वृष्टि, नगरी धूम्र, कोहरा आदि औद्योगीकरण से उत्पन्न अनेक पर्यावरणीय प्रकोपों में निरन्तर वृद्धि हो रही हैं। जो मानव समाज पर गहरा प्रभाव डालते हैं। अत: कहा जा सकता है कि औद्योगिक विकास से पर्यावरण ह्रास जितना हुआ है शायद अन्य कारणों से उतना नहीं हुआ है।

प्रश्न (Questions)

निबन्धात्मक प्रश्न (Essay Type Questions)

1. जनसंख्या वृ र से मनुष्य को क्या-क्या हानियां हैं? विस्तार से बताइये।
2. वर्तमान में शहरीकरण क्यों पनपा? इसमें पर्यावरण पर क्या असर पड़ा है?
3. विकासशील देशों पर पर्यावरण वृद्धि से क्या प्रभाव पड़े। विवेचना कीजिए।
4. निम्नलिखित पर संक्षिप्त टिप्पणी लिखिए–
   (*i*) जनसंख्या वृद्धि एवं पर्यावरण अवनमन
   (*ii*) औद्योगिक विकास एवं पर्यावरण ह्रास
   (*iii*) नगरीयकरण का पर्यावरण पर प्रभाव

लघुत्तरात्मक प्रश्न (Short Answer Type Question)

5. बंजर भूमि और रेगिस्तान में क्या अन्तर है? समझाइये।

6. जनसंख्या वृद्धि प्रतिशत प्रति वर्ष प्रायः किन देशों में अधिक है? और क्यों?
7. भीड़ को भी पर्यावरण समस्या से किस आधार पर जोड़ा गया है।

निम्न प्रश्नों के उत्तर एक शब्द में दीजिए–

8. भारत के रेगिस्तान का नाम क्या है? ( )
9. सबसे अधिक रेगिस्तान किस देश में है? ( )
10. अन्तर्राष्ट्रीय प्रथम विश्व जनसंख्या सम्मेलन कहां हुआ था? ( )
11. विश्व की वर्तमान जनसंख्या लगभग कितनी है? ( )
12. वर्तमान में कितनी आबादी से अधिक लोगों से बसने वाले क्षेत्र को शहरी क्षेत्र माना गया है? ( )

8

नैतिक प्रदूषण
(Moral Pollution)

प्रस्तावना (Introduction)

किसी भी प्रकार के प्रदूषण के होने, उससे बचने तथा प्रदूषित होने पर कोई उपाय सुझाने की स्थिति तो तब आयेगी, जब मनुष्य की सोच में समस्या के प्रति लगाव (Attachment) हो, उसे दूर करने के लिये उसका मानस तैयार हो। दूसरा इसी का एक पहलू यह भी है कि विचार की दिशा धनात्मक हो (Positive Thinking) हो। इन दोनों को यदि हम एक ही शब्द में समेटना चाहें तो हम यह कह सकते हैं कि मनुष्य में नैतिकता (Morality) होनी आवश्यक है। इसका लुप्त होना अथवा ऋणात्मक सोच (Negative Thinking) को नैतिक प्रदूषण (Moral Pollution) के दायरे में ही रखेंगे, जिस पर अभी हम चर्चा कर रहे हैं।

नैतिकता (Morality)

"नैतिकता किसी व्यक्ति अथवा व्यक्तियों से सम्बन्धित वह सिद्धान्त और मूल्य है जिन्हें सामान्यतया, किसी समाज द्वारा अथवा लोगों के समुदाय द्वारा स्वीकार किया जाता है।"

(A morality is a system of principles and values concerning people's behaviour, which is generally accepted by a society or by a particular group of people).

नैतिकता को हम इस प्रकार भी व्यक्ति कर सकते हैं–

"नैतिकता किसी व्यक्ति अथवा समाज पर आधारित उन सिद्धान्तों तथा मूल्यों का समुच्चय है जिन्हें वे सही, ठीक (उचित) तथा स्वीकार योग्य व्यवहारों की श्रेणी में लाते हैं।"

(A morality is a set of principles and values based on what a person or society behaves are the right, proper or acceptable ways of behaving.)

अत: उपर्युक्त दी गई परिभाषाओं के आधार पर नैतिकता तत्काल यह निर्णय करने अथवा देने में सूक्ष्म होती है कि व्यक्तियों अथवा समाज द्वारा किये जा रहे कार्य अच्छे हैं अथवा बुरे हैं। यही नहीं बल्कि, उचित-अनुचित कार्य भी नैतिकता के दायरे में आ जाते हैं। अच्छे और उचित कार्यों को नैतिकता (Morality) और बुरे तथा अनुचित कार्यों को अनैतिकता (Immorality) कहने लगते हैं।

देश में नैतिकता की स्थिति
(Status of Morality in the Country)

आज देश के सभी वर्ग, व्यवसाय और विभिन्न क्षेत्रों में कार्यरत लोग यह महसूस करते हैं कि हमारे जीवन के नैतिक मानदण्ड गिर गये हैं और उनमें निरन्तर गिरावट आ रही है। किसी भी स्तर पर कोई ऐसा नहीं बचा जान पड़ता है जो इस नैतिक पतन (Moral Degradation) का शिकार नहीं हुआ हो। परिवार, समाज, प्रदेश और देश स्तर पर सभी व्यक्ति इससे पीड़ित हैं और विडम्बना यह है कि न तो किन्हीं में इसे रोकने में रुचि है और न ही कोई इस ओर अकेले अथवा मिलकर आवाज उठाते हैं। बहुत ही घनिष्ट समुदाय में केवल चर्चा होती है और कोसते हैं अन्य सभी को, लेकिन स्वयं अपने में परिवर्तन नहीं लाते। उदाहरण निम्नवत हैं–

1. अपने कार्य स्थलों पर समय पर नहीं पहुंचते हैं।

   (Do not reach in time at their working places.)

2. अपना प्रतिदिन का निर्धारित कार्य समय पर नहीं करते हैं।

   (Do not do their daily assignments in time.)

3. खाने-पीने की वस्तुओं में मिलावट करते हैं।

   (Adulterate in edibles).

4. बस अथवा रेल में बिना टिकट यात्रा करते हैं।

   (Travel without ticket in bus or train).

5. सामान कम तोलते हैं।

   (Weigh less commodities).

6. सामान का अधिक मूल्य लेते हैं।

   (Charge more money of necessaries.)

7. पानी अथवा बिजली के मीटरों में छेड़छाड़ करते हैं।

   (Do unfair with the electric and water meters.)

8. झूठ बोलते हैं।

(Tell a lie.)

9. धोखा और विश्वासघात करते हैं।

(Cheat and betray.)

10. नौकरी अथवा अन्य विविध कार्यों हेतु गलत प्रमाण-पत्र प्रस्तुत करते हैं।

(Produce wrong certificates for service and other works.)

11. आयकर रिटर्न गलत भरते हैं।

(Fill incorrect income-tax returns).

12. बिक्री कर का चुकाया नहीं करते हैं।

(Do not pay the sales tax.)

13. रिश्वत लेते हैं।

(Take bribe.)

14. चोरी करने में हिचकिचाते नहीं हैं।

(Do not hestitate in stealing.)

15. कहीं भी गलत गवाही दे सकते हैं।

(May give wrong witness anywhere.)

16. बिना वजह दूसरों को चोट पहुंचाते हैं।

(Hurt the others for no cause.)

17. चुनाव में अनुचित साधनों का प्रयोग करते हैं।

(Use unfair means in electrons.)

18. अपने लाभ के लिये दूसरों का शोषण करते हैं।

(Exploit others for their own interests.)

19. कम धन राशि देकर अधिक पर हस्ताक्षर कराते हैं।

(Pay less amount and take signature on more.)

20. दूसरों की विवशता का लाभ उठाते हैं।

(Encash the helplessness of the others.), आदि।

और भी न जाने कितने उदाहरण हो सकते हैं, जो किसी न किसी व्यक्ति के दैनिक जीवन में घटते हैं, यह सब अनैतिकता के कार्य हैं, जिससे वह व्यक्ति ही नहीं बल्कि, समाज और देश किसी न किसी रूप से सम्बद्ध है।

नैतिकता ह्रास के सम्भावित कारण
(Possible Reasons of Moral Degradation)

नैतिकता ह्रास के मुख्य कारण निम्नलिखित हैं–

1. व्यक्तिगत स्वार्थपरता (Individual Selfishness)–प्रत्येक व्यक्ति येन-केन प्रकारेण अपनी स्वार्थपूर्ति चाहता है। इस हेतु उसे इस ओर कोई ध्यान नहीं है कि उसका अपना आचरण अथवा कार्य व्यवहार कैसा है? देश और समाज की बात तो दूर बल्कि, अपने परिवार के व्यक्तियों की प्रसन्नता और अप्रसन्नता को भी वह अनदेखी कर देता है।

2. लालच (Greed)–अधिक पाने की लालसा व्यक्ति को अंधा कर देती है। अत: उसे कुछ ऐसी कार्य-प्रणाली अपनानी आवश्यक हो जाती है जिसे समाज व उसके सदस्य ठीक नहीं समझते। व्यक्ति के गलत कार्य उसे अनैतिकता की ओर ले जाते हैं।

3. आलस्य (Laziness)–

अजगर करै न चाकरी, पंछी करै न काम।
दास मलूका कह गये, सबके दाता राम।

यह दोहा बहुत चर्चित है और आलसी व्यक्तियों द्वारा अपनाया गया ब्रह्म वाक्य। समय पर काम न करने अथवा समय पाबंदी न अपनाने से ऐसे अनेक क्रिया-कलाप जुड़े हैं जो नैतिकता को सहयोग नहीं करते। अत: कार्यस्थल पर देरी से पहुंचना, कार्य न करना, टालमटोल की प्रवृत्ति और इसी कारण सत्य न बोलना आदि अनेक अवगुण व्यक्ति में समावेश कर लेते हैं जो अनैतिकता को बढ़ावा देते हैं।

4. कठोर परिश्रम के प्रति उदासीनता (Apathy Towards Hardwork)–कठोर परिश्रम व्यक्ति को बनाता है, सजाता है और संवारता है। परिश्रम से ही व्यक्ति में आत्मविश्वास पैदा होता है सहयोग की भावना में वृद्धि होती है और दूसरों की सेवा करने की लालसा जाग्रत होती है। यह सब मूल्य परिश्रम के प्रति उदासीनता से उभर ही नहीं पाते बल्कि, इसके विपरीत वह व्यक्ति असहयोगी हो जाता है।

5. राष्ट्रीय भावना में कमी (Lack of National Feelings)–अपने देश के प्रति अपनी निष्ठा की कमी ने भी व्यक्तियों को अनैतिक कार्य करने की अप्रत्यक्ष रूप से अनुमति दी है। वह इस स्तर तक सोच ही नहीं पाता कि हमारे किसी कार्य व्यवहार से अन्तत: हमारे देश की वह हानि हो सकती है जिससे पूरे देश के निवासी प्रभावित होंगे और ऐसा भी सम्भव है कि देश की बदनामी से अन्तर्राष्ट्रीय स्तर तक हमें नुकसान उठाना पड़े। देश के महत्त्वपूर्ण सरकारी, अर्द्धसरकारी, सैन्य

सूचनाओं की जानकारी विदेशी लोगों तक कुछ आर्थिक लाभ के बदले पहुंचाना उसका एक उदाहरण हो सकता है।

6. दूसरों से तुलना करने की होड़ (Rivalry of Comparison with Others)–जो कुछ हमें प्राप्य है अथवा हमारे परिश्रम से जो कुछ भी हमें मिल सकता है उसके बजाय ओर लोगों के बराबर अथवा उससे भी अधिक प्राप्त करने की लालसा व्यक्ति को नैतिकता से दूर करती है। विभिन्न विभागों, संस्थानों में गबन, चोरी तथा रिश्वत आदि इसी के उदाहरण हैं। इस पतन का कोई अन्त भी नहीं है क्योंकि कम परिश्रम से अधिक प्राप्त होने की कल्पना से व्यक्ति इतना लिप्त हो जाता है कि उसे दिन-रात नई-नई बातें सूझती रहती हैं और वह निरन्तर दलदल में फंसता जाता है।

7. बुरी संगत (Bad Company)– संगति का बहुत प्रभाव पड़ता है। हमारे पिछले धार्मिक ग्रन्थों में कई जगह यह उल्लेख हुआ है कि अच्छे व्यक्ति बुरी संगत में पड़कर बुरे बन गये हैं और बुरों को अच्छी संगत ने बुराई से दूर कर दिया है। व्यक्ति कितना ही प्रयास करे वह बुरी संगत के प्रभाव से बच नहीं सकता है। जुआ खेलना, शराब पीना, कत्ल, चोरी-डकैती ओर अनाचार इसी श्रेणी में आते हैं और व्यक्ति को अनैतिक राह पर ले जाते हैं।

8. भविष्य की अनदेखी (No Future Perception)–जो व्यक्ति केवल अपना जीवन जीते हैं और जिन्हें अपने परिवार, समाज और देश की कोई फिक्र नहीं होती अथवा जो अपना इनके प्रति कोई उत्तरदायित्व नहीं समझते वह किसी भी कार्य करने में हिचकिचाते नहीं हैं। न ही उन्हें अपने तथा अपने बच्चों और परिवार के अन्य सदस्यों के भविष्य की कोई परवाह होती है। वह यह भूल जाते हैं कि मानो किसी कारण यदि किसी व्यक्ति को जेल की सजा होती है तो उसका यह कार्य उसके बच्चों को पूरी जिन्दगी कष्ट और अपमान देगा। बहुत छोटे से आर्थिक प्रलोभन में यह व्यक्ति अपना भविष्य दांव पर लगा देते हैं और कत्ल, देशद्रोह अथवा अन्य कार्यों में अपना जीवन लगाकर समाप्त कर देते हैं।

9. अशिक्षा अथवा कम शिक्षा (Illiteracy or Less Education)– शिक्षा ही व्यक्ति में समझने की शक्ति, गुण-अवगुणों में अन्तर करने की योग्यता और परिवार-समाज-देश के प्रति कर्त्तव्य के विकास का आधार है। अशिक्षा और कम शिक्षा दोनों ही व्यक्ति में उन गुणों को विकसित नहीं होने देती जिससे उसका जीवन एक अच्छे नागरिक की तरह बन सके। इसी अभाव के कारण वह अनजाने ही उन कार्यों को करने लगता है जो समाज की दृष्टि से अनैतिक हैं। रास्ते चलते लड़कियों को छेड़ना, फबतियां कसना, चाहे जिससे बिना बात लड़ना-झगड़ना आदि

को ऐसा व्यक्ति कोई विशेष बात नहीं समझता और यही उसके कार्य व्यवहार उसे और आगे अनैतिक कार्यों की ओर ले जाते हैं।

10. **आत्मविश्वास और इच्छा शक्ति में कमी (Deficiency in Self-Confidence and Will-Power)**—किसी भी कार्य की सफलता से मनुष्य में आत्मविश्वास पैदा होता है और कार्य सम्पादन में इच्छा शक्ति का बहुत महत्त्व है। या यों कहें कि आत्मविश्वास और इच्छा शक्ति दोनों एक-दूसरे से अत्यन्त निकट से जुड़े हैं। लेकिन व्यक्ति में जब इन गुणों की कमी होती है तो असफलता के फलस्वरूप वह कुण्ठा (Frustration) से भर जाता है। कुण्ठित व्यक्ति फिर कुछ इस प्रकार के कार्य करता है जो सामान्यतः उचित व उपयुक्त नहीं होते। अनैतिक कार्यों का सम्पादन भी इन कुण्ठाओं का अन्तिम परिणाम हो सकता है।

नैतिकता और पर्यावरण
(Morality and Environment)

पर्यावरण के क्षेत्र में आज चिन्तन करने की दिशा मुख्यतया चार भागों में विभाजित हो गई है। वह है–

(1) पर्यावरण संरक्षण (Environmental Conservation),

(2) पर्यावरण सुरक्षा (Environmental Preservation),

(3) पर्यावरण प्रदूषण (Environmental Pollution) और

(4) पर्यावरण सुधार (Environmental Improvement)।

इन चारों विभाजनों में जो अभिकरण (Agencies) अपनी भूमिकाओं का निर्वहन कर रही हैं, वह हैं–

(1) अन्तर्राष्ट्रीग संस्थाएं (International Organisations),

(2) राष्ट्रीय संस्थाएं और केन्द्र सरकार (National Organisations and Central Government),

(3) राज्य स्तरीय संस्थाएं और राज्य सरकारें (State Level Organisations and State Governments),

(4) सामाजिक संस्थाएं (Social Organisations) और

(5) प्रमुख पर्यावरणविद् और सामाजिक नेतागण (Outstanding Environmentalists and Social Leaders)।

सभी की कार्य-प्रणाली अत्यन्त नियोजित और अच्छी परिणामगामी है। सभी का प्रयास यही रहता है कि पर्यावरण की सभी प्रकार से उचित संरक्षा, सुरक्षा,

सुधार और प्रबन्ध हो तथा इसे सभी प्रकार के प्रदूषण से बचाया जाये। उन्नति के नाम पर पृथ्वी पर बसने वाले प्राणी (मनुष्य और पशु) तथा वनस्पति को हानि न हो। लेकिन इन सभी में व्यावहारिक क्रियान्वयन केवल मनुष्य द्वारा किया जाता है, जो आज अनैतिकता के दायरे में अन्दर तक प्रवेश करता जा रहा है। अतः सभी योजनाओं, सोच और निर्णयों का अन्तिम परिणाम शुद्ध पर्यावरण (Clean Environ-ment) नहीं है।

इस सन्दर्भ में सीधे पर्यावरण से जुड़े मनुष्य द्वारा किये गये हीन आचरणों के उदाहरण यहां समेकित किये गये हैं। जिनके अवलोकन से एकाएक यह सिहरन पैदा हो सकती है कि ऐसे कैसे सम्भव है? और क्या इस प्रकार से किये जा रहे मनुष्य के जघन्य कार्यों से कभी पर्यावरण में सुधार लाया जा सकता है? प्रत्येक क्षेत्र में अनैतिक कार्यों की सूची देखें–

(अ) पर्यावरण संरक्षण क्षेत्र (Environmental Conservation Field)–

1. जल (प्राकृतिक संसाधन) का अत्यधिक दुरुपयोग

   (Excessive misuse of water (natural resource))
2. विविध कार्यकलापों से वायु की अनिरापदता

   (Unclean air due to different activities)
3. खिलौने व इमारती लकड़ी के लिए वृक्षों का उपयोग

   (Use of trees for toys and building timber)
4. उपजाऊ मिट्टी से ईंटों का बनाना

   (Preparing bricks form fertile soil)
5. उद्योगों से होने वाले विषैले बहिस्राव से जलीय जीवों का विनाश

   (Destruction of aquatic life by the poisonous effluent discharge from the industries)

(ब) पर्यावरण सुरक्षा क्षेत्र (Environmental Preservation Field)

1. खालें तथा अन्य अंगों की तस्करी के लिए वन्य जीवों की हत्याएं

   (Assasination of wild beasts for smuggling of skins and other organs)
2. रासायनिक खादों के अधिक उपयोग से मिट्टी की गुणवत्ता में ह्रास

   (Degradation in the quality fo soil by the excess use of chemical fertilizers)

3. क्लोरोक्लोरोकार्वन्स तथा ऐरेसोल के उपयोग से वायुमण्डल की ओजोन पर्त का क्रमिक विनाश

   (Gradual depletion of the ozone lkayer of the atmosphere due to the use of chloroflurocarbons and aerosols)

4. पानी के गलत उपयोग से शुद्ध पीने के पानी की मात्रा में निरन्तर कमी

   (Continuous shortage of clean potable drinking water due to wrong use of water)

5. आवास और बांधों के निर्माण हेतु वन क्षेत्रों की कटाई

   (Cutting of forest areas for the construction of dams and residental colonies)

(स) पर्यावरण प्रदूषण क्षेत्र (Environmental Pollution Field)

1. शादी, समारोह व कीर्तन स्थलों पर ध्वनि विस्तारक यंत्रों का उपयोग

   (Use of loud speakers in marriages, functions and bhajan recitations)

2. जनसंख्या वृद्धि से आवश्यक वस्तुओं की उपलब्धि में कमी

   (Shoretage in availability of prime necessary articles due to growing population)

3. घर की गन्दगी को कहीं भी फेंक देना

   (Throwing of household waste anywhere)

4. परिवहन साधनों से वायु की अशुद्धता

   (Impurity of air due to transport means)

5. परमाणु बम परिक्षण से नाभिकीय विकिरण प्रदूषण

   (Nuclear radiation pollution due to atomic bomb tests)

(द) पर्यावरण सुधार क्षेत्र (Environmental Improvement Field)

1. विभिन्न पर्यावरणीय कानूनों की अवहेलना

   (Neglect of different environmental laws)

2. सरकार अथवा स्वयंसेवी संस्थाओं द्वारा किये जाने वाले सघन वृक्षारोपण जैसे कार्यक्रमों में रुचि न लेना

   (Uninterest in programmes like dense forestation organised by government of voluntary agencies)

3. पर्यावरण के बारे में जानने का प्रयास भी नहीं करना

   (No efforts even in knowing about environment)

4. भोजन, जल, वायु और प्रकाश की उपलब्धता की ओर ध्यान न देना

   (No attention towards the availability fo food, water, air and light)

4. भोजन, जल, वायु और प्रकाश की उपलब्धता की ओर ध्यान न देना

   (No attention towards the availability fo food, water, air and light)

5. जीवन की गुणवत्ता की प्राप्ति के लिये न इच्छा रखना और न परवाह करना

   (Neither wishing nor caring for acquiring the 'quality of life')

नैतिकता के विकास के लिए क्या करें?
(What to do for the Development of Morality?)

नैतिकता एक कठिन उपलब्धि है। यह संस्कार प्रेरित है, अच्छी संगत से मिलती है और त्याग से ही अधिक समय तक रह सकती है। बचपन से ही सत्य-असत्य, गलत-सही, अच्छा-बुरा जैसे प्रत्ययों के बारे में बालक को सिखाने-समझाने से उसमें उन गुणों का विकास हो सकता है जिन्हें हम नैतिकता के लिए वांछनीय समझते हैं, लेकिन उनमें क्या आवश्यक है? इसका विवरण हम यहां संक्षिप्त में दे रहे हैं।

(ब) जीवन मूल्यों के प्रति आस्था (Belief in Life Values)—प्रत्येक व्यक्ति को कुछ जीवन मूल्यों को जानना चाहिए और उनमें आस्था रखनी चाहिए। यह जीवन मूल्य उसको जीवन में कुछ कार्य करने की प्रेरणा दे सकते हैं और एक सुखमय जीवन जीने का आश्वासन भी इनसे स्वत: मिल सकता है। यह हैं—

(1) सच्चाई (Truthfulness),

(2) सहयोग (Co-operation),

(3) साहस (Courage),

(4) दृढ़ निश्चय (Determination)

(5) आत्मविश्वास (Self confidence),

(6) परोपकार (Charity),

(7) देश-भक्ति (Patriotism).

(8) कर्त्तव्य-परायणता (Dutiful),

(9) ईमानदारी (Honesty),

(10) समाज सेवा (Social Service)

(11) श्रम में निष्ठा (Dignity for Labour)

(12) त्याग (Sacrifice),

(13) विनम्रता (Modesty),

(14) अहिंसा (Non-violence),

(15) प्रेम (Affection),

(16) सहानुभूति (Sympathy),

(17) धैर्य (Patience),

(18) दया (Kindness),

(19) क्षमा (Forgiveness),

(20) मित्रता (Friendship),

(21) निर्भीकता (Fearlessness),

(22) अनुशासन (Discipline),

(23) सादगी (Simplicity),

(24) प्रशंसा करना (Praising),

(25) मितव्ययता (Frugality)।

(ब) अच्छी आदतों का निर्माण (Formation of Good Habits)–कुछ आदते इस प्रकार की होती हैं जो प्रत्यक्ष और अप्रत्यक्ष रूप से व्यक्ति के चरित्र को बनाती हैं तथा उसके नैतिक कार्यों में सहायक होती हैं। यह हैं–

1. नियमितता (Regularity),
2. समय पाबन्दी (Punctuality),
3. अपने से बड़ों का सम्मान करना (Respect for elders),
4. अपनी बारी की प्रतिक्षा करना (Wait for our turn),
5. अतिथि का सत्कार करना (Hospitality to the guests),
6. सामान्य स्तर से वार्तालाप करना (Conversation in low voice),
7. साथियों की प्रशंसा करना (Praise for the companians),
8. धन्यवाद का प्रयोग करना (Use of 'Thank you'),

9. दूसरों पर दोषारोपण न करना (Not to blame other),
10. अपनी गलतियां स्वीकार करना (To accept our mistakes),
11. निर्भीक बनना (To be brave),
12. साफ-सुथरे और मौलिक बनना (To be neat and original),
13. अपने वायदे पूरे करना (Keeping of our promises),
14. हमेशा प्रसन्न चित्त रहना (Always to remain happy),
15. आवश्यकता के समय सदैव तैयार रहना (To keep always ready at the time of need), आदि।

यह आदतें आपके या किसी भी व्यक्ति के जीवन में अप्रत्याशित परिवर्तन ला देंगी और व्यवहार में मौलिकता दृष्टिगत होने लगेगी।

(स) आदर्श पुरुषों की जीवनियां (Lives of Ideal Persons)–देश में और विश्व के अन्य देशों में ऐसे अनेक महापुरुष हुये हैं जिन्होंने अपने जीवन में ऐसे कार्य किये जिनसे देश और समाज को तो लाभ हुआ ही है बल्कि, आगे आने वाली पीढ़ी को भी सीखने का आधार मिला है। उनके आदर्श निश्चय ही अच्छे मार्गदर्शक सिद्धान्त बनें; अत: ऐसे पुरुषों के जीवन साहित्य को पढ़ने का अवसर प्राप्त करना चाहिए। कुछ अत्यन्त चर्चित नाम यहां दिये जा रहे हैं–

(1) स्वामी विवेकानन्द
(2) स्वामी रामतीर्थ परमहंस,
(3) श्री अरविन्द,
(4) स्वामी दयानन्द सरस्वती,
(5) पं० मदन मोहन मालवीय,
(6) महात्मा गांधी,
(7) रवीन्द्रनाथ टैगोर,
(8) मदर टैरेसा,
(9) पंडित जवाहरलाल नेहरू,
(10) श्री सुभाष चन्द्र बोस,
(11) वीर सावरकर,
(12) क्रान्तिकारी चन्द्रशेखर आजाद,
(13) सरदार बल्लभभाई पटेल,

(14) श्री राजेन्द्र प्रसाद,

(15) सर्वपल्ली राधकृष्णन,

(16) आचार्य विनोबा भावे,

(17) लालबहादुर शास्त्री,

(18) रानी लक्ष्मीबाई

(19) डॉ॰ भीमराव अम्बेडकर,

(20) दादा भाई नौरोजी, आदि।

(द) पठनीय साहित्य (Readable Literature)–अच्छे साहित्य से अच्छे व्यक्तिव का निर्माण होता है। अत: वह साहित्य पढ़ा जाना चाहिए जो व्यक्ति के जीवन में मौलिक परिवर्तन कर उसे नैतिक कार्यों के लिए प्रेरित करे और उत्साहित करे, जैसे–

(1) महापुरुषों की जीवनियां,

(2) साहस भरी गाथायें और कहानियां,

(3) प्रेरक संस्मरण,

(4) हितोपदेश,

(5) अनमोल वचन,

(6) गौरव गाथायें,

(7) देशभक्ति के नाटक,

(8) ऐतिहासिक उपन्यास,

(9) आजादी का इतिहास,

(10) भारतीय वीरांगनायें, आदि।

(इ) अन्य कार्य (Other Works)–

1. घर में महापुरुष, देशभक्ति और जीवन मूल्यों को शक्ति प्रदान करने वाले व्यक्तित्व के चित्र लगायें।
2. कौमी गीत स्वयं गायें और जहां सम्भव हो वहां सामूहिक रूप से गाये जाने का प्रयास करें।
3. खेलों का आयोजन करें।
4. महत्त्वपूर्ण विषयों पर वाद-विवाद, सिम्पोजियम तथा भाषण-प्रतियोगिताएं करायें।

5. स्काउट-गाइड जैसे कार्यक्रम में सक्रिय भूमिका निवाहें और बच्चों को भाग लेने हेतु प्रोत्साहित करें।
6. राष्ट्रीय उत्सवों का महत्त्व बतायें तथा उन्हें धूमधाम से मनायें।
7. श्रमदान के कार्यक्रम आयोजित करें।
8. चरित्र निर्माण हेतु जीवन मूल्यों की विषाद व्याख्या कर उन्हें प्राप्त करने हेतु प्रोत्साहित करें।
9. नैतिक शिक्षा हेतु कहानियों का उपयोग करें।
10. आदर्श व्यक्तित्व का चित्रण करें।

पर्यावरण के क्षेत्र में मनुष्य की नैतिक भूमिका
(Man's Moral Role in the Field of Environment)

पर्यावरण के क्षेत्र में इस नैतिक उत्थान से प्रभावित होने वाले कार्यकलापों में मनुष्य की भूमिका को निम्न प्रकार समेकित करने का प्रयास किया गया है–

1. जीवाश्म ईंधन के अधिक प्रयोग से कार्बन उत्सर्जन में वृद्धि हुई है तथा इसके फलस्वरूप वायुमण्डल में कार्बन डाइऑक्साइड गैस की मात्रा बढ़ी है। ग्रीन हाउस प्रभाव का मुख्य कारण इसी गैस की वृद्धि है। इसे मनुष्य रोकने हेतु वैकल्पिक ईंधन का उपयोग कर सकता है।
2. मनुष्य ने अपने शौक तथा धन प्राप्ति के लालच से वन्य जीवों का शिकार इस सीमा तक किया है कि अनेक प्रजातियां ही लुप्त प्रायः हो चली हैं। इस कुकृत्य पर मनुष्य को स्वप्रेरणा से रोक लगानी होगी।
3. मनुष्य अपने दैनिक जीवन में लकड़ी के उपयोग को कम कर प्लास्टिक अथवा अन्य इसी प्रकार के पदार्थ को काम में लें। इससे वन-क्षेत्रों की रक्षा होगी; जल चक्र, वायु चक्र में गतिरोध नहीं होगा तथा प्रकृति का सन्तुलन बना रहेगा।
4. यह आवश्यक नहीं कि प्रत्येक विकास किसी विनाश से ही सम्बन्धित हो। देश के पर्यावरणए को सन्तुलित बनाये रखने के लिए मनुष्य को उन तकनीकों का उपयोग करना चाहिए जो विनाश रहित विकास (Develop-ment without Destruction) पर आधरित हों। ऐसी स्थिति में यदि उत्पादन (Production) कम भी होता हो तो उसे स्वीकार करना चाहिए।
5. अधिक आबादी की अन्न और आवास की आवश्यकताओं की पूर्ति हेतु देश के घने जंगलों को भारी मात्रा में काट दिया गया है। इससे पर्यावरण

ह्रास हुआ है। वन्य जीवों की संख्या में कमी, जलवायु में परिवर्तन, वर्षा की मात्रा में कमी और रेगिस्तानी क्षेत्र में वृ इसके दुखद परिणाम हैं। मनुष्य को जनसंख्या वृद्धि को रोकने में सहयोग करना चाहिए।

6. पेट्रोल चालित वाहनों के उत्सर्जन से निकलने वाली सल्फर डाइऑक्साइड और नाइट्रोजन डाइऑक्साइड गैसें वायुमण्डल की आर्द्रता से क्रमश: सल्फ्यूरिक एसिड और नाइट्रिक एसिड बनाते हैं। यह तेजाबी वर्षा के रूप में वायुमण्डल से पृथ्वी पर गिरते हैं और मानव-जीवन, वनस्पति व सुनहरे भवन तथा प्रतिमाओं को हानि पहुंचाते हैं। इन वाहनों के उपयोग में कमी की नितान्त आवश्यकता है, जिसके लिये मनुष्य को अपने मानस में परिवर्तन करना होगा।
7. गांवों में बिना रोशनदान वाले कमरों में खना बनाने वाली ग्रहणियां ईंधन से निकलने वाले धुएं से अनेक रोगों का शिकार होती हैं। उन्हें निर्धूम चूल्हे उपलब्ध कराने चाहिए तथा रसोईघर में खिड़की और रोशनदानों की व्यवस्था होनी चाहिए।
8. फ्रिज तथा अन्य अवशीतन करने वाले यंत्र/उपकरणों के उपयोग के कारण क्लोरोफ्लोरोकार्बन्स वायुमण्डल में ओजोन पर्त को हानि पहुंचा रहे हैं। अब नयी टैक्नोलॉजी पर आधारित ऐसे उपकरणों का उपयोग ही वांछनीय है जिनसे इस समस्या से न्यूनतम हानि हो। इससे त्वचा कैन्सर के भय से छुटकारा मिलेगा।
9. परमाणु बम विस्फोट से रेडियोएक्टिव प्रदूषण हुआ है। विश्वहित में इस पर रोक होनी चाहिए।
10. ध्वनि प्रदूषण से बचने के लिए मनुष्य को अपने घरों में मनोरंजन के साधनों का नीची आवाज में प्रयोग करना चाहिए। इससे बहरापन तथा अनेक मानसिक रोगों से बचाव सम्भव है।
11. वायु, जल, भोजन और आवास की शुद्धता और स्वच्छता जीवन की गुणवत्ता (Quality of Life) के लिए आवश्यक है। मनुष्य को इसे हर सम्भव तरीके से प्रदूषण से बचाना चाहिए। याद रखें प्रदूषण से बचाव पर होने वाला व्यय प्रदूषित को ठीक करने के लिए व्यय से कम होता है।
12. मनुष्य की शहरीकरण की प्रवृत्ति ने अनेक समस्याओं को जन्म दिया है, जिनमें आवास समस्या, भोजन और पानी की कमी, अस्त-व्यस्त जीवन, बढ़ता प्रदूषण आदि प्रमुख हैं। इससे सरकारी व्यवस्थाएं भी चरमरा गई हैं। इस प्रवत्ति पर अंकुश लगाया जाना आवश्यक है। इस हेतु गांवों में

वहां के लोगों को जीवनयापन हेतु सुविधाएं उपलब्ध करानी होंगी।

13. प्राकृतिक संसाधन बहुत सीमित हैं। मनुष्य को उनका उपयोग बहुत बुद्धिमत्तापूर्ण करना चाहिए। संसाधनों का संरक्षण उनके कम उपयोग में ही निहित हैं।

14. जनसंख्या में निरन्तर वृद्धि और प्रति व्यक्ति के अधिक उपयोग से ऊर्जा की मांग बढ़ रही है। कोयला, पेट्रोल आदि जैसे संसाधन समाप्त हो चले हैं। ऊर्जा के वैकल्पिक स्रोतों में सौर-ऊर्जा (Solar Energy) को सम्मिलित करना चाहिए। जल ऊर्जा (Hydro Power), अणु ऊर्जा (Atomic Energy), वायु ऊर्जा (Wind Energy) तथा तापीय ऊर्जा (Thermal Energy) द्वारा उत्पादित ऊर्जा में और वृद्धि आवश्यक है। ऊर्जा का दुरुपयोग रोकें।

15. भारत में पानी की कमी है और इस कारण देश के अनेक भाग इस कमी से अत्यधिक प्रभावित हैं। इसके बावजूद भूगर्भ जल के अधिक दोहन से भी जल भण्डार और कम होने लगे हैं तथा जल सतह (Water level) काफी नीचे हो गई है। इस विषम परिस्थिति से बचने के लिए भूगर्भीय जल के स्वतंत्र उपयोग पर प्रतिबन्ध लगना चाहिए।

16. भोज्य पदार्थ उघ्त्पादन हेतु मिट्टी संरक्षण (Soil Conservation) अति आवश्यक है। लेकिन वनों की कटाई तथा मनुष्य द्वारा किये गये अनेक असंगत कार्यों से भूमिक्षरण द्वारा मिट्टी बह रही है; इसे तत्काल रोकने हेतु मनुष्य को सघन वृक्षारोपण तथा सिंचाई के उपयुक्त तरीकों का उपयोग करना चाहिए।

17. मनुष्य में सोचने, विचारने और कार्य करने की योग्यता और क्षमता है। वह पर्यावरण को अपने प्रकार से परिवर्तित कर सकता है; अत: उसे समाज और देशहित में कार्य योजना तैयार कर उसकी क्रियान्विति करनी चाहिए।

18. अन्य देशों में हो रहे पर्यावरणीय सुधार के कार्यों की जानकारी कर उसे भी अपने कार्य योजना का आधार बनाना चाहिए। इससे आपको विश्व स्तर पर अपने कार्यों की कुशलता के मूल्यांकन का अवसर मिल सकेगा।

19. संयुक्त राष्ट्र के विश्व स्तरीय निर्देशों तथा इसी क्रम में विभिन्न स्तर पर आयोजित क्षेत्रीय तथा राष्ट्रीय सम्मेल के प्रतिवेदनों से भी पर्यावरण के क्षेत्र में नई दिशा मिल सकती है। इसका उपयोग राष्ट्रहित में रहेगा।

20. सभी पर्यावरण कार्यों की महत्ता और आवश्यकता को प्रतिपादित करने हेतु पर्यावरण शिक्षा को ही समस्या समाधान के रूप में प्रस्तुत किया गया है। इसका व्यापक कार्यक्रम तैयार कर इसे प्रयोग में लेना चाहिए।

प्रश्न (Questions)

निबन्धात्मक प्रश्न (Essay Type Questions)

1. 'नैतिक प्रदूषण' से क्या तात्पर्य है? पर्यावरण के क्षेत्र में नैतिक प्रदूषण की क्या भूमिका हो सकती है, उदाहरण देकर समझाइये।

लघुत्तरात्मक प्रश्न (Short Answer Type Questions)

2. 'नैतिकता' को परिभाषित कीजिये।
3. 'नैतिकता' व्यक्तित्व के निर्माण में किस प्रकार सहायक है?
4. मनुष्य के जीवन मूल्य क्या हैं? कोई पांच के नाम लिखिये।

वस्तुनिष्ठ प्रश्न (Objective Questions)

5. निम्न में किसे अच्छी आदत नहीं कहेंगे?

   (अ) नियमितता (ब) आलस्य

   (स) समय पाबन्दी (द) प्रसन्नचित रहना

6. जीवन की गुणवत्ता की ओर ध्यान न देने की बात किस प्रदूषण से संबंधित है–

   (अ) औद्योगिक प्रदूषण (ब) ध्वनि प्रदूषण

   (स) नैतिक प्रदूषण (द) वाहन प्रदूषण

7. नैतिक प्रदूषण में निम्न को सम्मिलित किया जा सकता है–

   (अ) ज्यादा भोजन करना (ब) देरी से सो कर उठना

   (स) क्रोधित होना (द) जल का दुरुपयोग

8. नैतिकता ह्रास के संभावित कारणों में निम्न नहीं हैं–

   (अ) लालच (ब) स्वार्थपरता

   (स) बुरी संगत (द) अच्छा व्यवहार

8. नैतिक प्रदूषण को रोकने हेतु मनुष्य को करना होगा–

   (अ) झूठ बोलना (ब) चोरी करना

   (स) राष्ट्रीय प्रेम (द) रिश्वत लेना।

9

अपशिष्ट निस्तारण
(Waste Disposal)

प्रस्तावना (Introduction)

मनुष्य ने अपनी आवश्यकताओं की पूर्ति के लिये उद्योगों का विकास किया तथा औद्योगीकरण ने अपना विस्तार किया; सुख-सुविधा और मनोरंजन के साधन, विविध और विभिन्न प्रकार के भोजन और कपड़े तथा आवास में परिवर्तन हुआ। निश्चय ही अब आवश्यकता से अधिक अनुपयुक्त और काम में न आने वाली वस्तुएं, काम में आने के बाद शेष रहीं, वस्तुएं और अनेक प्रकार की नष्ट करने योग्य वस्तुएं एकत्रित होने लगी।

पहले तो खाली भूमि को इन बेकार वस्तुओं के डालने में उपयोग किया और फिर नदी, झीलें, समुद्र सागर, पहाड़, चट्टानें, रेगिस्तान सभी स्थान काम में आने लगे। इन बेकार व अनचाही वस्तुओं की अधिकता ने और इनके पर्यावरणीय दुष्प्रभावों ने आबादी के लोगों को चिंतित कर इस बात के लिये सोचने को बाध्य किया कि आखिर हम क्या करें? इनसे कैसे बचें? और इनसे कैसे छुटकारा पायें? यह बेकार वस्तुएं अब अपशिष्ट के नाम से जानी जाने लगी।

यही से प्रारम्भ होता है कि अपशिष्टों का इतिहास और इनके निस्तारण की पूरी यात्रा जिसे बहुत ही वैज्ञानिक ढंग से सुलझाने में वैज्ञानिक, शोधकर्त्ता और पर्यावरणविद् लगे हैं।

अपशिष्ट (Waste)

डा॰ वार्ष्णेय के अनुसार, "Waste may be defined as the damage,d defective or superflous material produced by a manufacturing process, discarded material from agriculture and forestry refuse available from the places of human and animal habitation, which are allowed to escape without being utilized or are underutilized on the site."

(किसी निर्माण क्रिया से उत्पन्न नष्ट हुई, खराब अथवा अतिरिक्त सामग्री, कृषि तथा वानिकी से अलग की हुई वस्तुएं, मनुष्य तथा पशुओं के आवासीय स्थानों से एकत्रित कूड़ा-करकट, जो स्थान विशेष से उपयोग होकर अथवा आंशिक उपयोग के बाद प्राप्त होता है, अपशिष्ट की परिभाषा में आती है।)

1. पशुओं के गोबर (Animal Waste) का बायो-गैस बनाने में उपयोग।
2. जलकुम्भी और अन्य जलीय पौधों का खाद बनाने में उपयोग।
3. रसोई अपशिष्ट (Kitchen Waste) का जानवरों को खिलाने में उपयोग (उसे पूरी तरह साफ करके)। आदि

और अब धीरे-धीरे यह स्थिति भी आ रही है कि अपशिष्ट निस्तारण प्रबन्धन (Waste Disposal Management) में तीन पदों को प्राथमिकता दी जाने लगी है-

(अ) Reuse (पुन: प्रयोग में लाना)

(ब) Recycle (पुन: चक्रांकन कराना), और

(स) Reduce (मात्रा में कमी लाना)।

Collins Dictionary में अपशिष्ट की परिभाषा निम्न प्रकार की है--

"The material which has been used and is no longer wanted."

(वह वस्तु जिसका उपयोग हो चुका है और जिसकी अब आवश्यकता नहीं है।)

— Collins Cobuild English Language Dictionary, p.-1642.

अपशिष्टों का वर्गीकरण (Classification of Waste)

अपशिष्टों के विभिन्न प्रकार और विविधताएं इतनी हो गई हैं, कि उन्हें किसी एक रूप में समेकित करके प्रस्तुत करना अत्यन्त कठिन हो गया है। वर्गीकरण में-

(1) शहरी और ग्रामीण (Urban and Rural),

(2) ठोस, द्रव और गैस (Solid, Liquid and Gas),

(3) घरेलू और बाहरी (Domestic and Outer),

(4) नशीली और संकटमय (Toxic and Hazardous),

(5) खानीय और औद्योगिक (Mines and Industrial),

(6) चिकित्सीय और नष्ट न हो सकने वाले (Hospital and Non-biodegradable),

आदि-आदि कई प्रकार के विभाजन अथवा एकरूपता लिये कई प्रदूषणों को एक साथ रखा जा सकता है। इसके बाद भी सभी अपशिष्टों को हम कोई एक श्रेणी में रख सकें, यह संभव नहीं।

हमने यहां एक सरल वर्गीकरण करने का प्रयास किया है–

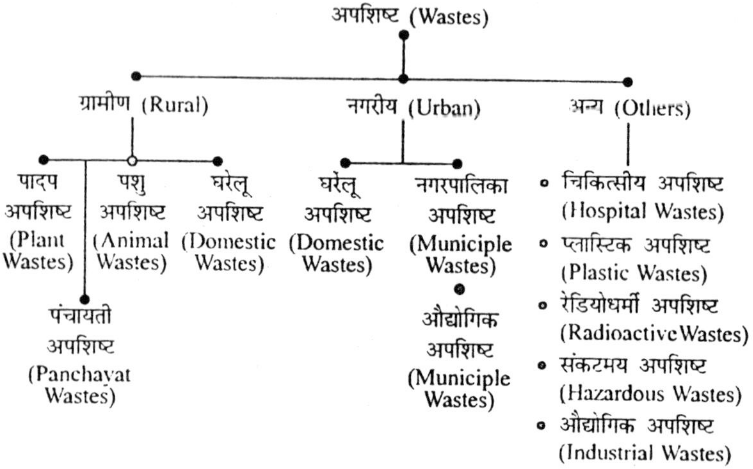

• **ग्रामीण अपशिष्ट (Rural Wastes)**–ग्रामीण अपशिष्ट को निम्न भागों में वर्गीकृत किया गया है–

1. पादप अपशिष्ट (Plant Wastes)–पादप अपशिष्ट सामान्यतया उन वृक्षों और पौधों से होता है जो खेतों में, सड़कों पर, चौपालों पर या अन्य स्थानों पर उगते हैं, अथवा उगाये जाते हैं। यह विभिन्न प्रकार से, (1) जड़ें (Roots), तने (Stems), पत्तियां (Leaves), छालें (Shells) तथा टहनियां (Branches) आदि से हमें मिलते हैं। इसके अतिरिक्त अनेक प्रकार के उन पौधों से भी, जो फल देकर समाप्त हो जाते हैं अथवा किसी कारण दृष्टप्राय: हो जाते हैं, हमें अपशिष्ट मिलता है। पर यह सब प्राप्त सामग्री केवल नाम की ही अपशिष्ट होती है, क्योंकि इस पादक अपशिष्ट का लकड़ी वाला भाग जलाने में काम आ जाता है और शेष हिस्से का कुछ भाग पशुओं के चारे के रूप में तथा अन्य भाग खाद बनाने के लिये काम में ले लिया जाता है।

लेकिन पादप अपशिष्ट का वर्तमान युग में, निस्तारण उपर्युक्त वर्णित कार्यों के अतिरिक्त भी कई अधिक उपयोगी वस्तु के रूप में काम लिया जाता है। वह हैं–

1. विभिन्न प्रकार के कागज बनाने में, सादा कागज, ब्लैटिंग पेपर्स, फिल्टर पेपर्स, निमन्त्रण पत्र, पैकिंग डिब्बे, एलबम पेपर, कवर पेपर्स, ड्राइंग बोर्डस आदि।
2. कच्चे मकानों के निर्माण में; चावल, कपास और गेहूं के छिल्के (Straws)

के साथ पादप अपशिष्ट ऐसी सामग्री तैयार कर लेते हैं, जिनसे दीवारें उठाई जा सकती हैं। पिसे हुये चावल की पिट्टी सीमेंट का काम करती हैं। छत डालने के लिये इनके साथ गन्ने की खोई का भी प्रयोग किया जाता है।

3. इस अपशिष्ट को सुखाकर घर में ईंधन के रूप में काम लिया जा सकता है।
4. पादप अपशिष्ट का उपयोग खाद बनाने तथा आयो गैस संयंत्रों में भी होने लगा है।

पशु अपशिष्ट (Animal Wastes) - पशु अपशिष्ट प्राय: उनके मल-मूत्र को ही मानते हैं, लेकिन इसके अतिरिक्त उनके मृत होने पर उसके शरीर से न जाने कितने गौण उत्पादन (By products) प्राप्त होते हैं, जिन्हें भी पशु अपशिष्टों में सम्मिलित किया जा सकता है। ये हैं–

(1) खालें (Hides),

(2) हड्डियां (Bones),

(3) बाल (Hairs),

(4) सींग (Horns),

(5) चर्बी (Tallow),

(6) अतड़ियां (Guts),

(7) ग्रन्थियां (Glands),

(8) रक्त तथा न खा सकने वाला मांस (Blood and Non-edible Meat) आदि।

पशु अपशिष्टों का निस्तारण वस्तुत: उनकी सभी वस्तुओं को ठीक से उपयोग ही है। एक छोटी से सारणी आगे दी गयी है–

3. घरेलू अपशिष्ट (Domestic Wastes)–ग्रामीण क्षेत्रों के घरेलू अपशिष्ट में सम्मिलित हैं–

(1) कूड़ा-करकट (Rubbish),

(2) धूल और राख (Dust and Ash),

(3) रद्दी समान (Garbage),

(4) रसोई अपशिष्ट (Kitchen Waste),

(5) गन्दा पानी (Sullage) और

(6) मानस मल-मूत्र (Human Excreta)।

पशु अपशिष्टों का उपयोग

क्र०सं०	अपशिष्ट	उपयोग
1.	मल-मूत्र	खाद के रूप में, जलाने के उपयोग में बायो गैस प्लांट में।
2.	खालें अथवा चमड़ी	चमड़ा बनाने में।
3.	हड्डियां	चूरा करके खाद में उपयोग, बोन चारकोल बनाकर चीनी उद्योग में उपयोग; दवाइयों में उपयोग आदि।
4.	सींग	चाय और कॉफी उत्पादन में; खाद के रूप में प्रभावी; चाकू, कंघा हैन्डिल्स, खिलौने निर्माण में।
5.	बाल	ब्रुश बनाने में।
6.	चाबी	साबुन और कपड़ा उद्योग में उपयोग; कॉस्मेटिक में।
7.	अंतड़ियां	संगीत उपकरणों में; टेनिस रैकिटों में।
8.	ग्रन्थियां	दवाइयों में उपयोग।
9.	रक्त	हीमोग्लोबिन के लिये औषधि; अनेक उद्योग जैसे प्लाइवुड, रबड़, कपड़ा, कागज और चमड़ा में उपयोग।

इस मोटे वर्गीकरण में सबसे अधिक भाग कूड़ा-करकट तथा रद्दी और बेकार सामान का होता है, जो सामान्यतया ठोस रूप में होता है। इसमें कागज, कपड़े, लकड़ी की वस्तुएं, खिलौने, पैकिंग सामग्री, शीशे के सामान, प्लास्टिक तथा धातु की वस्तुएं, क्राकरी, पॉलिथीन बैग्स व थैलियां, बगीचे के पौधों के पत्ते, चमड़े की चप्पलें-जूते और ऐसी ही वस्तुएं आती हैं क्योंकि गांव के लोग इस प्रकार के सभी अपशिष्टों को अपने-अपने घरों से झाड़कर घर के बाहर ही फेंक देते हैं, तो यह एकत्रित होकर गन्दगी का ढेर बन जाता है।

रसोई से निकले साग-सब्जी के अपशिष्ट, सारे घर के नहाने-धोने का गंदा पानी भी कम मात्रा में नहीं होता। मल-मूत्र अपशिष्ट इन सबसे अलग होता है जो सबसे अधिक स्वास्थ्य को हानि पहुंचाने वाला होता है।

इन अपशिष्टों के निस्तारण की विभिन्न प्रक्रियाओं को निम्न प्रकार समेकित किया जा सकता है–

1. घर के सारे ही ठोस अपशिष्ट को एक पात्र में घर के बाहर ही एकत्रित करें। वहां से इसे ग्राम पंचायत की व्यवस्था के अनुसार एक जगह मंगाया जा सकता है। इसको अलग-अलग प्रकार से विभाजित करना चाहिए–

- शीशे के टुकड़े, प्लास्टिक का सामान, धातु की वस्तुएं, पॉलिथीन बैग्स आदि को पुनः चक्रांकन करने हेतु एक तरफ निकाल दें। समीप का कोई नगरीय कबाड़ी इसे ले जायेगा।

- कागज, कपड़े के टुकड़े लकड़ी के सामान आदि को एक ढेर में रख दें। इसे जलाया जा सकता है।
- पेड़-पत्तियां पादप अपशिष्ट (विशेषकर पत्ते और पत्तियों) को खाद बनाने के काम में ले लें।

2. रसोई अपशिष्ट के खाने सं संबंधित भाग को पशुओं के भोजन का अंग बनाया जा सकता है। निष्कासित जल से किचन गार्डन पनपायें।

3. धूल-राख व अन्य शेष अपशिष्ट को नीचे तल की भूमि में भरत (Land Filling) के काम में लेवें।

4. मल-मूत्र निस्तारण हेतु घर में ही सोक पिट प्रणाली (Soak Pit System) के शौचालय बनायें। इस हेतु आंशिक अनुदान की भी व्यवस्था पंचायत से मिल जाती है।

5. मृत जानवर, अन्य कीचड़, कूड़ा-करकट को भी दूरदराज में गड्डा खोदकर निस्तारित किया जा सकता है।

4. पंचायती अपशिष्ट (Panchayat Wastes)—यह अपशिष्ट मुख्यत: ठोस रूप में होता है, जिसमें सड़कों और गलियों का कूड़ा-करकट, पशुओं का मल (गोबर), कागज-कपड़े के टुकड़े, अन्य विविध प्रकार की बेकार वस्तुएं जहां-तहां गांव तथा उसके आसपास बिखरी पड़ी रहती हैं। ग्राम पंचायत को इस अपशिष्ट को एकत्रित कराने का दायित्व स्वीकार करना चाहिए। इसकी निस्तारण प्रक्रिया भी उसी प्रकार की होगी, जैसे कि घरेलू अपशिष्ट की पूर्व में बताई गई है।

नगरीय अपशिष्ट (Urban Wastes)

यह अपशिष्ट ग्रामीण क्षेत्र के घरेलू अपशिष्ट से भिन्न नहीं है। लगभग वही वस्तुएं नगरीय क्षेत्र में घरेलू अपशिष्ट में आती हैं, जिनका विवरण हमने ग्रामीण क्षेत्र के अपशिष्ट में किया है। शहरी क्षेत्र में कारण कुछ विधिवत अवश्य हो सकती हैं, जैसे घरेलू अखबार, पोर्सीलिन के बर्तन, पेरिस ऑफ प्लास्टर की कास्टिंग्स, सजाने की वस्तुएं, गमले, बोतलें, टीन और प्लास्टिक के डिब्बे आदि।

इन सभी की निस्तारण विधा भी वही होती है लेकिन यहां अखबार, बोतलें, प्लास्टिक के डिब्बे टूटा फर्नीचर घर से ही कबाड़ी ले जाते हैं और शेष को व्यक्तिगत तौर पर कूड़े के लिये बनाये गये स्थानों पर फेंक कर या फिकवा कर लोग इस समस्या से बरी हो जाते हैं। बड़े-बड़े शहरों में तो नगर निगम तथा नगरपालिकाओं ने यह व्यस्था भी कर रखी है कि लोग नियमित आर्थिक अंशदान से यह कूड़ा-करकट घर से ही एकत्रित कर लेते हैं। इसके अतिरिक्त—

- मल-मूत्र निस्तारण के लिये घरों में ही फ्लश शौचालय बने होते हैं, जहां सीवरेज लाइनें नहीं हैं, वहां सोक पिट सिस्टम शौचालयों की व्यवस्था होती है।
- गन्दे पानी को ड्रेनेज सिस्टम से बाहर निकाल दिया जाता है।
- अन्य किसी प्रकार के कूड़े-करकट के लिये भी नगर निगम व्यवस्था करता है। निस्तारण प्रक्रिया वे ही अपने स्तर पर संचालित करते हैं।

2. नगरपालिका अपशिष्ट (Municiple Wastes)—यह एक भारी भरकम कार्य है, क्योंकि इसमें लोगों द्वारा अपने कार्यकलापों से उत्पन्न अपशिष्ट को नगरपालिका के जिम्मे डालकर बरी हो जाते हैं। शहरों में अपशिष्टों की विविधता रहती है, जैसे–

(1) कूड़ा-करकट (Garbage),

(2) राख और धूल (Ashes and Dust),

(3) सड़कों तथा गलियों का कूड़ा (Roads and Streets Refuse),

(4) मृत जानवर (Dead Animals),

(5) खराब मशीनें और बेकार वाहन
(Spoiled Machines and Unusable Automobiles),

(6) मकान-निर्माण अपशिष्ट (Building Construction Waste),

(7) पशु और कृषि अपशिष्ट (Animal and Agricultural Waste),

(8) तोड़-फोड़ अपशिष्ट (Demolishing Waste) आदि।

इनके निस्तारण में नगरपालिका को पांच चरणों में काम करना होता है–

(1) एकत्रीकरण (Collection),

(2) भण्डारण (Storage),

(3) छांटना (Sorting),

(4) ले जाना (Transportation) और

(5) निस्तारण (Disposal)।

यह सभी नियमित प्रतिदिन की क्रियाविधि है। मिलियन्स टन्स कूड़ा प्रतिदिन निस्तारित किया जाता है।

विधियां चाहे कितनी भी प्रस्तावित हों, लेकिन व्यवहार में परम्परागत तरीकों का ही प्रयोग होता है,

(1) पुनः चक्रण्यकन (Recycling)

(2) जलाना (Incineration) और भूमि परत (Land Filling)।

हां एक स्थान के भर जाने पर दूसरे स्थान की तलाश जारी रहती है।

3. औद्योगिक अपशिष्ट (Industrial Wastes)–शहरों में तथा उसके आस-पास जहां उद्योग चलते हैं वहां के अपशिष्टों के निस्तरण की व्यवस्था उद्योग स्तर पर ही की जाती है, जो केन्द्रीय अथवा राज्य प्रदूषण नियंत्रण मण्डल के निर्देशानुसार सम्पन्न किये जाते हैं।

अन्य अपशिष्ट (Other Wastes)

1. चिकित्सीय अपशिष्ट (Hospital Waste) –ऐसे रोगी, जो अन्तरंग रोगी बनकर किसी विशेष प्रकार की शल्य क्रिया अथवा अन्य लम्बे उपचार के लिये भरती हुये हों, उनके प्रयोग में लाने वाले साज-समान यथा पट्टियां, सिरेन्जेज, ग्लूकोज की बोतलें, रबड़ अथवा प्लास्टिक के दस्ताने, रबर टयूबिंग्स आदि का नष्ट करना नितान्त अनिवार्य है जिससे किन्हीं अन्य लोगों को अनजाने ही हो जा सकने वाले रोगों से बचाया जा सके। ऑपरेशन के बाद शरीर के कटे अंग, मांस के लोथड़े, रक्त रंजित चादरें व अन्य बिस्तर भी यदि सुरक्षापूर्वक निस्तारित हो सकें, तो उनका भी कोई उपाय होना चाहिये।

दैनिक चलन में उपर्युक्त प्रकार की सामग्री यूंही अस्पताल के किसी गलियारे अथवा विशेष चिन्हित स्थान पर डाल दी जाती हैं। यहां से कूड़ा बीनने वाले व्यक्ति उन्हें उठाकर ले जाते हैं और अनेक प्रकार की वस्तुओं का, विशेषकर सिरेन्जज, ग्लूकोज की बोतलों का पुनः उपयोग होने की आशंका बनी रहती है। इसे अब प्रतिबन्धित ही नहीं किया गया है वरन् उसे अधिकाधिक रूप से रोका भी जाने लगा है।

भारत में वन एवं पर्यावरण मंत्रालय ने प्रथम बार 1 अगस्त, 1998 को एक चिकित्सीय अपशिष्ट निस्तारण (Hospital Waste Disposal) विज्ञप्ति प्रसारित की है, जिसमें इस अपशिष्ट निस्तारण के विस्तृत निर्देश दिये हैं। इन दिशा-निर्देशों को बायो मेडिकल वेस्ट : मैनेजिंग एण्ड हैन्डलिंग रूल्स, 1998 (Bio-medical Waste : Managing and Handling Rules, 1998) के नाम की संज्ञा दी है। इनमें चिकित्सीय अपशिष्ट निस्तारण के साथ-साथ उपयोग में ली जाने वाली तकनीकियों का भी खुलासा किया है।

नये नियमों में निस्तारण तकनीकी का विवरण निम्न प्रकार है–

अस्पताल के पूरे अपशिष्टों को तीन श्रेणियों में विभाजित किया जायेगा और उन्हें अलग-अलग (1) पीले (Yellow), (2) लाल (Red) तथा नीले (Blue) रंग के पात्रों (बैग्स अथवा कन्टेनर्स या ढेर) में रखा जायेगा। प्रथम श्रेणी (पीले) में संक्रामक अपशिष्ट जैसे मानव अंग और इनके भाग, कटे मांस के लोथड़े आदि होंगे। द्वितीय श्रेणी (लाल) में रक्त से सने पदार्थ, जैसे पट्टियां, कपड़े गोंज आदि रखे जायेंगे। तीसरी श्रेणी (नीले) में सिरेन्ज, शीशे व प्लास्टिक की बोतलें, कांच का अन्य सामान आदि होंगें।

इन तीनों श्रेणियों की वस्तुओं के निस्तारण हेतु भी यह स्पष्ट निर्देश हैं कि प्रथम श्रेणी की वस्तुएं जलाकर (Through Incineration), अथवा गहरे गड्डे में दबाकर, दूसरी श्रेणी की वस्तुएं उच्चतम ताप की भाप से नि:संक्रामक कर नष्ट करके तथा तीसरी श्रेणी को साधारण नि:संक्रामित करके नष्ट किया जायेगा।

यह ध्यान निस्तारण अधिकारी का होगा कि–

1. यह वस्तुएं पुन: काम में न आयें,

2. प्लास्टिक को भस्मक उपकरण (Incinerаters) में न डाला जाये क्योंकि इससे Dioxine गैस निकलती है, जो कैन्सर कारक है,

3. जहां तक संभव हो इस अपशिष्ट को भूमि पतर (Land Filling) के काम में नहीं लिया जाये।

इन नियमों को लागू करने के लिये एक समयबद्ध कार्यक्रम भी निश्चित किया है–

चिकित्सीय अपशिष्ट प्रबन्धन की समय सूची

क्र०सं०	*विवरण*	*अन्तिम तिथि*
1.	30 लाख से अधिक आबादी वाले नगरों के अस्पताल और नर्सिंग होम्स	31 दिसम्बर, 1999
2.	30 लाख से कम आबादी वाले नगरों के अस्पताल और नर्सिंग होम्स	
	(अ) 500 तथा इससे अधिक शैय्या वाले	31 दिसम्बर, 1999
	(ब) 200 से अधिक लेकिन 500 से कम शैय्या वाले	31 दिसम्बर, 2000
	(स) 50 शैय्या से कम वाले	31 दिसम्बर, 2002
3.	उपर्युक्त विभाजन में नहीं आने वाले सभी चिकित्सीय संस्थाएं	31 दिसम्बर, 2002

इन नियमों के पालन हेतु कई नगरों में स्पष्ट रूपरेखा तैयार करके रोगियों से प्रति शैय्या कुछ धनराशि लेने की स्वीकृति अधिकारियों से तथा सरकार से मांगी है। अगर इस व्यवस्था का कुछ प्रतिशत भी प्रारम्भ में ही पूरा होने जैसा दिखने लगे, तो यह विश्वास किया जा सकता है कि एक महत्त्वपूर्ण चिन्ता ा निदान आम जनता के हित में हुआ है।

2. प्लास्टिक अपशिष्ट (Plastic Wastes)–भारत में प्लास्टिक का प्रवेश लगभग 50 वर्ष से अधिक का नहीं है और इसकी उपयोगिता विकसित देशों की तरह से लकड़ी (Timber), लोहा (Iron), चमड़ा (Leather) आदि समाप्त हो जाने वाले पदार्थों के विकल्प के रूप में ही हुई है। हम याद करें कि इसका प्रारम्भिक प्रयोग स्लीपर्स, बाल्टियां, खिलौने और वस्तुओं को रखने के डिब्बों से हुआ। फिर चप्पल, जूते, दरवाजे, कार के ऊपरी ढांचे, पानी की टंकियां, ड्रेन पाइप्स बने।

सीमेंट व अनाज के बोरे, इन्सुलेशन के विकल्प में तारों के आवरण, पर्दे, फर्नीचर, बोतलें, चादरें, मेजपोश, इन्जैक्शन की सिरेन्ज आदि न जाने कितनी वस्तुएं फिर जन साधारण को उपलब्ध होने लगी। पॉलीथीन के कैरीबैग्स और थैलियां, पैकिंग सामग्री, डोरियां (रस्सियां), पायदान, बिजली के शेड्स भी प्लास्टिक की देन रहे। सभी लोग इस नये उत्पादन से बहुत सुविधा महसूस करते थे और कम वजन वाले उपयोगी सामान से अत्यधिक प्रसन्न थे।

पॉलीथीन की थैलियों के उपयोग ने जब पूरे देश में एक साथ अनेक समस्याएं पैदा कर दीं तब ही इस प्लास्टिक उद्योग व इसमें निर्मित विविध प्रकार की वस्तुओं ने लोगों को चेताया। उन्होंने पाया कि बढ़ती आबादी के साथ-साथ पॉलीथीन थैलियों का उपयोग शहर से गांव तक लगभग सभी प्रकार की सामग्री के लाने-ले जाने में किया जाता है। इसका लाभ उद्योग निर्माताओं ने उठाया तथा उन्होंने नई-नई तकनीकें अपना कर उतने ही प्लास्टिक निवेश में पतली से पतली थैलियां (5 माइक्रोन) बनाकर अधिक संख्या में बेचने से भारी मुनाफा अर्जित करने का काम किया। आम नागरिक को इस उत्पाद की चिन्ता सताने लगी। उनकी चिन्ता का विषय थैलियों की संख्या और मोटाई से नहीं बल्कि, इससे उठने वाली समस्याओं पर आया। उनके अनुसार–

* यह थैलियां पाइपों में फंसकर पानी के सहज बहाव को रोक देती हैं। पूरा ड्रेनेज सिस्टम ही बन्द हो जाता है।
* कूड़े-करकट अथवा खाने की वस्तुओं के साथ पशु इन्हें खा जाते हैं। जो इनके पेट में पहुंचकर जमा हो जाती हैं। अनेक पशु मर जाते हैं।

* खेतों में बिखर कर वायु और जल के प्रवेश को मिट्टी में जाने से रोकती हैं। यथेष्ट वायु और जल के न मिल पाने से उत्पादन कम होता है। भूमिक्षरण का भी यह कारण बनती हैं।
* शीघ्र ज्वलनशील होने के कारण यह थैलियां जलाने पर जलने लगती हैं। डाइऑक्सीन (Dioxine), फॉस्जीन (Phosgene) जैसी घातक और विषैली गैसें निकलती हैं। कार्बन मोनोऑक्साइड, क्लोरीन, सल्फर डाइऑक्साइड तथा नाइट्रोजन डाइऑक्साइड गैसें भी उत्सर्जित होती हैं। फिर भी यह थैलियां पूरी तरह नष्ट नहीं होती।
* यह थैलियां अनेक वर्षों (100 वर्ष से भी अधिक) तक भी नष्ट नहीं होती और इनका घातक दुष्परिणाम पीढ़ी दर पीढ़ी भोगना पड़ सकता है।
* थैलियों को रंगीन बनाने के लिये जिन पदार्थों को इसके भूल माल (Virgin Raw Material) में मिलाया जाता है, उससे कैडमियम (Cadmium) और सीसे (Lead) के प्रभाव का डर रहता है। अत: रंगीन थैलियां निश्चय ही विशेष घातक हैं।
* बहुत हल्की होने के कारण यह उड़ जाती हैं तथा घर, सड़क व अन्य सभी स्थानों पर छितरी रहती हैं। इनका एकत्रीकरण भी बहुत कठिन होता है।
* वर्तमान में जितना भी ठोस अपशिष्ट होता है उसका एक अच्छा प्रतिशत (4% से 9% तक) प्लास्टिक होता है, जिसमें इन थैलियों का भी काफी योगदान है।

प्लास्टिक (Plastics) की जानकारी आम व्यक्ति को नहीं है। वस्तुत: यह एक बहुल प्रकार की सामग्री का समुच्चय है जिनमें से किसी भी पदार्थ को बिना उसकी मूलभूत गुणवत्ता को नष्ट किये मन प्रकार की शक्लों और आकृतियों में ढाला जा सकता है। इनमें विशेषत:–

(1) पॉलीविनायल क्लोराइड (Polyvinyl Chloride, PVC),

(2) पॉलिस्ट्रीन (Polystrene : PE),

(3) पॉलिएमाइड्स (Polyamides : Nylon),

(4) पॉलिथिलीन (Polyethylene : PE),

(5) पॉलिएथिलीन टैरीप्थलेट (Polyethylene Terephthalate : PET)।

पदार्थों का उपयोग प्लास्टिक की वस्तुओं के निर्माण में किया जाता है। आमतौर प्लास्टिक उद्योग में पॉलिविनाइल क्लोराइड : PVC का उपयोग अधिक किया

जाता है। पॉलिथीन की थैलियों का निर्माण पॉलिथिलीन (PE) से किया जाता है, जिसमें आवश्यक रसायन मिलाकर इन्हें उच्च घनत्व (High Density : HDPE), निम्न घनत्व (Low Density : LDPE) तथा रेखीय निम्न घनत्व (Linear Low Density: LLDPE) के रूप में परिवर्तित कर दिया जाता है।

प्लास्टिक का विश्व में कितना उपयोग हो रहा है इसका अनुमान भी लगाना कठिन कार्य है क्योंकि इसकी विश्व उत्पादन क्षमता प्रति वर्ष 100 मिलियन मैट्रिक टन है और विगत वर्षों का उत्पादन किसी न किसी रूप में इसमें जुड़ जाता है, जिसके आंकड़े भी सामान्यतया उपलब्ध नहीं हो सकते। लेकिन भारत में प्लास्टिक की खपत का कुछ विवरण 'Down to Earth' March 31, 2002 के अंक (पृष्ठ 35) में दिया है। इसके अनुसार सन् 1996 में 0.061, सन् 2000 में 3.0, सन् 2001 में 4.0 मिलियन मैट्रिक टन प्लास्टिक की खपत हुई है। यह अनुमान है कि सन् 2003 में लगभग 5.0 मिलियन टन तथा 2006 तक 7.5 मिलियन टन हो जाएगी। इस हेतु प्लास्टिक निर्माण उद्योग निरन्तर इस प्रयास में लगा है कि इस पदाथ की और उपयोगी वस्तुएं बनाकर उन्हें जनसाधारण तक पहुंचाया जाये।

पॉलिथीन बैग्स की समस्या सन् 1990 से ही प्रारम्भ हुई है और इस द्वारा जनसाधारण में उत्पन्न समस्या ने भारत सरकार, राज्य सरकारें तथा स्वयंसेवी संस्थाओं को हिला दिया है। वे सभी मिलकर अथवा अलग-अलग भी कोई निदान नहीं सोच पा रही हैं, लेकिन वर्तमान स्थिति में असहाय होकर यह बात स्वीकार कर ली गई है कि–

(1) अपशिष्ट प्लास्टिक (Waste Plastic), चाहे वह किसी वस्तु का हो अथवा पॉलिथीन बैग्स का, को पुनःचक्रांकित (Recycle) करने दिया जाये जिससे प्लास्टिक इधर-उधर बिखरने के बजाय उसका उपयोग तो हो।

(2) पॉलिथीन बैग्स की मोटाई 20 माइक्रोन (20 Microns) से कम न हो, जिससे उसे एकत्रित किया जा सके।

(3) पुनःचक्रांकित पॉलिथीन बैग्स को रंगीन न बनाया जाये। रंगीन व काले रंग की थैलियों को खाने की वस्तुओं को रखने के उपयोग में नहीं लिया जाये।

भारत सरकार के वन एवं पर्यावरण मंत्रालय ने Recycled Plastics Manufactures and Usage Rules, 1999 को सितम्बर 1999 में प्रसारित किया है, पर इसकी अनुपालना व्यवहार में नहीं आई है, क्योंकि जनसाधारण इसे अव्यावहारिक मानता है। परेशानी और चिन्ता थैलियों की मोटाई को लेकर अधिक हैं। स्वयंसेवी संस्थाएं निम्नतम मोटाई 100 माइक्रोन की सिफारिश करती हैं, जबकि उद्योग निर्माताओं

को यह लाभप्रद न होने के कारण स्वीकार्य नहीं है। टास्क फोर्स निरन्तर इसके हल खोजने में लगी है।

दो उपयोगी सुझाव प्लास्टिक अपशिष्ट निस्तारण (Plastic Waste Disposal) के रखे गये हैं–

(1) नये पदार्थ Tapioca Plant, जिसका उत्पादन हमारे देश के केरल और तमिलनाडु प्रान्त में होता है, को प्लास्टिक PVC या अन्य इसी श्रेणी के प्लास्टिक पदार्थों के साथ मिलाकर इसे नष्ट होने वाले पदार्थों में ले लिया जाये। इस पौधे के स्टार्च में यह गुण है कि यह प्लास्टिक में नष्ट हो जाने के गुण उत्पन्न कर देता है।

(2) अपशिष्टों का उपयोग कार्पेट निर्माण, रस्सी निर्माण, सड़क निर्माण जैसे लाभकारी कार्यों में ले लिया जाये।

केवल विशेष ध्यान यही रखना है कि प्लास्टिक अपशिष्टों का निस्तारण का निदान (1) जलाने अथवा (2) गाढ़ने में नहीं है बल्कि वस्तुतः (अ) उचित लाभकारी उपयोग, (ब) पुनःचक्रांकन तथा (स) उसे नष्ट करने वाले पदार्थ में परिवर्तित करने में ही है।

3. रेडियोधर्मी अपशिष्ट (Radioactive Wastes)–रेडियोधर्मी अपशिष्ट जिसे आणविक अपशिष्ट भी कहा जाता है। आणविक क्षेत्र में वैज्ञानिकों द्वारा शक्ति (ऊर्जा) उत्पादन के क्षेत्र में किये गये शोधों का ही एक परिणाम है, जिसे वास्तव में अमेरिका ने मार्च, 1934 से ही अपने वैज्ञानिकों के कार्यक्रमों में जोड़ने की अनुमति दी थी। शोधकार्य में सफलता मिलने पर तत्कालीन वैज्ञानिक आइन्स्टाइन (Einstein) ने प्रेसीडेन्ट रुजवेल्ट से अगस्त, 1939 में इसे मूर्तरूप देने की अनुमति चाही। फलस्वरूप 2 दिसम्बर, 1942 को एक छोटे आकार के बम्ब के रूप में इसका परीक्षण शिकागो विश्वविद्यालय (अमेरिका) के स्क्वेश कोर्ट (Squash Court) में किया गया, जो सफल रहा। इस प्रोजेक्ट को मैनहैट्टन प्रोजेक्ट (Manhattan Project) नाम दिया गया था।

इस सफलता पर विश्व में जहां अनेक प्रकार की टिप्पणियां हुईं, वहीं अमेरिका ने उसी समय तीन बम्बों का निर्माण किया (यह अणु बम्ब कहलाये)। पहला अणु बम्ब 16 जुलाई, 1945 को अमेरिका के अलमोगरोडो सेन्ड्स (Almogorodo Sands of USA), द्वितीय बम्ब जापान के हिरोशिमा (Hiroshima of Japan) पर 6 अगस्त, 1945 को तथा तृतीय बम्ब जापान के ही नागासाकी (Nagasaki of Japan) पर 9 अगस्त, 1945 को डालकर अमेरिका ने आणविक क्षेत्र में अपनी पेंठ बना ली।

पर इन आणविक बम्बों ने जो विनाशकारी लीला दिखाई उस पर विश्वभर की आलोचना के साथ-साथ इसे स्वयं विवेक से ही बन्द कर दिया गया।

आणविक ऊर्जा का उपयोग फिर मानव के लाभ के लिये किया जाने लगा; विशेषत: बिजली उत्पादन (Power Plants), शोध कार्य (Research Works) और ईंधन (Fuel) के रूप में। समय के साथ-साथ छोटे-बड़े अनेक देश इस ऊर्जा को अपने-अपने स्तर पर उत्पन्न करने लगे और उपयोग भी करने लगे। प्रमुख देशों में, (1) अमेरिका, (2) फ्रांस, (3) जापान, (4) जर्मनी, (6) रूस, (6) इंग्लैण्ड, (7) कनाडा, (8) स्वीडन, (9) बेल्जियम (10) कोरिया, (11) स्विटजरलैण्ड, (12) चीन आते हैं। अभी कुछ वर्ष पहले ही भारत और पाकिस्तान के नाम भी इस सूची में जुड़े हैं।

दो प्रकार के आणविक अपशिष्टों से पूरा विश्व चिन्तित है, प्रथम-रेडियोधर्मी तत्त्व (Radioactive Elements) और दूसरा आणविक अपशिष्ट (Nuclear Wastes)।

(अ) रेडियोधर्मी तत्त्व (Radioactive Elements)—यह पदार्थ किसी भी आणविक केन्द्र अथवा आणविक ऊर्जा संयंत्र से निकलने से वायुमण्डल में फैल जाते हैं और मानव को उनकी दैनिक क्रिया के मध्य ही शरीर में पहुंचकर हानि पहुंचाते हैं। एक संक्षिप्त सूची इस प्रकार की यहां BOX में दी जा रही है।

यह पदार्थ न तो नष्ट किये जा सकते हैं और न ही इनसे सामान्यतया बचा जा सकता है। वैज्ञानिक प्रगति की सौगात के रूप में इन्हें स्वीकारना ही पड़ेगा। हां, कुछ विशेष स्थानों पर भारत में इनका अधिक ध्यान रखना आवश्यक है।

1. Tata Institute of Fundamental Research, Mumbai.
2. Bhabha Atomic Research Centre, Trombay,
3. Indira Gandhi Centre for Atomic Research, Kalpakkam,
4. Nuclear Fuel Complex, Hyderabad.
5. Heavy Water Plants, Udaipur, Baroda, Hazira, Tuticoron,
6. Uranium/Thorium Mills Jadaguda, Chatrapur, Manawalakurichi and Alwaye ECIL, Hyderabad,
7. Nuclear Power Reactors, Tarapur, Kota, Narora, Kalpakkam, Kaiga, Karappara,
8. Atomic Blast Site, Pokran (Rajasthan), तथा
9. Possible Places of Dumping of Nuclear Wastes, Sanawada (Rajasthan), Jaduguda and Tarapur.

इन रेडियोधर्मी तत्त्वों से कई प्रकार के त्वचा रोग, श्वसन रोग, रक्त संचरण

रोग तथा कैन्सर संभव है। आंखों से कम दिखना, कम सुनना, पक्षाघात जैसी बीमारियां भी हो सकती हैं।

(ब) आणविक अपशिष्ट (Nuclear Wastes)–आणविक अपशिष्ट के निस्तारण का अभी तक अनेक प्रयासों के बावजूद भी कोई निश्चित उपाय नहीं प्राप्त हो सका है, अत: इसे बहुत गहरे गड्डे में गाढ़ना ही इसकी वर्तमान निस्तारण क्रिया निश्चित की गई है। लेकिन यह संभव नहीं है कि जिन शर्तों के अनुसार इस अपशिष्ट को गाढ़ना है, वह हर स्थान पर उपलब्ध हो। गढ्डे की शर्तें अग्रलिखित हैं–

1. जिन पात्रों में (Containers) में अपशिष्ट रखा जाये वह 100% रिसाव रोधक (Leak Proof) हों।
2. गहराई इतनी हो कि जहां पात्र अगले 100 वर्ष या इससे भी अधिक वर्षों तक किसी छेड़छाड़ का शिकार न बने।
3. उस गड्डे में कहीं से भी पानी अथवा नमी न पहुंचे।
4. उस गड्डे के चारों ओर की चट्टानें अत्यधिक ताप को सहन कर सकें।

भारत में कई वर्षों से इस पर कार्य हो रहा है कि ऐसा सुरक्षित क्षेत्र कहीं मिले? भाभा एटोमिक रिसर्च सेन्टर (Bhabha Atomic Research Centre; BARC) ने कर्नाटक की कोलार सोने की खानों वाला क्षेत्र सन् 1990 में अनुशंषित किया था (यह विश्व की सबसे गहरी खान है), लेकिन वहां तक पानी पहुंच सकने की संभावना ने इस प्रस्ताव को रोक दिया। फिर गुजरात, मध्य प्रदेश और कर्नाटक में कई स्थानों को आणविक अपशिष्ट के अनुकूल न पाने के कारण छोड़ना पड़ा।

मिनरल एक्सप्लोरेशन कोर्पोरेशन लिमिटेड (Mineral Exploration Corporation Limited : MECL) तथा BARC ने मिलकर राजस्थान के रेगिस्तानी गांव 'सनावडा' (Sanawada), जो पोखरन के काफी समीप है, में वांछनीय स्थान खोजने के प्रयास किये। 2 वर्ष की कड़ी मेहनत से वह स्थान उपयुक्त तो पाया गया लेकिन जब वहां के ग्रामीणों और आसपास के क्षेत्र के लोगों को इसकी जानकारी मिली, तो वे लोग एकजुट हो इसके विरोध में लग गये; अभी तक सफलता नहीं मिल पाई है। भारत सरकार के पास और क्या विकल्प है, यह भविष्य की बात है।

4. संकटमय अपशिष्ट (Hazardous Wastes)–'अपशिष्ट' तो कहते ही उसे हैं, कि वह सामग्री जो काम में लेने के बाद बेकार कर दी गई हो और अब वह किसी काम की नहीं हो। अत: ऐसे पदार्थों से छुटकारा पाना निस्तारण (Disposal) की श्रेणी में आता है। इस परिभाषा के अन्तर्गत अनेक प्रकार की वस्तुएं, पदार्थ,

यौगिक सम्मिलित होते हें, जिन्हें हम अपनी सुविधा के लिये श्रेणी बार विभाजित कर रहे हैं। संकटमय अपशिष्ट (Hazardous Wastes) वह पदार्थ हैं जो किसी उद्योग से निकलकर प्राणी जगत् को हानि पहुंचाते हैं और कभी-कभी तो जानलेवा साबित होते हैं। पूरे विश्व में 400 मिलियन टन संकटमय अपशिष्ट प्रति वर्ष एकत्रित होता है जिसमें मुख्यत: सीसा (Lead), जिंक (Zinc), आर्सेनिक (Arsenic), साइनाइड (Cyanide), कैडमियम (Cadmium), क्रोमियम (Chromium), एम्बेस्टोस (Asbestos), कार्बन टेट्राक्लोराइड (Carbon Tetrachloride), क्लोरोफार्म (Chloroform), हाइड्रो- कार्बन्स (Hydrocarbons), पॉलिविनायल क्लोराइड (Polyvinyl Chloride) तथा कुछ गैसें जैसे डाइऑक्सीन (Dioxine), कार्बन मोनोऑक्साइड (Carbon monoxide), नाइट्रोजन ऑक्साइड्स (Nitrogen Oxides), सल्फर डाइऑक्साइड (Sulphur dioxide) आदि हैं।

बेसल कन्वेंशन (Basel Convention) जो 1992 में आयोजित हुआ उसमें संकटमय अपशिष्टों के निस्तारण की व्यवस्था को व्यावहारिक बनाने का लक्ष्य था। मुख्य आशय यह था कि जितने भी ऐसे संकटमय अपशिष्ट हैं, जिन्हें पुन: चक्रांकित किया जा सके, उन्हें पुन:चक्रांकित किया जाये और शेष अपशिष्टों को उपचारात्मक प्रणालियों से नष्ट कर दिया जाये। जो अपशिष्ट फिर भी रह जाते हैं, उन्हें भूमिगत कर दिया जाये। द्रव अपशिष्टों को सीधे ही जल स्रोतों में न डाला जाये, क्योंकि इससे मनुष्य और पशुओं के जीवन के अतिरिक्त खेतों की फसलों को भी हानि होती है। सितम्बर, 1995 में इसे बेसल बैन (Basel Ban) का नाम दिया गया जिसमें वह विशेष व्यवस्था रखी गई कि कोई भी औद्योगिक देश संकटमय अपशिष्टों को गैरऔद्योगिक अथवा विकासशील देश में न ही भेजेगा और न ही इन अपशिष्टों का व्यापार करेगा। भारत ने भी इस संधि पर हस्ताक्षर किये हैं।

भारत की स्थिति इस क्षेत्र में संतोषप्रद नहीं कही जा सकती क्योंकि अब तक हम अधिकारिक रूप से 'संकटमय अपशिष्टों' की सूची को भी अन्तिम रूप नहीं दे पाये हैं। अत: बेसल बैन के संशोधन के क्रम में हमने,

1. धातुओं के वह अपशिष्ट जिनमें सीसा हो (Metal wastes consisting of alloys lead).
2. वह अपशिष्ट जो सीसा या उसके यौगिकों से संदूषित हो (Wastes containing or contaminated by lead and its compounds),
3. जिंक अपशिष्ट (Zinc waste),
4. जिंक ऐश (Zinc ash); जिंक की छीलन (Zinc seraps),

5. अनुपयुक्त लैड एसिड बैटरीज : पूरी या नष्ट की गई (Waste lead-acid batteries, whole or crushed).
6. खराब खनिज तेल (Waste mineral oils)
7. खराब हाइड्रोकार्बन्स (Waste hydrocarbons) और
8. खराब तेल (Waste oils)।

इसको ही आज संकटमय अपशिष्ट मान लिया है और इस क्षेत्र के उद्यमी इस दिशा में दो मुख्य तत्त्व सीसा (Lead) और जिंक (Zinc) के पुन:चक्रांकन में लगे हैं और इसे ही संकटमय अपशिष्ट निस्तारण (Hazardous Waste Disposal) मान रहे हैं। और तो और अपने देश के लोगों ने अन्य देशों से भी इस प्रकार के अपशिष्टों को मंगाकर उनके पुन:चक्रांकन (Recycle) करने का विस्तृत व्यापार कर रखा है। ऐसा अनुमान है कि बाहर के देशों से आने वाले प्रति वर्ष लगभग 2 लाख मैट्रिक टन अपशिष्ट का चक्रांकन हमारे देश में होता है (1995 में 70,000 मैट्रिक टन जिंग अपशिष्ट तथा 50,000 मैट्रिक टन सीसे के अपशिष्ट का पुन:चक्रांकन किया गया था)। अपने देश भारत की स्वतंत्र मात्रा अलग है जिसके सही आंकड़े उपलब्ध नहीं हैं।

भारत सरकार ने Hazardous Waste Management and Handling Rules, 1989 तैयार किये थे जिनकी विज्ञप्ति 6 जनवरी, 2000 को प्रसारित की गई, लेकिन अभी तक उस पर कोई निर्णयात्मक स्थिति नहीं बनी है।

5. औद्योगिक अपशिष्ट (Industrial Wastes)–हमने पिछले अध्याय औद्योगिक प्रदूषण (Industrial Pollution) में यह बताया था कि देश में अनगिनत छोटे, मध्यम और वृहद् उद्योग हैं, जिनमें विभिन्न प्रकार की वस्तुओं का निर्माण होता है।

निर्माण में कार्यरत संयंत्र तथा ऊर्जा उत्पादक बॉयलर्स अनेक प्रकार के उत्सर्जन करते हैं, जो द्रव (Liquid), ठोस (Solids) और गैस (Gas) किन्हीं अथवा सभी अवस्थाओं में हो सकते हैं। हर उद्योग में प्रयुक्त होने वाली सामग्री अलग-अलग है, अत: प्रदूषक (Pollutants) और अपशिष्ट (Wastes) भी अलग-अलग प्रकार के हैं, इन अपशिष्टों के निस्तारण की प्रक्रिया भी नि:सन्देह भिन्न-भिन्न होगी। जो पाठक किसी विशेष उद्योग के अपशिष्ट निस्तारण के बारे में जानना चाहे, वह अच्छे पुस्तकालय से लाभ उठा सकते हैं।

इस प्रकार पर्यावरण में प्रदूषण फैलाने को रोकने के लिये विभिन्न क्षेत्रों के अपशिष्टों का निस्तारण अब एक आवश्यकता बन गई है। गांव-गांव से लेकर

शहर-शहर तक इस बात पर तो सभी एक मत हैं कि बिना गन्दगी के हटाये मनुष्य एक सुखप्रद जीवन नहीं जी सकता, पर उनके अपने किसी भी प्रकार के योगदान के लिये वह चुप्पी साध लेता है। आदर्श स्थिति तो तभी संभव है जबकि प्रशासन और निवासी दोनों ही कंधे से कंधा मिलाकर इस समस्या के निदान में परस्पर सहयोग करें।

It is you to remain in heaven; or otherwise
Wastes will take you in hell.
(यह आप पर निर्भर है कि आप स्वर्ग में रहें;
नहीं तो अपशिष्ट आपको नरक में पहुंचा देंगे।)

प्रश्न (Questions)

निबन्धात्मक प्रश्न (Essay Type Questions)

1. 'अपशिष्ट' किसे कहते हैं? क्या सभी अपशिष्ट बेकार होते हैं?
2. ठोस अपशिष्टों में प्राय: किन-किन वस्तुओं को सम्मिलित किया जाता है? इनकी निस्तारण प्रक्रिया बताइये।
3. 'पशु अपशिष्टों' में उसके 'गौण उत्पादन' (By-products) किस-किस काम में आते हैं?
4. 'बेसल कन्वेंशन' किस अपशिष्ट से संबंधित है? इसके अधीन कौन-कौन से तत्त्वों तथा उनके उत्पादनों को सम्मिलित किया गया है।
5. 'प्लास्टिक अपशिष्ट' के निस्तारण में क्या-क्या क्रियाएं अपनाई जा रही हैं?

लघुत्तरात्मक प्रश्न (Short Answer Type Questions)

6. चिकित्सीय अपशिष्ट में वर्गीकरण किन-किन तीन रंगों में किया गया है? किसी एक वर्गीकरण की सामग्री का उल्लेख करिये।
7. भारत में प्लास्टिक की वस्तुओं की खपत की वर्तमान स्थिति बताइये।
8. भारत सरकार ने संकटमय अपशिष्टों के निस्तारण की क्या योजना बनाई है?
9. ग्रामीण और नगरीय क्षेत्र के घरेलू अपशिष्ट के निस्तारण में क्या मौलिक अन्तर है? स्पष्ट करिये।
10. नगरपालिका अथवा नगर निगम अपशिष्ट निस्तारण की क्या प्रक्रिया अपनाता है?

वस्तुनिष्ठ प्रश्न (Objective Questions)

11. आणविक अपशिष्ट को किस रूप में संरक्षित किया जाना प्रस्तावित है?
    (अ) द्रव (ब) ठोस
    (स) गैस (द) द्रव तथा ठोस का मिश्र
12. भारत में किस स्थान को आणविक अपशिष्ट को संरक्षित रखने के उपयुक्त माना जा रहा है?
    (अ) जादागुडा (बिहार) (ब) छतरपुर (मध्य प्रदेश)
    (स) सनावड़ा (राजस्थान) (द) कल्पकम (तमिलनाडु)
13. प्लास्टिक की थैलियों के निर्माण में किस पदार्थ का उपयोग किया जाता है?
    (अ) पॉलिविनायल क्लोराइड (PVC) (ब) पॉलिस्ट्रीन (PS)
    (स) पॉलिएमाइड्स (Nylon) स (द) पॉलीथिलीन (PE)
14. एटम बम्ब का पहला परीक्षण कहां हुआ था?
    (अ) शिकागो विश्वविद्यालय (अमेरिका)
    (ब) हीरोशिमा (जापान)
    (स) नागासाकी (जापान)
    (द) अलमोगरोडो सन्ड्स (अमेरिका)
15. रेडियोधर्मी तत्त्व मनुष्य के शरीर में किस प्रकार से नहीं पहुंच पाते हैं?
    (अ) खाने-पीने से (ब) सांस लेने से
    (स) X-किरणों से (द) बातें करने से

निम्न प्रश्नों में रिक्त स्थानों की पूर्ति करिये–

16. .... एक संकटमय पदार्थ है।
17. सभी चिकित्सीय संस्थानों में अपशिष्टों का वर्गीकरण व्यवस्था ...... तक हो जानी वांछनीय है।
18. पेड़ों की पत्तियां .... अपशिष्ट के अन्तर्गत आता है।
19. प्लास्टिक के जलाने से कैन्सर उत्पन्न करने वाली .... गैस उत्सर्जित होती है।
20. ठोस अपशिष्ट का अधिकांश भाग .... क्रिया से निस्तारित होता है।

10

औद्योगिक एवं अन्य प्रदूषण
(Industrial Pollution)

प्रस्तावना (Introduction)

किसी भी देश की खुशहाली, वहां के लोगों का रहन-सहन, खाना-पीना, शिक्षा, चिकित्सा सुविधा आदि इस बात पर निर्भर करती है कि वहां की आर्थिक स्थिति कैसी है? देश की आर्थिक सम्पन्नता ही उस देश के लोगों की प्राथमिक आवश्यकताओं (भोजन, कपड़ा और आवास) की पूर्ति कर सकती है। और उन्हें आज के युग की नवीनतम सुविधाओं (बिजली और ईंधन) को भी उपलब्ध करा सकती है। अपने ही देश में अपनी आवश्यकताओं की पूर्ति हो, और फिर धनोपार्जन के लिये अपने बनाये गये अतिरिक्त सामान को अन्य देशों तक पहुंचाने की व्यवस्था हो, तब देश प्रगति की ओर बढ़ने लगता है। स्वयं आत्मनिर्भर रह कर नये तथ्यों की सोचने लगता है।

औद्योगीकरण ऐसा ही एक चरण है जिससे देश को आत्मनिर्भरता मिलती है और व्यक्तियों में समृद्धि की भावना को जाग्रत करती है। भारत देश इसका अपवाद नहीं है। सैकड़ों वर्षों की गुलामी ने हमें कुछ नहीं दिया। कुशल कारीगरों की मेहनत ने भी अपने देश को किसी उन्नति के चरण पर नहीं पहुंचाया। सन् 1947 में आजाद देश ने इस दिशा में सोचा और अपने देश की क्रमबद्ध प्रगति के लिये चरणबद्ध पंचवर्षीय योजनाएं बनाई। द्वितीय पंचवर्षीय योजना (1956-61) में देश में औद्योगिक क्रान्ति का सूत्रपात हुआ जो निरन्तर बढ़ता ही रहा (आर्थिक मन्दी के कारण इसमें शिथिलता भी आई)। एक सर्वे के अनुसार 17 समूहों में विभाजित सैंकड़ों बड़े उद्योग (सही संख्या उपलब्ध नहीं) और लगभग 31 लाख लघु एवं मध्यम उद्योग वर्तमान में देश में कार्यरत हैं।

औद्योगिक प्रगति के साथ ही इसका संबंधित परिणाम प्रदूषण भी साथ ही नियत है। यद्यपि मोटे तौर से इस क्षेत्र के प्रदूषण को हम वायु प्रदूषण के साथ

ले आते हैं, पर यह वास्तव में सामान्य से अधिक भयावह है। इसका कारण भी स्पष्ट है। एक उद्योग से संबंधित कम-से-कम निम्न प्रक्रिया तो होती ही है–

1. विषैली गैसों का चिमनियों से उत्सर्जन साथ ही बहुत सूक्ष्म पदार्थों के कण,
2. चिमनियों में एकत्रित हो जाने वाले पदार्थः सूक्ष्म कण,
3. उद्योगों में काम में आये हुये जल का बहिस्राव, जो अनेक अशुद्धियां अथवा उद्योगों में प्रयोग किये गये कच्ची सामग्री के अंश साथ लाता है।
4. उद्योगों में कार्य में आने के बाद शेष (अवशेष; Residual)
5. चिमनियों में प्रयुक्त ईंधन के अवशेष।

ये सभी दृष्टिकोण औद्योगिक प्रदूषण के परिप्रेक्ष्य में महत्त्वपूर्ण हैं, जिन पर हम चर्चा करना चाहेंगे।

औद्योगीकरण प्रदूषण के दुष्प्रभाव
(Effects of Industrial Pollution)

जैसाकि हमने अभी ऊपर उल्लेख किया है कि किसी भी उद्योग के क्रियाशील होने पर कुछ संक्रियाएं तो आवश्यक हैं ही जिससे कच्चे माल से वांछित उत्पादन मिल सके, अतः हम उन्हें यहां उदाहरणों के साथ देना चाहेंगे जिससे उसे सहजता से समझा जा सके तथा साथ ही उत्पन्न होने वाले दुष्प्रभावों को भी जाना जा सके–

1. उद्योगों से वायु प्रदूषण (Air Pollution due to Industries)

किसी भी उद्योग की मशीनों को चलाने के लिये ऊर्जा उत्पादन तथा कच्चे माल की निर्धारित क्रियाविधि के फलस्वरूप जो भी उत्सर्जन होता है उसका गैसीय भाग चिमनियों से निकलता है। इन चिमनियों से हानिकारक पदार्थ जब वायुमण्डल में विसर्जित होते हैं तो प्रदूषण फैलाते हैं। एक सीमेंट उद्योग का उदाहरण लें:

एक मैट्रिक टन सीमेंट उत्पादन के लिये आवश्यक कच्चा माल	2.6-2.5 मैट्रिक टन सीमेंट क्लिंकर (लाइमस्टोन, कैल्शियम सिलीकेट) तथा जिप्सम।
ईंधन	प्रचलित कोयला।
उत्पादन	सीमेंट
उत्सर्जन	
गैसें	नाइट्रोजन, कार्बन डाइऑक्साइड, ऑक्सीजन,

	जलवाष्प, सल्फर डाइऑक्साइड, कार्बन मोनोऑक्साइड, नाइट्रोजन डाइऑक्साइड, नाइट्रस ऑक्साइड, हाइड्रोजन सल्फाइड। सीमेंट के कण
सूक्ष्म कण	लगभग नहीं क्योंकि कोई रासायनिक प्रक्रिया
जल प्रदूषण	नहीं होती।

यहां पर प्रदूषण की समस्या मुख्यत: वायुन्मुखी है, जिनमें (1) क्लिकर + जिप्सम को मिलाना, (2) सीमेंट का पीसना, (3) सीमेंट का पैकिंग व गोदामों में ले जाना, (4) कोयले की राख का निष्पादन मुख्य हैं। जिन गैसों के उत्सर्जन का अभी यहां उल्लेख किया है, उनसे होने वाली हानियां तो वही हैं, जो वायु प्रदूषण में इन गैसों के कारण बताई गई हैं, सूक्ष्म कणों की अधिकता के कारण ब्रोकांइटिस और सिलिकोसिस से ग्रसित व्यक्ति अधिक है।

2. उद्योगों से जल प्रदूषण
(Water Pollution due to Industries)

जिन उद्योगों में जल का उपयोग होता है, वहां पर उपयोग के बाद बहिस्राव को बाहर निकाल दिया जाता है। नि:सन्देह इसमें अनेक विषैले पदार्थ मिलते होते हैं। यदि यह सीधे ही नदियों तथा झीलों में डाल दिया जाता है तो उन जलाशयों का पानी पीने योग्य नहीं रहता। अनेक पशु, जल-चर, मानव, पक्षी अकाल मौत मर जाते हैं अथवा अनेक कठिन रोगों से ग्रसित हो जाते हैं।

सन् 1981 में केन्द्रीय तथा 14 राज्य प्रदूषण नियंत्रण बोर्ड ने एक सर्वे किया था। उसके अनुसार देश में चल रहे मध्यम और भारी उद्योग 27,000 में से 1700 उद्योग जल प्रदूषण वाले शिनाख्त किये गये। निष्कासित जल को ठीक करने के लिये केवल 460 उद्योगों में व्यवस्था थी। निश्चित ही शेष उद्योग अपने ही स्राव को यूंही सीधे कहीं निकाल देते थे। अगर भूमि भाग इस जल का आधार बनता है तो वहां की मिट्टी विषैली हो जाती है, अथवा जल क्षेत्र में जहर घुलने लगता है। जिन उद्योगों में जल की खपत अधिक है, जैसे कागज उद्योग, वहां से तो जल निष्कासन की मात्रा भी अपेक्षाकृत अधिक है।

3. उद्योगों से भूमिगत जल प्रदूषण
(Ground Water Pollution from Industries)

सतही जल की कमी के कारण अब भूमिगत जल का दोहन इस गति से हो रहा है कि पानी का स्तर निरन्तर गिरता जा रहा है। वहां भी जल अनेक प्रकार के

संकटमय और विषैले रसायनों से मिश्रित है, जिससे पीने के लिये भी उस पानी का उपयोग उपयुक्त नहीं लगता है। भारी उद्योगों को यूंही निस्तारण करने की प्रक्रिया इसके लिये दोषी है।

- गुजरात में स्वयंसेवी संस्था पर्यावरण सुरक्षा समिति, बड़ोदरा ने एक अध्ययन से पता लगया है कि राज्य में भूमिगत जल भारी तत्व कैडमियम, कॉपर, लैड, मरकरी को समेटे हुये है जो अत्यन्त विषैले भी हैं।

  (स्रोत-Asia Age (New Delhi) : 18.2.2002; Quoted from Green File : Issue No. 170, CSE, New Delhi.)

- फरीदाबाद (हरियाणा) में सैकड़ों इलैक्ट्रोप्लेटिंग इकाइयां अनेक हिदायतों के बावजूद निरन्तर कार्य कर रही हैं। इससे जिले के अनेक क्षेत्रों का भूमिगत जल पीने योग्य भी नहीं रह गया है। इस उद्योग के कारीगरों को अलग से स्थान आवंटित करने पर भी यह लोग वहां जाने को तैयार हैं और न ही उपचार संयंत्र को ही इन्होंने अपनाया है।

  (स्रोत : Asian Age (New Delhi) : 18.2.2002; Quoted from Green

4. उद्योगों के बहिस्राव से पेड़ और फसलों की बर्बादी (Destruction of Trees and Crops by Industries Effluent)

कई प्रकार के उद्योग जिनमें जल की मात्रा का अधिक उपयोग होता है, वह अपने कारखाने के बहिस्राव को बिना उपचार के ही नदियों में, खाली जमीन पर तथा खेतों में निकाल देते हैं। जो बिना उपचार किये जल खेतों में पहुंचता है, वह वहां की फसल को नष्ट कर देता है और किसान असहाय होकर रह जाता है।

- मुरादनगर (गाजियाबाद : उत्तर प्रदेश) में हजारों पेड़ तथा वहां की फसलों की बरबादी का कारण पास में ही चल रही कागज मिल के कारण है। शीशम और जामुन के पेड़ों की मानों निशानदेह ही बची है। किसान कहते हैं कि धान की फसल आठ दिन में इस जल से सूख जाती है; पानी में अधिक देर खड़े हों तो पैरों में जलन मचने लग जाती है; संभवत: पेपर मिल में खास रसायनों का प्रयोग किया जाता हो।

  (स्रोत-Times of India (New Delhi) : 15.1.99; Quoted from Green File : Issue No. 133, CSE, New Delhi)

5. उद्योगों से जन हानि (Casualties from Industries)

भारत में ही नहीं बल्कि पूरे विश्व में उद्योगों की संख्या लाखों में है। अत: इसमें कार्य करने वाले लोगों की संख्या नि:सन्देह करोड़ों में होगी। अलग-अलग प्रकार

के उद्योगों से निकलने वाले उत्सर्जन अलग-अलग प्रकार के रोग फैलाते हैं और उनसे न जाने कितने लोग अपनी जीवन लीला का अन्त कर लेते हैं। WHO कमीशन (Health and Environment) की रिपोर्ट, जो सन् 1992 में प्रसारित हुई है, में यह बताया गया है कि पूरे विश्व में एक वर्ष में लगभग 3.27 करोड़ औद्योगिक क्षेत्र की दुर्घटनाएं होती हैं। इनमें 1,46,000 व्यक्ति मृत्यु के शिकार हो जाते हैं। साथ ही यह भी अनुमान लगाया गया है कि जिन रोगों से यह औद्योगिक कारीगर ग्रस्त होते हैं, वह निम्न प्रकार हैं-

(1) सिलीकोसिस (Silocosis)	—	3.5 से 43.2%
(2) न्यूमोकोनिओसिस (Pneumoconiosis) (कोयले खदान संबंधी)	—	8.3 से 43.8%
(3) बाइसिनोसिस (Byssinosis)	—	5.0 से 30.0%
(4) लैड पॉइजनिंग (Lead Poisoning)	—	1.7 से 100.0%
(5) मरकरी पॉइजनिंग (Mercury Poisoning)	—	2.6 से 37.0%
(6) श्रवणशक्ति का ह्रास (Hearing Loss)	—	1.7 से 70.0%
(7) त्वचा रोग (Skin Diseases)	—	1.7 से 70.0%
(8) पीठ दर्द (Low Back Pain)	—	2.5%

यह सूची अपने आप में पूरी नहीं है, क्योंकि भारत जैसे देश में (1) अनीमिया, (2) आंखें के रोग, (3) हड्डियों के रोग, (4) वायुजनित रोग, (5) श्वसन संबंधी रोग आदि बहुतायत से होते हैं। अत: उद्योगों में कार्य करने वाले लोग सदैव अस्वस्थ ही रहते हैं।

प्रदूषण वाले उद्योगों की पहचान
(Recognition of Polluting Industries)

देश में अनेक उद्योग चलाये जाते हैं, पर उनमें से वह उद्योग जो अधिक प्रदूषण फैलाते हैं, उनकी पहचान कर भारत सरकार ने 19 नवम्बर, 1986 के गजट में प्रकाशित की है, वह सूची यहां दी जा रही है–

1. कास्टिक सोडा (Caustic Soda)
2. हस्त निर्मित धागा (सिन्थेटिक) (Man Made Fibres (Synthetic))
3. तेल शोधक (Oil Refinery)
4. चीनी (Sugar)
5. तापीय ऊर्जा संयंत्र (Thermal Power Plants)

6. सूती उद्योग (Cotton Textile)
7. ऊनी कपड़ा (Woolen Mills)
8. रंगाई व छपाई (Dye and Dyes)
9. इलैक्ट्रोप्लेटिंग (Electroplating)
10. सीमेंट उद्योग (Cement Plants)
11. पत्थर तोड़ना (Stone Crushing)
12. कोयले की भट्टियां (Coke Ovens)
13. सिन्थेटिक रबड़ (Synthetic Rubber)
14. कागज एवं लुग्दी (Pulp and Paper)
15. शराब भट्टियां (Distillers)
16. चमड़ा उद्योग (Leather Tanneries)
17. खांद (Fertilizers)
18. एल्यूमीनियम (Aluminium)
19. कैल्शियम कार्बाइड (Calcium Carbide)
20. कार्बन ब्लैक (Carbon Black)
21. कॉपर, लैड और जिंक स्मैलटिंग (Copper, Lead and Zinc Smelting)
22. नाइट्रिक एसिड (Nitric Acid)
23. सल्फ्यूरिक एसिड (Sulphuric Acid)
24. आयरन एंड स्टील (Iron and Steel)।

इनके मानक भी केन्द्रीय प्रदूषण नियंत्रण मण्डल (Central Pollution Control Board) ने प्रसारित किये हैं। अधिक रुचि लेने वाले पाठक CPCB से सम्पर्क कर सकते हैं। साथ ही वह यह भी जान सकते हैं कि किस-किस उद्योग में कौन-कौन से प्रदूषक तत्त्व अधिकता में उत्सर्जित होते हैं।

विभिन्न उद्योगों से उत्सर्जित तत्त्व

(Emissions from Different Industries)

क्र०सं०	*उद्योग*	*प्रदूषक तत्त्व*
1.	तेल शोषक	SO_2. NOx. HC. CO, NH_3, SPM, कई गन्धें
2.	पत्थर खदान	सूक्ष्म कण, रेत

3.	शराब भट्टियां	CO, HC, NOx तथा सूक्ष्म कण
4.	खाद (नाइट्रेट)	अमोनिया, नाइट्रिक ऑक्साइड्स
5.	खाद (फॉस्फेट)	CO. SOx. सिलिकॉन टेट्राफ्लोराइड्स
6.	कॉपर स्मेल्टिंग़	SOx, सूक्ष्म कण, धूल
7.	लैड स्मेल्टिंग	सूक्ष्म कण, लैड ऑक्साइड्स, CO
8.	जिंग स्मेल्टिंग	रेत, SO_2 धुआं
9.	सल्फ्यूरिक एसिड	तेजाबी धुन्ध
10.	नाइट्रिक एसिड	नाइट्रिक ऑक्साइड, नाइट्रोजन डाइऑक्साइड
11.	सिन्थेटिक धागा	कार्बन डाइऑक्साइड, HC, धुन्ध
12.	चीनी	CO, HC, NOx तथा सूक्ष्म कण
13.	सूती उद्योग	कास्टिक सोडा, सोडियम सिलीकेट
14.	सीमेंट उद्योग	सूक्ष्म कण
15.	चमड़ा उद्योग	NOx, SOx, एल्डीहाइड्स, धुआं और रेत, हाइड्रोजन सल्फाइड
16.	एल्युमीनियम	सूक्ष्म कण, फ्लोराइड्स, गैसीय क्लोराइड्स
17.	कार्बन ब्लैक	CO, HC, NOx
18.	आयरन एण्ड स्टील	मैंगनीज ऑक्साइड, NOx, SO_2 क्लोरीन गैस, सूक्ष्म कण

उद्योगों से प्रदूषण कम करने के लिये उपाय

(Ways to lessen the Industrial Pollution)

विभिन्न उद्योगों से प्रदूषण कम हो सके, उस हेतु कुछ उपाय यहां समेकित किये जा रहे हैं–

1. उद्योगों के स्थान का चयन बहुत सोच समझ कर करना चाहिए–
   - वह न तो अधिकृत वन क्षेत्र हो और न ही कृषि भूमि,
   - क्षेत्र इतना बड़ा हो जहां पर काफी संख्या में वृक्षारोपण किया जा सके; अच्छे वातावरण निर्मित करने के लिये यथेष्ट फुलवारी, पार्क, फुब्बारा आदि भी लगाये जा सकें,
   - क्षेत्र में ठोस अपशिष्ट संयंत्र लगाया जा सके,
   - अपशिष्ट निस्तारण संयंत्र लगाया जा सके,
   - आबादी से काफी दूर हो जिससे वहां के लोग प्रदूषण से बच सकें,

– वायु के वेग के समान्तर हो, जिससे उत्सर्जित गैसें शीघ्र बह सकें,
– पानी की प्रचुर मात्रा करीब में ही उपलब्ध हो,
– कच्चे माल को लाने तथा तैयार माल को ले जाने में सुविधा के लिये राजमार्ग करीब (500 मीटर लगभग) तथा रेलवे स्टेशन के नजदीक (लगभग 2 किमी) होना उचित रहता है।

2. एक अन्य उद्योग से काफी दूरी (लगभग 25 किमी) होनी वांछनीय है; यद्यपि यह संभव नहीं है।

3. उद्योगों में कार्य कर रहे ऊर्जा संयंत्र (बॉयलर्स) तथा गैसों व सूक्ष्म कणों को उत्सर्जित करने वाली चिमनियों से प्रदूषकों की मात्रा कम हो, इस हेतु प्रचलन में आ रहे–

(1) स्क्रबर्स : अवशोषक (Scrubbers : Absorbers),

(2) साइक्लोन्स (Cyclones),

(3) इलैक्ट्रोस्टेटिक प्रेसीपिटेटर्स (Electrostatic Precipitators) और

(4) बैग फिल्टर्स (Bag Fileters) संयंत्रों का भरपूर उपयोग किया जाये।

4. ठोस, द्रव तथा गैसीय अपशिष्टों की पुनः चक्राकन प्रक्रिया से अपशिष्टों की मात्रा में भी कमी होती है तथा उद्योगों को भी इन अतिरिक्त उत्पादनों (By Products) से आर्थिक लाभ होता है।

5. जलीय अपशिष्ट तथा ठोस अपशिष्टों की जितनी भी उपचारात्मक संक्रिया संभव हो, उसी के बाद उन्हें अपने क्षेत्र से विसर्जित किया जाये।

6. चिमनियों की ऊँचाई भी गैसीय उत्सर्जन द्वारा किये जा रहे प्रदूषण कम करने में महत्त्वपूर्ण भूमिका निभाती है। इनके मानदण्ड निर्धारित हैं जिनका उपयोग किया जाना चाहिए।

यह ऊँचाई संयंत्र के स्तर, उत्पादन की मात्रा तथा उत्सर्जित पदार्थों की विविधता पर निर्भर करती है। अच्छी ऊँचाई वायुमण्डल के निचले स्तर को कम प्रदूषित करती है।

7. ऐसे वृक्षों को उद्योग परिसर में लगाया जाये जो विशेष विषैली गैसों का अवशोषण कर सकें। वृक्षों की सघन पट्टियां (Green Belts) ध्वनि अवशोषक भी होती हैं। इनकी मोटाई 8-10 मीटर तक हो सकती है।

8. उद्योग से संबंधित होने वाली घटनाओं/दुर्घटनाओं के बारे में जानकारी सभी श्रमिकों को दी जाये तथा उन्हें बताया जाये कि अमुक स्थिति में उसे क्या करना है?

9. श्रमिकों की तथा उनके परिवारों के सदस्यों की नियमित मेडिकल जांच की जाये तथा उनको यथा प्रकार उपचार उपलब्ध कराया जाये।

बॉयलर से निकलने वाली भाप अथवा कोयला व्यय के आधार पर चिमनी की ऊँचाई

क्र०सं० संख्या	ईंधन व्यय (मैट्रिक टन प्रतिदिन)	भाप की मात्रा (मैट्रिक टन प्रति घण्टा)	चिमनी की ऊँचाई (मीटर में)
1.	2.6 तक	0.62	किसी पास की बिल्डिंग की ऊँचाई - 2.5 अथवा 9 मीटर (जो अधिक हो)
2.	2.6 से 6.5 तक	0.62 से 1.55 तक	12 मीटर
3.	6.5 से 13.0 तक	1.55 से 3.10 तक	15 मीटर
4.	13.0 से 19.5 तक	3.10 से 4.64 तक	18 मीटर
5.	19.5 से 26.0 तक	4.64 से 6.19 तक	21 मीटर
6.	26.0 से 32.5 तक	6.19 से 7.73 तक	24 मीटर
7.	32.5 से 39.0 तक	7.73 से 9.30 तक	27 मीटर
8.	39.0	9.30	30 मीटर

1. Environment Preservation and Protection : An Integrated Scenerio, RPCB, Ibid. Page 5 : 13-14.

DG सैट की क्षमता के आधार पर चिमनी की ऊँचाई

क्र०सं	*D.G. सैट की क्षमता*	*चिमनी की ऊँचाई (मीटर में)*
1.	50 KVA तक	बिल्डिंग की ऊँचाई + 1.5 मीटर
2.	50 KVA से 100 KVA तक	बिल्डिंग की ऊँचाई + 2.0 मीटर
3.	100 KVA से 150 KVA तक	बिल्डिंग की ऊँचाई + 2.5 मीटर
4.	150 KVA से 200 KVA तक	बिल्डिंग की ऊँचाई + 3.00 मीटर
5.	200 KVA से 300 KVA तक	बिल्डिंग की ऊँचाई + 3.5 मीटर

10. आपत्तिकाल की स्थिति में श्रमिकों का उत्तरदायित्व निश्चित किया जाना चाहिये।

11. एक पूर्णकालिक पर्यावरण इंजीनियर (Environment Engineer) की नियुक्ति का प्रावधान किया जाना वांछनीय है।

औद्योगिक प्रदूषण से बचने के लिये उद्योग मालिक की जागरूकता और उसकी श्रमिकों से सदाशयता जहां एक ओर श्रमिकों में उद्योग के प्रति अपनापन उत्पन्न करेगी, वहीं दूसरी ओर आर्थिक लाभ भी देगी। यह ध्यान में रखना आवश्यक है कि आर्थिक लाभ के लिये लगाये गये उद्योग अपनी बेपरवाही के कारण श्रमिकों के जीवन के भक्षक न बनें। श्रमिक यदि सुखी, प्रसन्न व खुश होंगे तो उद्योग भी फलेंगे और फूलेंगे।

वाहनों से प्रदूषण (Vehicular Pollution)

जनसाधारण को वैज्ञानिक सोच का आधार दिया है वहीं अनेक जटिलताएं और समस्याएं भी विरासत में दी हैं। इनमें से एक प्रमुख समस्या स्वचलित वाहनों से होने वाले वायु-प्रदूषण की है जो समय के साथ-साथ भयानक और विकराल होती जा रही है। सड़क पर दौड़ते पेट्रोल व डीजल से चलने वाले वाहन, चाहे कार, बस या ट्रक हों, चाहे स्कूटर, मोटर साइकिल और मोपेड हों, सब मिलाकर एक ऐसा माहौल प्रस्तुत करते हैं कि पैदल चलने वाले तो क्या स्वयं वाहनों में संचार व्यक्ति भी अपने आगे चलने वाले वाहन से निकलने वाले विषैले-धुएं से परेशान हो जाते हैं और अनचाहे ही इस स्थिति से ग्रसित हो मन ही मन बड़बड़ाते हैं और अगले व्यक्ति को कोसते हैं। निरन्तर बढ़ती आबादी को ध्यान में रखते हुए सार्वजनिक वाहन व्यवस्था के लिए चलाये जाने वाले स्कूटर रिक्शा, मोटर साइकिल रिक्शा तथा टैम्पों ने तो प्रदूषण फैलाने में अन्य प्रकार के वाहनों को भी न जाने कितने पीछे छोड़ दिया है।

प्रदूषकों का वर्गीकरण (Classification of Pollutants)

पेट्रोल अथवा डीजल से चलने वाले स्वचलित वाहनों से होने वाले वायुमण्डल के प्रदूषण की अधिकता का इससे अनुमान लगाया जा सकता है कि शहर का 10 प्रतिशत प्रदूषण केवल इन विविध प्रकार के वाहनों के कारण ही होता है। बाहरी तौर से कम दिखने वाले पेट्रोल से चलने वाले वाहनों द्वारा प्रदूषण डीजल से चलने वाले वाहनों से अपेक्षाकृत अधिक होता है। इसी प्रकार दो स्ट्रोक वाले इंजन चार स्ट्रोक वाले इंजनों से अधिक प्रदूषण फैलाते हैं, क्योंकि तकनीक के अलावा इनकी संख्या भी बहुत अधिक है।

स्वचालित वाहनों का प्रदूशण वाहनों के साइलेन्सरों से निकलने वाली गैसों और अन्य पदार्थों पर आधारित है, जिनकी सूची ऊपर दी गई है। इनका दो प्रकार

का वर्गीकरण उपलब्ध है–

1. एल॰पी॰ ऐरटेनिन तथा के.एन.ब्लैगोस्कलोनोव के अनुसार–स्वचलित वाहनों से निकलने वाले पदार्थों को 6 विभिन्न श्रेणियों में विभाजित किया है। इस वर्गीकरण से हानि वाले और कम अथवा न हानि वाले पदार्थों की जानकारी सहजता से संभव है।

(अ) प्रथम ग्रुप–इसमें नाइट्रोजन, ऑक्सीजन, हाइड्रोजन और पानी की भाप को शामिल किया जा सकता है जो विषैली नहीं हैं कार्बन डाइऑक्साइड (CO_2) को भी इसमें जोड़ा जा सकता है, जो बहुत खतरनाक नहीं है।

(ब) द्वितीय ग्रुप–इस श्रेणी में कार्बन मोनोऑक्साइड (CO) आती है, जो अत्यन्त विषैली है और बहुत अधिक मात्रा (12 प्रतिशत तक) में निकलती है।

(स) तृतीय ग्रुप–इस समूह में नाइट्रोजन के ऑक्साइड्स रखे गये हैं, जिसमें नाइट्रोजन मोनोक्साइड तथा नाइट्रोजन डाइऑक्साइड (NO_2) जैसी विषैली गैसें आती हैं।

(द) चतुर्थ ग्रुप–इसमें अनेक कार्बोहाइड्रेट्स पदार्थ, जैसे–इथाइलीन, ऐसी-टिलीन, मीथेन, प्रोपेन, वोल्युन बैन्जपाइरीन आदि होते हैं। बेन्जपाइरीन कैन्सर का कारण बनता है।

(इ) पंचम ग्रुप–इसमें एल्डिहाइड श्रेणी का फार्मेलीन अत्यन्त विषैला पदार्थ लिया गया है।

(फ) षष्टम ग्रुप–इसमें डीजल से चलने वाले वाहनों से निकलने वाले कार्बन हैं, जो कैंसर कारक हैं।

2. ए॰ एस॰ सुबरामनियान के अनुसार–स्वचालित वाहनों से निकलने वाले उत्सर्जकों को दो भागों में विभाजित किया जा सकता है

(अ) नियमित प्रदूषक (Regulated Pollutants)–इनमें :

(1) कार्बन मोनोऑक्साइड्स (Carbon monoxide : CO),

(2) हाइड्रोकार्बन्स (Hydrocarbons : HC),

(3) नाइट्रोजन ऑक्साइड्स (Nitrogen Oxides : NO_x) और

(4) सूक्ष्म कण (Particulate Matters : PM) आते हैं, जिनके आधार पर वायुमण्डल में फैल रहे प्रदूषणों लिए नियंत्रक नियम/उपनियम बनाये जाते हैं।

(ब) अनियमित प्रदूषक (Unregulated Pollutants)–यह सभी प्रदूषक विषैले होते हैं, जैसे–

(1) लैड (Lead : Pb),

(2) सल्फर डाइऑक्साइड (Sulphur dioxide : SO_2),

(3) बैन्जीन (Benzene),

(4) सूक्ष्म कण (Particulate Matters : PM) आदि।

इन दोनों प्रकार के प्रदूषकों में विशिष्ट विभिन्नता यह है कि प्रथम प्रकार के प्रदूषक (नियमित प्रदूषक) के कारण मुख्यत:

(क) इंजन तथा वाहन का डिजाइन

(Design of the Engines and Vehicles),

(ख) परिचालन स्थितियां (Operating Conditions), तथा

(ग) स्थान का वातावरण (Environment of Place) होते हैं, जबकि द्वितीय प्रकार के प्रदूषक (अनियमित प्रदूषक) ईंधन की गुणवत्ता (Quality of Fuel) पर आधारित होते हैं तथा किसी नियम/उपनियम के अन्तर्गत बंध नही सकते जब तक कि ईंधन के घटकों में ही वांछित परिवर्तन न हो।

वाहनों का वर्गीकरण (Classification of Vehicles)

स्वचलित वाहनों को विभिन्न प्रकार के ईंधन उपयोग के आधार पर दो भागों में विभाजित किया जा सकता है–

1. पेट्रोल से चलने वाले वाहन: जैसे–कार, जीप, स्कूटर, मोपेड, मोटर साइकिल, स्कूटर तथा मोटर साइकिल रिक्शा आदि।
2. डीजल से चलने वाले वाहन: जैस–बस, ट्रक, टैम्पो आदि।

बदलती टैक्नोलोजी ने इस विभाजन को भी गड़बड़ा दिया है और अब कई प्रकार की कारें, जीप और स्कूटर तथा मोटर साइकिल रिक्शा भी डीजल से चलने वाली आ गई हैं। इसका प्रमुख कारण पेट्रोल की लगातार कम होती स्थिति और महंगाई है, क्योंकि सामान्यतया, पेट्रोल का भाव डीजल के भाव से प्रति लीटर लगभग तिगुना है। एक कारण यह भी है कि पेट्रोल का भण्डारण और वितरण डीजल से अपेक्षाकृत महंगा और विध्वंसक है।

वाहनों से निकलने वाले मुख्य प्रदूषक (Main Pollutants in the Vehicle Exhausts)

पेट्रोल व डीजल वाहनों से निकलने वाले मुख्य प्रदूषक निम्नलिखित होते हैं–

1. कार्बन मोनोक्साइड (Carbon monoxide)

2. कार्बन डाइऑक्साइड (Carbon dioxide)
3. अधजले हाइड्रोकार्बन्स (Unburnt Hydrocarbons)
4. सल्फर डाइऑक्साइड (Sulphur Dioxide)
5. नाइट्रोजन ऑक्साइड (Nitrogen Oxides)
6. लैड यौगिक (Lead Compounds)
7. धुआं (Smoke)
8. सूक्ष्म कण (Particulates)।

निर्बाध रूप से समस्त सजीव एवं निर्जीव वस्तुओं पर अपना कोई न कोई प्रभाव डालते हैं। इसके अतिरिक्त इन प्रदूषकों के समन्वित उत्सर्जन के फलस्वरूप वाहनों के साइलैन्सरों से निकलने वाली 'गन्ध' भी कम हानिकारक नहीं हैं जो मानसिक तनाव, चिड़चिड़ापन और घबराहट तथा बैचेनी उत्पन्न करती है। इन प्रदूषकों का जन-साधारण पर सामूहिक प्रभाव होता है, क्योंकि यह सभी हवा में मिलकर उसे विषैली कर देते हैं और वायु में सस्पेन्डेड पर्टीक्यूलेट मैटर (SPM: तैरते पदार्थों के कण) की मात्रा में वृद्धि करते हैं, जो हमें सांस लेने पर हानि पहुंचाते हैं।

इन SPM की सुरक्षा-सीमा रिहायशी स्थानों के लिए 150 पीपीएम तथा औद्योगिक क्षेत्र के लिए 600 पीपीएम स्वीकार की गई है, लेकिन आज की वस्तुस्थिति में इन सीमाओं की कोई महत्ता नहीं रह गई है। सड़कों के व्यस्त चौराहे, लोगों के अपने-अपने कार्यालयों में आने-जाने के समय पर बस, स्कूटर या टैम्पो स्टैन्ड और जहां पर देखें वही सब स्थान मानों प्रदूषण स्थल के पर्याय बन गये हैं। सभी घबराकर उस स्थिति से पीछा छुड़ाने का प्रयास करते हैं जो उनके बस की बात नहीं है।

पेट्रोल व डीजल वाहनों से निकलने वाले मुख्य प्रदूषकों की सामान्य मात्रा निम्न प्रकार से अभिशंसित है। नि:सन्देह इतनी मात्रा में वाहनों से निकलने वाले विभिन्न प्रदूषक सुरक्षा सीमा में स्वीकार्य है। किसी भी प्रकार के अधिक मात्रा में निकलने वाले प्रदूषकों के लिए वाहक चालक को स्वयं ही कारण जानना चाहिए और उसे ठीक भी कराना चाहिए।

विभिन्न प्रदूषकों के हानिकारक प्रभाव
(Harmful Effects of Different Pollutants)

अब इन विभिन्न प्रदूषकों की संरचना, इनसे होने वाली हानि तथा यदि सम्भव हो तो इनसे बचने और बचाने के उपायों पर चर्चा करें।

1. कार्बन मोनोक्साइड (Carbon monoxide : CO)–पेट्रोल चलित वाहनों में वायु, कारब्यूरेटर तथा थ्रोटिल के द्वारा इंजन में जाती है तथा थ्रोटिल ही वायु की मात्रा बढ़ने को नियंत्रित करता है। कारब्यूरेटर वायु में पेट्रोल मिलाता है। आदर्श स्थिति में इंजन में भेजी गई वायु व पेट्रोल की मात्रा का सही अनुपात 14 : 5 है। इस दिशा में दहन के उत्पाद मुख्यत: कार्बन डाइऑक्साइड तथा पानी होते हैं।

अगर मिश्रण में वायु की मात्रा कम होती है तो पेट्रोल के पूरे दहन के लिए ऑक्सीजन की मात्रा कम पड़ती है और ईंधन का सम्पूर्ण दहन नहीं हो पाता है, तब उत्पादों में कार्बन डाइऑक्साइड के साथ-साथ कार्बन मोनोक्साइड भी कार्बन के आंशिक दहन के कारण बनती है। स्पष्ट है कि जितनी वायु की मात्रा पेट्रोल के साथ अपेक्षित अनुपात से कम पहुंचती उतनी ही कार्बन मोनोक्साइड अधिक बनेगी।

डीजल वाहनों में वायु और ईंधन का दहन बहुत उच्च ताप पर होता है तथा वायु और ईंधन की मात्रा का अनुपात भी सदैव स्वत: नियंत्रित रहता है। अत: ईंधन का दहन पूर्णतया कार्बन डाइऑक्साइड एवं पानी में हो जाता है। इस प्रकार या तो कार्बन मोनोक्साइड बनती ही नहीं है और यदि बनती भी है तो उसकी मात्रा अपेक्षाकृत अत्यन्त अल्प होती है।

कार्बन मोनोक्साइड एक अत्यन्त विषैली गैस है जो रक्त में पाये जाने वाले हीमोग्लोबिन पदार्थ से क्रिया कर कार्बोन्सी-हीमोग्लोबिन बनाती है जिससे रक्त में ऑक्सीजन की मात्रा कम हो जाती है। शरीर में ऑक्सीजन की कमी से शारीरिक क्रियायें मन्द हो जाती हैं तथा व्यक्ति घुटन का अनुभव करने लगता है। श्वसन द्वारा ली गई वायु में कार्बन मोनोक्साइड की मात्रा 600 पीपीएम से अधिक होने पर मृत्यु जैसे घातक परिणाम सम्भव हैं। इस प्रदूषक का विशेष असर श्वसन प्रक्रिया पर होता है और फेफड़ों की सामान्य कार्यप्रणाली को प्रभावित करता है। हृदय रोगियों तथा महिलाओं और गर्भस्थ शिशुओं के लिए अधिक घातक है।

कार्बन मोनोऑक्साइड की उत्पत्ति को वाहन के इंजन की सही ट्यूनिंग कराने से कम किया जा सकता है। इससे वायु और ईंधन का सही अनुपात इंजन को मिलता रहेगा और ईंधन के सम्पूर्ण दहन के कारण इस गैस का उत्सर्जन न्यूनतम अथवा नगण्य रहेगा।

2. कार्बन डाइऑक्साइड (Carbon dioxide : CO_2)–यह ऊपर वर्णित किया गया है कि ईंधन के वायु के साथ सम्पूर्ण दहन होने पर कार्बन डाइऑक्साइड तथा पानी उत्पाद के रूप में उत्सर्जित होते हैं। यह अपेक्षाकृत कम हानिकारक है और वायु चक्र में एक घटक के रूप में अन्तर्निहित हो जाती है। यद्यपि, इनके

अन्य प्रभाव में विश्वतापन प्रमुख है जो इस समय का चर्चा का विषय नहीं है।

3. अधजले हाइड्रोकार्बन (Unburnt Hydrocarbons : HC)–इनके बनने का मुख्य कारण वाहन के इंजन के दहन कक्ष की अपेक्षाकृत ठंडी दीवारों के पास ईंधन का पूरी तरह नहीं जल पाना है। अतः निर्वात पम्प द्वारा कुछ बिना जले अथवा अधजले हाइड्रोकार्बन्स वायुमण्डल में छोड़ दिये जाते हैं।

थ्रोटिल के असंयत रूप से उपयोग के कारण भी (अचानक तेजी से खोलना अथवा बन्द करना) अधजले हाइड्रोकार्बन्स वाहन से उत्सर्जित होते हैं। अधजले हाइड्रोकार्बन्स का उत्सर्जन अधिकतर ऐसे वाहनों से होता है जिन्हें 'दो स्ट्रोक' श्रेणी में माना जाता है। इनमें स्कूटर, तिपहिया स्कूटर व टैम्पो, मोटर साइकिल और मोपेड आते हैं।

वाहनों से उत्सर्जित बिना जले अथवा अधजले हाइड्रोकार्बन्स शरीर में सांस के साथ प्रवेश लेते हैं और कैन्सर जैसी भयानक बीमारी को जन्म देते हैं। फेफड़ों को यह अधिक प्रभावित करते हैं। वायुमण्डल में अनेक रासायनिक अभिक्रियाओं में भाग लेकर कई हानिकारक रसायन पदार्थों का निर्माण करते हैं। यह दुर्भाग्य की बात है कि इस समस्या का भी कोई सम्पूर्ण समाधान नहीं है।

4. सल्फर डाइऑक्साइड (Sulphur Dioxide : SO_2)–इसका निर्माण भी इंजन के दहन कक्ष में होता है जो ईंधन में रहने वाले सल्फर यौगिकों के जलने से उत्पन्न होता है। श्वसन के साथ शरीर में प्रवेश कर यह गैस फेफड़ों तथा शरीर के अन्दर अनेक भाग, जहां से यह गुजरती है, हानि पहुंचाती है। गले की घुटन, नाक से रक्त का बहना, आंखों में जलन, खांसी तथा ब्रोकांइटिस और कई शारीरिक व्याधायें इससे होती हैं

नाइट्रोजन डाइऑक्साइड की भांति वायुमण्डल की आर्द्रता के साथ सल्फ्यूरिक अम्ल बनाती है, जो भूमि प्रदूषण, फसलों का नष्ट होना तथा पीने के पानी के स्रोतों को दूषित करने का मुख्य कारण बनती है। सल्फर डाईऑक्साइड की अधिक मात्रा वायु की गुणवत्ता को कम करती है और उसे विषैली बनाती है।

चूंकि इस गैस का उत्पाद ईंधन में पाये जाने वाले सल्फर यौगिकों के ऑक्सीकरण के कारण होता है, अतः बचाव केवल ईंधन में सम्बन्धित यौगिकों के न रहने से ही सम्भव है जो उपभोक्ता के हाथ की बात नहीं है।

5. नाइट्रोजन ऑक्साइड (Nitrogen Oxides : NO_x)–नाइट्रोजन के ऑक्साइड्स इंजन के दहन कक्ष में उच्च ताप पर ऑक्सीजन और नाइट्रोजन के मिलने से बनते हैं। यह उच्च ताप स्पार्क प्लग में ज्वलन से उत्पन्न होता है जो 2500 डिग्री सेल्सियस तक भी सम्भव है।

नाइट्रोजन के ऑक्साइड्स (NO_x) सामान्यतया नाइट्रस ऑक्साइड (N_2O), नाइट्रिक ऑक्साइड (NO) तथा नाइट्रोजन डाइऑक्साइड (NO_2) के रूप में बनते हैं, जिनमें नाइट्रिक ऑक्साइड का प्रतिशत लगभग 95 प्रतिशत तथा नाइट्रोजन डाइऑक्साइड 5 प्रतिशत होता है।

नाइट्रस ऑक्साइड (N_2O) की मात्रा बहुत कम 0.5 पीपीएम (0.00005%) होती है जो नगण्य है। यद्यपि, यह नाइट्रिक ऑक्साइड (NO) स्वयं स्वास्थ्य को कोई हानि नहीं पहुंचाते हैं, लेकिन इनका अधिकांश भाग नाइट्रोजन डाइऑक्साइड में (NO_2) में परिवर्तित हो जाता है, जो अत्यन्त विषैली और घातक गैस है।

यह श्वसन क्रिया को प्रभावित करते हैं तथा सूंघने और दृष्टि की शक्ति को हानि पहुंचाते हैं। वायुमण्डल में पानी (आर्द्रता) के साथ नाइट्रिक अम्ल बनाते हैं, जिससे वायुमण्डल विषाक्त होता है।

वर्षा के रूप में नाइट्रिक अम्ल भूमि को खराब करते हैं, फसल को नष्ट करते हैं और पानी के स्रोतों को प्रदूषित करते हैं। बड़ी-बड़ी इमारतों को तेजाबी वर्षा से प्रभावित कर उनके सौन्दर्य को नष्ट करते हैं।

इस समस्या से बचाव की कोई अत्यन्त कारगर तकनीक अभी तक ज्ञात नहीं है।

6. लैड (Lead : Pb)–ईंधन के स्वत: विस्फोटन को रोकने के लिए मूल स्रोत पर ही 'टेट्रा इथाइल लैड' ईंधन में मिलाया जाता है, जिसके ऑक्सीजन से ही लैड यौगिक वायुमण्डल में आते हैं, जो अत्यन्त विषैले और घातक हैं। वायुमण्डल में पाये जाने वाले लैड का अधिकांश भाग वाहनों द्वारा ही उत्सर्जित होता है।

श्वसन अथवा अन्य किसी भी प्रकार लैड के छोटे-छोटे कण शरीर में प्रवेश कर जाते हैं और गुर्दे, मस्तिष्क और स्नायु संस्थान को प्रभावित करते हैं। यह यौगिक पक्षाघात का कारण भी बनता है।

बच्चों के लिए बहुत हानिकारक है तथा विशेषत: उनकी स्मरण शक्ति को नष्ट करता है और उनमें आलस्य पैदा कर काम करने की शक्ति को कम करता है।

इससे बचाव तभी सम्भव है जबकि स्रोत पर ही लैड यौगिक मिलाने का कोई विकल्प उपयोग में लाया जाये। केन्द्रीय प्रदूषण नियंत्रण मण्डल द्वारा किये गये शोध में यह बताया है कि सड़कों के दोनों ओर जामुन की सघन वृक्षावली लगाने से इसके हानिकारक प्रभाव को कुछ हद तक कम किया जा सकता है, क्योंकि इस जाति के वृक्ष लैड यौगिकों को अवशोषित कर लेते हैं।

7. धुआं और सूक्ष्म कण (Smoke and Particulates : SPM and PM)–वाहनों के चलने के समय उसके साइलैन्सरों से निकलने वाले धुएं में पाये जाने वाले विभिन्न प्रदूषकों का विस्तृत विवेचन हम कर चुके हैं। पर फिर भी धुआं तत्काल आंखों, नाक व त्वचा पर अपना प्रभाव डालता है और शारीरिक हानि पहुंचाता है। एक ही स्पीड पर और निर्धारित चाल से साइलेन्सर की धुआं की मात्रा को नियंत्रित और कम किया जा सकता है।

इसके अतिरिक्त भी दो पदार्थ–

(1) बैन्जीन (Benzene) तथा

(2) ओजोन गैस (Ozone Gas) भी भारी हानि पहुंचाते हैं।

इन सभी का एक संक्षिप्त सामूहिक लेखा-जोखा निम्न सारणी में समेकित किया गया है, जिससे एक दृष्टि में ही वाहनों से निकलने वाले सभी प्रदूषकों से जानकारी मिल सके।

उत्सर्जित प्रदूषकों के मानक (Pollution Emission Standards)

वाहनों से होने वाले प्रदूषण को नियंत्रित करने एवं उसके व्यापक नियमन हेतु विश्व स्वास्थ्य संगठन (WHO) ने विभिन्न प्रकार के वाहनों से उत्सर्जित होने वाले विभिन्न प्रदूषकों का एक मानक प्रस्तावित किया है ।यह प्रयास होना चाहिए कि विभिन्न प्रकार के वाहन इन प्रस्तावित सीमाओं का पालन करें तभी वाहन से होने वाले प्रदूषण पर नियंत्रण किया जाना सम्भव है।

विश्व स्वास्थ्य संगठन ने पूरे विश्व के देशों के लिए उपर्युक्त वाहन प्रदूषण के मानक प्रस्तावित तो किये पर इन्हें कुछ देश ही, जिनके पास आर्थिक साधन और तकनीक उपलब्ध थी, पूरी कर पाये। शेष देश अधिकतम प्रयास करने और जूझने के सिवा कुछ नहीं कर सके, क्योंकि उनकी प्राथमिकताओं में यह कई स्तर नीचे रहा है जिन समृद्धशाली देशों ने इसमें सफलता पाई उन्होंने निम्न तरीकों को अपनाया–

1. इंजन की बनावट में परिवर्तन,
2. साइलेन्सर की स्थिति में बदलाव,
3. केटेलेटिक कनवर्टर्स का उपयोग,
4. ईंधन में सल्फर, बैन्जीन, लैड आदि जैसे विषैले पदार्थों के कम उत्सर्जन हेतु शोध तथा प्रयोग (विशेषकर बिना लैड वाला पेट्रोल (Unleaded Petrol))

इन बिन्दुओं में हम अन्तिम दो पदों की विशेषरूप से चर्चा करेंगे–

केटेलैटिक कनवर्टर (Catalytic Converter)–यह एक विशेषरूप से निर्मित साधन अथवा यंत्र हैं जिसे वाहनों के 'टेल पाइपों' के साथ लगाया जाता है जो वाहनों में ईंधन के जलने के फलस्वरूप उत्पन्न विषाक्त उत्सर्जन को हानिरहित उत्पादों में बदल देता है। सामान्य केटेलेटिक कनवर्टर में संवेदनशील धातुओं, जैसे प्लेटीनम, रेडियम और पैलेडियम, का प्रयोग किया जाता है जो कार्बनमोनोक्साइड और हाइड्रो- कार्बन को ऑक्सीकृत कर कार्बन डाइऑक्साइड और जलवाष्प में बदल देता है। 'तीमार्गी केटेलेटिक कनवर्टर' (Catalytic Converter) युक्त वाहनों से प्रदूषण भार कम हो जाता है।

इस प्रकार के उपकरण का उपयोग हमारे देश में वस्तुतः सन् 1995 से ही प्रारम्भ हुआ, जबकि विकसित और अन्य विकासशील देश में इसका प्रयोग काफी पहले से ही होने लगा था। यह उपकरण विशेषतः पेट्रोल और डीजल की कार के लिए प्रचलन में आया जिनकी संख्या लाखों में थी और उनमें निरन्तर वृद्धि हो रही थी।

सीसा रहित पेट्रोल (Unleaded Petrol)–अभी कुछ वर्ष पहले तक जो हम सामान्य पेट्रोल का उपयोग कर रहे थे उसमें ईंधन के स्वयं विस्फोटन को रोकने के लिए मूल स्रोत पर ही टेट्राइथाइल लैड (Tetra Ethyl Lead) मिलाया जाता था। यह कार्य तेल शोधन कारखानों में एण्टीनाकिंग कम्पाउण्ड के तौर पर ईंधन के ऑप्टेन गुण बढ़ाने के लिए आवश्यक था (ईंधन के उच्च ऑक्टेन संख्या से इंजन में नॉकिंग के कारण खराबी नहीं आती)। पर चूंकि लैड एक बहुत विषैला पदार्थ है और इसके रसायन (यौगिक) उत्सर्जन के समय वायुमण्डल में जाते हैं तो ये बहुत हानिकारक होते हैं तथा विषैला और घातक प्रभाव प्राणी जगत पर डालते हैं, अतः इसकी मात्रा को कम करने की आवश्यकता महसूस हुई। श्वसन से यह लैड कण शरीर से प्रवेश कर जाते हैं जिससे मस्तिष्क, जिगर, गुर्दे तथा आंतों की कार्यकुशलता प्रभावित होती है। यह पक्षाघात का कारण भी बनता है और बच्चों की स्मरण शक्ति को नष्ट करता है। गर्भवती महिलाओं के लिए भी इससे कई प्रकार की हानियां हो सकती हैं।

सीस रहित पेट्रोल सबसे पहले देश के 4 महानगरों में प्रारम्भ किया गया था और फिर शनैः शनैः दूसरे बड़े शहरों में भी अब सीसा रहित पेट्रोल ही मिल रहा है। सबसे अधिक महत्त्वपूर्ण बात यह है कि पहले जहां पेट्रोल में लैड की मात्रा 0.15 ग्राम प्रति लीटर थी, वह सीसे-रहित पेट्रोल में कम तो हो गई पर तब भी यह अभी 0.013 ग्राम प्रति लीटर है जिससे भी बच्चों के मानसिक विकास में

रुकावट डालने का कारण बताया गया है। अब यह प्रयास किया जा रहा है कि लैड की मात्रा 0.00% ग्राम प्रति लीटर रहे। इस हेतु ईंधन के घटकों पर शोध चल रहे हैं।

पेट्रोल में बैन्जीन की मात्रा में कमी (Less Proportion of Benezene in Petrol)–बैन्जीन एक ऐसा घातक और विषैला पदार्थ है, जिससे कैन्सर होने का भय रहता है। इसकी सुरक्षित मात्रा 3.5% (आयतन से) स्वीकार की गई है, लेकिन दिल्ली में अधिक पेट्रोल की खपत के कारण इसकी मात्रा केवल 1% (आयतन से) रखी गई है। संभावना है कि पूरे देश में ही बैन्जीन उत्सर्जन की मात्रा 1% (आयतन से) हो जाये।

पेट्रोल तथा डीजल वाहनों में सल्फर की मात्रा (Quality of Sulphur in petrol and Diesel driven Vehicles)–ईंधन में सल्फर की अधिक मात्रा में उत्सर्जन में सल्फर डाइऑक्साइड की अधिक मात्रा अपेक्षित ही है, जो बहुत हानिकारक गैस है। यह प्रयास किया जा रहा है कि वर्तमान में ईंधन में सल्फर की स्वीकृत मात्रा 0.05 से 0.1% (भार से) को 0.015% (भार से) तक ले आया जाये। अनेक विकसित देश तो यह लक्ष्य पूर्व में ही प्राप्त कर चुके हैं और अब यह देश सन् 2005 तक 0.005% (भार से) का लक्ष्य प्राप्त करने लगे हैं।

भारत में सुप्रीम कोर्ट द्वारा कारों के लिए निर्धारित मानक (Prescribed Standards for Cars by Supreme Court of India)

पेट्रोल तथा डीजल कारों के लिये भारत की सुप्रीम कोर्ट ने अपने आदेश दिनांक 29 अप्रैल, 1999 से यूरो-I (Euro-I) तथा यूरो-II (Euro-II) के नाम से मानक निर्धारित किये हैं–

वाहनों में उत्सर्जनकों का मापन (Measurement of Vehicular Pollution)

केन्द्र स्तर पर मोटर वाहन एक्ट सर्वप्रथम 1939 में बना था और जिसे 1982 में और पुनः अभी कुछ वर्ष पूर्व संशोधित किया गया है, जिसके आधार पर राज्य सरकारों को वाहनों से होने वाले प्रदूषण को रोकने के लिये उपयुक्त उपाय करने की स्वतंत्रता दी है। विभिन्न राज्यों में नव संशोधित अधिनियम के आधार पर नियमों के तैयार करने की प्रक्रिया तीव्रगति पर है। किन्हीं राज्यों में उन्हें लागू भी किया गया है। मोटेतौर से यह प्रावधान है–

1. कोई भी वाहन तब तक सड़क पर नहीं चलेगा जब तक उसे निर्धारित मानकों के आधार पर परिवहन विभाग द्वारा प्रमाणित न कर दिया जाये।

2. एक निश्चित अवधि के बाद पुनः वह वाहन अधिकृत अधिकारी द्वारा चैकिंग कर दिये गये प्रमाण पत्र के आधार पर ही चल सकेगा।

3. वाहनों से उत्सर्जित पदार्थों की न्यूनतम सीमा निर्धारित है, आदि-आदि।

जानकारी के अनुसार देश में सर्वप्रथम महाराष्ट्र सरकार ने नवम्बर 1985 में मोटर वाहन एक्ट लागू किया था जिसके आधार पर वाहनों के लाइसेन्स के नवीनीकरण के समय एक प्रमाण-पत्र प्रस्तुत करना आवश्यक है कि निर्वात पम्पों (साइलेन्सरों) से निकलने वाली प्रदूषक गैसें निम्न निर्धारित मानकों अनुसार ही है–

(अ) पेट्रोल से चलने वाले वाहन

1. नये वाहन	3.5 प्रतिशत कार्बन मोनोक्साइड
2. 5 वर्ष पुराने वाहन अथवा जो 80,000 किमी चल चुके हैं।	4.5 प्रतिशत कार्बन मोनोक्साइड

(ब) डीजल से चलने वाले वाहन

1. नये वाहन	65 HSU धूम्र घनत्व
2. 5 वर्ष पुराने वाहन अथवा जो 80,000 किमी चल चुके हैं।	75 HSU धूम्र घनत्व

(HSU = हाट्रिज स्मोक यूनिट)।

वाहनों से निकलने वाले उत्सर्जकों के मापन के लिए अब बाजार में दो प्रकार के मापक उपकरण उपलब्ध हैं, जिन्हें 'ऐनेलाइजर' या 'विश्लेषक' कहा जाता है। एक केवल कार्बन मोनोक्साइड के मापन के लिए है जिसे सभी प्रकार के (दो अथवा चार स्ट्रोक वाले) वाहनों के लिए उपयोग किया जा सकता है। दूसरे प्रकार के विश्लेषक में कार्बन मोनोऑक्साइड तथा हाइड्रोकाबन एवं धुएं की मात्रा मापी जा सकती है। यह केवल चार स्ट्रोक वाले वाहनों के लिए प्रयुक्त किया जाता है।

वाहन प्रदूषण रोकने के उपाय
(Ways to Check Vehicular Pollution)

वाहनों द्वारा होने वाला प्रदूषण कई बातों पर निर्भर करता है जिनमें वाहन का प्रकार, ईंधन की गुणवत्ता, आवागमन हेतु प्रयुक्त किये जा रहे मार्ग, चालक की दक्षता, निर्धारित स्पीड हेतु परिवहन अधिकारियों द्वारा प्रस्तावित मानक तथा उसका नियंत्रण आदि प्रमुख हैं। केवल अधिनियम व नियमों के आधार पर प्रदूषण रोका जा सके यह सम्भव नहीं है। दूसरे, आदर्श स्थितियों के अभाव में प्रदूषण के कारणों को

ध्यान में रखकर कुछ ऐसे नियमों का भी चलन हो जिसका जनसाधारण द्वारा पालन किया जा सके।

पर्यावरण की गुणवत्ता को बनाये रखने के लिए कुछ ऐसे उपायों की ओर भी ध्यान दिया जाना उचित प्रतीत होता है जिससे राष्ट्रीय बचत भी हो और प्रदूषण को भी रोक लग सके। इस हेतु सार्वजनिक वाहन प्रणाली की प्रचुरता आवश्यक है। लोगों में यह मानस बनाना चाहिए कि वे अपने स्वतंत्र वाहन का न्यूनतम उपयोग करें। इससे पेट्रोल व डीजल की बचत होगी, दुर्घटनाओं में कमी आयेगी और प्रदूषण भी कम होगा। साइकिलों के चलन को भी बढ़ावा देना चाहिए। राज्य सरकारें इस हेतु सब्सिडी (अनुदान) देने की बात पर भी विचार कर सकती हैं।

वाहन प्रदूषण को कम करने हेतु कुछ सुझाव यहां दिये जा रहे हैं, जिनके आधार पर हम इस संकट से जूझने में अपने स्तर पर भी कुछ योगदान कर सकेंगे-

1. वाहन में ईंधन प्रमाणिक पेट्रोल पम्प से ही सीधे भरवावें। खुले अथवा टिनों में रखे ईंधन से बचें।
2. वाहन की नियमित जांच करायें; टयूनिंग सही रखें।
3. गाड़ी के पहियों में हवा निर्धारित मानदण्ड के अनुसार अवश्य रखें।
4. वाहन को अभिशंचित गति से ही चलायें।
5. निरर्थक क्लच तथा ब्रेक्स का उपयोग न करें।
6. उत्सर्जन मानदण्ड के गड़बड़ा जाने पर कुशल मैकेनिक से वाहन की जांच करायें।
7. स्पार्क प्लग वर्ष के अन्त में बदल दें।
8. कभी-कभी साइलेन्सर में अधिक कार्बन आ जाने से गाड़ी को नियमित गति नहीं मिलती है, अथवा वह चलते-चलते रुक जाती है। इसकी सफाई का भी ध्यान रखें।
9. निर्धारित अथवा अभिशंषित भार से अधिक गाड़ी को लोड न करे।
10. गाड़ी के ईंधन में आवश्यकतानुसार मोबिल ऑयल मिलाना न भूलें, इससे इंजन सुरक्षित रहता है और टूट-फूट भी कम होती है।

हमें यह बात ध्यान में रखनी है कि वाहन हमें सहयोगी बन, सुविधा तो अवश्य दें, लेकिन प्रदूषण का कारण न बनें। बढ़ती जनसंख्या और वैज्ञानिक प्रगति का तालमेल तभी उचित रूप से संभव है जब हम स्वयं उसके कार्य-कलापों में पूरा सहयोग दें।

ध्वनि प्रदूषण (Noise Pollution)

विज्ञान की निरन्तर प्रगति के साथ ही मनुष्य को जीवन के हर क्षेत्र में अनेक उपलब्धियां मिली हैं। पर वहीं उसे अनेक कठिनाइयों का सामना भी करना पड़ा है तथा अनेक परेशानियों भी विरासत में मिली हैं। सुनने के लिये आवश्यक ध्वनि यंत्रों ने जहां जीवन को प्रसन्नचित्त, आनन्दमय और सुख से जीने के साधन दिये हैं, वहीं उनके गलत उपयोग से मन को व्याकुलता, शरीर को कष्ट और अनचाहे क्षणों में जीने की विवशता भी मिली है।

तेज आवाज में संगीत, आवागमन के साधनों की असह्य आवाज, कारखानों की लगातार चलती मशीनों की तीव्र ध्वनि, भीड़भाड़ का कोलाहल, सभी ने तो मनुष्य को अत्यधिक व्यथित कर दिया है। इन सबका सीधा प्रभाव कानों की श्रवण शक्ति पर पड़ा है। ऊँचे सुनने से जहां मनुष्य की मानसिकता में हीनभावना का प्रवेश होने लगता है वहीं तेज ध्वनि से उच्च रक्तचाप, अल्सर, हृदयाघात, मानसिक विकार और ऐसे ही अनेक रोग होना पाये जाते हैं।

वस्तुत: यह ध्वनि विकार है जो अदृश्य है और अत्यधिक प्रभावी है। इसे ध्वनि प्रदूषण (Noise Pollution) का नाम दिया गया है, जिस पर हम यहां बिन्दुवार चर्चा करेंगे।

(अ) ध्वनि प्रदूषण के मुख्य स्रोत (Chief Sources of Noise Pollution)

सुविधा की दृष्टि से ध्वनि प्रदूषण के स्रोतों को दो भागों में बांटा जा सकता है–

(1) प्राकृतिक (Natural) और

(2) मनुष्य द्वारा उत्पादित (Man Generated)।

1. प्राकृतिक स्रोत (Natural Sources)–इस श्रेणी में प्राकृतिक प्रकोप जैसे– आंधी, तेज वर्षा, तूफान, भूकम्प बिजली की कड़कड़ाहट आदि आते हैं।

2. मनुष्य द्वारा उत्साहित स्रोत (Man Generated Sources)–इस संवर्ग में कारकों की संख्या अनगिनत है जिन्हें हम कुछ मोटे शीर्षकों में समेकित कर सकते हैं–

(*i*) **परिवहन के साधन (Means of Transport)**–ट्रक, कारें, स्कूटर, मोटर साइकिल, मोपेड, बसें, एवं अन्य स्वचालित वाहन जैसे हवाई जहाज, रेलगाड़ी आदि।

(*ii*) **कारखाने और उद्योग (Factories and Industries)**–मशीनें, साइरन, जेनेरेटर्स एवं अनेक यांत्रिक उपकरण।

(*iii*) **मनोरंजक के साधन (Means of Amusement)**–रेडियो, टी.वी., टेप-रिकार्डर, ट्रांजिस्टर आदि; नृत्य व डिस्को संगीत।

(*iv*) **घरेलू उपकरण (Domestic Appliances)**–वाशिंग मशीन, कूलर्स, लानमूवर्स, मिक्सी, प्रेशर कुकर, वैक्यूम क्लीनर, एअरकंडीशनर्स आदि।

(*v*) **पूजास्थल पर के उपकरण (Prayer Instruments)**–हारमोनियम, ढोलक, तबला, घुंघरू, लाउडस्पीकर्स।

(*vi*) **सैनिक अभ्यास की वस्तुएं (Material of Infantry Exercise)**–टैंक, मशीनगनें, हथगोले, अभ्यास में विस्फोटक सामग्री।

इसके अलावा भी आटे की चक्की, मकानों का निर्माण (आर॰सी॰सी॰ डालना) आदि अनेक और भी स्रोत हैं। शहरी भीड़, चहल-पहल भरे बाजार, सिनेमागृह, बड़े-बड़े भाषणों के आयोजन भी ध्वनि प्रदूषण फैलाते हैं।

(ब) ध्वनि प्रदूषण का प्रभाव (Effect of Noise Pollution)

ध्वनि प्रदूषण से मनुष्य पर शारीरिक तथा मानसिक दोनों प्रकार का प्रभाव पड़ता है जो ध्वनि की तीव्रता के आधार पर कम और अधिक भी होता है और अलग-अलग प्रकार का भी। साथ ही प्रभाव का परिणाम निम्नलिखित बातों पर भी निर्भर करता है–

1. अवधि (अन्तराल),
2. दिन में या रात में किस-किस समय,
3. स्थान का सम्पूर्ण शोर स्तर,
4. ध्वनि की तीव्रता, आवृत्ति स्तर,
5. नियमित जीवन की कार्यशैली,
6. व्यक्ति की संवेदनशीलता (सहने की क्षमता),
7. व्यक्ति की आयु, और
8. सुरक्षा के उपकरण की क्षमता एवं विश्वसनीयता।

कुछ और भी बिन्दु इसमें शामिल किये जा सकते हैं जिनके आधार पर ध्वनि प्रदूषण का प्रभाव सम्भव है।

1. शारीरिक प्रभाव (Physical Effects)–ध्वनि प्रदूषण का सबसे हानिप्रद प्रभाव श्रवण-यंत्र (श्रवणेन्द्रिय) अथवा कानों पर पड़ता है। बहुत तेज आवाज से अथवा ऐसी जगह काम करने या रहने से जहां निरन्तर अधिक शोर रहता है, कान का पर्दा फट जाता है या फट जाने का भय रहता है। अतः कम सुनाई देना, कानों में सीटी की आवाजों का आना, कान का सुन्न हो जाना प्रायः हो जाता है। ऐसी

भी स्थिति सम्भव है कि बिल्कुल ही सुनाई न देने लगे।

अन्य शारीरिक प्रभावों में यह पता लगाया गया है कि शोर हृदय, पाचन-तंत्र तथा तान्त्रिक तंत्र पर भी प्रभाव डालता है। अधिक शोर में रहने वाले व्यक्ति में रक्तचाप का बढ़ना, हृदय गति का तेज होना और दिल के दौरे के पड़ने की सम्भावना रहती है। पाचन-तंत्र के गड़बड़ा जाने से अल्सर हो जाता है। स्नायुतंत्र विशेषज्ञों के अनुसार शोर पीड़ितों में सिर दर्द, बेचैनी, चक्कर आना, जी मिचलाना और थकान के अलावा एक खास प्रकार की मिर्गी भी आ सकती है। इस प्रकार के रोगी को चर्च की घंटियों, पाप संगीत और पियानों की आवाज से दौरे पड़ने लगते हैं।

तेज शोर से वार्तालाप करने में जोर लगाने से स्वर यंत्र में सूजन आ जाती है, गले में खराश हो जाती है जो बाद में स्थाई रोग बन जाता है। ध्वनि प्रदूषण से आंखों पर भी बुरा प्रभाव पड़ता है। आंखों की पुतली का आकार छोटा हो जाता है। रंग पहचानने की क्षमता में कमी आ जाती है तथा रात्रि में दृष्टि क्षमता कम हो जाती है। शरीर की बाहरी त्वचा में रोग प्रतिरोधक क्षमता कम होना तथा बारीक चर्म पर्त उतरने की आशंकाएं भी बनी रहती हैं।

2. मानसिक प्रभाव (Mental Effects)–अधिक शोर से व्यक्ति में सहन शक्ति की कमी, चिड़चिड़ापन, बात-बात पर चीखना, अनिद्रा, भ्रम, एकाग्रता में कमी तथा कार्यक्षमता में कमी आ जाती है। बौद्धिक क्षमता का ह्रास हो जाता है।

(स) ध्वनि प्रदूषण से बचने के उपाय

(Precautionary Measures of Noise Pollution)

ध्वनि प्रदूषण से मनुष्य को कितनी और किस-किस प्रकार की हानि हो सकती है। इसकी जानकारी के बाद यह तो निश्चित रूप से कहा जा सकता है कि पर्यावरण के क्षेत्र में यह दिखाई न देने वाला यह मीठा जहर है जो अनजाने ही लोगों को धीमे-धीमे मृत्यु तक पहंचा सकता है। इस पर बहुत गहराई से चिन्तन करना चाहिए तथा इससे बचने के व्यापक उपाय किये जाने चाहिए–

1. शोर का ध्वनि स्रोत पर ही नियंत्रण–शोर जिस यंत्र या उपकरण से हो रहा है उन यंत्रों/उपकरण/मशीनों को इस प्रकार डिजाइन किया जाना चाहिए जिससे शोर उत्पन्न करने वाले उपकरणों जैसे–ट्रक, बस, स्कूटर, मोटरसाइकिल, मोपेड, मशीनें, वायुयान आदि के इंजनों को या तो शोर नियंत्रण कवचों से ढंका जा सके जिससे शोर कम हो जाये या फिर शोर न करने वाले इंजन तैयार किये जायें। मोटर साइकिल, स्कूटर, गाड़ियों के साइलेन्सरों की नियमित चैकिंग हो, जिससे शोर कम हो। सायरन, हार्न आदि का प्रयोग आबादी क्षेत्र में प्रतिबन्धित हो।

वृक्षों की गहरी मोटी पट्टी शोर को कम करती है। उद्योगों के निकट तथा सड़क के दोनों ओर वृक्ष लगाये जाने चाहिए। थोर, तेंदू, बेलपत्र, जामुन, ग्वारपाठा, केबड़ा, आम, कनेर, पीपल, कुरन्ज, यूकेलेप्टिस, आसापाला, नीम, पापड़ीं, रोहणी, इमली और गुलमोहर आदि अच्छे ध्वनि चूषक हैं।

2. शोर को फैलने से रोकना–कमरों, कारखानों की दीवारों में ध्वनि अवशोषक पदार्थों का उपयोग करके शोर को फैलने से रोका जा सकता है। जो व्यक्ति अधिक शोर वाले स्थानों (फैक्ट्री, औद्योगिक संस्थान, एयरपोर्ट, एक्सप्लोजन (Explosion) कार्य आदि पर कार्य करते हों, उन्हें कानों के 'ईयर प्लगस' की सुविधा दी जानी चाहिए। ऐसी व्यवस्था भी शोर के प्रभाव को कम कर सकती है जिससे कर्मचारी को एक साथ बहुत लम्बे समय तक शोर के स्थान पर न रहना पड़े या कार्य न करना पड़े।

3. शोर की अभिशंषित सीमाओं का पालन करना–हम यह पहले बता चुके हैं कि एक औसत व्यक्ति के ध्वनि की श्रवण क्षमता, जिसे वह दिन-प्रतिदिन के काम में स्वीकार करता है, 80 डीबी होती है। ध्वनि आवृत्ति 1000 हर्ट्ज स्वीकारी गई है, लेकिन यह भी हर स्थिति में समान नहीं होती है। स्थान (होटल, सोने का कमरा, पुस्तकालय, अस्पताल आदि), समय (प्रात:, दोपहर, सायं, रात्रि, अर्द्धरात्रि आदि), आये (बालक, जवान व वृद्ध) और मानसिक स्थिति का भी आवश्यक असर होता है। कभी कम ध्वनि भी प्रदूषण का माध्यम बन जाती है और कभी अधिक आवाज भी टाल दी जाती है।

प्रात: उठते ही चिड़ियों की चहचहाहट अथवा अलार्म घड़ी की आवाज से हमारी दिनचर्या प्रारम्भ होती है, जो घूमने के समय कुत्तों के भौंकने, गाय के रम्भाने, दिन में सड़कों पर के यातायात (कार, बस, ट्रक, मोटर साइकिल आदि) और रात को घर पर मनोरंजन (रेडियो, टीवी, टेपरिकॉर्डर, डैक) के साथ समाप्त होती है। यहीं नहीं बल्कि, खाना बनाते और खाते समय बर्तनों का खटकना-टकराना, आपसी वार्तालाप हंसी-मजाक में भी आवाज ही आवाज रहती है। इसे हम देख नहीं सकते और न ही इसमें कोई भार अथवा आयतन होता है। इस अहसास को ही जिसे हम केवल सुन सकते हैं, 'ध्वनि' कहते हैं।

कई वैज्ञानिकों ने 'ध्वनि' को निम्न प्रकार परिभाषित करने का प्रयास किया है–

1. 'A sound is something that you can hear.'

(ध्वनि कुछ ऐसी चीज है जिसे हम सुनते हैं)

2. 'Whenever you hear, it is sound.'

(जब कभी हम सुनते हैं, वह ध्वनि होती है।)

इस ध्वनि के कुछ गुण एवं क्रियाकलापों की हम यहां संक्षिप्त में चर्चा करेंगे–

ध्वनि (Sound)

(अ) उत्पत्ति (Origination)–जब कभी कोई वस्तु गिरती है, किसी अन्य वस्तु से टकराती है, गति करती है, तभी आवाज सुनाई पड़ती है। बोलने, संगीत उपकरणों से निकलते स्वर, पशु-पक्षियों की आवाजें, बस, रेल, वायुयान से उत्पन्न कोलाहल से भी आवाजें आती हैं। पर यह आवाजें हमें तभी सुनाई पड़ती है जब उस वस्तु से हम तक किसी प्रकार पहुंच पाती है। यह आवाज (ध्वनि) का पहुंचना बहुत ही सामान्य लेकिन सम्पूर्ण वैज्ञानिक प्रक्रिया है।

जब किसी वस्तु से आवाज उत्पन्न होती है तब वह कम्पित होने लगती है। यह कम्पन उस वस्तु के आसपास की वायु में कम्पन पैदा कर देती है जो वस्तु के केन्द्र से सभी दिशाओं में फैलने लगती है। यही कम्पन जब हमारे कानों तक पहुंचते हैं तो मस्तिष्क इन्हें 'ध्वनि' की संज्ञा देकर प्रसारित कर देता है और हम उस आवाज को कानों की सहायता से सुन लेते हैं। इसीलिये ध्वनि उत्पत्ति के लिये कहा जाता है कि 'कम्पन से ही ध्वनि उत्पन्न होती है।' (Every sound is generated by only vibration of some object.)।

इसी आधार पर ही ध्वनि को निम्न प्रकार भी परिभाषित किया गया है–

'Sounds are the vibrations that are propagated from the object to reach us.'

(ध्वनि वस्तु से प्रसारित होने वाले कम्पन हैं, जो हम तक पहुंचते हैं।)

(ब) महत्त्व (Importance)–प्राणी मात्र के लिये सुखी जीवन जीने के लिये अनेक चीजों की सहायताओं की आवश्यकता होती है। उनमें से सुनना भी ऐसा एक महत्त्वपूर्ण साधन है जिसे अनुपस्थिति की सामान्यतया कोई कल्पना नहीं करता है। इसके महत्त्व को हम क्रमबद्ध करने का प्रयास ही कर सकते हैं–

1. ध्वनि बोलने की क्रिया से अन्य व्यक्तियों या प्राणियों से सम्पर्क बनाये रखती है। अन्य व्यक्तियों को भी ध्वनि ही हमसे जोड़े रखती है।
2. ध्वनियां, जो किसी संगीत उपकरण अथवा मधुरभाषी पक्षियों से सुनने को मिलती है, हमें प्रसन्नता और आनन्द प्रदान करती है।
3. रेडियो, दूरदर्शन के प्रसारण ध्वनि के द्वारा ही हमें पूरे विश्व की गतिविधियों से परिचित कराते हैं।

4. ध्वनि अपनी अलग पहचान से विभिन्न आवाजों के आधार पर विभिन्न प्राणियों की आवाज अथवा वस्तुओं की उपस्थिति से अवगत करा देते हैं।
5. अनेक भयानक आवाजें जैसे कार, बस, ट्रक के हार्न, बिजली की कड़क, अग्निशमन वाहन की घंटियां, शेर की दहाड़ हमें किन्हीं अनजाने अंदेशों से अवगत कराते हैं।
6. ध्वनि से किसी भी वस्तु (Object) की दूरी का भी पता अनुमान से लग सकता है।
7. आज वर्तमान में तो अनेक चिकित्सीय क्रियाकलापों में ध्वनि की तीव्रता का उपयोग होने लगा है।
8. ध्वनि ही पुरुष और स्त्री स्वर को पहचान कर व्यक्ति विशेष की पहचान कर सकता है, आदि।

इससे स्पष्ट है कि ध्वनि हमारी दिनचर्या का एक आवश्यक साधन है जिससे प्रत्यक्ष अथवा अप्रत्यक्ष रूप से अनेक गतिविधियां परस्पर सम्बन्धित होती है।

(स) गति (Movement of Speed)–दैनिक जीवन में हम देखते हैं कि आवाज का स्रोत कहीं होता है और उसे सुनने वाला प्राणी (मनुष्य व पशु) कहीं अलग स्थान पर होता है। निश्चित है कि वह आवाज स्रोत से मनुष्य तक चलकर आती है। यही ध्वनि की गति (Speed) कहलाती है। चूंकि आवाज स्रोत से कम्पन द्वारा आगे बढ़ती है, अत: कम्पन से ही ध्वनि एक स्थान से दूसरे स्थान तक पहुंचती है।

कम्पन को जानने के लिये एक बड़ा कंकड़ अथवा पत्थर का टुकड़ा स्थिर पानी में डालें। हम देखेंगे कि उस बिन्दु से, जहां पर कोई वस्तु डाली गई थी लहरें उठना प्रारम्भ होती हैं और वह केन्द्र बिन्दु से निरन्तर आगे बढ़ती जाती है। ध्वनि का लहरों के माध्यम से बढ़ना उसकी गति (Speed) कहलाती है। इसी आधार पर ध्वनि की भी नई परिभाषा मिल गई है–

'A sound is something that we can hear which is propagated through waves produced from some object.'

(ध्वनि एक ऐसी वस्तु है जो किसी स्रोत से उत्पन्न होकर लहरों द्वारा प्रसारित होती है, जिसे हम सुन सकते हैं।)

यह उदाहरण पानी में पत्थर से उत्पन्न लहरों (तरंगों) पर आधारित था, अत: वहां ध्वनि प्रसारण का माध्यम पानी रहा, लेकिन जब हम परस्पर बातें करते हैं अथवा धरातल पर कोई आवाज सुनते हैं तब ध्वनि का माध्यम वायु ही रहता है।

इसी प्रकार अलग-अलग माध्यम में ध्वनि को सुना जा सकता है, लेकिन इन अलग-अलग माध्यमों में ध्वनि की गति भी अलग-अलग होती है। इन गतियों के लिए साथ दिये ब्लाक को देखें।

ध्वनि विभिन्न माध्यमों में ही प्रसारित होती है, अत: शून्य (Vacuum) अथवा वायुमण्डल परिधि के बाहर (Outer Space) में ध्वनि नहीं होती।

(द) विशेषताएं (Characteristics)–ध्वनि की विशेषताओं को निम्न प्रकार जाना जा सकता है–

1. बारंबारता (Frequency)–किसी वस्तु या स्रोत से उत्पन्न प्रति सेकण्ड कम्पनों की संख्या बारंबारता कहलाती है। (The number of vibrations produced by an object per second is knwon as frequency)। वस्तुत: कम्पन्न तरंगों का निर्माण करती है। प्रत्येक एक तरंग से दूसरी तरंग तक की दूरी तरंगदैर्ध्य (Wavelength) के नाम से जानी जाती है। यह कितनी तरंगे प्रति सेकण्ड में बन रही हैं, इसे ध्वनि की बारंबारता कहते हैं।

यह hertz में मापी जाती है। एक कम्पन प्रति सेकण्ड को एक hertz के माप से पुकारते हैं। सामान्यतया, मनुष्य 20 से 20,000 hertz तक की ध्वनि सुन सकता है, लेकिन कुछ पशु जैसे कुत्ता, पक्षी, जैसे चमकादड़ इससे कहीं अधिक ध्वनि सुन सकते हैं। 15,000 hertz से अधिक स्तर की ध्वनि मनुष्य के श्रवण यंत्र को हानि पहुंचा सकते हैं।

2. तारत्व (Pitch)–ध्वनि की बारंबरता ही ध्वनि के उतार-चढ़ाव (Lowness or highness) को निर्धारित करती है। इसे तारत्व (Pitch) कहते हैं। बारंबारता अधिक होगी तो तारत्व भी अधिक होगा जबकि इसके विपरीत नीचे स्वर की ध्वनि (कम तारत्व) की बारंबारता भी कम होगी।

3. तीव्रता (Intensity)–ध्वनि तरंगों के साथ कितनी शक्ति प्रवाहित हो रही है, यह ध्वनि की तीव्रता कहलाती है। (The intensity of a sound is related to the amount of energy flowing through the sound waves)। यह तीव्रता कम्पन के उस उच्चतम स्तर पर निर्भर करती है जिससे ध्वनि तरंगें उत्पन्न होती हैं। इसे प्रचुरता या विस्तीर्णता (Amplitude) कहा जाता है।

4. प्रबलता (Loundness)–यह ध्वनि के उस स्तर का ज्ञान कराती है जिस शक्ति (तीव्रता या (intensity) से वह हमारे कानों को सुनाई पड़ती है। यह तीव्र (high) और मंद (low) हो सकती है। इसे डेसीबल (dB) में मापा जाता है जिसे अलेक्जेण्डर ग्राहम बैल ने अपने शोध से निर्मित ध्वनि मापन यंत्र के आधार पर प्रस्तुत किया।

एक बैल (एक बैल का दसवां भाग) उस आवाज की तीव्रता का न्यूनतम माप है जो एक मनुष्य के द्वारा सुना जा सकता है। 'डेसीबल मापी' लघुगुणक सिद्धान्त पर आधारित है जिसके अनुसार 10 dB बढ़ने पर 10 गुना, 20 dB बढ़ने पर 100 गुना और 30 dB बढ़ने पर 1000 गुना हो जाती है। उदाहरण के लिये, फुसफुसाहट (Whisper) 10 dB, ध्यानमग्न दो व्यक्तियों की बातचीत 20 dB तथा सामान्य समूह में वार्तालाप 30 dB होता है। एक सामान्य मनुष्य के लिये 70-80 dB के मध्य की ध्वनि उचित एवं उपयुक्त होती है। इसे मनुष्य की सहन सीमा (Tolerance Level) भी माना गया है।

विभिन्न स्रोतों से उत्पन्न ध्वनियों की तीव्रता या प्रबलता (Intensity or Loudness) को यहां नीचे की सारणी में समेकित किया गया है–

5. गुणवत्ता (Quality)–हर ध्वनि की अपनी अलग पहचान होती है, जिससे तत्काल यह जाना जा सकता है कि यह ध्वनि किसकी है? अपने कमरे या किसी विशेष स्थान पर बैठे-बैठे मनुष्य, पशु, रेलगाड़ी, भूकम्प, बिजली की कड़क, वस्तु के गिरने-टूटने, संगीत उपकरण आदि की आवाजें पहचान जाना सामान्य बात है। यही नहीं, बल्कि दो व्यक्तियों में भी आवाज के आधार पर किसी व्यक्ति विशेष को पहचाना जा सकता है। संगीत ध्वनियों में तो उपकरणों की जानकारी तथा विशेष राग-रागनियों की पहचान इसी विशेषता पर आधारित है।

(6) वर्गीकरण (Classification)–ध्वनि को सुने जाने के आधार पर दो वर्गों में विभाजित किया गया है–

(1) संगीतात्मक ध्वनियां (Musical Sounds) और

(2) शोर अथवा कोलाहल (Noise)।

यह ध्वनियां किसी भी प्रबलता की हो सकती हैं। कभी कम प्रबलता की ध्वनि अप्रिय लगने लगती है तो कभी तीव्र प्रबलता की ध्वनि आनन्ददायक और प्रियकर। इनको संक्षिप्त रूप से निम्न प्रकार से व्यक्त कर सकते हैं–

1. संगीतात्मक ध्वनियां (Musical Sounds)–यह वह ध्वनियां हैं जो आनन्द दायक और मनलुभावनी (Pleasant and Interesting) होती हैं। गायन (Singing), वादन (Instruments Playing) और नृत्य (Dance) इसके अन्तर्गत आते हैं। रेडियो, टीवी, डैस्क म्यूजिक से निकलने वाला संगीत और कुछ कोयल, मोर और पक्षियों की आवाजें इसी प्रकार की ध्वनियों में सम्मिलित की जा सकती हैं। पर इसमें भी आवाज की प्रबलता (Loudness and Pitch) की बहुत प्रभावी भूमिका रहती है। उदाहरण के लिये, ऊँचे स्वर का पॉप संगीत (Pop Music) सिर दर्द बन जाता है, वहीं धीमी आवाज की गजलें मन मोह लेती हैं।

2. शोर अथवा कोलाहल (Noises)—यह ध्वनियां अप्रिय परेशानी और बेचैन करने वाली आवाजें (Unpleasant, Annoying and Distracting Sounds) हैं जिनसे मन व्याकुल हो उठता है। इन ध्वनियों को निम्न प्रकार से व्यक्त किया जा सकता है—

— A harsh disagreeable sound. (एक अप्रिय अरुचिकर ध्वनि)।

Chambers 21st Century Dictionary : Allied Chambers (India), New Delhi, 1997.

— 'A sound especially one that is loud, unpleasant or disturbing.'

(एक ध्वनि जो विशेषतः तीव्र, अप्रिय और बेचैनी वाली हो।)

Concise oxford dictionary : Oxford University Press, X Edition (2001) great charendon street, Oxford ox 2CDP.

— 'A sound that is undesired by the recipient.'

(एक ध्वनि जो प्रापक द्वारा अनचाही हो।)

A New Dictionary of Physics, ed. H.J. Gray and Alkan Isaacs Longmans Group limited London, 1975.

ध्वनि माप की भाषाओं में सामान्यतया 80 dB से अधिक तीव्रता की ध्वनियां शोर के दायरे में आती हैं।

विभिन्न स्थानों पर अभिशंषित और स्वीकार किये जाने योग्य ध्वनि सीमा निम्नांकित तालिका में दर्शाई गई है—

कोई भी ध्वनि स्रोत कितने समय तक आवाज करता है यह भी बहुत महत्त्वपूर्ण है। अधिक तीव्रता वाली ध्वनि यदि अधिक देर तक सुनी जाये तो उसे हानिप्रद की श्रेणी में रखेंगे। 'लोहानी' ने अन्तर्राष्ट्रीय स्तर पर स्वीकार्य योग्य शोर सीमा की अवधि को निम्न प्रकार प्रस्तुत किया है—

इससे यह स्वतः ही स्पष्ट है कि अधिक देर तक आवाज में चलने वाला डिस्को, जो सामान्यतया रुचिनुकूल भी है, से भी श्रोता क्यों परेशान हो जाते हैं? 140 डीबी के आसपास ध्वनि वाले जैट हवाई जहाज की आवाज को असहाय होते हुए भी इसलिये सहन कर लेते हैं क्योंकि उसके उतरने व चढ़ने की कुल समयाविधि 1 मिनट से भी कम होती है।

3. ध्वनि प्रदूषण के बारे में शिक्षित करना—सभी स्तर व सभी आयु वर्गों के लोगों को ध्वनि प्रदूषण के कारण और उससे होने वाले दुष्परिणामों के बारे में यथेष्ट जानकारी दी जानी चाहिए। समाचार-पत्र, पत्रिकाएं, रेडियो कार्यक्रम, टीवी सीरियल, फिल्म डोक्युमेन्टरीज पोस्टर्स आदि कई प्रभावी विधाओं को अपनाया जा सकता है। जैसे-जैसे लोगों को इस अदृश्य प्रदूषण की जानकारी मिलेगी, वैसे-वैसे

उनमें शोर से बचने का मानस बनेगा और ध्वनि प्रदूषण से उन्हें राहत मिलेगी।

विद्यालयों में बच्चों को ध्वनि प्रदूषण के बारे में जानकारी देनी चाहिए तथा उन्हें व्यवहार में ढालने को प्रेरित करना चाहिए। वह कक्षा में, पुस्तकालय में क़म बोलें, धीमे स्वर में बोलें। यह प्रभाव उन्हें घर पर भी धीमे बोलने को प्रेरित करेगा।

4. व्यवस्थाओं में अपेक्षित परिवर्तन करना–शोर से हाने वाला परिणाम (ध्वनि प्रदूषण का हानिकारक असर) तो उन पर पड़ना ही है, जो वहां रहते हैं अत: जहां व्यक्तिगत सम्भव हो वहां स्वयं और जहां सरकार अथवा संस्थान के अधिकारी प्रभारी हों उन्हें उन व्यवस्थाओं में परिवर्तन कर लेना/देना चाहिए जिससे शोर का न्यूनतम असर पड़े।

कुछ बातें यहां सुझाई गई हैं–

1. ट्रकों व अन्य भारी वाहनों को यथासम्भव आबादी वाले भागों से निकलने पर रोक लगे। वाहनों के हार्न्स भी तेज आवाज वाले (एयर हार्न्स) न हों। दुपहिया स्वचालित वाहन एवं अन्य कारें, बसें आदि के साइलैन्सरों की नियमित जांच हो जिससे तेज आवाजों से बचा जा सके। अधिक आवाज वाले कारखाने व उद्योगों को शहर से काफी दूर स्थानान्तरित कर दिया जाना चाहिए।
2. वृक्ष भी ध्वनि का अवशोषण करते हैं। बड़ी-बड़ी फैक्ट्री कारखानों के बाहर वृक्षों की मोटी परतों का रोपण करना चाहिये। वृक्ष ध्वनि की तीव्रता को भी कम करते हैं अनेक प्रकार की जहरीली गैसों को अवशोषित कर लेते हैं तथा मन भाता वातावरण भी बनाये रखते हैं।

5. ध्वनि प्रदूषण और कानून–जैसे किसी भी समस्या को ठीक से व्यवस्थित करने के लिए कानूनी प्रावधान रखे गये हैं उसी प्रकार ध्वनि-प्रदूषण को रोकने के लिए भी कानून बनाये जाने आवश्यक हैं। अनेक देशों में ऐसे कानून बने हैं और अन्य में इस प्रदूषण को अत्यन्त हानिकारक मानकर बनाये जा रहे हैं। इंग्लैण्ड में शोर रोकथाम अधिनियम, 1960 (नॉइज एबेटमेंट एक्ट, 1960) बना है जिसमें रात्रि को 9 बजे से प्रात: 9 बजे तक ध्वनि विस्तारक यंत्रों पर रोक है। अमेरिका में ध्वनि प्रदूषण की रोकथाम के लिए शोर नियंत्रण अधिनियम, 1972 (नॉइज कन्ट्रोल एक्ट, 1972) बनाया है। जापान में मूल कानून में प्रदूषण नियंत्रण के सन्दर्भ में पर्यावरणीय जागृति व नियंत्रण हेतु यथेष्ट प्रावधान है।

लेकिन भारत में शोर नियंत्रण के सन्दर्भ में कोई अलग से स्पष्ट केन्द्रीय कानून नहीं है। अभी हाल में ही पर्यावरण संरक्षण अधिनियम, 1986 (एनवायरमेंटल

प्रोटेक्शन एक्ट, 1986) में ऐसी व्यवस्था रखी गई है जिसमें किसी भी प्रकार के प्रदूषण के सन्दर्भ में नियम बनाये जा सकते हैं और उन पर विधि संगत कठोरता से पालन किया जा सकता है। इस अधिनियम के तहत इसके सेक्शन 15 में नियमों के पालन न करने पर कड़ी सजायें प्रस्तावित हैं। कानून की अवहेलना पर दोषी व्यक्ति को 5 वर्ष तक की सजा या एक लाख रुपये तक का आर्थिक दण्ड या दोनों ही दी जा सकती हैं। पहली सजा के बाद भी यदि प्रदूषण जारी रहता है तो दोषी व्यक्ति को और आर्थिक दण्ड दिया जा सकता है, जो पांच हजार रुपये प्रतिदिन तक हो सकता है। यदि प्रदूषण एक वर्ष तक की अवधि से आगे भी चलता है तो दोषी को सात वर्ष तक की कैद दी जा सकती है। पर आज इस अधिनियम के तहत ध्वनि प्रदूषण के सन्दर्भ में नियम बनाकर उन्हें संसद में पारित कराने की महती आवश्यकता है।

इससे पूर्व शोर के सन्दर्भ में जन-उपद्रव को रोकने के लिए सुझाये इंडियन पेनल कोड के सैक्शन 268 अथवा क्रिमीनल प्रोसीजर कोड, 1973 के दसवें अध्याय के सैक्शन 133 तथा ग्यारहवें अध्याय के सैक्शन 144 को काम में लिया जाता था। इनकी सजायें इतनी कम थीं कि इनका कोई महत्त्व ही नहीं था।

राज्य स्तर पर मध्य प्रदेश ने 'संगीत और शोर नियंत्रण अधिनियम, 1950 (कन्ट्रोल ऑफ म्यूजिक एण्ड नॉइजेज एक्ट, 1950), बिहार सरकार ने 'ध्वनि विस्तारक यंत्र व : बजाने पर नियंत्रण अधिनियम, 1955 (कन्ट्रोल ऑफ दी यूज ऑफ प्ले लाउड स्पीकर एक्ट, 1955) और राजस्थान सरकार ने शोर नियंत्रण अधिनियम, 1963 (नॉइज कन्ट्रोल एक्ट, 1963) बनाये थे, पर उनकी व्यापकता यथार्थता सिद्ध नहं हो सकी और किसी न किसी प्रकार यह प्रभावहीन रहे हैं।' ध्वनि प्रदूषण को कम करने और उससे बचने के लिए हर स्तर पर बहुत चिन्तन की आवश्यकता है।

सामान्य प्रदूषण (General Pollution)

जब कोई वस्तु किसी अन्य अनचाहे पदार्थों से मिलकर अपने भौतिक, रासायनिक तथा जैविक गुणों में परिवर्तन ले आती है और वह या तो उपयोग के काम की नहीं रहती अथवा स्वास्थ्य को हानि पहुंचाती है, तो वह प्रक्रिया और परिणाम दोनों ही 'प्रदूषण' (Pollution) कहलाते हैं।

वह पदार्थ अथवा वस्तुएं जिनसे प्रदूषण होता है 'प्रदूषक' (Pollutants) होते हैं। प्रदूषण की ऐसी ही व्याख्या अनेक स्थानों पर मिलती है। "प्रदूषण अनचाही वस्तुओं के मिलने से होता है जिससे प्राकृतिक अथवा मानवकृत पर्यावरण पर विपरीत प्रभाव पड़ता है।" "वायु, जल और भूमि में किसी भौतिक, रासायनिक अथवा

जैविक अनचीते परिवर्तन से जिससे प्राणीमात्र के स्वास्थ्य, सुरक्षा और कल्याण को प्रभावी तौर से हानि पहुंचती हो, प्रदूषण कहलाता है।"

इन परिभाषाओं के आधार पर ही हम यह समझ सकते हैं कि मनुष्य की जीवन प्राथमिकताओं में वायु, जल और भूमि की भी यदि निरापदता नहीं है तो एक अच्छे जीवन की कल्पना भी कैसे की जा सकती है? निःसन्देह पर्यावरण के प्रदूषण ने मानव जीवन को संकट में भी डाल दिया है और भयग्रस्त भी बना दिया है।

इससे बचने के लिए जो भी आवश्यक जानकारी एक सामान्य व्यक्ति को अपेक्षित है। वह हम यहां देने का प्रयास करेंगे। (हम यहां यह भी बताना चाहेंगे कि इस पुस्तक में बहुत उच्चस्तरीय जानकारी की आवश्यकता नहीं है, अतः हम इस सामग्री को अत्यन्त व्यवस्थित करके नियंत्रित रूप मे दे रहे हैं।)

भूमि या मृदा प्रदूषण (Land or Soil Pollution)

(अ) भूमि प्रदूषण (Land Pollution)

भूमि के भौतिक, रासायनिक या जैविक गुणों में ऐसा कोई भी अवांछित परिवर्तन, जिसका प्रभाव मनुष्य तथा अन्य जीवों पर पड़े या तथा जिससे भूमि की प्राकृतिक गुणवत्ता तथा उपयोगिता नष्ट हो भू-प्रदूषण कहलाता है।

(ब) भूमि-प्रदूषण के स्रोत (Sources of Land Pollution)

भू-प्रदूषण की समस्या ठोस अपशिष्ट पदार्थों के निक्षेपण की समस्या का ही दूसरा नाम है। वह वृहद् दृष्टिकोण से इसके अन्तर्गत मृदाक्षरण, मृदा के विभिन्न स्रोतों से रासायनिक प्रदूषण, भू-उत्खनन, ज्वालामुखी उद्गार इत्यादि समस्त मानवकृत तथा प्राकृतिक प्रक्रियाओं के फलस्वरूप भूमि से आधारभूत गुणों में होने वाले परिवर्तनों का समावेश भी इस प्रदूषण का कारण बनता है।

सामान्यतया भू-प्रदूषण निम्न कारणों से होता है-

1. घरेलू अपशिष्ट (Domestic Wastes)
2. नगरपालिका अपशिष्ट (Municipal Wastes)
3. औद्योगिक अपशिष्ट (Industrial Wastes)
4. कृषि अपशिष्ट (Agricultural Wastes)
5. अन्य प्रकार (Other Sources)।

1. घरेलू अपशिष्ट–घरेलू अपशिष्ट के अन्तर्गत मुख्यतः सूखा कचरा तथा रसोई का गीला जूठन सम्मिलित होते हैं। सूखे कचरे में झाड़न-बुहारन के फलस्वरूप एकत्रित धूल, रद्दी, कागज, लकड़ी, पत्तियां, कांच या चीनी मिट्टी के टूटे बर्तन,

शीशियां, टीन के डिब्बे, टायर, प्लास्टिक सामग्री आदि होते हैं।

रसोई से निकले पदार्थों में सब्जियां, दालों व फलों के छिलके, सड़े-गले फल, फलों की गुठलियां, चाय की पत्तियां, अण्डों के छिलके तथा खाने के उपरान्त बची जूठन सम्मिलित होती हैं।

घरेलू कूड़ा-करकट 'लापरवाही व अज्ञानतावश' बहुत से लोग अपने घरों से थोड़ी दूरी पर डालते हैं गांवों में तथा छोटे कस्बों में इस कचरे के ढेर देखे जा सकते हैं। इस प्रकार का अव्यवस्थित कचरा भी भू-प्रदूषण का कारण बनता है।

2. नगरपालिका अपशिष्ट–नगरपालिका सम्पूर्ण प्रकार का शहरी कूड़ा-करकट, मानव मल, मरे जानवरों इत्यादि के अपशिष्ट पदार्थों को एक स्थान पर शहर के बाहर डालती रहती है। यह भी भू-प्रदूषण का कारण है।

3. औद्योगिक अपशिष्ट–बढ़ते हुए औद्योगीकरण के कारण बहुत सारे अपशिष्ट होते हैं जो विषैले और हानिकारक होते हैं। जब ये सीधे या पानी के साथ बहकर भूमि पर गिरते हैं तो भूमि प्रदूषण करते हैं।

4. कृषि अपशिष्ट–खेतों में अनावश्यक बचे पौधे के ढेर जब वर्षा के जल के साथ मिलते हैं तो वे सड़ने लगते हैं तथा प्रदूषण का कारण बनते हैं। खेतों में प्रयोग की जाने वाली खादें, कीटनाशकों तथा पेस्टीसाइड्स से भी भू-प्रदूषण होता है।

(स) भूमि प्रदूषण का नियंत्रण (Control of Soil and Land Pollution)

भूमि पर अधिकांश प्रदूषण ठोस अपशिष्ट (Solid Waste) का होता है जिसे हटाकर दूसरे स्थान पर ले जाने में समय, श्रम और धन तीनों का व्यय होता है, लेकिन इसका कोई विकल्प नहीं है। सामान्यतया इसके तीन चरण होते हैं–

1. अपशिष्ट का संग्रह (Collection of Wastes)
2. अपशिष्ट का निस्तारण (Disposal of Wastes) और
3. संसाधनों की पुनर्प्राप्ति (Recovery of Resources)।

उपर्युक्त वर्णित तीसरे चरण के अनुसार कुछ अपशिष्ट का भाग पुनः चक्रांकित (Recycle) किया जा सके, तो यह सर्वोत्तम है, क्योंकि इससे प्राकृतिक साधनों के संरक्षण को बल मिलेगा।

ध्वनि प्रदूषण (Noise Pollution), वाहन प्रदूषण (Vehicular Pollution) तथा औद्योगिक प्रदूषण (Industrial Pollution) की चर्चा अलग-अलग अध्याय में की गई है। कृपया आगे अध्यायों का अवलोकन करें।

तापीय प्रदूषण (Thermal Pollution)

(अ) कारण (Causes)

इस प्रदूषण का स्रोत मुख्यत: तापीय विद्युत गृह है। इस विद्युत गृह से दो प्रदूषक ही गणना योग्य हैं और वह दोनों ही बहुत भयानक और दूरगामी हानि पहुंचाने वाले हैं। इनमें से–

(1) सम्पूर्ण प्रक्रिया के बाद बहुत अधिक ताप वाले पानी का निकलना और उसका उसी स्रोत में मिल जाना जहां से विद्युत गृह के संयंत्र को चलाने और उसे ठंडा करने के लिए जल लिया जा रहा है।

इससे उस जल के जलीय जन्तुओं पर प्रतिकूल प्रभाव पड़ता है; अनेक जीवन समाप्त हो जाते हैं और मछलियां अथवा अन्य जानवरों लिए यह शून्य स्थल बन जाते हैं, और

(2) उसकी चिमनी से निकलने वाली राख, जो अधिक ताप के कारण भी हानिकारक हैं और जहां बरसती हैं वहां की वनस्पति, पेड़-पौधे और फसलों को नष्ट कर देती हैं।

(ब) सुरक्षा उपाय (Safety Measures)

इसके उपाय निम्न प्रकार सुझाये गये हैं–

(1) संयंत्र से निकलने वाले उच्च ताप के जल को फब्बारे के रूप में अधिक क्षेत्र में फैलने दिया जाये। जब ताप सहन स्तर (Tolerance Level) तक आ जाये तब ही उसे पुन: स्रोत में मिलने दें।

(2) राख का उपयोग अब इमारत बनाने के लिए ईंटों के लिए किया गया है, वह सफल प्रयोग हुआ है। इससे प्रदूषण समस्या भी कम होगी और प्रदूषक का अच्छा प्रयोग भी होगा। राख को अधिक क्षेत्र में बिखरने से रोकने के लिए कुछ कृत्रिम साधन अपनाने होंगे।

पर्यावरणीय प्रदूषण (Environmental Pollution)

धुएं और विभिन्न गैसों से वायु खराब होती है जिससे सांस लेना भी कठिन हो जाता है, वायु में अनेक रसायनों तथा आपत्तिजनक स्रावों से वह दूषित हो जाता है जो पीने के पानी की कठिनाई साथ ही समुद्री जीवों के जीवन को भी नष्ट करता है, तथा अधिक रासायनिक खाद और कीटाणुनाशक दवाइयों से मिट्टी की उर्वरता को हानि पहुंचती है जिससे अन्न उत्पादन में कमी की आशंका भी बनी रहती है। यह तीन प्रकार के प्रदूषण होते हैं–

(1) वायु प्रदूषण (Air Pollution),

(2) जल प्रदूषण (Water Pollution) तथा

(3) भूमि प्रदूषण (Soil Pollution)।

ये प्रदूषण मनुष्य तथा अन्य जीवधारियों के लिये अत्यन्त हानिप्रद है, जिन पर हम आगे चर्चा करेंगे।

इनके अतिरिक्त भी कई प्रकार के प्रदूषण हैं, जिनका प्राणी जीवन पर बहुत कुप्रभाव पड़ता है इन सबकी एक समेकित सूची यहां दी जा रही है।

प्रदूषण के प्रकार (Types of Pollution)

मुख्यत: निम्न प्रकार के प्रदूषणों को पर्यावरण के क्षेत्र में सम्मिलित किया जाता है–

1. जल प्रदूषण (Water Pollution)
2. भूमि प्रदूषण (Land or Soil Pollution)
3. वायु प्रदूषण (Air Pollution)
4. ध्वनि प्रदूषण (Noise Pollution)
5. वाहन प्रदूषण (Vehicular Pollution)
6. तापीय प्रदूषण (Thermal Pollution)
7. विकिरणीय प्रदूषण (Pollution Due to Radiation)
8. समुद्रीय प्रदूषण (Marine Pollution)

वायु प्रदूषण (Air Pollution)

वायु प्रदूषण में प्रदूषक मुख्यतया गैसें होती हैं तथा कुछ ठोस के सूक्ष्म कण होते हैं, जो घरेलू ईंधन के दहन, वाहन से निकलने वाले उत्सर्ग (exhaust), सड़े-गले पदार्थों तथा कूड़े-करकट से निकलने वाली गैसें तथा विभिन्न प्रकार के उद्योगों के संयंत्रों की चिमनियों से निकलने वाले धुएं के रूप में निकलते हैं। इन विभिन्न प्रदूषकों की संख्या अनागनत है और यह अलग-अलग प्रकार से स्वास्थ्य को हानि पहुंचाते हैं। इनमें कुछ मुख्य निम्नांकित सारणाी में समेकित हैं–

(ब) सुरक्षा उपाय (Safety Measures)

1. घरेलू ईंधन दहन से छुटकारा पाना स्वयं ही अपने आप निरन्तर परम्परागत स्रोतों की कमी के कारण हो रहा है। उसके स्थान पर कुकिंग गैस, बायो गैस और सोलर उपकरणों का प्रयोग होने लगा है। पुरानी पद्धति में भी निर्धूम चूल्हे तथा नवीन विकसित प्रणाली के चूल्हे और स्टोव से काफी परिवर्तन आया है।

2. वाहन से निकलने वाले उत्सर्गों के लिए कुछ उपाय वाहन-प्रदूषण वाले अध्याय में दिये हैं। कृपया उसका अवलोकन करें।
3. विशेषत: वायु-प्रदूषण औद्योगिक क्रान्ति के बाद बढ़ा है। विभिन्न प्रकार के संयंत्र अनेक प्रकार के प्रदूषक बाहर निकालते हैं, जिनमें से कुछ के प्रभाव सारणी में दिये हैं। विविध संयंत्रों से निकलने वाले विभिन्न अन्य प्रदूषक तथा उनकी 'सहन सीमा' (Tolerance Level) में रुचि रखने वाले पाठक अपने राज्य के प्रदूषक निवारक एवं नियंत्रण मण्डल (State Pollution Prevention and Control Board) से सम्पर्क कर सकते हैं।

जल प्रदूषण (Water Pollution)

जल प्रदूषण से तात्पर्य उस जल से है जिसमें कोई विजातीय (घुलनशील अथवा अघुलनशील) वस्तु मिल गई हो और जिसमें वस्तुत: उसके भौतिक, रासायनिक एवं जैविक तत्त्वों में परिवर्तन आ जाने के कारण उसके मौलिक गुणों में भी परिवर्तन आ गया हो।

यह जल अपनी गुणवत्ता खो देता है और मनुष्य, पशु-पक्षी, पेड़-पौधे और यहां तक कि कृषि तथा उद्योगों के लिए भी हानि पहुंचाता है। इसे प्रदूषित अथवा अशुद्ध जल कहते हैं।

जो वस्तुएं जल में मिलकर उसे प्रदूषित करती हैं, वह प्रदूषक (Pollutants) कहलाती हैं।

(अ) जल प्रदूषक के कारण (Causes of Pollution of Water)

जल के प्रदूषित होने के कई कारण हैं और उन कारणों के पीछे या तो मनुष्य द्वारा उसका अनुचित उपयोग होता है अथवा उसके कुछ अप्राकृतिक कृत्य इसका कारण बनते हैं। बढ़ती आबादी के साथ अधिक अन्न की आवश्यकता और अनेक अन्य आवश्यक वस्तुओं की पूर्ति हेतु औद्योगिक क्षेत्र की बाहुल्यता ने अप्रत्यक्ष रूप से जल प्रदूषण में भारी वृद्धि की है। इसके अलावा भी दैनिक जीवन में मनुष्य के कार्य करने के साथ-साथ किसी न किसी प्रकार जल प्रदूषित होने की सम्भावना बनी रहती है। इतना समेकित विवरण निम्नांकित है–

1. **मनुष्य के दैनिक कृत्यों से गन्दगी**–हम प्रतिदिन नहाते हैं, कपड़े धोते हैं, भोजन पकाते हैं, बर्तन मांजते हैं। उस सब में पानी का ही प्रयोग होता है। लेकिन उस कार्य के बाद वह पानी प्रदूषित हो जाता है और पीने या अन्य किसी ऐसे कार्य में नहीं आ सकता जहां शुद्ध जल की आवश्यकता हो। अनचाहे जगह मल-मूत्र विसर्जन (विशेषत: पानी के स्रोतों के आसपास) और सीवरेज लाइन से

गन्दा मल और पानी जब अन्य जल स्रोतों में मिल जाता है तब उन स्रोतों का समस्त जल अशुद्ध अथवा प्रदूषित हो जाता है। यह जल प्रदूषण का मुख्य और सबसे बड़ा कारण है।

2. औद्योगिक अपशिष्ट–औद्योगिक इकाइयों द्वारा उपयोग में ले लिये गये जल में अनेक प्रकार के लवण, अम्ल, क्षार, गैसें तथा रसायन घुले होते हैं। जल में घुले हुए ये औद्योगिक अपशिष्ट सीधे ही इकाइयों से निकलकर नदी, तालाब, झील अथवा अन्य जल स्रोतों में प्रवाहित कर दिये जाते हैं जिनसे मनुष्य, जीव-जन्तु, वनस्पति सभी जो उस जल का उपयोग करते हैं, प्रभावित होते हैं। बढ़ते औद्योगीकरण के साथ प्रदूषण की वृद्धि की सम्भावना बढ़ रही है।

3. अपमार्जक (डिटरजेंट)–बढ़ती हुई औद्योगिक प्रगति के फलस्वरूप सफाई के लिए नये-नये अपमार्जक (डिटरजेंट) बाजार में आ गये हैं। इनका उपयोग भी दिनोंदिन बढ़ता जा रहा है। जब अपमार्जक पानी में घुलकर जलाशयों में पहुंचते हैं तो पानी की सतह पर इनके ठोस कणों की पतली पर्तें बन जाती हैं। इन पर्तों के कारण सूर्य का प्रकाश जल में प्रवेश नहीं कर पाता, जिसके परिणामस्वरूप जल में ऑक्सीजन पर्याप्त मात्रा में नहीं घुल पाती और जल प्रदूषित हो जाता है। ऑक्सीजन की कमी होने से जल-जीवों तथा वनस्पति पर हानिकारक प्रभाव पड़ता है।

4. कृषि रसायन–उत्पादन बढ़ाने के लिए खेतों में रासायनिक खादों का प्रयोग दिन-प्रतिदिन बढ़ रहा है। वर्षा के जल के साथ इनकी एक अच्छी मात्रा नदी, तालाबों एवं झीलों या अन्य जल स्रोतों में चली जाती है। इसके फलस्वरूप जल में शैवाल वनस्पति बढ़ जाती है। शैवाल द्वारा अपने विकास में जल की अधिकांश ऑक्सीजन के उपभोग कर लेने से जल में ऑक्सीजन की कमी हो जाती है। इससे जल जीवों तथा मानव पर हानिकारक प्रभाव पड़ता है।

5. कीटनाशी रसायन–फसलों को कीड़ों से बचाने तथा उनके संरक्षण के लिए अनेक प्रकार के कीटनाशक रसायनों का प्रयोग उत्तरोत्तर बढ़ रहा है। खेती में उपयोग के बाद विषैले रसायन वर्षा के पानी में घुलकर नदियों एवं तालाबों तक पहुंचते हैं और जल को प्रदूषित कर देते हैं।

6. औद्योगिक तापीय प्रदूषण–विभिन्न प्रकार के उद्योगों में संयंत्रों को ठण्डा करने के लिए जल का उपयोग किया जाता है तथा उपयोग के बाद उष्ण जल का नदी, तालाबों तथा अन्य जल स्रोतों में प्रवाहित कर दिया जाता है। इससे जल स्रोतों का तापमान बढ़ जाता है और प्राकृतिक संतुलन बिगड़ने से जीवों की क्षति होती है।

7. खनिज तेल–समुद्रों के जल मार्ग में खनिज तेल ले जाने वाले जहाजों के दुर्घटनाग्रस्त होने से अथवा उनके द्वारा भारी मात्रा में तेल के जल सतह पर छोड़ने से तो जल प्रदूषण होता ही है, लेकिन भूमि पर भी तेलों के बिखरने के कारण जल प्रदूषण होता है। भूमि पर बिखरने वाला तेल मिट्टी के साथ बहकर जलाशयों में पहुंचकर प्रदूषण फैलाता है।

8. शवों के जल प्रवाह से प्रदूषण–नदियों के किनारे बसे नगरों में शवों को जल में प्रवाहित किये जाने का प्रचलन है। जीवाणुओं सहित मानव एवं पशुओं के शव नदियों में प्रवाहित कर दिये जाते हैं। इससे नदियों का जल प्रदूषित हो जाता है। कई स्थानों पर जल, अधजली लाश, प्रज्ज्वलित अग्नि और राख को नदी में प्रवाहित कर देते हैं जिससे जल के तापमान में वृद्धि होती है और जल प्रदूषित हो जाता है।

(ब) जल के मुख्य प्रदूषक तत्त्व (Main Pollutants in Water)

जल में मिश्रित प्रदूषक तत्त्व मानव, वनस्पति एवं जीव जन्तुओं पर दुष्प्रभाव छोड़ते हैं। कुछ प्रदूषक तत्त्व तो तत्काल दुष्प्रभाव प्रदर्षित कर देते हैं और कुछ धीरे-धीरे अपना असर दिखाते हैं। जल में मिले हुए प्रदूषक तत्त्वों के शोध प्रभाव के रूप में अनेक बीमारियां जन्म लेती हैं। पानी में मिश्रित तत्त्व जब एक सीमा से अधिक मात्रा में पानी में घुल जाते हैं तो उनका मानवीय स्वास्थ्य पर विपरीत प्रभाव पड़ता है। इनमें से कुछ निम्न हैं–

1. फ्लोराइड (Fluoride)–अकार्बनिक फ्लोराइड बहुत ही जहरीला पदार्थ होता है। इसको लगातार मात्रा लेने से वजन का कम होना, खून की कमी, दांतों की बीमारियां, अंगों का असाधारण विस्तार, हड्डियों का मुड़ जाना, जोड़ों में दर्द आदि बीमारियां हो जाती हैं। फ्लोराइड पश्चिमी राजस्थान के भूमिगत जल में पाया जाता है। जल में फ्लोराइड की मात्रा 1 पी॰पी॰एम॰ से अधिक होने पर बच्चों के दांतों में छेद हो जाते हैं। 1.5 पी॰पी॰एम॰ से अधिक होने पर दांतों पर धब्बे पड़ जाते हैं तथा दांतों की चमक समाप्त हो जाती है और वे पीले पड़ जाते हैं।

2. सीसा (लैड-Lead)–यह एक जहरीला तत्त्व है जो निर्धारित सीमा से अधिक मात्रा में घुलने पर जन-स्वास्थ्य को प्रभावित करता है। इससे जिगर और गुर्दे प्रभावित हो जाते हैं; महिलाओं में गर्भपात तथा हीमोग्लोबिन की कमी और मानसित ह्रास का कारण जैसी बीमारियां हो जाती हैं।

3. पारा (Mercury)–यह प्रोटोप्लाजमिक जहर है जो रक्त संचारण तंत्र में अवशोषित होने के बाद लीवर, गुर्दा, स्पलीन एवं हड्डी में जमा हो जाता है। इससे

मुंह एवं मसूड़ों पर बुरा असर पड़ता है। अम्लीय पारा बहुतं जहरीला होता है। पारे के किसी भी यौगिक की मात्रा लगातार शरीर में जाने से मिनीमाटा रोग हो जाता है।

4. फिनोल (Phenol)–यह कार्बनिक एवं अत्यन्त जहरीला पदार्थ है। यह त्वचा एवं अन्त:झिल्ली को बहुत प्रभावित करता है। 60 इंच क्षेत्र त्वचा पर फिनोल के प्रभाव से ही मनुष्य की मृत्यु हो सकती है। यह गुर्दे, लिवर, स्प्लीन एवं फेफड़ों पर बुरा असर डालता है। 15 से 20 मिनट तक त्वचा के सम्पर्क में रहने से सिर दर्द, मांसपेशियों में कमजोरी, कम दिखाई देना, कम सुनना तथा जल्दी-जल्दी श्वांस के कारण बेहोशी हो जाती है तथा कभी-कभी मृत्यु भी हो जाती है।

5. सोडियम (Sodium)–अत्यन्त सक्रिय तत्त्व होने के कारण यौगिक के रूप में ही पाया जाता है। इन यौगिकों में जहरीलापन केवल धन-आयन के कारण ही होता है।

(स) जल प्रदूषण के दुष्प्रभाव (Effects of Water Pollution)

प्रदूषित जल मानव जाति, समुद्री जीवों तथा जलीय पादपों को हानि पहुंचाता है। इससे उनका जीवन खतरे में पड़ जाता है और वृद्धि भी रुक जाती है।

जल प्रदूषण से सबसे अधिक प्रभाव मानव के स्वास्थ्य पर पड़ता है जिसके अन्तर्गत वह विविध प्रकार के रोगों से ग्रसित हो सकता है जिनमें मुख्यत: 1. अतिसार, 2. पेंचिस, 3. जुकाम, 4. श्वास-कास, 5. लकवा, 6. हैजा, 7. मोतीझरा, 8. चर्मरोग, 9. अंधापन, 10. नारू, 11. कृमि, 12. पीलिया।

आजकल सबसे अधिक प्रकोप पेय जल में फ्लोराइड की अधिक मात्रा के कारण हो रहा है, जिसमें रीढ़ की हड्डी टेढ़ी हो जाती है, दांत पीले होकर गिरने लगते हैं तथा हाथ व पैरों की हड्डियों में लचक आ जाती है और शरीर बेडौल हो जाता है। इसकी रोकथाम के लिए राष्ट्रीय स्तर पर प्रयास चल रहे हैं और विदेशी सहायता से फ्लोराइड वाले क्षेत्रों के पानी में से फ्लोराइड की मात्रा कम करने के उपाय किये जा रहे हैं।

4. क्रिया/संक्रिया की दृष्टि से पीने के पानी को साफ करने की विधियां (Mechanicalk Methods for Purification of Water)

(क) भौतिक विधियां (Physical Methods)

1. निथारकर–इस विधि में पानी को कुछ समय के लिए तालाब, टैंक या बर्तन आदि में ठहरने देते हैं। इससे अशुद्धियां भारी होने के कारण नीचे बैठ जाती हैं और ऊपर साफ पानी आ जाता है।

2. उबालकर–पानी को उबालने से उसमें विद्यमान कीटाणु भी नष्ट हो जाते हें और घुली हुई अशुद्धियां दूर हो जाती हैं। उबला हुआ पानी पीने में स्वाद रहित, फीका एवं अरुचिकर लगता है, परन्तु यह पानी पीने योग्य होता है। इस जल को स्वादिष्ट बनाने के लिए एक बर्तन से दूसरे बर्तन में कई बार उड़ेलना चाहिए। इससे इसमें वायु मिश्रित हो जाएगी और पानी पीने में अच्छा लगेगा।

3. स्र।वण विधि से–यह पानी को शुद्ध करने की सर्वोत्तम विधि है। इसमें पहले पानी को उबालकर भाप में परिवर्तित कर दिया जाता है और फिर उस भाप को शीतकों द्वारा द्रवीभूत कर देते हैं। यह पानी अत्यन्त स्वच्छ और गुणकारी होता है। इस विधि से विलेय-अविलेय दोनों प्रकार की अशुद्धियां दूर हो जाती हैं। इस पानी का उपयोग दवाओं तथा रासायनिक कार्यों में अधिक होता है।

(ख) रासायनिक विधियां (Chemical Methods)

1. अवक्षेपण या स्कन्धन–कीचड़ वाले पानी को शुद्ध करने के लिये फिटकरी बड़ी उपयोगी है। पानी में फिटकरी घोल देने से मिट्टी आदि अघुलनशील अशुद्धियां नीचे बैठ जाती हैं। बैक्टीरिया तथा अन्य तैरने वाली मलिनताओं को फिटकरी दूर कर देती है। प्राय: 1 गैलन पानी के लिए 6 ग्रेन/अथवा 1 लीटर पानी के लिए 1/2 ग्राम फिटकरी पर्याप्त होती हैं।

2. निष्संक्रमण–इस विधि के अर्न्तगत ऐसी वस्तुओं को पानी में मिलाया जाता है जिनसे बैक्टीरिया आदि कीटाणु नष्ट हो जाते हैं। इस कार्य के लिए जो कीटाणु- नाशक पदार्थ प्राय: प्रयुक्त किये जाते हैं–लाल दवा या पोटैशियम परमेंगनेट, तूतिया या नीला थोथा, क्लोरीन गैस या टिकियाएं, ब्लीचिंग पाउडर या विरंजक चूर्ण, चूना, आयोडीन, ब्रोमीन आदि।

(ग) यांत्रिक साधनों द्वारा (By Mechanical Methods)–रासायनिक विधियों से शुद्ध किए हुए जल को पूर्णत: शुद्ध करने के लिए यांत्रिक साधनों का उपयोग किया जाता है। इस विधि में प्रयुक्त होने वाले यंत्रों को निस्मंदक यंत्र कहते हैं। ये यंत्र दो प्रकार के होते हैं–एक घरेलू तथा दूसरे सार्वजनिक। यांत्रिक विधि में जल की शुद्धि छानने की रीति से होती है। इस विधि में पहले पानी को तालाबों में लाकर इकट्ठा किया जाता है जहां मिट्टी व गंदगी नीचे बैठ जाती है, फिर चौबीस घंटे की धूप व हवा से कीटाणु मर जाते हैं। इसके बाद पानी को दूसरे तालाबों में ले जाते हैं। इन्हें फिल्टर बैड्स कहते हैं। इन तालाबों में रेत व बजरी की मोटी तहें होती हैं। इन तहों में से होकर पानी छनता हुआ नली से होकर जल संग्रहालय में जाता है, जहां से सारे नगर को नलों द्वारा वितरित किया जाता है।

घर तथा उद्योगों से निकलने वाले जलस्राव से प्रदूषण (Domestic and Industrial Waste Water Disposal Pollution)

(अ) कारण (Causes)

बिना जल के न तो घर का न ही किसी उद्योग का काम चल सकता है। जल का जहां दोनों स्थानों पर कार्य में लिए जाने का उपयोग है, वहीं घर में इसका उपयोग बर्तन धोने, नहाने और सफाई कार्य में होता है। उद्योगों में मशीनों व संयंत्रों को ठंडा करने में इनका बहुत योगदान है। दोनों ही स्थिति में जल प्रदूषित हो जाता है। इस प्रकार से जल में अनेक प्रदूषक तत्त्व जिनमें घरेलू डिटरजेंट भी शामिल हैं अथवा उद्योगों के उत्पाद से सम्बन्धित कुछ पदार्थों के भाग मिले होते हैं, वहीं उद्योगों से उच्च ताप पर निष्कासित जल से भी कितनी ही हानियां हो सकती हैं, जिसका उल्लेख हमने 'तापीय प्रदूषण' वाले बिन्दु में किया है।

(ब) सुरक्षा उपाय (Safety Measures)

घरेलू पानी का उपयोग विशेषत: किचन गार्डन में किया जाता है, जिससे पानी का सदुपयोग भी होता है। हां यहां डिटरजेंट जरूर एक समस्या हैं एक ओर जहां इसके प्रयोग से अधिक पानी के इस्तेमाल की समस्या है वहीं इसका पानी साग-सब्जी आदि उगाने में उपयोगी नहीं हैं औद्योगिक संस्थानों के जल को उपचार संयंत्रों (Treatment Plants) की सहायता से उस स्तर तक लाया जाना बहुत आवश्यक है जहां वह मानव उपयोग हेतु हानिप्रद न हो। इस जल को सीधे पीने के पानी के स्रोतों से भी दूर रखने की आवश्यकता है, यद्यपि जमीन पर कहीं गिर जाने पर पानी आखिर 'भू-जल' का भाग बन जाता है और वृहद् वृत्त (Bigger Circle) में इसे कहीं न कहीं उपयोग में लाना होता है। उच्च ताप वाले पानी को फब्बारे के रूप में निकाल कर ठंडा करके ही कहीं निकाल कर मिलाना चाहिए।

अन्य प्रकार से प्रदूषण (Pollution from Other Sources)

यद्यपि हमने ऊपर विभिन्न अलग-अलग पदों में अनेक प्रकार के प्रदूषणों की चर्चा की है, पर फिर भी सभी प्रकार के प्रदूषणों को इसमें सम्मिलित कर पायें यह सम्भव नहीं। बिना कोई भूमिका के कुछ ऐसे ही अन्य प्रदूषणों को यहां देने का प्रयास कर रहे हैं–

(*i*) जलकुम्भी (Eutrophication)–रुके हुए पानी में जलकुम्भी एक आम बात हो गई है। एक बार किसी जलाशय में प्रारम्भ होने के बाद यह इतनी तेजी से बढ़ती है कि लगभग सारे जलाशय की ऊपरी सतह को ढंक लेती है। अनेक बार मानव श्रम से इसे अनेक स्थानों से हटाने का प्रयास किया है, पर उसमें

शत-प्रतिशत सफलता नहीं मिल पाती है। इसके पैदा होने का मुख्य कारण वह जल है जो अन्य स्थानों से बहक़र किसी जलाशय में मिलता है। आने वाला अथवा बहने वाला जल अपने साथ कुछ पोषक तत्व साथ में लाता है जो इस प्रकार की घास को जन्म देता है। अब इसे भोजन शृंखला में ही स्थान देकर इसकी उपयोगिता में वृद्धि की ओर विशेषज्ञ लगे हैं। खाद के रूप में भी कहीं इसका उपयोग हो, इस ओर भी काफी ध्यान है।

(*ii*) कृषि अपशिष्ट (Agricultural Waste)–मनुष्य की तीसरी जीवन प्राथमिकता, जल तथा वायु के बाद भोजन है। जैसे-जैसे जनसंख्या में वृद्धि होती है, वैसे-वैसे अधिक अन्न की आवश्यकता होती है। अधिक अन्न उपजाने के प्रयोगों ने खेतों में विविध प्रकार की खादों के उपयोग प्रारम्भ किये हैं। इससे अधिक अन्न तो उपजता ही है, लेकिन वर्षा जल के साथ जब इन खादों के अवशेष बाहर आ जाते हैं तो इनके अनेक घटक जमीन अथवा जलाशय जहां पर यह आते हैं, को अनुपयोगी अथवा कम उपयोगी कर देते हैं। कुछ कृषि अपशिष्ट वह भी होता है जो फसल काटने के बाद बचा रहता है अथवा फसल उगाते समय अपने आप उगता है। कीटनाशकों के उपयोग ने भी प्रदूषण फैलाया है।

भौतिक रूप से जो अपशिष्ट इस प्रकार का है जिसे पशु चारे के रूप में खा सकें, उसके उपयोग हो जाने से तो कोई आगे समस्या ही नहीं। हां, खादों के प्रयोग पर अंकुश लगाकर उसे नियंत्रित करने की अवश्य आवश्यकता है। अधिक खादों का उपयोग बहुत अधिक दिनों तक जमीन के हित में भी नहीं है। इसी प्रकार कीटनाशी दवाइयों का भी उपयोग अत्यन्त नियंत्रित और व्यवस्थित ही होना चाहिए।

विकिरणीय प्रदूषण (Pollution due to Radiation)

(अ) कारण (Causes)

विक़िरणीय प्रदूषण के कई कारण हैं, जिनमें मुख्यतः–

(1) प्रकाश की किरणों (Infra-red Rays) का पृथ्वी से टकराकर विकिरणीकरण होना,

(2) आकाशीय विकिरण,

(3) रेडियोधर्मी पदार्थों के उपयोग लेने पर (विशेषकर अणु शक्ति पर आधारित विद्युत गृह अथवा अन्य संस्थान),

(4) अणु हथियारों का परीक्षण करने पर,

(5) X- Rays मशीनों का उपयोग,

(6) रेडियो थैरेपी (कैन्सर का इलाज)।

इनसे विशेष हानि शरीर के किसी भी भाग पर, अन्दर बाहर, जलने से होती है। यह भयानक परिणामवाला प्रदूषण है और कई वर्षों बाद कभी भी प्रभावी प्रतिक्रिया कर सकता है।

(ब) सुरक्षा उपाय (Safety Measures)

इसकी गिरफ्त में आने के बाद कोई बचाव अथवा सुरक्षा उपाय नहीं है। केवल बचाव हेतु इन रेडियोधर्मी तत्त्वों के सम्पर्क की सम्भावना से भी दूर रहना ही है। X-Rays तथा रेडियोथैरेपी का उपयोग बहुत ही आवश्यक हो, तो करें।

(ब) समुद्रीय प्रदूषण (Marine Pollution)

(अ) कारण (Causes)

इस प्रकार के प्रदूषण का सम्बन्ध आम आदमी से नहीं होने के कारण इसका लोगों के ध्यान में अधिक महत्त्व नहीं है, लेकिन विश्व में तो अनेक देशों को समुद्री सीमा छूती ही है। भारत में भी लगभग तीन तरफ समुद्र ही है। अत: बहुत लम्बे समुद्री तट वाला अपना देश है।

(1) औद्योगीकरण,

(2) समुद्री किनारे अधिक बसावट,

(3) समुद्र से तेल का लाना-ले जाना,

(4) अनेक विद्युत तथा अन्य आवश्यक संयंत्रों का समुद्री किनारे के क्षेत्र में रख-रखाव,

(5) बन्दरगाहों पर यातायात तथा आयात और निर्यात कार्य।

इनके अनेक कारण हैं जिससे समुद्री प्रदूषण होता हैं एक बहुत विशेष कारण यह भी है कि जहाज, जो तेल वाहक होते हैं, उनसे तेल रिस-रिसकर समुद्री पानी को खराब कर देता है। इस सबका प्रभाव समुद्री जीवों पर पड़ता है, जो बहुत बड़े व्यापार का केन्द्र हैं। जल और वायु भी अप्रत्यक्ष रूप से दूषित होते हैं।

(ब) सुरक्षा उपाय (Safety Measures)

यह सामान्य प्रक्रिया से रोका नहीं जा सकता। इसको भारत सरकार ने भी अति विशिष्ट क्षेत्र घोषित किया है तथा अलग से ही उसकी देख-रेख तथा रख-रखाव का नियंत्रण होता है। व्यवस्थित कार्य प्रणाली जिससे समुद्री जल को प्रदूषण से बचाया जा सके, इसका एकमात्र निदान है।

कूड़-कचरे से प्रदूषण (Waste Disposal Pollution)

(अ) कारण (Causes)

यह प्रदूषण इस प्रकार की सामग्री से होता है जो घर में अथवा अन्य कार्यस्थल पर बेकार हो गई तथा उपयोग में ले ली गई वस्तुओं से शेष रही चीजों को कूड़े के रूप में फेंक दी जाती हैं। इनमें मुख्यत: शीशियां, क्राकरी के टुकड़े, प्लास्टिक के डिब्बे, पोलीथीन के बैग्स आदि हैं। इसके अतिरिक्त कागज के टुकड़े, पैकिंग में आये पुट्ठे के कार्टून्स, घरेलू साइकिल के स्पेयर्स व अन्य लोहे-पत्तियों के टुकड़े आदि भी इस प्रकार कूड़े का भाग बनते हैं। मकानों का मलवा, कृषि कार्यों से बचा अवशेष, किन्हीं फैक्टरियों से निकला कचरा व अपशिष्ट और न जाने कितनी प्रकार की चीजें होती हैं, जो किसी काम की नहीं मानकर कूड़े-कचरे का भाग बनती हैं। यह अब विश्वव्यापी समस्या हो गई है। अमेरिका जैसा धनाढ़्य देश तो अब मोटरकार जैसी चीज को भी खराब होने पर नष्ट करने के लिए कूड़े में डाल देता है। इससे स्थान की कमी होती है, गंदगी बढ़ती है तथा इनका कहीं ले जाकर पहुंचाना भी काफी व्यय वाला और सिरदर्द बन जाता है।

(ब) सुरक्षा उपाय (Safety Measures)

इस प्रकार के प्रदूषक संग्रह से बचाव केवल इन सभी को या तो नष्ट करने से अथवा किसी प्रकार के उपयोग लेने से ही सम्भव है। कुछ वस्तुएं जैसे कागज, शीशे के टुकड़े, पुट्ठे के टुकड़े आदि के पुन: चक्रण कर वही चीजें बनाने में काम आ जाती हैं, पर यह कार्य वही देश कर पाते हैं जिनके पास इस प्रकार की उच्च तकनीकी सुविधा है। कुछ पदार्थ जैसे पोलीथीन, प्लास्टिक के टुकड़े जो आसानी से नष्ट नहीं होते, उनमें का कुछ भाग तो पुन: चक्रण (Recycle) हो जाता है, शेष भाग को जमीन में दबाने का ही प्रयास करते हैं, क्योंकि शायद आज विश्व में सबसे अधिक दु:खदायी ठोस अपशिष्ट (Solid Waste) में यही प्लास्टिक अथवा पोलीथीन की थैलियां होती हैं जिनका प्रयोग तो दिनोंदिन बढ़ता जा रहा है, पर उनके नष्ट करने की कोई उचित व्यवस्था नहीं है।

कुछ कूड़े-कचरे का प्रयोग अब मकान बनाने के ब्लाक्स बनाने के लिए किया जा रहा है। दूसरे जलाकर इसको मकानों में गर्मी पहुंचाने के साधन के रूप में प्रयोग कई देशों ने किया है। कुछ कार्बनिक पदार्थों को खाद के रूप में भी काम में लिए जाने की सम्भावना है। इस ओर पूरे विश्व के उच्च तकनीकी लोग पूरी निष्ठा से इसका अत्यन्त व्यवस्थित हल खोजने में लगे हैं।

प्रश्न (Question)

निबन्धात्मक प्रश्न (Essay Type Questions)

1. स्वचालित वाहनों से निकलने वाले मुख्य प्रदूषक कौन-कौन से हैं? किसी एक प्रदूषक के विषय में लिखिये।
2. नियमित प्रदूषक और अनियमित प्रदूषकों की व्याख्या करते हुए उनके उदाहरण दीजिये।
3. किन-किन प्रदूषकों से ईंधन की गुणवत्ता कम हो जाती है? सल्फर की मौजूदगी से किस प्रकार की हानि संभव है?
4. केटेलेटिक कनवर्टर की कार्य प्रणाली समझाइये।
5. यूरो-I और यूरो-II क्या है? यह मानदण्ड स्वचालित कारों में कब से लागू माने जायेंगे?
6. किसी एक ऐसे उद्योग का विवरण दीजिये जो प्रदूषण फैलाते हैं।
7. उद्योग परिसर में हरित पट्टियों (Green Belts) का क्या महत्त्व है? इनकी कितनी सघनता प्रस्तावित की गई है?
8. 'ध्वनि' की क्या-क्या विशेषताएं हैं? ध्वनि की गुणवत्ता (Quality of Sound) को समझाइये।
9. 'शोर' की अभिशंसित सीमाओं का पालन किया जाना क्यों आवश्यक है?
10. प्रदूषण से आप क्या समझते हैं? पर्यावरण में प्रदूषण कैसे हो सकता है? कोई एक उदाहरण दीजिये।
11. घरेलू ईंधन के विकल्प क्या-क्या हो सकते हैं, जिससे वायु प्रदूषण से बचा जा सके?
12. तापीय प्रदूषण से क्या हानियां हैं? इसे कैसे कम किया जा सकता है?

लघुत्तरात्मक प्रश्न (Short Answer Type Questions)

1. अधजले हाइड्रोकार्बन्स का मनुष्य के शरीर पर क्या प्रभाव पड़ता है?
2. लेड यौगिक का प्रयोग पेट्रोल चलित वाहनों में ही क्यों किया जाता है?
3. जल में फ्लोराइड की अधिक मात्रा किस प्रकार हानि पहुंचाती है?
4. घरेलू अपशिष्ट में प्रायः क्या होता है?
5. जलकुम्भी पर संक्षिप्त नोट लिखिये। क्या इसका कोई उपयोग भी सम्भव है?

6. अपमार्जक (डिटरजेंट) किस प्रकार हानिकारक है?
8. वाहनों से उत्सर्जनों का मापन किस-किस उपकरण से किया जाता है?
9. वाहन प्रदूषण को कम करने के लिये हमें स्वयं क्या करना उचित है?
10. क्या ओजोन गैस भी वाहन उत्सर्जन प्रदूषण है? इसका निर्माण कैसे होता है?
11. 'हट्‌र्ज' (Hertz) और 'डैसीबल' (Decibel) में अन्तर बताइये।
12. कोई आवाज ऊँची है या नीची है, इस तथ्य को हम ध्वनि की भाषा में कैसे व्यक्त करेंगे?
13. किसी भी उद्योग में पर्यावरण अभियन्ता की क्या आवश्यकता है?
14. उत्सर्जन में निकलने वाले सूक्ष्म कणों के लिये कौन-कौन से उपकरण उपयोग में लिये जाते हैं?

वस्तुनिष्ठ प्रश्न (Objective Questions)

1. पेट्रोल चालित वाहन से उत्सर्जित सर्वाधिक जहरीली गैस कौन-सी है?
   (अ) सल्फर डाइ-ऑक्साइड (ब) कार्बन डाइऑक्साइड
   (स) कार्बन मोनोऑक्साइड (द) नाइट्रोजन डाइऑक्साइड
2. वाहन उत्सर्जन से निकला कौन-सा तत्त्व यौगिक शरीर में हीमोग्लोबिन की कमी करता है?
   (अ) बैन्जीन (ब) सीसा
   (स) सल्फर (द) कार्बन
3. पेट्रोल में स्रोत पर ही टेट्राइथाइल लैड क्यों मिलाया जाता है?
   (अ) वाहन की गति तेज करने के लिये
   (ब) पेट्रोल की खपत कम करने के लिये
   (स) ईंधन के स्वयं विस्फोट को रोकने के लिये
   (द) सम्पूर्ण ईंधन दहन के लिये
4. सन् 2005 तक पेट्रोल व डीजल में सल्फर की मात्रा (भार से) कितनी अभिशंसित है?
   (अ) 0.05% (ब) 0.10%
   (स) 0.015% (द) 0.005%
5. वाहन उत्सर्जन के प्रदूषकों को कम करने के लिये उपयोग में लिया जाता है।

(अ) कार्ब्यूरेटर (ब) कैटेलेटिक कनवर्टर
(स) स्पीडोमीटर (द) साइलेन्सर

6. 'एक कर्कश आवाज' इसे हम कहां प्रयोग में लायेंगे–
(अ) संगीतात्मक ध्वनि (ब) ऊँची आवाज
(स) शोर (द) प्रबलता

7. डैसीबल को संक्षिप्त रूप में हम लिखते हैं–
(अ) DB (ब) Db
(स) db (द) dB

8. बारंबारता का माप होता है–
(अ) डैसीबल (ब) हर्ट्ज
(स) सेमी (द) मीटर

9. स्वचालित वाहनों से निम्न प्रकार का प्रदूषण होता है–
(अ) वायु प्रदूषण (ब) जल प्रदूषण
(स) विकिरण प्रदूषण (द) तापीय प्रदूषण

निम्नलिखित प्रश्नों का हाँ/नहीं उत्तर दीजिये–

16. कार्बन डाइऑक्साइड गैस कार्बन मोनोऑक्साइड से अधिक विषैली है। (हाँ/नहीं)
17. वाहन उत्सर्जन में गैसों की मात्रा ग्राम/किमी में मापी जाती है। (हाँ/नहीं)
18. स्कूटर को दो स्ट्रोक श्रेणी वाहनों में माना जाता है। (हाँ/नहीं)
19. लैड यौगिक उत्सर्जन से कैन्सर की संभावना बनी रहती है। (हाँ/नहीं)
20. कैटेलेटिक कनवर्टर को स्वचालित वाहनों में कार्ब्यूरेटर के साथ लगाया जाता है। (हाँ/नहीं)

11

पर्यावरणीय सुरक्षा एवं सुधार (अन्य देशों में)

(Environmental Preservation and Improvement)

(In Other Country)

प्रस्तावना (Introduction)

अन्तर्राष्ट्रीय मानव पर्यावरण सम्मेलन स्टॉकहोम (1972) में पर्यावरण की पूरे विश्व की समस्याओं पर गहन अध्ययन किया गया। लगभग 100 देशों के शासनाध्यक्ष अथवा उनके प्रतिनिधि ही नहीं बल्कि इस क्षेत्र से जुड़े अनेक विशेषज्ञ, मीडिया के लोग, डैमोग्राफर्स, उद्योगों के मालिक, नीति निर्माता, हजारों जन- प्रतिनिधियों ने इस सम्मेलन में भाग लेकर अपना मत प्रस्तुत किया। उसी आधार पर कई महत्त्वपूर्ण निर्णय लिये गये। 26 सूत्री महाधिकार पत्र (Magna Carta) वहीं जारी किया गया और सभी देशों से यह अपेक्षा की गई कि अपने-अपने देश की पर्यावरणीय स्थितियों का वह अध्ययन करें और प्राथमिकता के आधार पर अपने देश की कार्य योजना तैयार कर उसकी क्रियान्वित करावें।

निःसन्देह विकसित, विकासशील तथा अविकसित देशों की अपनी-अपनी समस्याएं थी। कुछ देश अभावग्रस्त थे, तो कुछ देश पर्यावरण प्रदूषण से त्रस्त थे। कुछ ऐसे देश भी थे जिनको अपनी कोई समस्यायें नहीं थी बल्कि, दूसरे देश की गलतियों का शिकार हो रहे थे। उदाहरण के लिए, किसी देश के उद्योगों से निकली प्रदूषित निष्कासित गैस उनके देश को रिहायशी स्थान पर हानि पहुंचा रही थे। इस कारण उनकी अपनी कोई समस्या न होने पर भी उनकी प्राथमिकता में दूसरों की लादी हुई समस्या आ गई थी।

कुछ समस्याएं व्यापक रूप से सभी देशों की बन गई। ग्रीन हाउस प्रभाव, ओजोन पर्त का विघटन तेजाबी वर्षा, रेगिस्तानी क्षेत्र में वृद्धि, बढ़ती जनसंख्या के दुष्प्रभाव, ध्वनि प्रदूषण आदि को उनमें रखा जा सकता है। अतः जो देश सक्षम थे उन्होंने इन समस्याओं के निदान व उनको दूर करने का कार्य अपनी योजना

में सम्मिलित किये। कार्य का विषय एक होते हुए भी उनकी कार्य-शैली अलग-अलग रही।

यहां पर कुछ देशों का विवरण इस विचार से समेकित करने का प्रयास किया गया है कि विभिन्न देशों की पर्यावरण सुधार एवं सुरक्षा के क्षेत्र में क्या-क्या प्राथमिकताएं रही हैं। कलेवर को संक्षिप्त रखने की दृष्टि से केवल बिन्दुवार ही विवरण दिया जा रहा है। प्रबुद्ध पाठक अधिक जानकारी हेतु अपने पुस्तकालय का लाभ उठावें।

विभिन्न देशों की पर्यावरण सुरक्षा एवं सुधार के क्षेत्र में प्राथमिकताएं (Priorities of Different Countries in the Field of Environment Preservation and Improvement)

1. **आस्ट्रेलिया (Australia)**–

    (1) रेगिस्तान की वृद्धि को रोकना,

    (2) भूमि प्रबन्ध,

    (3) पानी की उचित प्रबन्ध व्यवस्था,

    (4) जनता की देखभाल और

    (5) ऊर्जा की बचत के उपाय।

2. **आस्ट्रीया (Austria)**–

    (1) विभिन्न पर्यावरण कानूनों की अनुपालना,

    (2) वनों को विनाश से बचाना,

    (3) विश्वतापन पर रोक,

    (4) पानी की गुणवत्ता में सुधार,

    (5) स्वास्थ्य केन्द्रों की स्थापना,

    (6) पर्यावरणीय जन जाग्रति,

    (7) वस्तुओं का पुनः चक्रण,

    (8) अवशिष्टों का पुनः उपयोग,

    (9) नम भूमि संरक्षण,

    (10) कृषि का औद्योगीकरण,

    (11) लुप्तप्रायः प्रजातियों का संरक्षण,

    (12) भूमिक्षरण की रोक,

(13) भूगर्भ जल के प्रदूषण पर रोक,
(14) ओजोन पर्त की सुरक्षा,
(15) कीटनाशी दवाइयों का न्यूनतम उपयोग,
(16) जमीन की सतह पर ओजोन से बचाव,
(17) ध्वनि प्रदूषण पर रोक, तथा
(18) खतरनाक रसायनों से बचाव।

3. ब्रिटेन (Britain)–

(1) वन एवं वन्य जीव संरक्षण,
(2) भूमि का पुनः चक्रण,
(3) जल प्रदूषण,
(4) समुद्री प्रदूषण,
(5) शुद्ध वायु,
(6) ध्वनि प्रदूषण,
(7) विकिरण से बचाव,
(8) अवशिष्ट निस्तारण,
(9) राष्ट्रीय उद्यानों का रख-रखाव,
(10) हरित पट्टियों का रखाव,
(11) समुद्र तट की व्यवस्था,
(12) ऐतिहासिक इमारतों का संरक्षण एवं
(13) पुराने आवासों की मरम्मत तथा उनका रख-रखाव।

4. कनाडा (Canada)–

(1) सन् 2000 तक CFC से मुक्ति,
(2) पर्यावरण सुरक्षा अधिनियमों को कठोरता से लागू करना,
(3) तेजाबी वर्षा की रोक के लिए SO_2 का नियंत्रण,
(4) ग्रीन हाउस प्रभाव की रोकथाम,
(5) ओजोन पर्त की सुरक्षा व हो रहे विनाश से बचाव,
(6) शुद्ध पीने का पानी,
(7) नम भूमि का उचित उपयोग,
(8) समुद्री तटों पर प्रदूषण नहीं,

(9) उचित भूमि उपयोग,

(10) राष्ट्रीय उद्यानों की व्यवस्था,

(11) वन एवं वन्य जीवों की देखरेख,

(12) खतरनाक अवशिष्टों से बचाव,

(13) पर्यावरण अनुकूल उत्पाद,

(14) ऊर्जा के विकल्पों की खोज तथा

(15) शहरी समस्याओं का निवारण।

5. चीन (China)–

(1) प्रकृति संरक्षण,

(2) पर्यावरण प्रदूषण की रोकथाम,

(3) कानून व्यवस्थ,

(4) पर्यावरण शिक्षा और प्रचार,

(6) अन्तर्राष्ट्रीय सहयोग में वृद्धि,

(6) औद्योगिक प्रदूषण पर नियंत्रण,

(7) ग्रामीण क्षेत्र के पर्यावरण की सुरक्षा,

(8) जैविक विविधता की सुरक्षा।

6. डेनमार्क (Denmark)–

(1) शुद्ध पानी की उपलब्धता,

(2) समुद्र में तेल प्रदूषण से बचाव,

(3) वायु प्रदूषण की रोकथाम,

(4) पर्यावरणीय कानूनों की अनुपालना,

(6) वाहन प्रदूषण पर नियंत्रण,

(6) कूड़ा-करकट निस्तारण समस्या,

(7) ध्वनि प्रदूषण,

(8) रासायनिक अवशिष्ट,

(9) पर्यावरणीय जन जाग्रति की आवश्यकता आदि।

7. फिनलैण्ड (Finland)–

(1) राष्ट्रीय उद्यानों का रख-रखाव,

(2) पर्यावरणीय कानूनों की कठोरता से अनुपालना,

(3) वनों का संरक्षण,

(4) ऊर्जा की वैकल्पिक व्यवस्था,

(5) वाहनों से प्रदूषण,

(6) अवशिष्ट निस्तारण प्रबन्ध,

(7) वन्य जीव संरक्षण आदि।

8. फ्रांस (France)–

(1) पृथ्वी का भूकम्पों से बचाव,

(2) सघन वनीकरण,

(3) समुद्र की स्वच्छता,

(4) स्वच्छ एवं शुद्ध पानी,

(5) ओजोन पर्त की रक्षा,

(6) ग्रीन हाउस प्रभाव की रोकथामए तथा

(7) शारीरिक स्वास्थ्य।

9. जर्मनी (Germany) –

(1) भूमि का उचित उपयोग,

(2) वैकल्पिक ऊर्जा स्रोत,

(3) वायु प्रदूषण में कमी,

(4) ध्वनि प्रदूषण रोकने हेतु उपाय,

(5) वायु गुणवत्ता नियंत्रण,

(6) ग्रीन हाउस प्रभाव को कम करना,

(7) ओजोन पर्त की सुरक्षा,

(8) पानी का उचित उपयोग,

(9) अपशिष्ट पानी का पुनः उपयोग,

(10) समुद्रों की सुरक्षा,

(11) अवशिष्टों का निस्तारण,

(12) वन्य जीव संरक्षण,

(13) राष्ट्रीय पार्कों का रख-रखाव,

(14) अणु शक्ति के दुष्प्रभावों से सुरक्षा और

(15) प्रकृति संरक्षण कार्य।

10. हंगरी (Hungary)–

(1) शुद्ध पानी,

(2) नदियों और बांधों की सुरक्षा एवं रख-रखाव,

(3) भूगर्भ जल का संरक्षण,

(4) विद्युत उत्पादन और

(6) उपजाऊ जमीन।

11. इण्डोनेशिया (Indonesia)–

(1) वनों का संरक्षण,

(2) भूमि का यथेष्ट उपलब्धता,

(3) जल की शुद्धता एवं नदियों के जल का नियंत्रण,

(4) प्रदूषण नियंत्रण,

(5) समुद्री तट क्षेत्रों का विकास,

(6) वन्य जीव संरक्षण आदि।

12. आयरलैण्ड (Ireland)–

(1) ग्रीन हाउस प्रभाव की कमी करना,

(2) लुप्तप्राय पक्षी Bogs की सुरक्षा,

(3) ऊर्जा की बचत,

(4) वस्तुओं का पुनःचक्रण (Recycling),

(5) कूड़ा-करकट फेंकने की सुव्यवस्था,

(6) उद्यानों का रख-रखाव,

(7) यात्रियों का सड़क पर व्यवस्थित आवागमन,

(8) ध्वनि प्रदूषण की रोकथाम,

(9) पालतू जानवरों की रखवाली और

(10) अवशिष्टों का पुन: उपयोग।

13. इजराइल (Israel) –

(1) प्रदूषण रोकने हेतु सख्त कानून,

(2) अपशिष्ट जल का उपचार,

(3) जल की शुद्धता,

(4) वायु स्वच्छता नियंत्रण,

(5) सीसा रहित पेट्रोल तथा कैटेलेटिक कनवर्टर्स की अनिवार्यता,

(6) ठोस अपशिष्ट निस्तारण।

14. जूरुसेलम (Jeurusalem)–

(1) वन संवर्द्धन,

(2) वन अग्नि नियंत्रण,

(3) पाकर्स और मनोरंजन स्थलों का विकास,

(4) रेगिस्तानिता को रोकना,

(6) जलाशयों और बांधों का निर्माण,

(7) विकृत पर्यावरण को ठीक करना।

15. कुवैत (Kuwait)–

(1) तेल संरक्षण,

(2) समुद्र जल से पीने के पानी की पूर्ति,

(3) भूमिगत जल का संरक्षण,

(4) पशुओं की सुरक्षा,

(5) स्वास्थ्य सेवा,

(6) आणविक औषधियां।

16. मलेशिया (Malaysia)–

(1) वन एवं वन्य क्षेत्रों का रख-रखाव,

(2) शुद्ध वायु,

(3) जल प्रदूषण नियंत्रण,

(4) पर्यावरण गुणवत्ता अधिनियम की अनुपालना,

(5) स्वस्थ शरीर,

(6) राष्ट्रीय उद्यान एवं वन्य जीव संरक्षण तथा

(7) देश का भूकम्पों से बचाव।

17. नार्वे (Norway)–

(1) राष्ट्रीय पर्यावरण नीति का निर्धारण,

(2) प्राकृतिक संसाधनों की सुरक्षा एवं संरक्षण,

(3) प्रदूषण की रोकथाम; विशेषत: तेल प्रदूषण,

(4) पर्यावरण कानूनों का कठोरता से पालन,

(6) शिकार एवं मछली पकड़ने की सुन्दर व्यवस्था,

(6) ध्वनि प्रदूषण की रोक,

(7) सांस्कृतिक धरोहरों की सुरक्षा और

(8) व्यवस्थित रहन-सहन।

18. स्वीडन (Sweeden)–

(1) ग्रीन हाउस प्रभाव में कमी,

(2) ओजोन पर्त की सुरक्षा,

(3) तेजाबी वर्षा की रोकथाम,

(4) वायु एवं ध्वनि प्रदूषण पर रोक व कमी,

(5) समुद्र, झील व अन्य जल भण्डारों को जलकुम्भी से बचाना,

(6) धातु प्रदूषण में कमी करना,

(7) भूमि और पानी का उचित उपयोग,

(8) वनीकरण,

(9) अवशिष्ट तथा खतरनाक अवशेषों का बुद्धिमत्तापूर्ण निस्तारण,

(10) स्वंयसेवी संस्थाओं का सहयोग तथा

(11) पर्यावरणीय कानूनों की कठोरता से अनुपालना।

19. स्विटजरलैण्ड (Swtizerland)–

(1) वन संरक्षण,

(2) लकड़ी का उचित उपयोग,

(3) कठोर कानून,

(4) अपशिष्टों का उपचार एवं निस्तारण,

(5) भूमिगत जल की स्वच्छता,

(6) वायु प्रदूषण नियंत्रण,

(7) शोर नियंत्रण,

(8) सौर ऊर्जा का उपयोग,

(9) बायो गैस उपयोग,

(10) उपचार, संयंत्रों का निर्माण।

20. वैनीज्वेला (Venezuela)–

(1) अपशिष्ट जल का उपचार,

(2) वन अग्नि रोक,

(3) वन संरक्षण,

(4) स्वच्छ वायु की उपलब्धता,

(5) ग्रीन हाउस गैसों का नियंत्रण,

(6) समुद्रीय पर्यावरण को प्रदूषण मुक्त रखना,

(7) पर्यावरणीय कानून,

(8) पर्यावरण शिक्षा का प्रावधान।

उपर्युक्त कुछ प्रमुख देशों के विवरण से यह अनुमान सहज ही लगाया जा सकता है कि आमतौर पर समस्याओं में समानता है, अतः पूरे विश्व के लोगों में पर्यावरण के प्रति लगभग एक-सा ही दृष्टिकोण है। आवश्यकता इस बात की है कि जनता में कुछ ऐसी जागृति उत्पन्न की जाय जिससे वे अपने व्यवहार में ऐसा परिवर्तन ला सकें जिससे पर्यावरण समस्याएं कम हों और यदि हों भी तो कम भयानक हों।

हमें इस हेतु लोगों के सोचने के दृष्टिकोण बदलने होंगे। पानी के महत्त्व के बारे में एक पर्यावरणविद् ने अपने विचार निम्न प्रकार व्यक्त किये हैं–

'Water', you have neither taste
Nor colour, nor smell,
One cannot define you, one
Tastes you without knowing you,
You are not necessary to life,
YOU ARE LIFE.

'पानी' न तो तुममें कोई स्वाद है,
न ही रंग और न हीं गंध;
कोई तुम्हें पारिभाषित नहीं कर सकता,
कोई भी तुम्हें बिना जाने ही चखता है;
तुम जीवन के लिए आवश्यक नहीं हो;
तुम तो जीवन हो।

इस प्रकार के दृष्टिकोण वाला व्यक्ति फिर जल को प्रदूषित नहीं कर सकता, उसका अपव्यय नहीं कर सकता। आशा करते हैं विश्व के जनमानस में अपनी पृथ्वी के प्राकृतिक संसाधनों के प्रति लगाव उत्पन्न हो। ये अपने जीवन के जीने के प्रति आशावान हों और आगे आने वाली पीढ़ी के प्रति उत्तरदायी हों।

प्रश्न (Questions)

लघुत्तरात्मक प्रश्न (Short Answer Type Questions)

1. सभी देशों में प्राय: किन-किन क्षेत्रों को पर्यावरणीय प्राथमिकता दी जाती है?
2. किसी एक देश की पर्यावरणीय समस्याओं के बारे में बताइये।

वस्तुनिष्ठ प्रश्न (Objective Questions)

3. शून्य प्रदूषण वाला देश है–

   (अ) इंग्लैण्ड (ब) कनाडा

   (स) स्विटजरलैण्ड (द) स्वीडन

4. रेगिस्तान की वृद्धि रोकने में किस देश में सर्वाधिक कार्य हो रहा है?

   (अ) आस्ट्रिया (ब) आस्ट्रेलिया

   (स) डेनमार्क (द) जापान

5. समुद्री जल को पीने योग्य बनाने में कौन-सा देश सर्वाधिक प्रयत्नशील है?

   (अ) कुवैत (ब) फिनलैण्ड

   (स) आयरलैण्ड (द) हंगरी।

12

पर्यावरण खेल, गीत, गतिविधियां और प्रतियोगिताओं का आयोजन
(Organisation of Environmental Games, Songs, Activities and Competitions)

प्रस्तावना (Introduction)

स्कूल के सामान्य कार्यक्रम के अतिरिक्त अथवा स्कूल में न आने वाले युवा वर्ग के लिए पर्यावरण शिक्षा का देने का तरीका क्य है? यह विचारणीय प्रश्न है। अत: पर्यावरण खेल, गीत, गतिविधियां और विविध प्रतियोगिताओं का आयोजन कुछ ऐसे कार्यक्रम हैं जिनकी सहायता से अनोपचारिक रूप से भी पर्यावरण शिक्षा दी जा सकती है।

आज प्रत्येक व्यक्ति चाहे वह किसी भी स्तर का हो, वह अपने ही सुख-दुख में इतना डुबा हुआ है कि वह अन्य पड़ौस तक की परवाह नही करता है। उसका दायरा अधिक-से-अधिक उसका अपना परिवार है। वह यह भूल जाता है कि उसके उत्तरदायित्वहीन कार्य से अनेक लोगों को हानि हो सकती है और उस सबका अन्तत: यह प्रभाव होता है कि वह भूल प्रदेश और राष्ट्रीय चिन्ता का कारण बनती है। पर्यावरण विकृति आखिर कुछ लोगो के गालत कार्य करने का ही तो परिणाम है, जिसके लिए पर्यावरण शिक्षा की आवश्यकता पर बल दिया जा रहा है।

पर्यावरणीय खेल (Environmental Games)

खेल को शिक्षा ने शिक्षास्त्रियों ने इस रूप में महत्त्व दिया है कि–

(1) यह स्वास्थ अच्छा रखता है और इससे बीमारियों से बचने की क्षमता आ जाती है

(2) यह मानसिक सन्तुलन बनाता है और काल्पनिक एवं तार्किक शक्ति का विकास करता है।

(3) यह संवेगों में नियन्त्रण की क्षमता पैदा करता है तथा कावरता, लज्जाशीलता और चिड़चिड़ेपन को दूर करता है

(4) यह सामाजिक गुणों का विकास करता है जिससे परस्पर सहयोग, अनुशासन, उत्तरदायित्व और दूसरों की सहायता जैसे गुणों में वृद्धि होती है।

लेकिन खेल को सीधे शिक्षा से अथवा विषय शिक्षण से जोड़ा गया हो ऐसा प्रचलन नहीं है और न ही इस ओर अधिक प्रयास हुये हैं। एक सहगामी प्रवृत्ति के रूप विद्यालयों में भी इसे इस रूप में स्वीकार किया गया है जिससे शिक्षा का मानसिक बोझ विद्यार्थी पर अधिक न पड़े। इसके विपरीत यह आंका गया है कि बुद्धिजीवी, तार्किक, चिन्तक और स्वस्थ और लोग खेलों में अधिक रुचि लेते है और उनमें अच्छी सफलता प्राप्त करते है।

पर्यावरण के क्षेत्र में खेलों का प्रयोग पर्यावरण शिक्षा केन्द्र, अहमदाबाद (गुजरात) ने किया है, जो सम्भवत प्रथम और मौलिक है। खेल द्वारा बालक-बालिकाओं को पर्यावरण संरक्षण, पर्यावरण सन्तुलन और प्राकृतिक विरासत की महत्ता जैसे कठिन प्रत्ययों को सहजता से समझाने का प्रयास किया है। इस सन्दर्भ में उन्होंने एक प्रकाशन भी किया है जिसमें पर्यावरणीय सिद्धान्तों को प्रतिपादित करने के लिए खेल सुझाये हैं। एक खेल का उदाहरण यहां इस क्रम में दिया जा रहा है-

• खेल का नाम (Name of the Play)	(2) जीवन का जाल (Web of Life)
• मुख्य उद्देश्य (Main Objectives)	(1) प्रकृति के विभिन्न रूपों में अन्तसम्बन्ध स्थापित करना (To Inter-relate the various aspects of nature) (2) जीवन के जाल के प्रत्यय को प्रत्यक्ष दिखाना (To visually communicate the conccept of the Web of Life)
• स्थान (Placce)	कहीं भी बड़े कमरे, हॉल अथवा मैदान में (Any where; In Big Room, Hall or Outdoor Field)
• सामग्री	(1) एक डोरी का गोला और

(Material)	(2) नाम के टिकट [(1) A Ball of String and (2) Name Tages]
• सम्भागीयों/खिलाड़ियां की संख्या (Name of Participants of Players)	: कितनी भी 20 से 50 तक (Any number; from twenty of fifty)

• वास्तविक खेल
(Actual Play)

प्रकृति के अनेक प्रत्ययों अथवा मिलने वाली वस्तुओं के नामों के टैग्स बना लें जैसे-

(1) सूर्य (Sun)	(2) वायु (Air)
(3) पानी (Water)	(4) मिटटी (Soil)
(5) वृक्ष (Tree)	(6) फल (Fruit)
(7) पक्षी (Bird)	(8) शैवाल (Algae)
(9) मछली (Fish)	(10) गिद्ध (Eangle)
(11) कछुआ (Turtle)	(12) कीड़ा (Turtle)
(13) मेढ़क (Frog)	(14) मच्छर (Mosquito)
(15) छिपकली (Lizard)	(16) पत्ती (Leaf)
(17) फूल (Flower)	(18) तितली (Butterfly)
(19) चींटी (Ant)	(20) विद्यार्थी (Student)
(21) घास (Grass)	(22) टूटी पत्ती (Dead Leaf)
(23) केंचुआ (Earth Worm)	(24) खाद (Humus)
(25) झाड़ी (Shrub)	(26) बीज (Seed)
(27) फफूंदी (Fungus)	(28) घोंघा (Snall)
(29) बन्दर (Monkey)	(30) मकड़ी (Spider)
(31) सांप (Snake)	(32) नेवला (Mongose)
(33) राम चिरैया (King Fisher)	(34) धोबी (Washerman)
(35) लकड़हारा (Woodeuter)	(36) भैंस (Buffalo)
(37) शहद (Honey)	(38) शहद की मक्खी (Honeybee)

(39) गिलहरी (Squireel) (40) काई (Mooss)

(41) टिडडा (Grass hoper) (42) प्लास्टिक बैग (Plastic Bag)

(43) खराब लकड़ी (Dead Wood) (44) कागज (Paper)

(45) मगर (Crocodile)।

अब खेल प्रारम्भ होता है। एक बालक (सूर्य) अपने हाथ में धागे का गोला लेता है और इस खिलाड़ी के पास फेंकता है जो सूर्य से सम्बन्धित हो सकता है, जैसे-'वृक्ष'। उस गोले की डोरी को अपनी अगुली में लपेटकर उस खिलाड़ी के पास गोला फेंकता है जो 'वृक्ष' से सम्बन्धित है, जैसे-'फल'। और यह क्रम चलता है जब तक कि इसे आगे फेंकना सम्भव यह खेल यह बताता है कि प्रकृति में अनेक वस्तुएं एक-दूसरे से किस प्रकार जुड़ी है और सब मिलकर सन्तुलित है। अब किसी एक खिलाड़ी को कहें कि वह डोरी छोड़ दे। आप देखेंगे कि सारा जाल बिखर जाता है। अर्थात किसी एक वस्तु की कमी से पूरी प्रकृति चक्र बिखर जाता है।

इसी प्रकार अन्य खेल भी हो सकते है लेकिन वर्तमान में इस क्षेत्र में विशेष प्रगति नहीं हैं। छोटी आयु के बच्चों को पर्यावरण के विभिन्न पहलुओं को सरलता से समझाने हेतु खेलों का निर्माण आवश्यक है और साथ ही यह आवश्यक है कि परस्परागत रूप से चलन में आ रहे खेलों को भी पर्यावरणीय पक्षों से जोड़ें और उन पर नये-नये शोध करें।

पर्यावरणीय खेल (Environmental Songs)

कविता गीत अथवा गजल चाहे वह किसी भी रूप में हो उनकी सबकी एक ही कहानी है और वह है सरलता और सहजता से किसी भी बात को श्रोताओं तक पहुंचाना। प्राचीन काल में छन्दों की भाषा का ही प्रचलन था, अत: दोहा, सोरठा, सवैया, कुण्डलियां, चौपाई और अन्य कई प्रकार के कवित्त कठोरता से मात्राओं से जुड़े थे, लेकिन बहुत ही मधुरता से गाये जा सकते थे। जिस लक्ष्य से उनको लिखा जाता था वह उद्देश्य तत्काल पूरा होता था। कुछ उदाहरण देखे-

(1) नर की और तल नीर की, एकै गति कर जोय ।
ज्यों-ज्यों नीचे है चलै, त्यों-त्यों ऊंचौ होय ।।

(दोहा: बिहारी सीख)

(2) रहिमन देख बडेन को लघु न दीजिये देखें ।
जहां काम आवे सुई कहा करै तलवार ।।

(दोहा: रहीम सीख)

प्रकृति सौन्दर्य भक्ति वीरता करुणा हास्य और संयोग तथा वियोग शृंगार की ही प्रधानता थी जो सामायिक परिवर्तित होती रहती थीं।

वर्तमान मे काव्य का रूप बदला। अतुकान्त छन्दों का प्रयोग होने लगा। व्यंग की प्रधानता हाने लगी। गीत और गजल भी बदलते परिवेश में वस्तुस्थिति से अधिक जुड़े। अतः जहां शृंगार और राजनीतिक व्यंग अधिक उभरा वहीं पर्यावरण भी एक राष्ट्रीय समस्या के रूप में जुड़ गया। प्रदूषण समस्या, प्रकृति असन्तुलन और भावी भविष्य की चिन्ता के रूप सभी स्तर पर गूंजे। बाल गीतों में भी ध्वनि प्रदूषण वायु और जल प्रदूषण मान्यता मिली। कवि सम्मेलन में जब अन्तिम दौर आया तब पर्यावरण के प्रश्न उठे और देश के राजनीतिज्ञों स उनके हल पूछने लगे।

अब इस प्रकार के साहित्य की महती आवश्यकता है जो बालक से वृद्ध तक का पर्यावरण के बारे में सोचने का बाध्य कर दे। इसी सन्दर्भ स पर्यावरणीय संकट की एक कविता का अवलोकन करें-

यह कोई गुजराव स पूछे

रात कैसे कहर ढाती है? यह कोई गुजराव से पूछे।
निगलता कैस अंधेरा सूर्यमुखियों को
किस तरह दम तोड़ता है 'ताल' पर कोई सवेरा
सांस कैसे लड़खड़ाती है? यह कोई गुजराव से पूछे।
जर्द होता किस तरह, उम्मीद का चेहरा
छीनता है मौत कैसे फूल का सेहरा
आंख कैसे स्वप्न की अर्थी सजाती है? यह कोई गुजराव से पूछे।
दूधमुंई किलकारियों का शोर कैसे दफन होता
झुर्रियों में झांक कर इतिहास कैसे आंसू रोता
जिन्दगी कैसे हवा से हार जाती है? यह कोई गुजराव से पूछे।
मालियों का स्वार्थ कैसे आग बन जाता चमन गुजराव
मनुज का विष-दन्त कैसे कहानी बनता चुभन की
हवस कैसे हादसे हमको दिखाती है? यह कोई गुजराव से पूछे।

बच्चों के सामूहिक गीत इस प्रकार लिये जा सकते है जिसमें प्रकृति सौन्दर्य और पर्यावरण सन्तुलन की बात हो। शिशुओं की कविताएं भी स्वरूप बदल सकती है। कुछ लोकगीतों के रूप में भी पर्यावरण को समेटा जा सकता है। वृक्षों की महत्ता को भी और बढ़ाया जा सकता है। राजस्थान में जयपुर आकाशवाणी केन्द्र

के पूर्व उप निदेशक श्री इकराम राजस्थानी ने वृक्षों के महत्त्व पर सरल भाषा में एक पुस्तिका लिखी है, जिसके पद इतने सरल है कि वह तुरन्त ग्राह्म होते हैं। उन पर नृत्य नाटिकाएं भी बनाई जा सकती हैं। इस पुस्तिका के कुछ अंश देखें-

सुनो पेड़ की गाथा

प्रारम्भ-

1. • मानव जन्मा जिस घड़ी, जय में खोले नैन,
प्रथम बिछौना मैं बना, चैन दिया दिन रैन।
• माता-पिता फूले फिरें, तुझ गोद में पाय,
मै ही बन गया पालना, तुझकों रहा झुलाय।
• बचपन में भी मैं रहा, हरदम तेरे साथ,
गिल्ली डंडा खेलता, थाने मुझकों हाथ।
• यौवन फिर आया तेरा, बढ़ा मान सम्मान,
मेरी लकड़ी से बना, सुन्दर तेरा मकान,
• एक पलक तो बैठ, त आकर मेरे पास,
आज सुनाऊं मैं तुझे, यह सारा इतिहास।

सुना पेड़ की गाथा।

अन्त में-

2. • प्राण पखेरु जब उड़े, छोड़ा सब संसार,
अंत समय अर्थी बना, मै था खड़ा तैयार।
• तुझे जलाकर आ गये, तेरे भाई बन्ध
साथ तेरे मैं जल गया, वह मेरा सम्बध।
• शंकर न कर पी गया, मे सारी दुर्गन्ध,
प्राण वायु दी है तुझे, देता सदा सुगन्ध।

सुना पेड़ की गाथा।

'सुनो पेड़ की गाथा' लेखक; इकराम राजस्थानी से साभार।

विविध पर्यावरणीय गतिविधियां
(Different Environmental Aetivities)

पर्यावरण के क्षेत्र में विभिन्न आयामों की जानकारी करने उन पर विचार-विमर्श करने और फिर उसे इस स्तर और हर आयु वर्ग तक के लोगों तक पहुंचाने हेतु

आज अनेक गतिविधियां आयोजित हो रही है। इनका मूल सचालन भारत सरकार तथा राज्य सरकारों के पर्यावरण विभागों के निर्दशन और उनकी दिशा बिन्दुओं के आधार पर होता है। वित्तीय भार भी यही दीना अभिकरण वहन करती है। क्रियान्वयन का कार्य शैक्षिक संस्थाएं, पर्यावरण के क्षेत्र में कार्यरत स्वयंसेवी संस्थाएं, नेहरु युवा केन्द्र, विश्वविद्यालयों का कतिपय विभाग, रकाउट एवं गाइड्स की स्थानीय शाखाएं, लायन्स एवं रोटरी क्लब्स आदि द्वारा किया जाता है। लक्ष्य यही रहता है कि–

(1) पर्यावरण के बारे में सामान्य जानकारी को समेकित करें,

(2) नई जानकारी की खोजें,

(3) लोगों तक पहुंचाने हेतु कार्यक्रमों को तैयार करें और

(4) विभिन्न कार्यकलापों द्वारा उस ज्ञान को लोगों तक पहुंचायें।

प्रश्न (Questions)

निबन्धात्मक प्रश्न (Essay Type Questions)

(1) पर्यावरण गीत किस प्रकार के हो सकते है बच्चों की रुचि का कोई गीत लिखिये।

(2) किसी अच्छे वाद-विवाद प्रतियोगिता के निर्णय में किन-किन बिन्दुओं पर अधिक ध्यान देना अपेक्षित है? तुलनात्मक अंक भार प्रतिशत सुझाइयें

(3) नगर स्तर पर एक क्विज प्रतियोगिता का आयोजन कैसे करोगे? संक्षेप में बताइये।

(4) 'क्रियात्मक शोध' और 'सामान्य शोध' प्रोजेक्ट्स मे क्या अन्तर है? उनकी परिसीमाएं बताइये।

(5) पर्यावरण खेलों की पर्यावरण शिक्षा में क्या उपयोगिता है? किसी एक खेल का उदाहरण दीजिये।

लघुत्तरात्मक प्रश्न (Short Answer Type Questions)

(1) कोई ऐसा गीत लिखिये क्यों जिससे पर्यावरणर के सन्दर्भ में कोई सीख मिलना दिखती हो।

(2) 'शोध प्रोजेक्ट्स' क्यों सम्पन्न किये जाते हैं?

(3) 'क्रियात्मक शोध' पर टिप्पणी करिये। किसी ऐसे शोध का उदाहरण भी दीजिये।

(4) 'नुक्कड नाटक' का स्वरूप करिये।

(5) 'विद्यालय सौन्दर्य प्रतियोगिता' के क्या दरगामी लाभ संभव है।

13

पर्यावरण और कानून
(Environment and Laws)

प्रस्तावना (Introduction)

औद्योगिक क्रान्ति ने प्रदूषण को जन्म दिया। बढ़ती जनसंख्या ने प्राकृतिक एवं अन्य संसाधनों का इस सीमा तक शोषण किया कि व्यक्तिगत कुछ पा लेने की होड़ से आम आदमी का जीवन दूभर हो गया। वनों के विनाश ने ऋतु चक्र को गड़बड़ा दिया, वर्षा कम होने लगी, अकाल प्रायः प्रतिवर्ष पड़ने लगे। चारे की कमी ने पशुधन को हानि पहुंचाई। प्रकृतिक के असन्तुलन से पर्यावरण विकृत हो गया। जल, वायु, भूमि सभी प्रदूषित होने लगे। तेजाबी वर्षा, ग्रीन हाउस प्रभाव ओजोन पर्त का विघटन, स्मोग दुर्घटनाएं, विषैला वायुमण्डल सभी ने मनुष्य को हर पल अनेक बीमारियों से ग्रसित कर उसे अस्वस्थ कर दिया। उसे इन सबसे छुटकारा पाने का कोई उपाय भी नहीं दिखा और वह नितान्त असहाय महसूस करने लगा।

भारत ही नहीं पूरा विश्व ही पर्यावरण के इस बिगड़ते स्वरूप से प्रभावित हुआ। विकासशील व अविकसित देश इस समस्या से अधिक प्रभावित हुये, क्योंकि एक तो उनकी अपेक्षाकृत भारी जनसंख्या, दूसरे आर्थिक अभाव और तीसरे अशिक्षा अथवा कम शिक्षा उन्हें इस संकट से सहज छुटकारा नहीं दिला सकती थी। आम जनता ने पहले प्रशासन से और फिर कानून से संरक्षण चाहा। प्रगति के नाम पर प्रशासन स्वयं भी कहीं इस समस्या के उत्पन्न करने के कारणों से जुड़ा था, अतः वह कुछ कर न सका। हां कानून ने राहत दी। विद्वान न्यायाधीशों और विधिवेत्ताओं ने, आम नागरिकों के लाभ के लिए जहां भी कानून में कुछ मिला, उसी से जनता को लाभ पहुंचाया। यहां तक कि भारत के संविधान की धाराओं में भी उनके हित में बहुत खोज कर उनका उपयोग किया।

पर्यावरण में कानून की आवश्यकता वस्तुतः आम नागरिक को दैनिक जीवन के लिये मूलभूत आवश्यकताओं की पूर्ति, उनकी शुद्धता, प्रदूषण को रोकने तथा

आगे न होने देने और विकृत पर्यावरण को सुधारने के लिए ही महसूस हुई। अत: पर्यावरण संरक्षण तथा प्रदूषण रोकने हेतु अनेक कानून पिछले वर्षों में बने।

कुछ कानूनों का विवरण (Details of Some Laws)

पिछले लगभग सौ डेढ़ सौ वर्षों में आजादी से पूर्व अनेक कानून आवश्यकतानुसार बने जिन्हें तत्कालीन प्रशासन (ब्रिटिश सरकार) द्वारा अधिनियमों के रूप में जारी किया गया। यह पूरे देश के लिए थे, और क्षेत्रीय स्तर पर भी। विगत वर्षों में दण्ड संहिताएं जो सम्भवत: इंग्लैण्ड की कार्य प्रणाली पर आधारित थीं, उनका भी पर्यावरण के क्षेत्र में काफी उपयोग हुआ। एक मिला-जुला विवरण निम्न प्रकार है-

सामान्य कानून में भारतीय्र दंड संहिता, 1860 (Indian Penal Code, 1860) की धार 268, 290, 291, 426, 430, 431, 432 के तहत सामान्य पर्यावरण समस्याएं धारा 277 से जल प्रदूषण तथा धार 278 से वायु प्रदूषण के प्रकरण निपटाये गये। दंडविधि संहिता, 1898 (Criminal Procedure Code, 1898), जिसे अब 1973 में पुन: नवीन रूप दिया गया है, के उपद्रव के अध्याय (Chapter on Nuisance) के ध्वनि प्रदूषण पर प्रतिबन्ध लगा है। इसके अतिरिक्त-

(अ) जल प्रदूषण के लिए

(1) दी नार्थ केनाल एण्ड ड्रेनेज एक्ट, 1873,
[The North Canal And Drainage Act, 1873],

(2) दी ऑब्स्ट्रक्शन ऑफ फेअरवेज एक्ट, 1881
(The Obstruction of Fairways Act, 1881) और

(3) इंडियन फिशेरीज एक्ट, 1897
(Indian Fisheries Act, 1897);

(ब) वायु प्रदूषण के लिए

(1) दी ओरियन्टन गैस कम्पनी एक्ट, 1857
(The Oriented Gas Company Act, 1857),

(2) दी एक्सप्लोसिव एक्ट, 1908
(The Explosive Act, 1908),

(3) दी इंडियन बॉयलर्स एक्ट, 1923
(The Indian Boilers Act, 1923) और

(4) दी मोटर व्हीकिल एक्ट, 1938
(The Motor Vevhicle Act, 1938),

(स) कीटाणुनाशक के लिए, दी पोइजन एक्ट, 1919 (The Poison Act, 1919)।

(द) वन्य जीव संरक्षण हेतु

(1) दी इंडियन फोरेस्ट एक्ट, 1927
(The Indian Forest Act, 1927),

(2) दी आन्ध्र प्रदेश एग्रीकल्चर पेस्ट एण्ड डिसीज एक्ट, 1919
(The A.P. Agriculture Pest and Disease Act, 1919),

(3) दी मैसूर डेस्ट्रक्टिव इन्सेक्ट्स एण्ड पेस्ट्स एक्ट, 1917
(The Mysore Destructive Insects and Pests Act, 1917) और

(4) दी केरल एग्रीकल्चर पेस्ट एण्ड डिसीज एक्ट, 1917
(The Kerala Agriculture Pest and Disease Act, 1917) आदि मुख्य रूप से उपयोग में लाये गये।

आजादी (1947) के बाद देश में पर्यावरण के क्षेत्र में अनेक और कानून बने। कुछ एक-दूसरे के पूरक थे और कुछ सम्पूरक। राष्ट्र संघ द्वारा जून 1972 में स्टोकहोम (स्वीडन) में आयोजित मानव पर्यावरण अन्तर्राष्ट्रीय कान्फ्रेन्स में विचारे गये चर्चित बिन्दुओं के आधार पर भी कुछ अधिनियम बनाये गये जो मुख्यत: पर्यावरण प्रदूषण को रोकने से ही सम्बन्धित थे।

जिनकी एक सूची यहां दी गयी है–

(अ) वायु प्रदूषण के क्षेत्र में

1. दी फैक्टरीज एक्ट, 1948
(The Factories Act, 1948)

2. दी इण्डस्ट्रीज (डवलपमेंट एण्ड रेगुलेशन) एक्ट, 1951
(The Industries (Development and Regulation) Act, 1951)

3. दी माइन्स एण्ड मिनरल्स (रेगूलेशन एण्ड डवलपमेंट) एक्ट, 1947
(The Mines and Mineral (Regulation and Development) Act, 1947)

4. दी गुजरात स्मोक न्येसेन्स एक्ट, 1963
(The Gujrat Smoke Nuisanace Act, 1963)

5. वायु (प्रदूषण निवारण एवं नियंत्रण) अधिनियम, 1981
[The Air (Prevention and Control of Pollution) Act, 1981]

(ब) जल प्रदूषण के क्षेत्र में

1. उड़ीसा रिवर पोल्यूशन प्रीवेन्शन एक्ट, 1953
   (The Orissa River Pollution Prevention Act, 1953)
2. दी रिवर बोर्ड एक्ट, 1956
   (The River Board Act, 1956)
3. महाराष्ट्र प्रीवेन्शन ऑफ वाटर पोल्यूशन एक्ट, 1969
   (The Maharashtra Prevention of Water Pollution Act, 1969)
4. दी मर्चेन्ट शिपिंग एमेन्डमेंट एक्ट, 1970
   (The Merchant Shipping Amendment Act, 1970)
5. जल (प्रदूषण निवारण एवं नियंत्रण) अधिनियम, 1974 तथा उसका संशोधित अधिनियम, 1978
   [The Water (Prevention and Control of Pollution) Act, 1974; and its Amendment 1978]
6. जल (प्रदूषण निवारण एवं नियंत्रण) उपकर अधिनियम, 1978
   [The Water (Prevention of Control of Pollution) Cess Act, 1978]

(स) ध्वनि प्रदूषण के क्षेत्र में

1. दी बिहार कन्ट्रोल ऑफ दी यूज एण्ड प्ले ऑफ लाउडस्पीकर्स एक्ट, 1955
   (The Bihar Control of the Use and Play of Loud Speakers Act, 1955)
2. ग्रान्ट ऑफ परमीशन अण्डर दी हिमाचल प्रदेश इन्स्ट्रूमेन्ट्स (कन्ट्रोल ऑफ नायज) एक्ट, 1969
   [Grant of Permission Under the Himachal Pradesh Instruments (Control of Noise) Act, 1969]

(द) अन्य विविध क्षेत्रों में

1. दी प्रीवेन्सन ऑफ फूड एडल्टरेशन एक्ट, 1954
   (The Prevention of Food Adulteration Act, 1954)
2. दी एनशियेन्ट मोनूमेन्ट्स एण्ड आर्केलोजीकल साइट्स एण्ड रिमेन्स एक्ट, 1958
   (The Ancient Monuments and Archaeological Sites and Remains Act, 1958)

3. अणुशक्ति अधिनियम, 1962
   (The Atomic Energy Act, 1962)
4. वन्य जीव (संरक्षण) अधिनियम, 1972
   (The Wildlife (Protection) Act, 1972)
5. वन (संरक्षण) अधिनियिम, 1980
   [The Forest (Conservation) Act, 1988]
6. दी इंडियन फिशेरीज एक्ट, 1987
   (The Indian Fisheries Act, 1987)
7. पर्यावरण (संरक्षण) अधिनियम, 1986
   [The Environment (Protection) Act, 1986]
8. लोक दायित्व बीमा अधिनियम, 1991
   (The Public Liability Insurance Act, 1991)
9. राष्ट्रीय पर्यावरण ट्रिब्यूनल अधिनियम, 1992
   (The National Environment Tribunal Act, 1992)
10. राष्ट्रीय पर्यावरण अपीलैट अथोरिटी अधिनियम, 1997
   (The National Environment Appellate Authority Act, 1997)

इसके अलावा भूमि के उचित उपयोग के सन्दर्भ में भी कई अधिनियम बने हैं।

उपर्युक्त सभी अधिनियमों का विस्तृत विवरण इस अध्याय की सीमित सीमा में सम्भव नहीं है लेकिन पर्यावरण प्रदूषण की रोकथाम की दृष्टि से कुछ अत्यन्त महत्त्वूपण्र नियमों पर संक्षिप्त चर्चा हम यहां करेंगे।

पर्यावरण के क्षेत्र में देश के संविधान में संशोधन
(Amendments ain the Constitution of the Country in the Field of Environment)

यहां यह उल्लेख करना बहुत ही उचित और उपयुक्त होगा कि 'मानव पर्यावरण कान्फ्रेन्स' के बाद सबसे पहला कदम, जो भारत सरकार ने पर्यावरण संरक्षण के हित में किया, वह संविधान में दो संशोधन थे, जिन्हें अनुच्छेद 48A तथा 51A(g) नाम दिये गये, वे निम्न प्रकार हैं–

भारत का संविधान : अनुच्छेद 48A–पर्यावरण का संरक्षण और सुधारन तथा वन एवं वन्य जीवों की सुरक्षा--सरकार पर्यावरण के संरक्षण और सुधार देश के वन एवं वन्य जीवों के संरक्षण का प्रयास करेगी।

भारत का संविधान : अन्च्छेद 51 A(g)– "यह भारत के प्रत्येक नागरिक का कर्त्तव्य होगा कि वह प्राकृतिक पर्यावरण का संरक्षण और सुधार करे, जिसमें वन, झीलें, नदी और वन्य जीव सम्मिलित हैं तथा प्रत्येक जीवधारी के प्रति सहानुभूति (संवेदनशीलता) रखे।"

उल्लेखनीय है कि इन दोनों अनुच्छेदों तथा भारतीय संविधान के अनुच्छेद 21, जिसमें कहा है कि "संविधान यह आश्वस्त करता है कि प्रत्येक व्यक्ति को उस गतिविधि से बचाया जाना चाहिए जिससे उसके जीवन, स्वास्थ्य और शरीर को हानि पहुंचती हो" (It ensures that every individual may be saved from any activity which injures his life, health and physique) से विद्वान न्यायाधीशों ने अनेक पर्यावरण सम्बन्धी मुकदमों के ऐतिहासिक निर्णय दिये हैं और इस प्रकार भारतीय संविधान की महत्ता को बढ़ाया हैं साथ ही यह भी कहें कि भारत के संविधान ने पर्यावरण के परिप्रेक्ष्य में देश को संकट से बचाने की अहम भूमिका निभाई है तो भी यह अतिशयोक्ति नहीं होगी।

पर्यावरण प्रदूषण की रोकथाम और नियंत्रण की दृष्टि से कुछ अति महत्त्वपूर्ण अधिनियमों का यहां विवरण दे रहे हैं–

1. जल (प्रदूषण निवारण एवं नियंत्रण) अधिनियम, 1974 (The Water (Prevention and Control of Pollution) Act, 1974)

(अ) संसद में विधेयक प्रस्तुत करने के पीछे उद्देश्य व कारण–इस विधेयक को संसद में प्रस्तुत करने के पीछे जो उद्देश्य व कारण रहा है उसे भारत सरकार के राजपत्र में प्रकाशित किया गया है (दिनांक 5/12/1969 पृष्ठ 1153 से 1185 तक), जो निम्न प्रकार है– 'उद्योगों की वृद्धि तथा शहरीकरण की बढ़ती प्रवृत्ति के फलस्वरूप इन हाल के वर्षों में नदी तथा दरियाओं के प्रदूषण की समस्या काफी आवश्यक और महत्त्वपूर्ण बन गई है। अतः यह आश्वस्त किया जाना आवश्यक हो गया है कि घरेलू तथा औद्योगिक बहिस्राव उस जल में नहीं मिलने दिया जाय जो पीने के पानी के स्रोत, कृषि उपयोग तथा मत्स्य जीवन के पोषण के योग्य न हो। नदी और दारियाओं का प्रदूषण भी देश की अर्थव्यवस्था को निरन्तर हानि पहुंचाने का कारण बनती है।

(ब) अधिनियम का विवरण–उपर्युक्त विधेयक पूरी प्रक्रिया से होकर 30 नवम्बर, 1972 को संसद में प्रस्तुत हुआ। दोनों सदनों से पारित होकर इस विधेयक को 23 मार्च, 1974 को राष्ट्रपति से स्वीकृति मिली, जो अब जल (प्रदूषण निवारण एवं नियंत्रण) अधिनियम, (Act No. 6 of 1974) कहलाया। यह अधिनियम भारत के राजपत्र में Extra, Part 2, Section 2 दिनांक 25/3/1974 (pp. 295-325) को

प्रकाशित हुआ तथा इसे 26/3/1974 से पूरे देश में लागू माना गया।

इस अधिनियम में 8 अध्यायों के अन्तर्गत 64 धाराएं हैं, जिनका विवरण निम्न सारणी में दिया है–

जल (प्रदूषण निवारण एवं नियंत्रण) अधिनियम, 1974 का विवरण

क्र.सं.	*अध्याय क्रमांक*	*अध्याय का शीर्षक*	*धाराओं की संख्या : कुल*
1.	1	प्रारम्भिक (Preliminary)	1 से 2 तक = 2
2.	2	जल प्रदूषण नियंत्रण हेतु केन्द्रीय, राज्य स्तरीय बोर्डों का गठन (The Central and state Boards for Prevention and Control of Water Pollution)	3 से 12 तक = 10
3.	3	संयुक्त बोर्डों का गठन (Joint Boards)	13 से 15 तक = 3
4.	4	बोर्ड की शक्तियां तथा कार्य (Powers and Functions of Boards)	16 से 18 तक = 3
5.	5	जल प्रदूषण से बचाव व नियंत्रण (Prevention and Control of Water Pollution)	19 से 33 तक = 15
6.	6	वित्त सम्बन्धी प्रक्रियाएं (Funds, Accounts and Audit)	34 से 40 तक = 7
7.	7	सजाएं तथा कार्यविधियां (Penalties and Procedure)	41 से 50 तक = 10
8.	8	विविध (Miscellaneous)	51 से 64 तक = 14

अध्याय-7 की धारा 41 से 46 तक में सजाओं का प्रावधान है जो निम्न-लिखित हैं–

(1) धारा 41 : अधिनियम की धारा 20 की उपधारा 2[1] व 3[2] अथवा धारा 32 की उपधारा 1(c)[3] में वर्णित निर्देशों (जल स्रोत से अधिक पानी लेने अथवा मल-मूत्र और उद्योग से निकले बहिस्राव के मिलने को रोकने) की अनुपालना न होने पर 3 माह तक का कारावास अथवा 5,000 रु. का जुर्माना अथवा दोनों की सजा है। यदि यह अनुपालना लगातार चलती है तो आर्थिक दण्ड 1000 रु. प्रतिदिन तक अतिरिक्त हो सकता है।

यही सजा का प्रावधान कोर्ट द्वारा निर्देशन देने के उपरान्त भी अनुपालना न करने पर धारा 33 की उपधारा (2)[4] के तहत है।

(2) धारा 42[1] : वर्ण (a) से (g) तक में वर्णित कार्यों के करने पर 3 माह तक का कारावास तथा/अथवा 1000 रु. तक का जुर्माना अथवा दोनों की सजा का प्रावधान है।

(3) धारा 43 : धारा 24 के तहत नदी अथवा कुएं में प्रदूषित सामग्री के निस्तारण पर लगाई गई रोक (Prohibition on use of stream of well for disposal of Polluting matter, etc.) के दोषी पाये जाने पर 6 माह से 6 वर्ष तक का कारावास व आर्थिक दण्ड दिया जायेगा।

(4) धारा 44 : जल (प्रदूषण निवारण एवं नियंत्रण) अधिनियम, 1974 की धारा 25-नये विकास अथवा बहिस्राव पर रोक (Restrictions on new outlets and new discharges) तथा 26—वर्तमान में चल रहे मल-मूत्र अथवा उद्योग बहिस्राव सम्बन्धी प्रावधान (Provision regarding existing discharge of sewage of trade effluent) के सन्दर्भ में दोषी को 6 माह से 6 वर्ष तक की कैद तथा जुर्माना की सजा दी जायेगी।

(5) धारा 45 : यदि धारा 24, 25 व 26 के तहत कोई दोषी व्यक्ति को अधिनियम के अन्तर्गत सजा मिलती है और फिर भी वह निरन्तर उन्हीं प्रावधानों का पुनः दोषी होता है, तो उसे 1 वर्ष से 7 वर्ष तक का कारावास तथा आर्थिक दण्ड दिया जा सकेगा।

(6) धारा 46[2] : यदि कोई व्यक्ति इस अधिनियम के तहत दोषी ठहराया जाता है और पुनः इसी तरह का अपराध करता है तो न्यायालय को यह अधिकार होगा कि पिछले प्रकार के अपराध को फिर पुनः न करने से पहले उसका नाम, घर का पता तथा दी गई सजा को किसी समाचार पत्र अथवा जैसे कोई (न्यायालय) चाहे उस प्रकार प्रकाशित कर सकता है और इसका व्यय दोषी व्यक्ति से उसी प्रकार से वसूल किया जायेगा जैसे आर्थिक दण्ड लिया जाता है।

(7) धारा 47 व 48 में यदि अपराध किसी कम्पनी अथवा राजकीय विभाग द्वारा किया जाता है, तो दण्ड का भागी वह व्यक्ति होगा जो उसका अधिकृत मालिक/संचालक अथवा प्रभारी है।

(स) अधिनियम पर टिप्पणी—1. यद्यापि यह अधिनियम विधियेत्ताओं तथा विधिविशेषज्ञों द्रारार कड़ी मेहनत से सभी पक्षों का ध्यान रखकर बनाया गया था, पर फिर भी यह अधिक प्रदूषण नियंत्रण सिद्ध नहीं हो सका। अधिनियम की धारा 58 में उद्योगों पर लगाई गई शर्त को उद्योगपतियों ने अपने प्रकार से परिभाषित

कर उच्च न्यायालय से यह निर्णय प्राप्त कर लिया कि कोई भी सिविल कोर्ट उद्योगकर्त्ता को आवेदन करने पर निषेधाज्ञा (Injunction) स्वीकार कर सकती है। अत: जहां भी उद्योगपतियों को इस अधिनियम के तहत भय था, उस पर उन्होंने सिविल कोर्ट्स से पहले ही निषेधाज्ञा लेकर इस अधिनियम को अशक्त अथवा गतिहीन कर दिया।

2. इस अधिनियम के प्रकाशन के बाद इसके अनुच्छेद व इसकी विभिन्न धाराओं के सन्दर्भ में इतने आक्षेप आये अथवा स्पष्टीकरण अथवा उपयोग में लाने पर कमी महसूस की गई कि एक पूरा संशोधित अधिनियम-जल (प्रदूषण निवारण एवं नियंत्रण) संशोधन अधिनियम, 1978 [The Water (Prevention and Control of Pollution) Amendment Act, 1978] ही पास करना पड़ा। यह 14 दिसम्बर, 1978 से लागू हुआ। इस संशोधन अधिनियम (Act No. 44 of 1978) को दिनांक 12 दिसम्बर, 1978 को राष्ट्रपति की सहमति मिली तथा इसका प्रकाशन भारत के राजपत्र (Extra II, Part II, Section 1, दिनांक 13 दिसम्बर, 1978 को पृष्ठ 561-567 पर हुआ। इसमें कुल 19 संशोधन (धारा 2, 3, 4, 5, 10, 12, 14, 21, 23, 25, 26, 27, 28, 36, 37, 39, 49, 63, 64) तथा एक प्रविष्टि (धारा 11 (A)) की गई।

1. जल (प्रदूषण निवारण एवं नियंत्रण) उपकर अधिनियम, 1977 [The Water (Prevention and Control of Pollution) Cess Act, 1977]

इस अधिनियम (Act No. 36 of 1997) के तहत जल प्रदूषण निवारण एवं नियंत्रण हेतु केन्द्र तथा राज्य सरकारों को आर्थिक संसाधन उपलब्ध कराने के लिए जल उपयोग करने वाले उद्योगों से उपकर प्राप्त करने का प्रावधान है। इसे 1/4/1978 से पूरे भारत में लागू किया गया (संसद के दोनों सदनों से पारित होकर इस अधिनियम को दिसम्बर, 1977 में राष्ट्रपति का अनुमोदन प्राप्त हुआ)। यह भारत के राजपत्र Extra Part II, Section : 1 दिनांक 27/3/1978 के पृष्ठ 427-34 पर प्रकाशित हुआ)।

इसका केवल आर्थिक रूप ही सबल है अथवा यों कह सकते हैं कि पर्यावरण की दृष्टि से इसका सीधा कोई सम्बन्ध नहीं है। अत: इसे हम यहीं छोड़ रहे हैं।

2. वायु (प्रदूषण निवारण एवं नियंत्रण) अधिनियम, 1981 [The Air (Prevention and Control of Pollution) Act, 1981][1]

(अ) पृष्ठभूमि व अधिनियम का मुख्य उद्देश्य[2]—इस अधिनियम (Act No. 14 of 1981) के निर्माण की पृष्ठभूमि जून 1972 में राष्ट्र संघ द्वारा स्टॉकहोम (स्वीडन) में मानव पर्यावरण सम्बन्धी वही अन्तर्राष्ट्रीय कान्फ्रेन्स रही है जिसमें

मानव जीवन के लिए उसे प्रदूषण से मुक्त रखने की बात स्वीकार की गई थी। बढ़ते औद्योगीकरण के कारण पर्याव्रण में निरन्तर हो रहे वायु प्रदूषण के नियंत्रण और इसके रोकथाम के लिए यह अधिनियम बनाया गया जो देश में संसद के दोनों संसदों से पारित होकर तथा राष्ट्रपति से सहमति प्राप्त कर 16 मई, 1981 से लागू किया गया।

(ब) अधिनियम का विवरण–वायु (प्रदूषण निवारण एवं नियंत्रण) अधिनियम, 1981 कमोवेश लगभग उसी प्रकार का और उन्हीं सिद्धान्तों पर आधारित है जिन पर जल (प्रदूषण निवारण एवं नियंत्रण) अधिनियम, 1974 बना था। अतः पुस्तक के अध्याय की सीमा को ध्यान में रखते हुए इसका विस्तृत विवरण नहीं दे रहे हैं।

सजाओं का प्रावधान–अधिनियम में 37 से 46 तक की धाराओं में सजाओं का प्रावधान है।

(*i*) धारा 37(1) में–अधिनियम की धारा 21 व 22 की अनुपालना न होने पर 1 वर्ष 3 माह से लेकर 6 वर्ष तक की कैद और 5000 रु. तक का आर्थिक दण्ड। लगातार वही त्रुटियां जारी रहती हैं तो दण्ड की राशि 5000 रु. प्रतिदिन तक हो सकती है।

(*ii*) धारा 37(2)–धारा 37(1) के तहत आगे अपराध जारी रहने पर कैद की सजा 2 वर्ष से 7 वर्ष तक।

(*iii*) धारा 38(a to g)–a से g तक वर्णित अपराधों पर 3 माह की कैद और 10,0000 रु. तक का आर्थिक दण्ड।

(*iv*) धारा 39[1]–जिन अपराधों का अधिनियम में उल्लेख नहीं है, उन पर भी दोषी पाये जाने पर 3 माह की कैद अथवा 10,000 रु. तक आर्थिक दण्ड या दोनों। अधिक दिनों तक वही दोष पाये जाने पर आर्थिक दण्ड की राशि 5,000 रु. तक प्रति दिन।

(*v*) धारा 40[2] व 41[3]–अन्य लोगों को दोष करने पर दण्ड का प्रावधान।

(स) अधिनियम पर टिप्पणी–जिस प्रकार और जिन कमियों के कारण जल (प्रदूषण निवारण एवं नियंत्रण) अधिनियम, 1974 बहुत कारगर तथा उपयोगी नहीं हो सका वहीं बातें इस अधिनियम के साथ भी लागू हुई। केवल सैद्धान्तिक रूप से ही यह पर्यावरण विभाग तथा केन्द्रीय और राज्य प्रदूषण निवारण एवं नियंत्रण बोर्डों का एक उपकरण बनकर रह गया।

इस अधिनियम के क्रम में भी एक नया स्वतंत्र वायु (प्रदूषण निवारण एवं नियंत्रण) संशोधन अधिनियम, 1987 [The Air (Prevention and Control of

Pollution) Amendment Act, 1987][4] Act No. 47 of 1987 बनाया गया जिसे 1 अप्रैल, 1988 से लागू किया गया।

3. पर्यावरण (संरक्षण) अधिनियम, 1986 [The Environment (Protection) Act, 1986]

(अ) पृष्ठभूमि[1]–यह अधिनियम पर्यावरण संरक्षण तथा उसके सुधार तथा इससे सम्बन्धित अनेक बिन्दुओं के लिए बनाया गया। इसका मुख्य उद्देश्य, राष्ट्र संघ द्वारा 'मानव पर्यावरण' पर 1972 में स्टॉकहोम में आयोजित कान्फ्रेन्स, जिसमें भारत ने भी भाग लिया था, में मानव पर्यावरण के संरक्षण और सुधार के निर्णयों के क्रम में, कोई उचित योजना तैयार करना था; तथा इसके आधार पर ही प्राणीमात्र को पर्यावरण विकृतियों से बचाना और अनेक पर्यावरणीय समस्याओं को दूर करने का एक प्रभावी उपकरण उपलब्ध कराना था।

इससे संसद के दोनों सदनों ने पास किया और भारत के राष्ट्रपति ने इसे 23 मई, 1986 को सहमति प्रदान की।

केन्द्रीय सरकार ने, पर्यावरण (संरक्षण) अधिनियम, 1986 की धारा (सेक्शन) 6 व 25 द्वारा प्रदत्त शक्तियों का प्रयोग करते हुए नियम बनाये जिन्हें पूर्व प्रधानमंत्री स्व. श्रीमती इन्दिरा गांधी के जन्म दिवस (19 नवम्बर, 1986) के दिन से सम्पूर्ण भारत में लागू किया गया।

(ब) अधिनियम विवरण–इस अधिनियम में 4 अध्यायों के अर्न्तगत 26 धाराएं हैं, जिनका विवरण निम्न प्रकार है–

पर्यावरण (संरक्षण) अधिनियम, 1986 का विवरण

क्र०सं०	*अध्याय क्रमांक*	*अध्याय का शीर्षक*	*धाराओं की संख्या कुल*
1.	1	प्रारम्भिक (Preliminary)	1 से 2 तक = 2
2.	2	केन्द्र सरकार की सामान्य शक्तियां (General Powers of the Central Government)	3 से 6 तक = 4
3.	3	पर्यावरण प्रदूषण का निवारण, नियंत्रण और रोकथाम (Prevention Control and Abatement of Environmental Pollution)	7 से 17 तक = 11
4.	4	विविध (Miscellaneous)	18 से 26 तक = 9

धारा 2[2] में पर्यावरण संबंधी अनेक शब्दों को विशेष रूप से पारिभाषित किया है, जो निश्चय ही प्रशंसनीय है। संभवत: इस प्रकार पर्यावरण क्षेत्र की कई परस्पर विरोधी व्याख्याओं को बहुत स्पष्ट कर दिया गया है। इसके अनुसार–

(क) पर्यावरण (Environment)–इसमें जल, वायु और भूमि सम्मिलित हैं तथा इनसे मानव, अन्य जीवित प्राणी, पेड़-पौधें सूक्ष्य जीव व सम्पत्ति के मध्य परस्पर सम्बन्ध आते हैं।

(ख) पर्यावरणीय प्रदूषक (Environmental Pollutant)–इनका आशय ऐसे ठोस, द्रव तथा गैसीय पदार्थों के इतनी मात्रा में संकेन्द्रित (concentration) होने से है, जिससे पर्यावरण को हानि पहुंचती है अथवा पहुंच सकती है।

(ग) पर्यावरणीय प्रदूषण (Environmental Pollution)–इसका अर्थ पर्यावरण में पर्यावरण प्रदूषकों का रहना है।

(घ) संचालन (Handling)–किसी भी वस्तु के सन्दर्भ में इसका आशय, निर्माण, प्रक्रिया, प्रबन्ध, पैकेज, भण्डारण, ढुलाई, प्रयोग, एकत्रीकरण (संचालन), विनाश, परिवर्तन, विक्रय, दूसरी जगह ले जाना सभी क्रियाकलापों से है।

(ङ) खतरनाक वस्तुएं (Hazardous Substances)–इनसे आशय ऐसी वस्तुओं अथवा बनाये गये पदार्थों से है जिनके रासायनिक अथवा भौतिक रासायनिक गुणों अथवा उनके कतिपय संचालन (handling) से पर्यावरण अथवा उसमें रहनै वाले मानव, अन्य जीवित प्राणी, पेड़-पौधे सूक्ष्म जीव तथा सम्पत्ति को हानि पहुंचती हो।

(च) पदाधिकारी (Occupier)–किसी उद्योग के सन्दर्भ में यह वह व्यक्ति है जो किसी वस्तु का मालिक भी है और उस उद्योग के ऊपर उसका नियंत्रण है।

(छ) निर्देशित (Prescribed)–इस अधिनियम के अन्तर्गत बनाये गये नियमों के अनुसार निर्देशित होना।

अध्याय 3 (धारा 3 से 6 तक) में केन्द्रीय सरकार की सामान्य शक्तियों का वर्णन है। धारा 4 के अधीन केन्द्र सरकार की उन शक्तियों का विवरण है जिसके द्वारा पर्यावरण की गुणवत्ता की सुरक्षा एवं सुधार तथा पर्यावरणीय प्रदूषण के रोकने, नियंत्रित करने अथवा कम करेन के आवश्यक उपाय किये जा सकते हों। धारा 5 में उपर्युक्त सुझाये गये उपायों के कारगर रूप से लागू करने के लिए केन्द्र सरकार किसी भी अधिकारी को नियुक्त कर सकती है तथा उसको शक्तियां प्रदान कर उन्हें निश्चित कार्य का उत्तरदायित्व दे सकती है। धारा 5[1] के तहत केन्द्र सरकार किसी भी व्यक्ति, अधिकारी अथवा विशेषज्ञ को इस अधिनियम के अनुपालन में निर्धारित किसी भी प्रकार के निर्देश प्रदान कर सकती है और वे इन निर्देशों के

पालन के लिए बाध्य होंगे। यहां यह भी स्पष्ट किया है कि इन निर्देशों में–

(1) किसी भी उद्योग के संचालन को रोकन, बन्द करना अथवा उसके कार्यकलापों को प्रतिबन्धित करना, अथवा

(2) उसके जल, विद्युत या अन्य किसी सेवा को रोकना अथवा निर्धारित करना शामिल है। धारा 6[2] के अन्तर्गत पर्यावरणीय प्रदूषण को नियंत्रण करने हेतु विभिन्न नियमों के बनाने का प्रावधान है, जिसमें–

(अ) वायु, जल और भूमि की गुणव़ाा के मानक,

(ब) विविध क्षेत्रों में विविध पर्यावरण प्रदूषकों की अधिकतम स्वीकार्य सीमा

(स) खतरनाक वस्तुओं के संचालन हेतु तरीके व सुरक्षा उपाय,

(द) खतरनाक वस्तुओं के संचालन में रोक तथा प्रतिबन्ध,

(इ) विभिन्न क्षेत्रों में उद्योगों के स्थान के लिए रोक तथा प्रतिबन्ध और

(फ) पर्यावरणीय प्रदूषण के कारण बनने वाले विभिन्न दुर्घटनाओं को रोकने व प्रतिबन्धित करने के उपाय सम्मिलित हैं।

अध्याय 3(धारा 7 से 17 तक)–पर्यावरण प्रदूषण के रोकने, नियंत्रण तथा उसके निवारण से सम्बन्धित हैं। धारा 7[1] के अन्तर्गत यह निर्देश दिये गये हें कि कोई भी व्यक्ति जो उद्योग संचालित करता है वह निर्धारित मानकों से अधिक पर्यावरण प्रदूषकों को उत्सर्जित या विमुक्त न तो करेगा और न ही किये जाने की अनुमति देगा। धारा 8[2] में खतरनाक वस्तुओं का संचालन पूर्व निर्देशित सुरक्षा के तौर तरीकों के विपरीत नहीं करेगा। धारा 9[3] के तहत यह निर्देशित है कि यदि कहीं निर्धारित मानकों से अधिक पर्यावरणीय प्रदूषकों का उत्सर्जन हो अथवा उत्सर्जन की आशंका हो तो सम्बन्धित व्यक्ति उसे कम करने अथवा रोकने हेतु बाध्य होगा। साथ ही यह भी उल्लेखित है कि ऐसी घटना होने की आशंका को सम्बन्धित अधिकारी को सूचना देगा और बताये अनुसार सभी प्रकार के सहयोग देने को बाध्य होगा। धारा 10 में केन्द्र सरकार द्वारा अधिकृत व्यक्ति का किसी भी उद्योग संस्थान में प्रवेश तथा उस द्वारा निरीक्षण करने का अधिकार होगा। धारा 11 में अधिकृत व्यक्ति द्वारा ही विश्लेषण के उद्देश्य से ओ़ग में बनने वाली वस्तु तथा वहां के जल, वायु और भूमि के नमूने लेकर आगे विधिवत कार्यवाही करने का अधिकार होगा। धारा 12, 13 व 14 में विश्लेषण हेतु प्रयोगशाला संस्थापित करने, किसी विशेषज्ञ को विश्लेषण हेतु अधिकृत करने तथा विशेषज्ञ द्वारा दी गई रिपोर्ट को अधिकृत दस्तावेज मानने सम्बन्धी विवरण है। धारा 15[4] में अधिनियम, नियम, आदेश तथा निर्देशों के उल्लंघन पर दण्ड देने का प्रावधान है। इसके अनुसार उल्लंघन करने वाले व्यक्ति को–

(1) पांच वर्ष तक की कैद अथवा एक लाख रुपये तक का अर्थिक दण्ड अथवा दोनों का प्रावधान है,

(2) यदि उल्लंघन पुनः होता है अथवा जारी रहता है तो प्रतिदिन पांच हजार रुपये के आर्थिक दण्ड का अतिरिक्त प्रावधान है। यदि यह उल्लंघन एक वर्ष से अधिक अवधि तक भी जारी रहता है तो कैद की सजा सात वर्ष तक की बढ़ाई जा सकती है। धारा 16 में कम्पनी द्वारा उल्लंघन करने पर उसके प्रभारी प्रबन्धक को तथा धारा 17 में राजकीय विभागों में विभागाध्यक्ष को यही सजायें प्रस्तावित हैं।

अध्याय 4 (धारा 18 से 26 तक) में विविध विवरण है जिनमें कुछ महत्त्वपूर्ण हैं। धारा 18[1] के अनुसार इस अधिनियम के अन्तर्गत किसी भी व्यक्ति द्वारा कार्यरत सरकार, अधिकारी एवं अन्य किसी भी कर्मचारी के विरुद्ध इस अधिनियम के सन्दर्भ में कोई अभियोग नहीं चलाया जा सकेगा। धारा 19[2] के तहत किसी भी व्यक्ति द्वारा पर्यावरण प्रदूषण के मामले में वाद दायर करने का अधिकार है। धारा 20 में केन्द्र सरकार को किसी भी व्यक्ति, अधिकारी अथवा सरकार से इस अधिनियम के अन्तर्गत कोई रिपोर्ट अथवा सूचना लेने का अधिकार है। धारा 21 में इस अधिनियम के अन्तर्गत कार्य करने वाले सभी स्तर के व्यक्ति भारतीय दण्ड संहिता के सेक्शन 21 में वर्णित सरकारी कर्मचारी समझे जायेंगे। धारा 22[3] किसी भी कोर्ट को इस अधिनियम के अन्तर्गत किये गये निर्णय को सुनने से रोका गया है। धारा 23 में शक्तियों का हस्तान्तरण तथा धारा 24[4] में इसके कानूनों से पड़ने वाले प्रभावों पर टिप्पणी दी गई है। धारा 25[5] के तहत केन्द्र सरकार राजपत्र में नोटीफिकेशन देकर नियम बनाने को अधिकृत है। धारा 26[6] में यह बताया गया है कि इस अधिनियमों के अर्न्तगत बनाये गये नियमों को संसद से पारित कराना आवश्यक होगा।

पर्यावरण के क्षेत्र में बढ़ते प्रदूषण को रोकने तथा और प्रदूषण न होने के लिए इसका निश्चय ही यह एक समयानुकूल महत्त्वपूर्ण प्रयास है। साथ ही इस अधिनियम से जल स्रोतों की तथा वायुमण्डल और भूमि की शुद्धता और निरापदता की रक्षा भी सम्भव है। ऐसा अनुमान लगाया गया है कि कठिन कानून तथा इसके नियमों के उल्लंघन के फलस्वरूप लगाये गये भारी आर्थिक दण्ड व कारावास की सजा से भी लोगों को एकाएक ऐसा कार्य करने का साहस न होगा, जिससे सामान्य नागरिकों को कोई नुकसान हो अथवा नुकसान की सम्भावना हो। दण्ड प्रक्रिया में उद्योग चलाने (संचालन) वाले व्यवस्थापक को अथवा राज्य या केन्द्र सरकार के विभागों के विभागाध्यक्ष तक को दोषी के कटघरे में लाने का साहसिक कदम भी अत्यन्त सराहनीय एवं प्रशंसनीय है। इससे यह डर पैदा हुआ है कि प्रदूषण फैलाने वाले को दण्ड प्रक्रिया में कहीं फंसना सम्भव हो सकता है।

केन्द्र सरकार ने इस अधिनियम के तहत नियम बनाकर संसद से पारित कराके 19 नवम्बर, 1986 से पूरे देश में लागू कर दिये हैं और केन्द्र के तथा राज्य के पर्यावरण विभाग कहीं-कहीं पर स्वतंत्र रूप से और कहीं 'प्रदूषण नियंत्रण मण्डल' के सहयोग से अब उद्योगों के प्रदूषणों को नियंत्रित कर रहे हैं।

(स) अधिनियम पर टिप्पणी–विशेषज्ञों की राय में इस अधिनियम में भी काफी कमियां हैं, जिनके कारण भारत सरकार की पूरी मंशा पूरी नहीं हो सकती है। इनमें से कुछ इस प्रकार हैं–

1. किसी भी उद्योग को प्रारम्भ करने से पूर्व इसका पर्यावरणीय प्रभाव मूल्यांकन (Environmental Impact Assessment) की व्यवस्था इस अधिनियम में नहीं हैं यह बहुत आवश्यक है, क्योंकि सामान्य नागरिक को किसी उद्योग के लगाने के बाद किन-किन पर्यावरणीय समस्याओं तथा अन्य कठिनाइयों का सामना करना पड़ेगा यह जानकारी उसको नहीं हैं? इसके अभाव में भविष्य में कई आशंकाएं सम्भव हैं।

2. पर्यावरण (संरक्षण) अधिनियम, 1986 के अध्याय 3 की धारा 15 में प्रदूषण फैलाने वाले उद्योग संचालक पर 5 वर्ष तक का कारावास तथा एक लाख रुपये तक के आर्थिक दण्ड अथवा दोनों का प्रावधान है। यह सजा व आर्थिक दण्ड लगातार प्रदूषण फैलाने पर और बढ़ाया जा सकता है जो सात वर्ष तक के कारावास तथा 5 हजार रुपये प्रतिदिन तक सम्भव है, लेकिन अ याय 5 की धारा 24(2) में यह प्रावधान दिया है कि जब कोई जुर्म (अपराध) इस अधिनियम के साथ-साथ किसी अन्य अधिनियम के भी अन्तर्गत समान रूप से आ जाता हो, तो दोषी को दूसरे अधिनियम के अनुसार ही सजा दी जा सकती है। इससे भारी आर्थिक दण्ड अथवा कारागार की सजा की प्रबलता स्वयं ही नष्ट हो गई है। उदाहरणार्थ, एक उद्योगकर्त्ता अपने औद्योगिक संस्थान के दूषित जलस्राव से किसी शु जल स्रोत को प्रदूषित करता है, ऐसी स्थिति में उसका यह जुर्म वस्तुतः पर्यावरण (संरक्षण) अधिनियम, 1986 तथा भारतीय दण्ड संहिता 1860 के सेक्शन 277[1] दोनों में ही आता है। इस धारा 24(2) के अनुसार IPC सेक्शन 277 में इस जुर्म की सजा केवल सामान्य आर्थिक दण्ड पांच सौ रुपये तक तथा अधिकतम 3 माह के कारावास की सजा अथवा दोनों ही हैं।

3. देश में बढ़ते औद्योगीकरण के फलस्वरूप पर्यावरणीय प्रदूषण के मुकदमों की संख्या अनगिनत होगी यह पूर्वानुमान लगाया जा सकता है। और इन्हें सामान्य कोर्ट में, जहां हजारों मुकदमे पहले से ही अनिर्णीत हैं, सुलझाया जाना सम्भव नहीं है, यह भी निश्चित रूप से सोचा जा सकता है। अतः वर्तमान परिस्थिति में प्रदेश वार अथवा औद्योगिक क्षेत्र समूह वार विशेष न्यायालय का प्रावधान समीचीन एवं

आवश्यक है। पर इस अधिनियम में ऐसा कोई प्रावधान नहीं है, जो निश्चित ही एक भारी कमी है।

4. इस अधिनियम की धारा 19 के तहत किसी भी भारत के नागरिक को किसी उद्योग द्वारा किये जा रहे जुर्म के सम्बन्ध में वाद दायर करने का अधिकार तो दिया है, लेकिन उसके साथ इतने प्रतिबन्ध हैं, कि स्पष्टत: वह अपने को असहाय पाता हैं कोई भी व्यक्ति पहले सरकार को शिकायत के साथ 60 दिन का नोटिस देगा। इसी बीच में सरकार यदि इस शिकायत को स्वयं कोर्ट में दायर कर देती है, तो उस व्यक्ति की वह शिकायत खारिज कर दी जाती है; अर्थात् वह स्वतंत्र रूप से समान रूप में किसी उद्योग के विरुद्ध बाद दायर करने में असमर्थ है।

5. धारा 16 के तहत सामान्य नागरिक इस प्रावधान से बहुत प्रसन्न थे कि बड़े-बड़े उद्योगों के व्यवस्थापक/संचालक अथवा सरकारी विभागों/उपक्रमों के विभागाध्यक्ष/उच्च अधिकारी पर्यावरणीय प्रदूषण फैलाने के दोषी पाये जाने पर भारी दण्ड के भागीदार होंगे, लेकिन वहीं धारा 17[1] में स्पष्ट बचाव का प्रावधान भी इस आधार पर रखा है कि यदि सम्बन्धित व्यक्ति ऐसा प्रमाण देता है कि उसका इस कृत्य से काई सीधा सम्बन्ध नहीं है, तो उसका दोष किसी अन्य पर हस्तान्तरित हो सकता है और इस प्रक्रिया में किसी को भी दोषी नहीं पाया जाना सम्भव हो सकता है।

6. प्रदूषण के अन्य प्रकारों, जिसमें अम्लीय वर्षा, ओजोन पर्त का विनाश, ग्रीन प्रभाव, विश्व शु के परिणाम, समुद्रीय प्रदूषण आदि आते हैं, का इस अधिनियम में कहीं कोई स्थान नहीं हैं। वस्तुत: यह केवल उद्योगों से ही सम्बन्धित है।

4. लोक दायित्व बीमा अधिनियम, 1991 (The Public Liability Insurance Act, 1991)

(अ) विधेयक को संसद में प्रस्तुत करने का उद्देश्य—परिसंकटमय रसायन उद्योगों (Hazardous Chemical Industries) की वृ उनके कार्यकलाप और परिचालन (Processes and Operations) ने देश में दुर्घटनाओं में भी वृद्धि की है, जो वहां के श्रमिक व अन्य कर्मचारी/अधिकारियों तक ही सीमित नहीं हैं बल्कि उद्योग स्थल के आसपास के लोगों को भी हानि पहुंचाते हैं। यहीं तक नहीं बल्कि उनकी चल-अचल सम्पत्ति का भी नुकसान होता है। इन दुर्घटनाओं में मनुष्य से मवेशी तक जख्मी और मृत्यु तक के शिकार हो जाते हैं। प्राय: ऐसा भी देखने में आया है कि प्रभावी व्यक्ति अधिकतर उन छोटे और निर्धन वर्ग के होते हैं। जो इस हानि को बर्दाश्त नहीं कर पाते और किसी भी प्रकार के मुआवजा और राहत से भी वंचित रह जाते हैं। ऐसे हादसे वाले उद्योगों के कर्मचारी और श्रमिक

तो उद्योग कानूनों के अन्तर्गत सभी प्रकार के लाभ ले लेते हैं पर आम जनता के लिये कोई कानूनी मद्द उपलब्ध नहीं थी। अन्तर्गत सभी प्रकार के लाभ ले लेते हैं पर आम जनता के लिये कोई कानूनी मद्द उपलब्ध नहीं थी।

यह अधिनियम परिसंकटमय उद्योगों के कारण दुर्घटनाओं के शिकार होने वाले लोगों (श्रमिकों के अतिरिक्त) को तत्काल राहत प्रदान करेन के लिये विशेषरूप से बनाया गया है जिससे अचानक कोई दुर्घटना हो जाने पर पड़ोसी आम जनता को उसका लाभ मिल सके। इस अधिनियम में यह भी प्रावधान है कि Section 3(1)[2] और (2)[3] दुर्घटना हो जाने पर आहत व्यक्ति को उस घटना के साथ होने वाले हादसे (Incident) का कोई प्रमाण देने की आवश्यकता नहीं है। एक प्रकार से यह बिना त्रुटि दायित्व (No fault liability) अधिनियम है।

(ब) अधिनियम का विवरण–यह अधिनियम (No. 6 of 1991) 22 जनवरी, 1991 को संसद में प्रस्तुत किया गया तथा गजट नोटीफिकेशन GSR 253 के साथ ही 1 अप्रैल, 1991 से लागू माना गया।

- इस अधिनियम का विवरण निम्न प्रकार है–
- इसमें एक ही अध्याय है।
- इसमें कूल 23 धाराएं (Sections) हैं तथा साथ में राहत के लिये एक सूची (Schedule) जुड़ी हैं, जिसमें राहत विवरण स्पष्ट है।
- Section 6(1) (2) और (3) में मुआवजा लेने का प्रावधान है।
- Section 15 में मालिक द्वारा समय पर नहीं दिये जाने पर सजा का प्रावधान है (3 माह की कैद + 10,000 रु. का आर्थिक दण्ड या दोनों)।

5. राष्ट्रीय पर्यावरण ट्रिब्यूनल अधिनियम, 1992 (The National Environmental Tribunal Act, 1992)

(अ) विधेयक प्रस्तुत करने का उद्देश्य–परिसंकटमय रसायन उद्योगों में कार्य करते रहने पर दुर्घटनाओं की आशंका बनी रहती है। उससे ग्रस्त और त्रस्त लोगों को तत्काल राहत और मुआवजा (Relief and Compensation) समय पर मिल सके, उस हेतु इस अधिनियम को बनाया गया है। यह वास्तव में रियो डी. जैनीरो में जून 1972 में आयोजित संयुक्त राष्ट्र की पर्यावरण कान्फ्रेंस के संदर्भ में उठाया गया कदम है, जिसमें सभी देशें से यह अपेक्षा की गई थी कि वे अधिक दुर्घटना होने वाले उद्योगों के श्रमिक और कर्मचारियों के लिये सामयिक और शीघ्र राहत देने की व्यवसाा उपलब्ध करावें। अपने देश में भी अब संसद ने यह अधिनियम पारित कर दिया है। इस ट्रिब्यूनल की सबसे पहले चार शाखाएं, (1) दिल्ली (2)

मुम्बई, (3) कोलकाता और (4) चेन्नई में होगी और फिर अन्य बड़े राज्यों में खोली जायेंगी।

(ब) अधिनियम का विवरण–राष्ट्रीय पर्यावरण ट्रिब्यूनल अधिनियम (Bill No. 133 of 1992) का विधेयक 1992 में संसद में प्रस्तुत किया गया। संसद के दोनों सदनों से स्वीकृत होकर 17 जून, 1995 को महामहिम राष्ट्रपति से भी स्वीकृत हो गया।

6. राष्ट्रीय पर्यावरण अपीलैट ऑथोरिटी अधिनियम, 1997 (The National Environment Appellate Authority Act, 1997)–यह अधिनियम महामहिम राष्ट्रपति महोदय ने 26 मार्च, 1997 को जारी किया तथा 9 अप्रैल, 1997 से चालू माना गया। इस अधिनियम का उद्देश्य एक ऐसी राष्ट्रीय स्तर की पर्यावरण अपीलैट ऑथेरिटी का निर्माण करना है जो उन क्षेत्रों की अपीलों पर सुनवाई करे जहां पर उद्योग अथवा उद्योग संबंधी कार्यकलाप न होते हों। यदि होते हों तो जो पर्यावरण (संरक्षण) अधिनियम, 1986 के अन्तर्गत विशेषरूप से चलाये जा रहे हों। वस्तुतः यह ट्रिब्यूनल विकास संबंधी योजनाओं और परियोजनाओं के ठीक से चलाये जाने में पारिदर्शिता लाने के लिये निर्मित हैं।

वर्तमान में इस ट्रिब्यूनल में एक चेअरमैन, एक वाइस-चेअरमैन तथा दो सदस्य (कुल चार) व्यक्ति हैं। इनकी योग्यताएं पूर्व निर्धारित हैं, जिनमें आयु सीमा भी वर्णित है।

• **जनहित वाद (Public Interest Litigation)**–पर्यावरणीय प्रदूषण को रोकने की दिशा में एक नया विचार 'जनहित वाद' आज बहुत लोकप्रिय हुआ है, जिसका भारतीय इतिहास केवल पिछले दो दशकों का है। यह निश्चय ही एक भारत जैसे कल्याणकारी योजनाओं वाले लोकतन्त्रीय देश में भारतीय संविधान के अनुच्छेद 39-A[1] के अनुरूप, 'यह आश्वस्त होना कि आर्थिक अथवा अन्य अयोग्यता के कारण किसी भी नागरिक को न्याय पाने के अवसर से वंचित न होना पड़े' है। यह न्यायालय की विविध जटिलताओं से नियम/उपनियमों से परे है और किसी भी पीड़ित व्यक्ति अथवा समूह को यातना से छुटकारा दिलाने का एक सरल यंत्र है। यह संविधान की अनुच्छेद 21 की वचनबद्धता (Commitment) को भारत में रहने वाले प्रत्येक व्यक्ति के जीवन और उसकी व्यक्तिगत आजादी के मूल अधिकारों को आश्वस्त करती है। (Guarantees the fundamental rights to life and personal liberty to all the persons living in India).

'जनहित वाद' का प्रथम उल्लेख अमेरिका की न्यायपालिका की कार्य-प्रणाली में 19वीं शताब्दी के अन्तिम दशकों में मिलता है, जबकि उन लोगों को भी अपने

मुकदमे अथवा प्रकरण प्रस्तुत करने का अवसर या जो या तो अनपढ़ और कम पढ़े लिखे थे अथवा न्यायालय का व्यय भार उठाने में सक्षम नहीं थे।

भारत में इस क्रम में शुरूआत उच्च न्यायालय तथा उच्चतम न्यायालय के माननीय न्यायाधीशों ने भी की और कई महत्त्वपूर्ण प्रकरण इस प्रणाली द्वारा माननीय न्यायालयों द्वारा निपटाये गये जो इतिहास रहा। फिर स्वयंसेवी संस्थाएं और व्यक्तियों ने साहस बटोरा और उन्होंने उद्योगों के मालिकों के विरुद्ध ही नहीं बल्कि राजकीय संस्थाओं, नगर परिषद/पालिकाओं, राज्य सरकारों तथा केन्द्रीय सरकार के विरुद्ध भी अपने वाद जनहित में दाय किये। यह भी विशेषरूप से उल्लेखनीय है कि बिना किसी भेदभाव के उच्च अथवा उच्चतम न्यायालयों ने बिना किसी दबाव अथवा परिवाद के जनहित में उचित निर्णय दिये। कुछ महत्त्वपूर्ण निर्णय यहां प्रस्तुत हैं–

1. म्यूनिसिपल कौन्सिल, रतलाम विरुद्ध श्री बरधीचन्द एवं अन्य[2] (29 जुलाई, 1980) : उच्चतम न्यायालय (Supreme Court) : प्रकरण : एक एल्कोहॉल संयंत्र से निकले जलस्राव का रिहायशी सड़क व गलियों मे फैलाना।

–रतलाम म्यूनिसिपैल्टी के अन्तर्गत एक रिहायशी जगह के नागरिकों ने रतलाम के सबडिवीजनल मजिस्ट्रेट के न्यायालय में Cr. P.C. 1973 के सैक्शन 133. के तहत यह शिकायत दर्ज की कि,

(अ) एल्कोहॉल संयंत्र से निकलने वाले गन्दे स्राव को सार्वजनिक सड़कों पर बहने से रोकने,

(ब) सड़कों की साफ-स्वच्छता न होने देने तथा

(स) उन व्यक्तियों को, जो सड़क को ही शौचालय आदि के रूप में प्रयोग करते हैं, शौचालय सुविधाएं प्रदान करने में,

–रतलाम म्यूनिसिपैल्टी असफल रही है।

–म्यूनिसिपल कौन्सिल रतलाम ने अपना यह तर्क प्रस्तुत किया कि ऐसे स्थान पर जहां की गन्दगी का यह निवासी जिक्र करते हैं, निवासी खुद अपने इच्छा से बसे हैं और रहते हैं। अत: इन्हें म्यूनिसिपैल्टी के विरुद्ध इस प्रकार की शिकायत का कोई हक नहीं है।

–मजिस्ट्रेट ने जांच कर इस तथ्य को सही पाया और तत्काल ही सभी सफाई करने तथा आवश्यक सुविधाएं उपलब्ध कराये जाने का आदेश दिया साथ ही यह भी जिक्र किया कि निर्णय की अनुपालना न होने पर IPC सेक्शन 188 के तहत कार्यवाही की जावेगी।

–म्येनिसिपैल्टी द्वारा सैशन कोर्ट में अपील करने पर मजिस्ट्रेट द्वारा दिये गये निर्णय को असंगत बताया, लेकिन उच्च न्यायालय ने मजिस्ट्रेट रतलाम द्वारा दिये गये निर्णय की पुष्टि कर एक नये इतिहास को जन्म दिया जिसकी अपील सुप्रीम कोर्ट ने जनहित में खारिज कर दी।

2. कृष्णा गोपाल विरुद्ध मध्य प्रदेश सरकार (1986)–इन्दौर की श्रीमति सरला त्रिपाटी, जिसका पति हृदय रोग से पीड़ित था, ने सब डिवीजनल मजिस्ट्रेट को यह शिकायत दर्ज की कि एक ग्लूकोज सेलाइन (Glucose Saline) उद्योग से दिन-रात अत्यधिक शोर होता है तथा इससे धुआं व राख उत्सर्जित होती है। मेरे पति के साथ यहा के अन्य निवासी भी इससे बहुत परेशान हैं।

–माननीय न्यायाधीश ने जांच कर श्रीमती त्रिपाठी की शिकायत को उचित ठहराते हुए CrPC के सेक्शन 133 के तहत उस फैक्ट्रीय को बंद कराने के ही नहीं, बल्कि अन्यत्र ले जाने के ही आदेश दे दिये।

3. एम.सी. मेहता विरुद्ध भारत सरका (1987)–उच्चतम न्यायालय (Supreme Court)–यह प्रकरण श्रीराम फूड एण्ड फर्टीलाइजर इण्डस्ट्रीज के दिल्ली इकाई से 4 दिसम्बर, 1985 को 'ओलियन गैस' (Oleum Gas) के रिसाव से सम्बन्धित था, जिसकी याचिका (Writ Petition) सुप्रीम कोद्र ने एक एडवोकेट श्री एम.सी.मेहता ने भारत सरकार के विरुद्ध दायर की थी। इस दुर्घटना में तीस हजारी कोर्ट (दिल्ली) के एक एडवोकेट की मृत्यु हो गई तथा अनेक अन्य व्यक्ति पीड़ित हुये।

–सुप्रीम कोर्ट ने इस याचिका को प्राथमिकता के आधार पर सुना और परिणामस्वरूप इस इण्डस्ट्री को बन्द ही किये जाने के आदेश दे दिये।

–उल्लेखनीय है कि इस प्रकरण में वादी स्वयं पीड़ित नहीं था, बल्कि जनहित में उसने यह प्रकरण कोर्ट में उठाया। कोर्ट द्वारा इस प्रकरण में वादी को श्रीराम इण्डस्ट्रीज से 10,000 रुपये की राशि में बतौर खर्च व हर्जाने की दिलाई।

4. रूरल लिटीगेशन एण्ड एनटाइटलमेंट केन्द्र, देहरादून विरुद्ध उत्तर प्रदेश सरकार–दून वैली प्रकरण (1987), उच्चतम न्यायालय (Supreme Court)–यह प्रकरण मंसूरी की पहाड़ियों में राज्य तथा भारत सरकार के निर्देशों के तहत 'लाइमस्टोन' के खनन से सम्बन्धित था, जिससे वहां के निवासियों को प्रतिदिन के जीवनयापन के लिये आवश्यक वस्तुएं भविष्य में न मिल पाने की आशंका के साथ-साथ वहां का पर्यावरण व प्राकृतिक सौन्दर्य भी नष्ट हो रहा था। एक स्वयंसेवी संस्था RLE (रूरल लिटीगेशन एण्ड एनटाइटलमेंट केन्द्र) ने

एक सादे कागज पर हलफनामा पेश किया जिसे सुप्रीम कोर्ट ने याचिका के रूप में स्वीकार कर लिया।

–इस प्रकरण में भी सुप्रीम कोर्ट ने स्वयंसेवी संस्था RLE देहरादून के पक्ष में निर्णय दिया और उत्तरप्रदेश के जिला कलेक्टर और पुलिस अधीक्षक को मंसूरी की पहाड़ियों में खनन कार्य तत्काल रोकने के निर्देश दिये।

इस प्रकरण में भी सुप्रीम कोर्ट द्वारा स्वयंसेवी संस्था को 10,000 रुपये की राशि खर्च के भुगतान के लिये दिलवाई।

5. साइलेंट वैली सुरक्षा समिति (Society for Protection of Silent Valley)–विरुद्ध भारत सरकार तथा केरल राज्य सरकार (1979)–केरल उच्च न्यायालय (Kerala High Court) (Unreported Judgement)–यह एक देश का अत्यन्त महत्त्वपूर्ण घटनाक्रम रहा। केरल सरकार प्रदेश की सघन जंगलों व वन्यजीवों से भरी 'साइलेन्ट वैली' में 'जल विद्युत प्रोजेक्ट' (Hydro Electric Project) चलाना चाहती थी। पर उसे भविष्य के लिये कंटक मानते हुए एक स्वयंसेवी संस्था ने केरल राज्य सरकार के विरुद्ध मुकदमा दायर किया।

–वादी और प्रतिवादी दोनों पक्षों की बातों के आधार पर न्यायाधीश महोदय ने राज्य सरकार के पक्ष में ही निर्णय दिया जिससे पर्यावरण में रुचि रखने वालों को बहुत खेद हुआ।

–लेकिन पूरे देश की जनता की भावनाओं का सम्मान करते हुए तत्कालीन प्रधानमंत्री स्व. श्रीमती इन्दिरा गांधी के व्यक्तिगत हस्तक्षेप से यह प्रकरण ही राज्य सरकार ने निरस्त कर दिया।

6. श्री सच्चिदानन्द पाण्डेय विरु पश्चिमी बंगाल राज्य सरकार (1987)–उच्चतम न्यायालय (Supreme Court) यह प्रकरण जूलोजीकल गार्डन कलकत्ता (Zoological Garden, Calcutta) के किसी एक भाग को बेचने सम्बन्धी था। यहाँ एक सामान्य नागरिक श्री पाण्डेय ने भारत के संविधान के अनुच्छेद 43(A)[1] के तहत राज्य सरकार के विरुद्ध मुकदमा दायर किया।

–जनहित को किसी अन्य व्यवसाय की तुलना में अधिक महत्त्व देते हुए विद्वान न्यायाधीश ने उस भू-भाग को होटल के उपयोग में दिये जाने के लिए उचित नहीं माना और निर्णय श्री पाण्डे के पक्ष में रहा।

यद्यपि जो इस प्रकार के मुकदमे जनहित में दायर हुये हैं, उनकी सूची बहुत लम्बी नहीं है पर फिर भी पाठकों की दिलचस्पी के लिए कुछ प्रकरण यहां दिये जा रहे हैं, जिससे रुचि रखने वाले इनके बारे में अधिक जानकारी प्राप्त कर सकें–

1. एस.पी. गुप्ता विरुद्ध भारत (1982–सुप्रीम कोर्ट)

2. पीपुल्स यूनियन फॉर डेमाक्रेटिक राइट्स विरुद्ध भारत सरकार (1982-सुप्रीम कोर्ट)

3. टी. दामोदरराव विरुद्ध सेनीटरी ऑफीसर म्यूनिसिपल कार्पोरेशन, हैदराबाद (1987-आन्ध्र प्रदेश उच्च न्यायालय)

4. जानकी विरु सरदारनगर म्यूनिसिपैल्टी, अहमदाबाद (1986-गुजरात उच्च न्यायालय)

5. किकरी देवी विरुद्ध हिमाचल प्रदेश राज्य सरकार (1977-हिमाचल प्रदेश)

6. सम्पतराज जैन विरुद्ध राजस्थान राज्य प्रदूषण नियंत्रण बोर्ड (सिविल रिट-जयपुर 1980)

7. उम्मेदराय शर्मा विरुद्ध हिमाचल प्रदेश राज्य सरकार (1986-हिमाचल प्रदेश उच्च न्यायालय)

8. सुभाष कुमार विरुद्ध बिहार राज्य सरकार (1991 सुप्रीम कोर्ट)

10. अरुण कुमार विरु नगर महापालिका इलाहाबाद (1987 इलाहाबाद उच्च न्यायालय) आदि।

उपर्युक्त विस्तृत विवरण से कई बातें स्पष्टतया दृष्टिगोचर होती हैं-

प्रथम तो यह है कि पर्यावरण के क्षेत्र में वर्तमान में हो रहे प्रदूषण तथा असन्तुलन के लिये नागरिक स्वयं न तो अपनी जिम्मेदारियां तथा उत्तरदायित्वों को समझने का प्रयास करते हैं और न ही उस सन्दर्भ में अपने क्रियाकलापों में उसका समावेश करते हें। अपने समाज और देश तथा उसकी आम जनता के हित में सोचने का उनका मानस इस परिवर्तन के साथ बदल जाता है कि वह स्वयं किसी प्रदूषण को फैलाने वाले उद्योग के मालिक हैं अथवा उसकी यातना भोगने वाले सामान्य नागरिक। हमें संविधान के प्रति निष्ठा रखते हुए अन्य नागरिकें के हित की बात भी आवश्यक रूप से सोचनी होगी।

द्वितीय प्रदूषण को रोकने तथा उस पर नियंत्रण रखने के लिए न तो हमारा प्रशासन बहुत अधिक सक्षम है और न ही कानून उनकी इतनी सहायता कर पाते हैं, जितनी उन पर यह व्यवस्था निर्भर है, पर्यावरण के क्षेत्र में पानी के, वायु के, वाहन के, ध्वनि प्रदूषण के तथा अन्य न जाने कितने कानून हैं और वह सभी पूर्णता की ओर जाने को प्रयासरत भी हैं, पर पूर्ण नहीं है। अत: इसी कारण कानून प्रभावी नहीं हो रहे हैं और प्रदूषणकर्त्ता का साहस निरन्तर बढ़ता जाता है। बहुत सख्त कानून तथा उनका उसी कड़ाई से पालन किया जाना आवश्यक है। आज जितने भी पर्यावरण के क्षेत्र में प्रशंसनीय निर्णय हो रहे हैं, उनमें कानून अथवा

दंड संहिता अथवा संविधान के तथ्य इतने प्रभावी नहीं हैं जितने कि गरिमापूर्ण ढंग से विद्वान न्यायाधीशों ने इन व्यवस्थाओं की समाज के हित में विवेचना कर देशहित में तथा आम नागरिक के हित में निर्णय दिये हैं।

तृतीय बहुत महत्त्वपूर्ण एक पक्ष यह भी है कि राष्ट्रीय नीति में यह तय करना होगा कि हमें मानव जीवन की गुणवत्ता को बनाये रखने के लिए क्षणिक व्यावसायिक लाभों को त्यागना है। आज देश में वोटों की राजनीति ने भी जो दुर्दशा की है वह भी किसी से छिपी नहीं है। यह लोभ भी राजनेता त्यागें और अधिक हित के लिऐ छोटे लाभों को छोड़ने का मानस बनावें तो देश को निश्चित ही कुछ दिशा मिल सकती है।

यहां यह बताना भी उचित एवं उपयुक्त होगा कि जनहित वाद के जरिये आम नागरिक माननीय न्यायालयों से ऐसी-ऐसी कठिन समस्याओं का निस्तारण करा रहा है जिनकी भारत जैसे देश में कल्पना भी नहीं की जा सकती थी।

(1) दिल्ली से बड़े उद्योगों का स्थानान्तरण,

(2) ताजमहल के कई किमी दूरी तक धुएं वाले कारखानों का निषेध,

(3) दिल्ली में CNG ईंधन से ही बसों का आवश्यक रूप से आवागमन,

(4) बिना ट्रिटमेंट प्लान्ट्स के किसी भी फैक्ट्रीय को NOC न देना आदि।

आम नागरिक अब बहुत जागरूक और सावधान है। नये-नये कानूनों की जानकारी से उन्हें शिक्षित करना बहुत सामयिक और आवश्यक है। निश्चय ही भविष्य अब अन्धकार से हटकर प्रकार की ओर आ रहा है।

प्रश्न (Questions)

निबन्धात्मक प्रश्न (Essay Type Questions)

1. जल (प्रदूषण निवारण एवं नियंत्रण) अधिनियम, 1974 के पीछे क्या विशिष्ट उद्देश्य था? वह देश में कब से लागू हुआ?
2. 'वायु (प्रदूषण निवारण एवं नियंत्रण) अधिनियम, 1981' में दोषी व्यक्ति के लिये किन-किन सजाओं का प्रावधान है? बताइये।
3. 'पर्यावरण (संरक्षण) अधिनियम' में क्या विशेष बातें हैं? वह कब से लागू हुआ?
4. 'जनहित वाद' किसे कहते हैं? कोई एक उदाहरण दीजिये।
5. 'जल तथा वायु (प्रदूषण निवारण एवं नियंत्रण) अधिनियम' किन कारणों से प्रभावी नहीं हो पाये? मुख्य कारण बताइये।

14

पर्यावरण शिक्षा का पाठ्यक्रम
(Curriculum of Environmental Education)

प्रस्तावना (Introduction)

पर्यावरण शिक्षा को पारिभाषित करते हुये आज के सन्दर्भ में उसकी आवश्यकता और महत्त्व को हमने पिछले अध्याय में बताया है। साथ में यह भी स्पष्ट करने का प्रयास किया है कि पर्यावरण शिक्षा के लक्ष्य और उद्देश्य क्या होने चाहिए? इन सब की समेकित सूची कोई तदर्थ (Tentative) अथवा स्वेच्छा (Arbitrary) नहीं है। विश्व के लगभग 130 राष्ट्रसंघ के सदस्य देशों के विशेषज्ञों द्वारा बेलग्रेड कान्फ्रेन्स (1975) और तिबलिसी कान्फ्रेन्स (1977) में कठिन परिश्रम और विचार-विमर्श के आधार पर निकाले गये निष्कर्षों का ही यह एक अन्तिम परिणाम था, जिसे अधिकारिक रूप से प्रसारित किया गया है।

लेकिन शिक्षा चाहे परम्परागत हो चाहे विशिष्ट (विशिष्ट से आशय उस शिक्षा से है जो किसी विशेष उद्देश्य को सम्मुख रखकर ही दी जाती है, जैसे–नैतिक शिक्षा, स्वास्थ्य शिक्षा, व्यावसायिक शिक्षा, धार्मिक शिक्षा, सामाजिक शिक्षा, प्रौढ़ शिक्षा और पर्यावरण शिक्षा आदि) उसको लक्षित जन-समुदाय तक पहुंचाने के लिए केवल उपर्युक्त बातें काफी नहीं हैं। शिक्षा में क्या हो? (What should be in an education programme?) शायद इसका उत्तर केवल एक है कि वह है पाठ्यक्रम (Curriculum)। हम इसी पर संक्षिप्त चर्चा करेंगे–

पाठ्यक्रम क्या है? (What is Curriculum)

1. "जो कुछ भी पढ़ा और सीखा जाता है उसकी क्रमब व्यवस्था को पाठ्यक्रम कहते हैं।"

   (Curriculum is the orderly arrangement of what is thus to be studied and learned.) — Cunningham

2. "पाठ्यक्रम उस सभी ज्ञान और अनुभवों का एकीकृत संग्रह है जो विद्यार्थियों के स्वयं तथा समाज के विकास के लिए आवश्यक है।"

(Carriculum is sum toto of all the knowledge and experiences needed for the students for the development of self and the society.) — An Educationist

यह दोनों ही बहुत ही सादा औरा स्थूल परिभाषाएं हैं जो सीधे-सीधे पाठ्यक्रम के बारे में एक चित्रण प्रस्तुत करती हैं। वस्तुत: पाठ्यक्रम का स्थान शिक्षा की पूरी प्रक्रिया में क्या महत्त्वपूर्ण स्थान रखती है? इसे हमने आगे बहुत ही वस्तुनिष्ठ तरीके से बताने का प्रयास किया है।

पाठ्यक्रम का महत्त्व (Importance of Curriculum)

पाठ्यक्रम के महत्त्व को बताने के लिए हम एक प्रश्न और उसका विवेचन रख रहे हैं। प्रश्न है कि शिक्षा कैसे दी जाती है? (How Education is imparted?) उसका निम्न विवरण देखें।

शिक्षा को केन्द्र बिन्दु अन्तिम एवं आवश्यक रूप से केवल शिक्षार्थी है, जिसके लिए ही सभी विचार, मत और परिभाषाएं विशिष्ट शिक्षाशास्त्री और दार्शनिकों द्वारा व्यक्त की जाती हैं। लेकिन आदिकाल से वर्तमान तक इसमें क्या-क्या और कैसे-कैसे परिवर्तन हुये हैं, इसका अवलोकन करें।

1. पहला नमूना (First Design)–यह नमूना उस आदिकाल के समय की स्थिति को व्यक्त करता है, जब शिक्षा से सम्बन्धित अनेक घटकों की चर्चा का कोई सिलसिला ही नहीं था। न शिक्षक की कल्पना थी और न विषय-वस्तु की; और न ही कोई उद्देश्य जैसी कोई बात थी। शिक्षार्थी केवल वातावरण से देखकर, सुनकर और अपने सहयोगियों से चर्चा के आधार पर स्वयं कुछ जानकारी करता था। उसे कितना आता था? क्या आता था, इसकी न कोई मूल्यांकन विधा थी और न ही कोई इसकी आवश्यकता थी।

यह कोई आश्चर्यजनक बात भी नहीं थी। महाभारत काल में एकलव्य का उदाहरण सर्वविदित है जिसने बिना शिक्षक के केवल धनुर्धारी अर्जुन को बाण चलाते देखकर ही अपने ज्ञान में महारथ हासिल की थी बड़े-बड़े महापुरुष और योगी स्वयं अपने आत्मज्ञान से इतने ज्ञानमग्न हुये कि जिन्होंने देश ही नहीं बल्कि पूरे विश्व को ज्ञान प्रदान किया था।

2. दूसरा नमूना (Second Design)–यह नमूना उस स्थिति का है जब शिक्षार्थी को ज्ञान प्राप्त करने में शिक्षक की भूमिका में अधिक ज्ञानवान व्यक्ति मिला।

शिक्षार्थी ने जहां स्वयं अपने आप प्रकृति और वातावरण से सीखा वहीं शिक्षक द्वारा उसे निम्न प्रकार निर्देशन मिला–

1. स्वयं सीख ज्ञान में हो सकने वाली किन्हीं त्रुटियों का शुद्धीकरण,
2. नये ज्ञान का काल और स्थिति के अनुसार परिमार्जन और
3. अन्त:मन की छिपी शक्तियों को उद्घाटित कर और अधिक प्रेरणा।

इससे नि:सन्देह शिक्षार्थी को अपने ज्ञानार्जन में बहुत सफलता मिली, लेकिन उस नमूने में किन्ही उद्देश्य, विषय-वस्तु, शिक्षण प्रणली को स्थन नहीं था। एक पारम्परिक व्यवस्था में बालकों को शिक्षक के पास आश्रमों में भेजा जाता थ और शिक्षक शिक्षार्थी की क्षमता के अनुकूल अपने सीखे हुये ज्ञान के आधार पर शिक्षा देता था। कालानतर में गुरुकुल व्यवस्था भी इसी प्रतिमान के आधर पर प्रारम्भ हुई थी, यद्यपि उसमें फिर कई घटकों का समावेश हुआ। इस प्रतिान में शिक्षक और शिक्षार्थी के परस्पर सहयोग के फलस्वरूप शिक्षा प्रापत हुई।

3. तीसरा नमूना (Thid Design)–इस नमूने में शिक्षक और शिक्षार्थी के साथ-साथ पाठ्यक्रम को भी स्थान मिला। इससे शिक्षार्थी के सीखने की दिशा को व्यवस्था मिली ओर फिर उद्देश्यनिष्ठ शिक्षण का प्रारम्भ हुआ। जिस शिक्षार्थी को जिस तरह का ज्ञान दिया जाना था, उसका पाठ्यक्रम भी उसी प्रकार का हुआ तथा स्पष्ट उद्देश्यपूर्ति की ओर ध्यान केन्द्रित हुआ।

4. चतुर्थ नमूना (Fourth Design)–शिक्षाशास्त्री शिक्षण प्रक्रिया में जुड़े कुछ घटकों (उद्देश्य और पाठ्यक्रम) से सन्तुष्ट नहीं थे। उनके विचार से अभी शिक्षण विधाएं, शिक्षण सिद्धान्त, शिक्षण सहायक सामग्री, मूल्यांकन और शिक्षण के स्वरूप व क्षेत्र को और इस प्रक्रिया में जोड़ा जाना चाहिए था। अत: एक बहुत ही व्यापक और तुलनात्मक विशाल प्रतिमान प्रतिबिम्बित हुआ, जो यद्यपि अभी भी सम्पूर्ण तो नहीं है पर उसका यथासंभव रूप यहां प्रस्तुत है–

उपर्युक्त चित्र में शिक्षण प्रक्रिया को जिस प्रकार प्रस्तुत किया है वह पाठकों को स्वयं स्पष्ट है, कारण यह है कि शिक्षा सिद्धान्त के अन्तर्गत उन्होंने इन सभी बिन्दुओं पर विस्तृत विवरण पढ़ा है और इसी कारण यहां बहुत विस्तृत विवेचन कर हम पाठकों का समय खराब नहीं करना चाहते।

इस सभी नमूनों में यह स्पष्ट है कि किसी भी ज्ञान को देने (शिक्षा देने) में अत्यन्त महत्त्वपूर्ण तीन घटक हैं–

(*i*) शिक्षक, (*ii*) शिक्षार्थी तथा (*iii*) पाठयक्रम।

अच्छे पाठ्यक्रम की विशेषताएं
(Characteristics of a Good Curriculum)

पाठ्यक्रम की अपनी कुछ विशेषताएं होनी अपेक्षित हैं। इसके निर्माण के पीछे भी कुछ आवश्यक प्रश्न हैं–

1. पाठ्यक्रम किस विशेष प्रकार की शिक्षा के लिए है?
2. पाठ्यक्रम का निर्माण औपचारिक शिक्षण हेतु है या अनौपचारिक शिक्षण हेतु?
3. पाठ्यक्रम किस आयु वर्ग अथवा/तथा योग्यता स्तर के लिए है?
4. पाठ्यक्रम के लिए क्या विशेष उद्देश्य तथा लक्ष्य निर्धारित कर लिये गये हैं?
5. क्या पाठ्यक्रम निर्माण के लिए कोई मार्गदर्शन सिद्धान्त (Guiding Principles) पूर्व में ही निश्चित है?
6. पाठ्यक्रम का दायरा, राष्ट्र–स्तरीय अथवा अन्तर्राष्ट्रीय, किस स्तर का है?
7. पाठ्यक्रम क्या स्वतंत्र विषय शिक्षण हेतु है? अथवा विषयान्तर्गत समाविष्ट के प्रकार का है?

इन प्रश्नों के उत्तर पर ही पाठ्यक्रम का निर्माण किया जाता है।

पाठ्यक्रम निर्माण के उद्देश्य
(Objectives of Construction of Curriculum)

जिस शैक्षिक घटक को पूरी शिक्षा का महत्त्वपूर्ण अंग स्वीकार किया गया है और जिसके निर्माण के पीछे-पाठ्यक्रम क्यों और कैसे? जैसे प्रश्नों के लिए ऊपर विवेचन किया है उसके भी स्पष्ट उद्देश्य आवश्यक हैं अथवा यों कहें कि पाठ्यक्रम किन-किन आवश्यकताओं की पूर्ति करता है? यह अपेक्षित है। इस सन्दर्भ में कुछ बिन्दु यहां समेकित हैं, पाठ्यक्रम–

1. विषय अथवा क्षेत्र केन्द्रित, स्पष्ट और व्यावहारिक होना चाहिए।
2. शिक्षार्थियों की आवश्यकता, रुचि और उनकी योग्यता क्रम के अनुसार होना चाहिए।
3. सामाजिक समस्याओं को दूर करने में सक्षम होना चाहिए।
4. शिक्षार्थियों को स्वतः ही और ज्ञान प्राप्त करने की प्रेरणा देने वाला होना चाहिए।

5. अनुशासन परक, उत्तरदायित्व निर्वहक, मूल्य सम्यक् और व्यक्तित्व निर्माण में सहायक होना चाहिए।
6. सम्पूर्ण विषय सामग्री से सज्जित होना चाहिएं
7. परिणामा मूलक तथा मूल्यांकन किये जा सकने वाला होना चाहिए।
8. सैद्धान्तिक के साथ व्यावहारिक पक्ष को सम्मिलित करने वाला होना चाहिए।
9. विषय-वस्तु की जानकारी से अन्य ज्ञान को सीखने का कौशल उत्पन्न करने वाला होना चाहिए।
10. शिक्षण विद्यार्थी के अनुकूल होना चाहिए।

पर्यावरण शिक्षा का पाठ्यक्रम
(Curriculum of Environmental Education)

पाठ्यक्रम सम्बन्धी उपर्युक्त सभी बिन्दुओं को पर्यावरण शिक्षा के लिए आधार रूप में स्वीकार करते हुए हम यहां पर्यावरण शिक्षा का पाठ्यक्रम क्या हो? कैसा हो? पर विचार करेंगे।

पर्यावरण शिक्षा का शिक्षार्थी समूह पूरा देश है जिसमें हर आयु वर्ग के लोग, विद्यार्थी, विभिन्न विभागों में कार्य करने वाले अधिकारी-कर्मचारी, शिक्षित-अशिक्षित, पुरुष-महिला सम्मिलित हैं। IEEP ने भी तिबलिसी कान्फ्रेन्स के हवाले से पर्यावरण शिक्षा के लिए सामग्रियों का विवरण अग्र प्रकार दिया है–

TARGET POPULATIONS FOR ENVIRONMENT EDUCATION

As recommended by the Tbilisi Conference; environmental education should be directed to:

1. the General Public at every age and at all levels of formal education for pupils, students and teachers and in the various nonformal education activities for young people and adults;

2. Specific Occupational or Social Groups with a focus on those whose activity and influence have an important bearing on the environment; for instance, engineers, architects, administrators and planners, industrialists, trade unionists, policy-makers and agriculturalists. Various levels in formal and non-formal education should contribute to this training. It is important, moreover, that the training of certain professionals and scientists involved with problems of the environment, such as biologists, hydrologists, sanitary engineers, *et. al.*., include an interdisciplinary environmental component.

अत: यह तो सम्भव ही नहीं है कि एक ही प्रकार का पाठ्यक्रम सभी को ग्राह्य हो सके। दूसरे हर प्रकार की विषय-वस्तु की प्रत्येक को आवश्यकता भी नहीं है, अत: पाठ्यक्रम का यद्यपि सैद्धान्तिक झुकाव व्यापक रूप से समान हो सकता है पर विषय-वस्तु स्पष्टरूप से विभिन्न होगी। हम इसी वर्गीकरण को ध्यान में रखते हुए संभावित पाठ्यक्रम प्रस्तावित कर रहे हैं–

1. वृहद शीर्षों में पर्यावरण शिक्षा का पाठ्यक्रम (Curriculum of Environmental Education in Broad Heads)

1. सौर परिवार (Solar System),
2. पारिस्थितिकी (Ecology),
3. प्राकृतिक संसाधन (Natural Resources),
4. व्यक्तिगत स्वास्थ्य (Peraonal Hygiene),
5. ऊर्जा (Energy),
6. प्रदूषण (Pollution),
7. पर्यावरणीय समस्याएं (Environmental Problems),
8. पर्यावरण कानून (Environmental Laws),
9. पर्यावरणीय प्रबन्ध (Environmental Management),
10. पर्यावरण के विभिन्न पक्ष (Different Aspects of Environment) आदि।

2. विभिन्न श्रेणी के लोगों के लिए पर्यावरण शिक्षा पाठ्यक्रम का विस्तार (Development of Environmental Education Curriculum for Different Categories of People)–मोटेतौर से इस रूप में पाठ्यक्रम निर्माण को तीन भागों में विभाजित किया जा सकता है–

(*i*) औपचारिक पर्यावरण शिक्षा पाठ्यक्रम (Formal Environmental Education Curriculum) - इस श्रेणी में देश का सबसे बड़ा समूह विद्यार्थी जगत आता है जो विभिन्न–

(1) प्राथमिक (Primary),

(2) उच्च प्राथमिक (Upper Primary),

(3) सैकण्डरी (Secondary) और विश्वविद्यालय (University)।

स्तर पर विद्या अध्ययन करता है और जिसे कालान्तर में अपने आप का, अप परिवार का तथा देश का उत्तरदायित्व संभालना होगा और जिन पर वृहद् जिम्मेदा होगी। यह देश के कर्णधार और विश्व के क्षितिज पर कहीं अपनी पहचान बना

वाले व्यक्तित्व के रूप में उभरेंगे, अत: इनको पर्यावरण के अन्दर निहित होने वाले वे सभी बिन्दुओं की जानकारी देनी होगी जो उन्हें इन क्षेत्र में पारंगत कर सके। स्वयं अपना जीवन संवारें, अपने परिवार का मार्गदर्शन करें, समाज को दिशा दें; देश को पर्यावरण की समस्याओं से बचायें और अन्तर्राष्ट्रीय प्रयासों में सहयोग करें।

विस्तृत पाठ्यक्रम को निम्न प्रकार बिन्दुओं में रखा जा सकता है–

(क) पर्यावरण, पृथ्वी एवं पारिस्थितिकी

(Environment, Earth and Ecology)

(1) अपना पर्यावरण (Our Environment),

(2) सौर मण्डल (Solar System),

(3) पृथ्वी (Earth) और

(4) पारिस्थितिकी (Ecology)।

(ख) प्राकृतिक संसाधन वन एवं वन्य जीव और ऊर्जा

(Natural Resources, Forests and Wildlife and Energy)

(1) प्राकृतिक संसाधन (Natural Resources),

(2) जैविक विविधता (Biodiversity),

(3) वायु (Air),

(4) जल (Water),

(5) भूमि (Land),

(6) वन (Forests),

(7) सामाजिक वानिकी (Social Forestry),

(8) वन्य जीव (Wild Life),

(9) राष्ट्रीय उद्यान और वन अभ्यारण्य (National Parks and Wildlife Sanctuaries), और

(10) ऊर्जा (Energy)।

(ग) पर्यावरण प्रदूषण, समस्यायें और कानून

(Environmental Pollution, Problems and Law)

(1) पर्यावरणीय प्रदूषण (Environmental Pollution),

(2) पर्यावरणीय समस्यायें (Environmental Problems),

(3) बढ़ती जनसंख्या (Growing Population),

(4) वाहन प्रदूषण (Vehicular Pollution),

(5) ध्वनि प्रदूषण (Noise Pollution),

(6) नैतिक प्रदूषण (Moral Pollution),

(7) अपशिष्ट निस्तारण (Waste Disposal) और

(8) पर्यावरण कानून (Environmental Law)।

(घ) अन्य (Others)

(1) स्वयंसेवी संस्थाएं (Non-governmental Organisations),

(2) पर्यावरण संरक्षण (Environmental Coinservation),

(3) पर्यावरण प्रबन्ध (Environmental Management),

(4) विभिन्न देशों और अन्तर्राष्ट्रीय स्तर पर पर्यावरण शिक्षा कार्यक्रम (Environmental Education Programme in other Countries and also at International Level)।

विभिन्न शिक्षण स्तरों पर विषय वस्तु का समावेश किस प्रकार उचित है, उसकी एक रूपरेखा यहां प्रस्तावित है–

(1) प्राथमिक स्तर पर (At Primary Level)–पर्यावरण शिक्षा की विषय वस्तु को अनौपचारिक शिक्षण से देना चाहिए। इस आयु के बच्चे पढ़ने के बजाय देखने, भ्रमण पर जाने और सामूहिक कार्यक्रमों में भाग लेकर सीखने में रुचि रखते हैं। अतः पानी, वायु, जल, भोजन, स्वास्यि और वन आदि की जानकारी उन्हें इस प्रकार अप्रत्यक्ष रूप से दी जा सकती है। विषय पुस्तकों में भी पर्यावरण को शिक्षण का आधार बनाया जा सकता है।

(2) उच्च प्राथमिक स्तर पर (At Upper Primary Level)–इस स्तर पर विद्यार्थी प्रकृति, प्राकृतिक संसाधनों के बारे में समझने लगते हैं। उन्हें उपर्युक्त के अलावा प्रदर्शनी, वीडियो फिल्में, छोटे-छोटे नाटकों, कवितायें, पर्यावरण गीत और पहेलियां तथा पर्यावरण खेल आदि से पर्यावरण शिक्षा दी जा सकती है। अतः इन विधाओं का उपयोग किया जाना चाहिए।

(3) सेकण्डरी स्तर पर (Air Secondary Level)–इस स्तर पर विद्यार्थी में समझ का स्तर बढ़ जाता है और वह अपने स्वयं के हानि-लाभ के अतिरिक्त, सामाजिक सम्बन्धी, मूल्यपरक और मानव कल्याण तथा देश हित के कार्यों में रुचि लेने लगते हैं। अतः विषय वस्तु से सम्बन्धित कुछ जटिलताओं से उनको परिचित कराया जा सकता है जैसे बढ़ती जनसंख्या के दुष्परिणाम, खाद्यान्न की कमी, विभिन्न प्रकार के प्रदूषण, भूमिक्षरण, वन्य जीव संरक्षण आदि। विभिन्न विषयों

में विशिष्ट प्रकरणों के साथ पर्यावरण दृष्टिकोण को अप्रत्यक्ष रूप से सम्मिलित करने की बात पहले भी इसी पुस्तक में कही गयी है।

(4) महाविद्यालय और विश्वविद्यालय स्तर (At College and University Level)–यहां स्नातक तथा अधिस्नातक स्तर पर पर्यावरण की विषय वस्तु, उसका तथ्यात्मक विश्लेषण, देश की वास्तविक स्थिति, लोगों द्वारा पर्यावरण के प्रति उपेक्षापूर्ण रवैया, विभिन्न प्रकार के प्रदूषण और उनसे होने वाली सम्भावित हानियां, वन एवं वन्य जीवों का संरक्षण और उसका पर्यावरण संरक्षण में योगदान, पर्यावरणीय प्रबन्ध, विभिन्न स्तर पर व्यक्तियों के उत्तरदायित्व के बारे में विद्यार्थियों को विश्वास से ज्ञान प्रत्यक्ष व अप्रत्यक्ष रूप से दिया जा सकता है। पर्यावरण की कोई अच्छी पुस्तक, जिसमें अच्छी सामग्री का संग्रह हो, इस स्तर के विद्यार्थियों को विशेष प्रश्नपत्र के सन्दर्भ में अभिशंसित की जा सकती है। पर्यावरण का डिप्लोमा कोर्स भी प्रारम्भ किया जा सकता है। सिम्पोजियम, वाद-विवाद और अनेक चर्चाओं के मंच इन्हें उपलब्ध कराये जा सकते हैं।

अधिस्नातक स्तर के साथ व्यावसायिक कोर्सेज में पर्यावरण को सन्दर्भ सामग्री के रूप में जोड़ देना चाहिये क्योंकि सभी पाठ्यक्रमों के समाप्त हो जाने के बाद जब विद्यार्थियों को अपने जीवन में व्यावहारिक पक्ष से जुड़ना होगा तब इस ज्ञान की आवश्यकता होगी। इंजीनियर्स (सभी विविल, मेकेनिकल, इलैक्ट्रीकल, कैमीकल और मेटेलर्जीकल आदि) के लिए हवादार मकानों का निर्माण, प्रदूषण को रोकने हेतु यंत्र, ड्रेनेज सिस्टम, उद्योग संस्थानों में पर्यावरण स्तर को बनाये रखने हेतु मालिकों, कर्मचारियों और उनके परिवार के लोगों को सम्पूर्ण जानकारी व आकस्मिक संकटीय घटनाओं से बचाव के तौर तरीकों को उपयोग में लाना होगा। इसी प्रकार डॉक्टर, वकील, प्रशासन अधिकारी, न्यायाधीश सभी को इस ज्ञान की आवश्यकता रहेगी। सर्विस में काम करने वाले लोगों को भी सेवारत प्रशिक्षण कार्यक्रमों में पर्यावरण शिक्षा को स्थान देना चाहिए।

(*ii*) अर्द्ध-औपचारिक पर्यावरण शिक्षा पाठ्यक्रम (Semi-fromal Environmental Education Curriculum)–यह सर्वविदित है कि राष्ट्रीय योजनाओं और इसी स्तर के अनेक कार्यक्रमों को बनाने क्रियान्वयन करने और आवश्यकता पड़ने पर उनके परिणामों से जूझने-सुलझने और हल निकालने में प्रशासक, उच्च अधिकारी तथा नीति निर्माताओं की प्रमुख भूमका रहती है। अत: इन सभी लोगों को पर्यावरण से सम्बन्धित जानकारी देनी चाहिए। इसी प्रसंग में यह उचित प्रतीत होता है कि सभी संस्थानों (राजकीय/अराजकीय) के अधिकारी व कर्मचारियों को भी पर्यावरण शिक्षा के कार्यक्रमों में भाग लेने हेतु अनिवार्यता कर दी जाय। यही

नहीं बल्कि फैक्टरीज, हास्पिटल्स, इंजीनियरिंग संस्थान आदि के लोगों को भी इसमें सम्मिलित करना चाहिए। विभिन्न ऐसे विभाग जिनका पर्यावरण विकृति से सीधा सम्बन्ध है, जैसे परिवहन विभाग, इनके चालक-परिचालकों तथा आगार के मिस्त्रियों को भी इस सूची में रखना चाहिए।

क्योंकि इस तरह के लोगों को काफी समय तक किसी प्रशिक्षण में रखा जाना संभव नहीं है, अत: इनके विशिष्ट कोर्स केप्सूल बनाये जाने चाहिए और एक दिन से लेकर दस-पंद्रह दिन तक कोर्सेज रखे जा सकते हैं। योग्यतानुसार पाठ्य सामग्री की उपलब्धता भी कुछ सहायक हो सकती है।

(*iii*) अनौपचारिक पर्यावरण शिक्षा पाठ्यक्रम (Non-formal Environmental Education Curriculum)—अशिक्षित व ऐसे लोग जो गांवों में रहते हैं और जिन्हें प्रत्यक्ष रूप से शिक्षा से कोई सम्बन्ध नहीं है उनके लिए उनकी आवश्यकता के अनुसार ज्ञान और जानकारी उपलब्ध करानी चाहिए। उदाहरण के लिए वह ऊर्जा की आवश्यकता के लिए वैकल्पिक स्रोतों (बायो गैस, सौर ऊर्जा, जल ऊर्जा आदि) के ज्ञान को बहुत पसन्त करेंगे। पशु सुरक्षा, भूमि रख-रखाव, फसलों को कीड़ों से रक्षा, स्वच्छ आवास, स्वास्थ्य शिक्षा, रोग और उनसे बचने के उपाय, सिगरेट-तम्बाकू के सेवन से हानियां, मद्यपान निषेध आदि अनेक प्रकरण उनके ज्ञान के हो सकते हैं जो पर्यावरण के ही घटक हैं।

इस हेतु मीडिया का उपयोग (दूरदर्शन) बहुत उपयोग हो सकता है। लघुनाटक, कठपुतली नाटक, गीत, लोकगीत, गांवों के मेलों में प्रदर्शनियों आदि का आयोजना करना चाहिए।

पाठयक्रम को इस प्रकार प्रस्तुत करते हुये निम्न विन्दुओं को भी देखा जाना बहुत प्रभावी होगा, क्योंकि केवल पाठ्यक्रम का निर्माण ही काफी नहीं है, उसकी प्राप्तकर्त्ताओं द्वारा स्वीकारोक्ति भी बहुत आवश्यक है। बी.सी. दास एवं अन्य ने इस सन्दर्भ में जो बातें सुझाई हैं, वह बेहद ध्यान देने योग्य हैं–

1. पाठ्यक्रम स्थानीय स्थितिकयों के अनुकूल होना चाहिए (Appropriateness)।
2. पाठ्यक्रम शिक्षार्थी को आकर्ष्रित करने वाला होना चाहिए (Attractiveness)।
3. पाठ्यक्रम लोगों के लिए उपलब्ध हो सकने लायक होना चाहिए। (Affordability) और
4. पाठ्यक्रम के सन्दर्भ में पूरी जानकारी और साहित्य की उपलब्धता भी विश्वसनीय होनी चाहिए (Availability)।

एक अच्छा सूचना संग्रहीत, संतुलित, सबकी रुचि का और पर्यावरणीय आवश्यकताओं की पूर्ति कर सकने वाला पाठ्यक्रम निश्चय ही पर्यावरण शिक्षा

को एक सफल कार्यक्रम के रूप में संचालित कर सकता है। नि:सन्देह पाठ्यक्रम को इस शिक्षण प्रक्रिया में सर्वाधिक महत्त्व दिया जाना चाहिए।

प्रश्न (Questions)

निबन्धात्मक प्रश्न (Essay Type Questions)

1. शिक्षण में पाठ्यक्रम की क्या भूमिका है? क्या इससे शिक्षार्थी को कोई दिशा बोध होता है?
2. पाठ्यक्रम निर्माण के उद्देश्य बताइये।
3. पर्यावरण शिक्षा के पाठ्यक्रम में किन-किन बिन्दुओं को सम्मिलित किया जाना अपेक्षित है?

लघुत्तरात्मक प्रश्न (Short Answer Type Questions)

4. पाठ्यक्रम क्या है?
5. अच्छे पाठ्य की विशेषताएं बताइये।
6. पर्यावरण शिक्षा के कार्यक्रम को कैसे वर्गीकृत कर सकते हैं?
7. प्राथमिक स्तर पर पर्यावरंण शिक्षा का पाठ्यक्रम किस प्रकार का होना चाहिए।

वस्तुनिष्ठ प्रश्न (Objective Questions)

निम्न प्रश्नों में रिक्त स्थानों की पूर्ति कीजिये–

8. पर्यावरण स्थानीय स्थितिकयों के .... होना चाहिये। ( )
9. पाठ्यक्रम शिक्षार्थी का .... करने वाला होना चाहिये। ( )
10. बिना पढ़े लिखे व्यक्तियों के लिये निर्मित पाठ्यक्रम में .... का उपयोग सफल रह सकता है। ( )
11. पाठ्यक्रम की वैधता .... से परीक्षा की जा सकती है। ( )

निम्न प्रश्नों का हां/नहीं में उत्तर दीजिये–

12. सभी लोगों के लिये पर्यावरण शिक्षा का पाठ्यक्रम समान होना चाहिये। (हां/नहीं)
13. पाठ्यक्रम के शिक्षण में मीडिया उपयोग संभव नहीं है। (हां/नहीं)
14. पर्याबरण शिक्षा का पात्यक्रम केवल औपचारिक शिक्षण हेतु ही बनाया जा सकता है। (हां/नहीं)
15. पर्यावरण शिक्षा के पाठ्यक्रम में किसी भी प्रकार की विषय-वस्तु सम्मिलित की जा सकती है। (हां/नहीं)

15

पर्यावरण शिक्षा के लक्ष्य एवं उद्देश्य
(Aims and Objectives of Environment Education)

प्रस्तावना (Introduction)

'मानव पर्यावरण' अन्तर्राष्ट्रीय सम्मेलन स्टॉकहोम (1972) में जिस प्रकार पर्यावरण शिक्षा की आवश्यकता और महत्त्व को प्रस्तुत किया गया और जिस रूप में संकल्पना को परिभाषित किया गया उस प्रकार से पूरे विश्व में पर्यावरण शिक्षा का कोई कार्यक्रम एक साथ चलाया जाना आसान न था। स्पष्ट है कि इस कार्यक्रम को, कोई लक्ष्य, उद्देश्य, कार्य की रूपरेखा, पाठ्यक्रम अथवा विषय-वस्तु और अनेक अन्य घटकों को व्यापक रूप से तेयार कर उसे पूरे विश्व के लोगों द्वारा स्वीकार करने पर ही चलाया जा सकता था जिसमें समय भी चाहिए था और योजनाबद्ध कार्य प्रारम्भ करने की ऐसी रूपरेखा भी जिससे सहजता से लक्ष्य तक पहुंचा जा सके। संयुक्त राष्ट्र द्वारा संस्थापित UNEP (United Nations Environment Programme) संस्था को ही इस कार्य का इस प्रकार निष्पादन करना था, जिससे अन्तर्राष्ट्रीय स्तर पर इसे ठीक प्रकार से चलाया जा सके।

IEEP संस्था का निर्माण (Formation of IEEP Institution)

इस कार्य हेतु UNEP ने UNESCO के सहयोग से एक नई कार्य संस्था IEEP (International Environmental Education Programme) का निर्माण किया और इस संस्था ने जिस प्रकार एक वैज्ञानिक योजना बनाकर कार्यक्रम को गति दी, उसकी संक्षिप्त जानकारी यहां प्रस्तुत है–

1. कार्यक्रम हेतु विश्व के देशों का वर्गीकरण (Classification of the Countries of the World for the Programme)–कार्यक्रम को सहज गति देने और उसमें विश्व स्तर पर समानता लाने हेतु पूरे विश्व के देशों को निम्न 5 वर्ग समूहों में वर्गीकृत कर दिया है–

1. अफ्रीका क्षेत्र (Africa Region)

2. अरब राज्य क्षेत्र (Arab States Region)

3. एशिया और पैस्फिक क्षेत्र (Asia and Pacific Region)

4. यूरोप और उत्तरी अमेरिका क्षेत्र (Europe and Non-America Region)

5. लैटिन अमेरिका और कैरिबियन क्षेत्र (Latin America and the Caribbean Region)

2. अन्तर्राष्ट्रीय और क्षेत्रीय स्तर की बैठकों का आयोजन (Organisation of the Meetings at International and Regional Level)–इस क्षेत्र में सन् 1975 से 1988 तक 6 अन्तर्राष्ट्रीय, 1 अन्तर्देशीय और 7 क्षेत्रीय कार्यगोष्ठियों, सेमीनारें, सिम्पोजियम और सम्मेलनों का आयोजन हुआ। इनमें से दो कार्यगोष्ठियां अत्यन्त चर्चित रहीं तथा पर्यावरण शिक्षा को दिशा देने में उनकी बहुत भागीदारी रही–

1. पर्यावरण शिक्षा पर अन्तर्राष्ट्रीय कार्यगोष्ठी, बेलग्रेड, यूगोस्लाविया, 13–22 अक्टूबर, 1975 (International Workshop on Environmental Education, Belgrade, Yugoslavia, 13-22, October, 19975)

2. पर्यावरण शिक्षा पर अन्तर्देशीय सम्मेलन, तिबलिसी, रूस, 14–26 अक्टूबर 1977 [International Conference on Environmental Education, Tbilisi, USSR, 14-26 October, 1977]

3. अन्तराष्ट्रीय और क्षेत्रीय वैठकों में सहयोग (Support in International and Regional Meetings)–कुल 8 बैठकों में से निम्न दो सम्मेलन विश्व स्तर के आयोजित हुये और उनकी अभिशंसाओं को पर्यावरण शिक्षा में महत्त्वपूर्ण स्थान मिला–

1. पर्यावरण शिक्षा पर अन्तर्राष्ट्रीय सम्मेलन, नई दिल्ली, भारत, दिसम्बर 1981 [International Conference on Environmental Education, New Delhi, India, December 1981]

2. विकासशील देशों में पर्यावरण शिक्षा पर विश्व सम्मेलन, काहिरा, मिश्र, अप्रैल 1983 [World Conference Environmental Education in Developing Countries, Cairo. Egypt, April, 1983]

4. अध्ययन सर्वेक्षण और शोध कार्य (Studies, Surveys and Research Activities)–पर्यावरण शिक्षा के पाठ्यक्रम, शिक्षक प्रशिक्षण, शिक्षण विधियां और मूल्यांकन हेतु अन्तर्राष्ट्रीय, राष्ट्रीय तथा क्षेत्रीय स्तर पर अनेक अध्ययन, सर्वेक्षण और शोध कार्य किये गये। सबसे महत्त्वपूर्ण कार्य 59 मार्गदर्शी प्रायोजनायें (Pilot Projects) सम्पन्न हुई, जिनका विवरण निम्न है–

1. **अफ्रीका क्षेत्र : 11 प्रोजेक्ट्स**–1. घना (1977-80), 2. कन्या (1978-81), 3. सेनेगल (1977-82), 4. बुरकीना फासो (1980-82), 5. कन्या (1986), 6. [illegible] (1985-87), 7. [illegible] (1987-89), 8. कन्या (1988-89), 9. [illegible] (1988-89), 10. [illegible] (1989) और 11. कन्या (1989)।

2. **अरब राज्य क्षेत्र : 3 प्रोजेक्ट्स**–1. जार्डन (1978-80), 2. मिश्र (1978-81) और 3. मोरक्को (1986-90)।

3. **एशिया और पैसिफिक क्षेत्र : 9 प्रोजेक्ट्स**–1. मंगोलिया (1978-79), 2. अफगानिस्तान (1977-80), 3. इंडोनेशिया (1977-80), 4. भारत (1979-80), 5. भारत (1981-83), 6. भारत (1986), 7. भारत (1985-87), 8. चीन (1987-88) और 9. चीन (1987-89)।

4. **यूरोप और उत्तरी अमेरिका क्षेत्र : 26 प्रोजेक्ट्स**–1. फ्रांस (1977-78), 2. उक्रेनियन (1976-79), 3. संयुक्त राज्य अमेरिका (1977-78), 4. इंग्लैण्ड (1977-78), 5. चैकोस्लोवाकिया (1977-83), 6. पोलैण्ड (1984), 7. फ्रांस (1985), 8. पुर्तगाल (1986), 9. स्पेन (1985-86), 10. चैकोस्लोवाकिया (1986-89), 11. स्पेन (1986), 12. कनाडा (1988-89), 13. बाइलोरसियन (1988-89), 14. कनाडा (1987-89), 15. ऑस्ट्रिया (1987), 16. उक्रेनियन (1987-89), 17. फ्रांस (1987-88), 18. बाइलोरसियन (1988-90), 19. कनाडा (1986-88), 20. आयरलैण्ड (1986-88), 21. उक्रेनियन (1988-90), 22. उक्रेनियन (1988-90), 23. उक्रेनियन (1988-90), 24. फ्रांस (1989-90), 25. जर्मनी (1989) और 26. आयरलैण्ड (1989)।

5. **लेटिन अमेरिका और केरेबियन : 10 प्रोजेक्ट्स**–1. कोलम्बिया (10977-79), 2. ग्वाटेमाला (1977-80), 3. पेरू (1977-79), 4. पेरू (1979-81), 5. कोस्टारीका (1979-81), 6. डोमीनीकन (1979-82), 7. क्यूबा (1981-83), 8. मैक्सिको, (1986-88), 9. अर्जेन्टाइना (1987-89) और 10. बारबाडोस (1989)।

इन सभी प्रायोजनाओं का कार्यक्षेत्र इतना विविधतापूर्ण है कि इनका विवरण प्रस्तुत करना सहज नहीं है, लेकिन इस सूची से यह अनुमान तो लगाया ही जा सकता है कि विश्व के पूरे संभागों से विशेषज्ञों के अध्ययन के आधार पर वस्तुनिष्ठ निर्णय निकाले जा सके होंगे जिससे पर्यावरण शिक्षा जैसे महत्त्वपूर्ण कार्य को सही दिशा मिले।

6. **पर्यावरण क्षेत्र में साहित्य प्रकाशन (Publishing of Literature in the Field of Environment)**–IEEP द्वारा जितने भी कार्य सम्पन्न किये गये,

लगभग इन सभी के दस्तावेज, रिपोर्ट और ब्रोशर्स निकाले गये जिसमें लोगों को उनके अध्ययन से आगे सोचने का अवसर मिल सके। यह है-

(*i*) अन्तर्राष्ट्रीय पत्रिकाएं (International Journals) -

1. पर्यावरण शिक्षा श्रृंखला : 30 ब्रोशर्स
   (Environmental Education Series)
2. आधारभूत दस्तावेज : 10 दस्तावेज
   (Basic Documents)
3. विभिन्न बैठकों के प्रतिवेदन : 40 प्रतिवेदन
   (Report of Different Meetings)

और निरन्तर प्रकाशित हो रहे हैं। इनका प्रकाशन भी अनेक भाषाओं में हुआ है जिससे जो प्रतिवेदन/ब्रोशर/दस्तावेज जिस क्षेत्र में सीधा सम्बन्धित हो वहां के व्यक्ति उसे सहजता से पढ़ें और समझें।

(*ii*) भारत की पत्रिकाएं (Journals in India)

1. Down to Earth : Fortnightly
2. Green Files : Monthly
3. Annual Reports of Ministry of Forests and Environment, Govt. of India : Yearly

(*iii*) नियमित अन्य पत्रिकाएं (Regular Other Journals)

1. Connect
2. Source Bulletin आदि।

7. शिक्षण प्रशिक्षण हेतु विशेष कार्यक्रम (Special Programmes for Teachers' Trainings)–IEEP ने इस क्षेत्र का विशेष रूप से हुआ है। अन्तर्राष्ट्रीय, क्षेत्रीय, राष्ट्र स्तरीय तथा उप क्षेत्रीय शिक्षक प्रशिक्षण, संगोष्ठियां, कार्यगोष्ठियां सभी स्तर के शिक्षकों के लिये आयोजित की गई। सन् 1975 से 1990 तक की संख्या निम्न है–

1. अन्तराष्ट्रीय स्तर : 1
2. क्षेत्रीय स्तर : 6
3. अन्तर्क्षेत्रीय स्तर : 3
4. राष्ट्रीय स्तर : 10 और
5. उपक्षेत्रीय स्तर : 54

विस्तृत विवरण हेतु मूल पुस्तक का अध्ययन करें; क्षेत्रीय स्तर के प्रशिक्षण निरन्तर चल रहे हैं।

8. IEEP द्वारा भारत में आयोजित पर्यावरण शिक्षा के कार्यक्रम (Environmental Education Programmes in India Organised by IEEP)– भारत में विभिन्न स्तरीय कान्फ्रेन्सेज, कार्यगोष्ठियां जो पर्यावरण शिक्षा के क्षेत्र में IEEP के सहयोग अथवा सौजन्य से आयोजित हुई उनकी सूची जानकारी हेतु यहां दी जा रही है। इनका विस्तृत विवरण जानने वाले पाठक मूल आलेखों को देखें।

भारत में IEEP द्वारा आयोजित कान्फ्रेन्स/कार्यगोष्ठियां

कार्यक्रम प्रकार	*विषय*	*स्थान*	*तिथियां*
1. पर्यावरण शिक्षा में शिक्षक प्रशिक्षण हेतु उपक्षेत्रीय कार्यगोष्ठी : IEEP तथा NCERT (New Delhi) के संयुक्त सहयोग से आयोजित	शिक्षक प्रशिक्षण	नई दिल्ली	3–16 मार्च, 1993
2. पर्यावरण शिक्षा की परामर्शी बैठक : IEEP तथा NIEPA (National Institute of Educational Planning and Administration) के संयुक्त सहयोग से आयोजित	पाठ्यक्रम निर्माण शिक्षक-प्रशिक्षक तथा शिक्षा निर्धारकों के लिए प्रशिक्षण	नई दिल्ली	11–15 फरवरी, 1985
3. एशिया क्षेत्र के लिय उपक्षेत्रीय सेमीनार : IEEP तथा NCERT के संयुक्त सहयोग से आयोजित	औद्योगिक शिक्षा में पर्यावरण शिक्षा को अन्तर्निहित करने हेतु प्रशिक्षण	नई दिल्ली	20–27 अप्रैल, 1987
4. पर्यावरण शिक्षा के लिए अन्तर्क्षेत्रीय प्रशिक्षण कार्यक्रम : IEEPA तथा NIEPA के संयुक्त तत्वावधान में आयोजित	शिक्षा योजना निर्माताओं तथा प्रशासकों हेतु प्रशिक्षण	नई दिल्ली	फरवरी 1989

पर्यावरण शिक्षा पर अन्तर्राष्ट्रीय स्तर पर दो सम्मेलन भारत में सम्पन्न हुए जिन्हें IEEP का सक्रिय वित्तीय एवं मार्गदर्शन का सहयोग मिला।

1. प्रथम अनतर्राष्ट्रीय सम्मेलन (International Conference on Environmental Education, New Delhi, India, December 1981)–सन् 1981 में

देहली में आयोजित हुआ था (पूरा विवरण प्राप्त नहीं)।

2. **द्वितीय अन्तर्राष्ट्रीय सम्मेलन (International Conference on Environmental Education, New Delhi, 4-9 March, 1985)**–इसका उल्लेख देशबन्धु ने यिका है। यह कान्फ्रेन्स इंडियन एनवारनमेंटल सोसायटी (भारत), भारत सरकार के पर्यावरण विभाग तथा अन्य कई राजकीय/अराजकीय संस्थाओं के संयुक्त सहयोग और सौजन्य से आयोजित हुई। 35 देशों में प्रतिनिधियों ने भाग लिया और अब तक पर्यावरण तथा पर्यावरण शिक्षा के क्षेत्र में आयोजित हुई अन्तर्राष्ट्रीय स्तर की कान्फ्रेन्सों के आधार पर कुछ मूल बिन्दुओं को समेकित कर अपना प्रतिवेदन प्रस्तुत किया। इस प्रतिवेदन को 'पर्यावरण शिक्षा पर दिल्ली घोषणा-पत्र' (Delhi Declaration on Environmental Education) नाम दिया गया।

पर्यावरण शिक्षा के लक्ष्य एवं उद्देश्य
(Aims and Objectives of Environmental Education)

पर्यावरण शिक्षा के लक्ष्य और उद्देश्य के निर्धारण का प्रारम्भ वस्तुत IEEP द्वारा आयोजित उस प्रथम अर्न्राष्ट्रीय पर्यावरण शिक्षा कार्यगोष्ठी (International Workshop on Environmental Education) से हुआ जिसका अयोजन 13 से 22 अक्टूबर, 1975 के मध्य बेलग्रेड (यूगोस्लाविया) में हुई थी। इस कार्यगोष्ठी की मुख्य उपलब्धि 'बलग्रेड घोपणा-पत्र' (Belgrade Charater) था जिसमें भारी बहुमत से संभागियों ने पर्यावरण शिक्षा की आवश्यकता पर बल दिया और पर्यावरणीय शिक्षा के कार्यक्रम की दिशा और मार्गदर्शन बिन्दुओं को अन्तिम रूप दिया गया। पर्यावरण शिक्षा के इतिहास में यह पहली इस प्रकार की प्रारम्भिक कार्यगोष्ठी थी जिसमें विश्व के 60 राष्ट्रों के 96 प्रतिनिधियों ने अपना मत पहले से तैयार किये गये शोधपत्रों और दस्तावेजों के आधार पर प्रस्तुत किया था। इसी कार्यगोष्ठी में–

(1) पर्यावरण के लिये लक्ष्य (Environmental Goals),

(2) पर्यावरणीय शिक्षा के लिय लक्ष्य (Environmental Education Goals) तथा

(3) पर्यावरणीय शिक्षा के उद्देश्य (Environmental Education Objectives) निर्धारित किये गये। विश्व के पांचों क्षेत्र अफ्रिका, अरब राज्य, एशिया, यूरोप तथा उत्तरी व दक्षिणी अमेरिका के प्रतिनिधियों ने सभी स्तर के विद्यार्थी व युवकों के लिये पर्यावरण शिक्षा के कार्यक्रम पर विचार-विमर्श किया।

इस अन्तर्राष्ट्रीय कार्यगोष्ठी के आधार पर पांच क्षेत्रीय बैठकें निम्न प्रकार आयोजित हुई। यह सभी बैठकें पर्यावरण शिक्षा के विशेषज्ञों के लिये थीं और इनका

लक्ष्य निकट भविष्य में एक अन्य होने वाले अन्तर्राष्ट्रीय सम्मेलन के लिये अपनी-अपनी अभिशंसाएं देना था।

पर्यावरण शिक्षा पर विशेषज्ञों की क्षेत्रीय बैठकें

क्षेत्र	बैठक का स्थान	तिथियां
1. अफ्रिका	ब्रेजेविल्ली (कांगो गणराज्य)	11 से 16 सितम्बर, 1976
2. लेटिन अमेरिका और केरीबियन	बोगोटा (कोलम्बिया)	24 से 30 नवम्बर, 1976
3. एशिया	बैंगकाक (थाइलैण्ड)	15 से 20 नवम्बर, 1976
4. अरब प्रदेश	कुवैत (सउदी अरब)	21 से 25 नवम्बर, 1976
5. यूरोप	हेलेसिन्की (फिनलैण्ड)	27 से 31 जनवरी, 1977

इस बैलग्रेड वर्कशाप में कम से कम पन्द्रह (15) दस्तावेजों को अन्तिम रूप दिया गया, जो बाद में तिबिलिसी (14-26 अक्टूबर 1977) अन्तर्राज्यीय कान्फ्रेन्स का आधार बने। यहां ही यह निर्णय लिया गया कि विश्व के सभी लोगों के लिए समान तथा व्यापक रूप से पर्यावरण शिक्षा के ऐसे वस्तुनिष्ठ उद्देश्य स्वीकार किये जाने चाहिये जो अत्यन्त व्यावहारिक हों और समूची पर्यावरणीय समस्याओं को आत्मसात कर सकते हों।

इन सभी प्रक्रियाओं के फलस्वरूप तथा 1. बेलग्रेड वर्कशाप, 2. पर्यावरण शिक्षा पर विशेषज्ञों की क्षेत्रीय बैठकों और तिबलिसी सम्मेलन की अभिशंसाओं के आधार पर पर्यावरणी शिक्षा के लक्ष्य (Aims), उद्देश्य (Objectives) निर्धारित किये गये जो यहां प्रस्तुत हैं–

1. पर्यावरण शिक्षा के लक्ष्य (Aims of Environmental Education)

1. शहरी और ग्रामीण क्षेत्र में आर्थिक, सामाजिक राजनैतिक और पारिस्थितिकी के परस्पर अवलम्बिता के बारे में स्पष्ट जानकारी का विकास करना और इसमें रुचि बनाये रखना।
2. प्रत्येक व्यक्ति को पर्यावरण संरक्षा और सुधार के लिए वांछनीय ज्ञान, मूल्य, मनोवृद्धिता, वचनबद्धता और कौशल प्राप्त करने के अवसर प्रदान करना।
3. पर्यावरण के प्रति व्यक्ति, समूह और समाज सभी में नये व्यावहारिक दृष्टिकोण का निर्माण करना।

2. **पर्यावरण शिक्षा के उद्देश्य (Objectives of Environmental Education)**–पर्यावरण शिक्षा सभी व्यक्ति तथा समाज समुदाय को–

1. **जागरूकता (Awareness)**–सम्पूर्ण पर्यावरण और उससे सम्बन्धित समस्याओं के प्रति जागरूकता और संवेदनशीलता देने में सहायक हो।
2. **ज्ञान (Knowledge)**–सम्पूर्ण पर्यावरण और उससे सम्बन्धित समस्याओं की आधारभूत समझ प्राप्त करने तथा उसमें मनुष्य की जिम्मेदारी की भूमिका निाभाने में सहायक हो।
3. **अभिवृत्ति (Attitude)**–पर्यावरण के लिये गहरी चिन्ता करने, सामाजिक दायित्व निभाने तथा उसकी सुरक्षा और सुधार लाने के लिए किया जा रहे कार्यों में प्रेरित करने में सहायक हो।
4. **कौशल (Skills)**–पर्यावरण समस्याओं के हल खोजने के कौशल प्राप्त करने में सहायक हो।
5. **मूल्यांकन कुशलता (Evaluation Ability)**–पर्यावरणीय उपाय तथा शैक्षिक कार्यक्रमों को पारिस्थितिक, राजनैतिक, आर्थिक, सामाजिक, सौन्दर्यपरक और शैक्षिक घटकों के परिप्रेक्ष्य में मूल्यांकन करने में सहायक हो। और
6. **संभागिता (Participation)**–पर्यावरणीय समस्याओं तथा समस्याओं के उचित ढंग से हल निकालने की आश्वसतता के प्रति महत्ता और जिम्मेदारी की भावना विकसित करने में सहायक हो।

इन्हीं उद्देश्यों के आधार पर विश्व के अलग-अलग देशों में स्थानीय परिवेश में पर्यावरण शिक्षा के उद्देश्य प्रसारित हुए हैं। मूल में सभी उद्देश्यों में बेलग्रेड चार्टर के शब्दों में–

"पर्यावरण को सम्पूर्ण रूप से देखो–चाहे वह प्राकृतिक हो अथवा मानवकृत और चाहे वह पारिस्थितिक, राजनीतिक, आर्थिक, औद्योगिकीय, सामाजिक, वैधानिक, सांस्कृतिक और सौन्दर्यपरक हो।"

(Consider the environment in its totality-natural or manmade, ecological, political, economic, technological, social, legislative, cultural and aesthetic.) —From Environmental Education

3. **पर्यावरण शिक्षा के निर्देशक सिद्धान्त (Guiding Pricniples in Environmental Education)**–निर्देशक सिद्धान्तों के लिए पर्यावरण शिक्षा–

1. में पर्यावरण को उसकी सम्पूर्णता में देखा जाना चाहिए चाहे वह प्राकृतिक

हो अथवा कृत्रिम, चाहे वह प्रायोगिक हो या सामाजिक;

2. एक अनवरत जीवनपर्यन्त चलने वाली प्रक्रिया होनी चाहिए जो विद्यालय स्तर से पूर्व से प्रारम्भ होकर सभी औपचारिक और अनौपचारिक अवस्थाओं से चलती रहे;
3. का प्रकार अन्तर्विषक्त होना चाहिए जिससे प्रत्येक विषय में से कुछ विशिष्ट सामग्री लेकर एक सम्पूर्ण और सन्तुलित परिदृश्य प्रस्तुत किया जा सके;
4. को सभी प्रमुख पर्यावरणीय बिन्दुओं का स्थानीय, राष्ट्र स्तरीय, क्षेत्रीय और अन्तर्राष्ट्रीय दृष्टि से परीक्षण करना चाहिए जिससे विद्यार्थी अन्य भौगोलिक क्षेत्र की पर्यावरण स्थितियों में बारे में भी अपनी सूक्ष्मदृष्टि का उपयोग कर सकें;
5. को पुरानी स्थिति के अवलोकन करते समय वर्तमान और संभावित पर्यावरणीय स्थिति पर ध्यान देना चाहिए;
6. को पर्यावरण समस्याओं के निवारण अथवा हल खोजते समय स्थानीय, राष्ट्रीय और अन्तर्राष्ट्रीय सहयोग की भावना और आवश्यकता को प्रोत्साहन देना चाहिए;
7. को किसी विकास और वृद्धि की योजना बनाते समय पर्यावरणीय पहलुओं पर विचार करना चाहिस;
8. को किसी नवीन व्यक्ति को अपने अनुभव के आधार पर योजना बनाने की भूमिका के निर्वहन के योग्य बनाना चाहिए और निर्णय करने तथा उसके परिणामों को स्वीकार करने के अवसर प्रदान करने चाहिए;
9. को पर्यावरणीय संवेदनशलीता, ज्ञान, समस्या हल करने के कौशल और मूल्य स्पष्टीकरण को हर आयु स्तर से जोड़ना चाहिए लेकिन छोटे आयु वर्ग के लोगों को प्रारम्भ में केवल पर्यावरणीय संवेदनशीलता पर ही अधिक बल देना चाहिए;
10. को विद्यार्थी को पर्यावरणीय समस्याओं के लक्षण खोजने और वास्तविक कारणों को जानने में सहायता करनी चाहिए;
11. को पर्यावरणीय समस्याओं की जटिलताओं पर बल देना चाहिए और इस प्रकार समस्या निवारण योग्यता और विवेचनात्मक सोच के विकास की आवश्यकता का अहसास करना चाहिए;

12. को व्यावहारिक क्रियाकलाप और प्रथम अनुभव के आधार पर पर्यावरण को सीखने/सिखाने के लिए वृहद् पर्यावरणीय ज्ञान और उसके शैक्षिक हलों को उपयोग में लाना चाहिए।

पर्यावरणीय शिक्षा पर अन्तर्राज्यीय कान्फ्रेन्स (तिबलिसी) कान्फ्रेन्स : 14-26 अक्टूबर, 1977

(Intergovernmental Conference on Environmental Education (Tblisi Coinference : 14-26 October, 1977)

'पर्यावरण शिक्षा' के स्वरूप को दिशा देने, मार्ग दर्शन करने और उसकी भूमिका को सशक्त रूप से व्यक्त करने का अन्तिम श्रेय इसी कान्फ्रेन्स की है। तेरह दिवसीय इस कान्फ्रेन्स में–

(1) विभिन्न 63 देशों के 272,

(2) विभिन्न अन्तर्देशीय संस्थाओं के 4,

(3) विशिष्ट अतिथि 4,

(4) संयुक्त राष्ट्र संस्था के 16,

(5) अर्न्राष्ट्रीय स्तर की स्वयंसेवी संस्थाओं के 42,

(6) कान्फ्रेन्स आयोजन से सम्बन्धित 97; कुल 435 सदस्यों ने भाग लिया था। इस कान्फ्रेन्स में मुख्यतया दो बातें पारित हुईं–

1. तिबलिसी घोषणा-पत्र (Thilisi Declaration),
2. 41 अभिशंसाएं (41 Recommendations)

इस कान्फ्रेन्स में भारत का प्रतिनिधित्व निम्न व्यक्तियों ने किया–

1. Mr. I.K. Gujral, Ambassader, Indian Embassy in Mascow. (Head of Delegation)
2. Prof. Srinivasan Krishnaswamy, Head, Department of Biological Sciences, madurai University, (Member)
3. DR. Madhuri R. Shah (mrs.) Vice-chancellor, SNDT Women's University, Bombay (Member)
4. Dr. Desh Bandhu, President, Indian Environmentalk Society, Delhi (NGO Representative)
5 Surajmalk Jain, Udaipur Environmental Group, Udaipur (NGO Representative)।

प्रश्न (Questions)

निबन्धात्मक प्रश्न (Essay Type Questions)

1. पर्यावरण शिक्षा के लक्ष्य बताइये।
2. पर्यावरण शिक्षा के उद्देश्यों में ज्ञान की क्या भूमिका है?
3. बेलग्रेड चार्टर के मुख्य निष्कर्ष बताइये।

लघुत्तरात्मक प्रश्न (Short Answer Type Questions)

4. IEEP द्वारा भारत में आयोजित पर्यावरण शिक्षा के किसी एक कार्यक्रम का नाम बताइये।
5. पर्यावरण शिक्षा का अन्तर्राष्ट्रीय लक्ष्य क्या है? कुछ बिन्दु बताइये।
6. पर्यावरण शिक्षा के निर्देशक सिद्धान्त कितने हैं? कोई एक लिखिए।
7. जन साधारण को पर्यावरण शिक्षा से क्या लाभ हैं?
8. पर्यावरण शिक्षा के कार्यक्रमों के लिये विश्व के देशों का वर्गीकरण किस प्रकार किया है? बताइये।

वस्तुनिष्ठ प्रश्न (Objective Questions)

9. पर्यावरण शिक्षा के लिये अन्तर्राष्ट्रीय संस्था निम्न में से कौन-सी है?
   (अ) UNEP (ब) UNDP
   (स) IEEP (द) UNESCO
10. विकासशील देशों में पर्यावरण शिक्षा पर विश्व सम्मेलन कहां आयोजित हुआ था?
    (अ) नई दिल्ली (भारत) (ब) काहिरा (मिश्र)
    (स) स्टॉकहोम (स्वीडन) (द) रियो डी जैनीरो (ब्राजील)

निम्न में से रिक्त स्थानों की पूर्ति कीजिये–

11. पर्यावरण शिक्षा के लिये वर्गीकरण में भारत को .... क्षेत्र में रखा गया है। ( )
12. पर्यावरण शिक्षा देने के लिये .... को भी प्रशिक्षित होना आवश्यक है। ( )
13. पर्यावरण शिक्षा की उपादेयता को जानने के लिये IEEP द्वारा किये गये सर्वे हेतु प्रोजेक्ट्स बनाये थे। ( )
14. .... जर्नल अन्तर्राष्ट्रीय स्तर की पर्यावरण शिक्षा की सूचनाएं देता है। ( )

16

पर्यावरण शिक्षा की शिक्षण पद्धति, शिक्षण-सहायक सामग्री एवं पाठ योजना (Teaching Methodology of Environmental Education, Teaching Aids and Lession Planning)

Method is Master's Master: Tallegrand "Every method is some need in it, No method's all good! Valtaive."

शिक्षण क्या है? (What is Teaching?)

शिक्षण प्रणालियों तथा शिक्षण के अन्य अवयवों की चर्चा से पूर्व हमें यह जानना आवश्यक है कि वास्तव में शिक्षण क्या है? जो कुछ भी पूर्व अध्यायों में हमने शिक्षा प्रक्रिया के घटक, (1) लक्ष्य एवं उद्देश्य तथा (2) पाठ्यक्रम की विषद चर्चा की है, उसी उद्देश्य की पूर्ति हेतु तथा अपेक्षित सिद्धान्तों और आवश्यकताओं पर आधारित विषय-वस्तु (पाठ्यक्रम) को विद्यार्थी तक पहुंचाना ही वस्तुत: शिक्षण है। चूंकि यह कार्य अत्यन्त जटिल है तथा इसमें शिक्षक की भूमिका और शिक्षण के विभिन्न क्रियाकलापों का अत्यन्त निकटता से सम्बन्ध है अत: हम इस प्रकरण को अत्यन्त वस्तुनिष्ठता से प्रस्तुत करना चाहेंगे।

शिक्षण की परिभाषा परम्परागत रूप से निम्न प्रकार दी गई है–

"शिक्षण वह कार्य है जिसे एक शिक्षक विद्यार्थियों को सीखने की सहायता के लिए करता है।"

(Teaching is the work that a teacher does in helping students to learn.)
— *Collins Cobuild : English Language Dictionary, p. 1499.*

यहां आप देखेंगे कि शिक्षक का केवल सूचना देना ही शिक्षण के अन्तर्गत नहीं आता बल्कि, विद्यार्थी को सीखने के लिए जानकारी उपलब्ध कराना और उसके ज्ञान तथा कौशल की वृद्धि के लिए कार्य करना भी शिक्षण में सम्मिलित है (Teacher is not only a SOURCE but also a RESOURCE: अध्यापक स्रोत

ही नहीं है बल्कि साधन भी है) और इसी कारण कुछ शिक्षाविद् निम्न परिभाषा को शिक्षण के लिए स्वीकार करते हैं–

"शिक्षण विद्यार्थी को ज्ञान और कौशल देने की वह प्रक्रिया है जिससे वह प्रस्तावित विषयों में पारंगत हो सके।"

(Teaching is the process of imparting to the learner the knowledge and skills required to master prescribed subjects.)

— William C. Morse and G. Max. Wingo

समय के साथ-साथ अब उपर्युक्त परिभाषा में केवल ज्ञान (Knowledge) और कौशल (Skill) को ही नहीं बल्कि, शिक्षण में अवबोध (Understanding) और ज्ञानोपयोग (Application) को भी जोड़ दिया है। शिक्षाविद्रों का मानना है कि बिना समझ और उपयोग के केवल ज्ञान प्राप्त करने का कोई महत्त्व नहीं। अत: अच्छे शिक्षण में उपर्युक्त चारों बिन्दुओं का समावेश अत्यन्त आवश्यक है।

Willam C. Morse के अनुसार–

"आज शिक्षण का अर्थ बालकों को व्यक्तिगत और समूह में समझना और उन्हें दिशा निर्देशन देना है। इससे आशय है कि इस प्रकार के सीखने के अनुभव उपलब्ध कराये जायें जिससे हर शिक्षार्थी समाज में अपनी स्थिति बनाने के लिए लगातार और क्रमानुसार योग्यता प्राप्त कर सके।"

(Today teaching means the understanding and guiding of children as individuals and as groups. It means the providing of learning experiences that will enable each learner to grow continuously and segmentially toward his own adult role in society.)

शिक्षा के क्षेत्र में कार्य करने वाले अनेक विद्वान इन परिभाषाओं को संकुचित एवं सीमित बताते हैं। उनके अनुसार एक बालक से एक अभिभावक को अपेक्षायें निम्नलिखित हैं–

उदाहरण –

1. वह ज्ञान प्राप्त करे (Knowledge)।
2. वह समझ प्राप्त करे और ज्ञान को उपयोग में लेने की क्षमता भी प्राप्त करे (Understanding and Application)।
3. विविध प्रकार के कौशल जान सके (Skills)।
4. अभिवृत्तियों में परिवर्तन लायें (Change of Attitudes)।
5. मूल्य निर्धारण की योग्यता हो (Develop a Set of Values)।
6. स्वतंत्र रूप से सोचने और कार्य कर सकने की क्षमता हो

(To Think and Act Independently)।

7. सहयोगी भावना वाला बने (Cooperative)।

8. अच्छा नागरिक बने (Good Citizen) आदि।

तब शिक्षण की परिभाषा क्या होगी? वे इस सन्दर्भ में बताते हैं कि वास्तव में शिक्षण की परिभाषा कुछ इस प्रकार की होनी चाहिए–

"शिक्षण कुछ उद्देश्यों (लक्ष्यों) को प्राप्त करने की प्रक्रिया है।"

(Teaching is a process of aquiring a set of goals.)

अच्छे शिक्षण के मानदण्ड (Criteria of Good Teaching)

अच्दे शिक्षण के लिए तीन मानदण्ड अत्यन्त महत्त्वपूर्ण हैं–

(अ) शिक्षण कैसा होना चाहिए? अर्थात् शिक्षण का प्रकार (Type of Teaching),

(ब) शिक्षण में शिक्षक को किन बातों का ध्यान रखना चाहिए? अर्थात् अध्यापकीय दृष्टिकोण (Teacher's Viewpoint), और

(स) शिक्षण स्थितियां कैसी हो? अर्थात् शिक्षण स्थितियां (Teaching Conditions)।

इन तीनों बिन्दुओं पर हम क्रमवार चर्चा करेंगे। पाठकों को यहां हम यह भी बताना चाहेंगे कि समय और श्रम बचाने के उद्देश्य से हम इन्हें संक्षिप्त ही दे रहे हैं, पाठक स्वयं इन्हें अपने स्तर पर विस्तृत कर सकते हैं।

(अ) शिक्षण का प्रकार (Type of Teaching)

1. अच्छा शिक्षण निर्देशात्मक तथा सुझावात्मक होता है (Directive and Suggestive)। इसे आदेशात्मक होने से बचाना चाहिए (Avoid Dictation)।
2. अच्छा शिक्षण क्रिया आधारित होता है (Based on Activity)।
3. अच्छा शिक्षण प्रेरणादायक होता है (Stimulating)।
4. अच्छा शिक्षण प्रगति पर आधारित रहता है (Progress Based)।
5. अच्छा शिक्षण व्यावहारिक होता है (Practical)।
6. अच्छा शिक्षण उद्देश्यपूर्ण व सुव्यवस्थित होता है (Planned and with Definite Aim)।
7. अच्छा शिक्षण पूर्व ज्ञान पर आधारित होता है (Based on Previous Knowledge)।

8. अच्छा शिक्षण रुचिनुकूल होता है (According to Interest)।
9. अच्छा शिक्षण प्रजातन्त्रात्मक होता है (Democratic)।
10. अच्छा शिक्षण मूल्य आधारित होता है (Value Based)।
11. अच्छा शिक्षण उपचारात्मक होता है (Remedial)।
12. अच्छा शिक्षण आत्मविश्वास उत्पन्न करता है (Creates Self Confidence)।
13. अच्छा शिक्षण छात्र स्तर अनुसार होता है (Individual Difference)।

(ब) अध्यापकीय दृष्टिकोण (Teacher's Viewpoint)–इस बिन्दु को बहुत स्पष्ट करने हेतु हम इसे दो भागों में विभाजित करना चाहेंगे,

(1) अध्यापक के आवश्यक गुण (Necessary Qualities of a Teacher) और

(2) अध्यापकीय दृष्टि (Teacher's Vision)।

इनके विवेचन से एक अच्छे अध्यापक से उत्तम शिक्षण की सम्भावना बनती है। इन्हें देखें–

(1) अध्यापक के आवश्यक गुण (Necessary Qualities of a Teacher)– शिक्षाविदों का मत है कि एक अच्छे अथवा कुशल अध्यापक में बहुमुखी व्यक्तित्व (Verssatile Personality) का होना आवश्यक है। उसके विविध आयामों में विभिन्न गुणों को निम्न प्रकार समेकित किया जा सकता है–

(क) शारीरिक विशेषताएं (Physical Atributes)–इसमें शारीरिक बनावट, स्वास्थ्य, उत्साह, कपड़ों का चुनाव व पहनने का ढंग, बोलना; वर्णन शैली, भावभंगिमा एवं मुद्रा तथा उठने-बैठने और चलने-फिरने का तौर-तरीका आदि सभी सम्मिलित किया जा सकता है।

(ख) मानसिक विशेषताएं (Mental Attributes)–इसमें विषय ज्ञान, शिक्षण कला, बाल मनोविज्ञान की जानकारी, अध्ययन-अध्यापन में रुचि और कार्य के प्रति निष्ठा प्रमुख रूप से रखी जा सकती है।

(ग) नैतिक विशेषताएं (Moral Attributes)–न्यायप्रियता, आत्मविश्वास, व्यवहार कुशलता, चारित्रिक दृढ़ता, समाज के प्रति उत्तरदायित्व, सत्यवादी, कर्त्तव्य परायणता उदारता और सहानुभूमि, आत्मसंयम, अनुशासन, ईमानदारी और लोभ विग्रह जैसे गुण इसमें समेकित किये जा सकते हैं।

(घ) व्यक्तिगत विशेषताएं (Personal Attributes)–इन विशेषताओं में शिक्षक में हंसमुख रहना, आशावादी, नेतृत्व, परिश्रम व लगन, सादा जीवन, शिष्ट व्यवहार और मिलनसारिता आदि आते हैं।

(2) अध्यापकीय दृष्टि (Teacher's Vision)–इस विभाजन में हम उन बिन्दुओं को रखने का प्रयास कर रहे हैं जिनसे एक अनुकरणीय व्यक्तित्व वाला अध्यापक दृष्टिकोण हो सके। इसके अनुसार एक शिक्षक को–

1. अपने विषय का पूर्ण ज्ञान रखना चाहिए (Complete knowledge of the subject)।
2. सभी प्रकार की शिक्षण विधियों से परिचित होना चाहिए (Well versed with teaching methods)।
3. बालकों के मानसिक स्तर के अनुकूल अपने अध्यापक के ढंग में उचित परिवर्तन कर लेने की क्षमता होनी चाहिए (Competence of changing the teaching method according to the mental status of the children)।
4. बच्चों को स्वयं कार्य करने का अवसर देना चाहिये (To give opportunity to children for doing activity themselves)।
5. अपने शिक्षण को बालकों के भविष्य से जोड़ देना चाहिए (To link his teaching with the future of ther chilredn)।
6. बालकों की रुचि का ध्यान रखना चाहिए (Must bear in mind of childrens' interests)।
7. यदि सम्भावना हो तो शिक्षण में व्यावहारिक पक्ष को जोड़ना चाहिए (Seeking possibility of practical work)।
8. अपने व्यक्तित्व को बालकों में उतारना चाहिए (Shaping of his personality in the children)।
9. वैयक्तिक विभिन्नताओं को ध्यान में रखना चाहिए (Keeping in view of the individual differences)।
10. शिक्षक सामग्री का भरपूर उपयोग करना चाहिए (Maximum use of teaching aids)।
11. विद्यार्थियों को और अधिक पढ़ने की प्रेरणा देनी चाहिए (To motivate the children for further reading)।
12. विद्यार्थियों का नैतिक उत्थान करते रहना चाहिए (To make efforts of boosting the morale of children)।

(अ) शिक्षण स्थितियां (Teaching Conditions)–यहां यह बात पाठकों को बतानी बहुत आवश्यक है कि शिक्षण के सन्दर्भ में वर्तमान में एक निश्चित

परिवर्तित दृष्टिकोण है और इसी क्रम में शिक्षण स्थितियों से तात्पर्य आज यह कदाचित नहीं है कि–

(1) विद्यालय कहां है?

(2) विद्यालय भवन कैसा है?

(3) कक्षा-कक्ष कैसे हैं?

(4) क्या-क्या शिक्षण सुविधायें (शिक्षण सामग्री के सन्दर्भ में) विद्यालय में उपलब्ध है?

(5) पुस्तकालय में क्या विशष अध्ययन की व्यवस्था है?

(6) प्रशासनिक तंत्र क्या शिक्षक और शिक्षण के अनुकूल है? आदि।

बल्कि अब शिक्षण स्थितियों के अवलोकन का मापदण्ड विद्यालय में विद्यार्थियों के सीखने के अवसर (Opportunities of Learning of Students in Schools) हो गया है। William C. Morse के अनुसार–

"प्रत्येक विद्यालय अनोखा होता है और इनमें जो विचार और मान्यताओं की विविधता दृष्टिगोचर होती है वह उनके कारण है जो वहां शिक्षण प्रक्रियाओं (अनुभवों) को व्यवस्थित और मार्गदर्शन करते हैं।"

(Each institution is unique and that the differences you see reflect the diversity of beliefs and values held by those responsible for organising and guiding the learning experiences there.)

अत: किसी विद्यालय की शिक्षण स्थितियां कैसी हैं? यह निम्न बिन्दुओं से जाना जा सकता है–

1. शिक्षार्थी (The Learners)–विद्यार्थियों को देखें–

(*i*) क्या आप इस प्रकार का व्यवहार दखते हो जैसाकि उस आयु वर्ग के विद्यार्थियों से आशा की जाती है?

(*ii*) आप देखना चाहोगे कि शिक्षार्थियों की मनोवृत्ति विद्यालय तथा उन शिक्षण प्रक्रियाओं, जिनमें वह लगे हुये हैं, के प्रति कैसी है?

(*iii*) क्या आप बता सकेंगे कि वे निष्क्रिय प्राप्तकर्त्त हैं अथवा क्रियाशील संभागी?

2. शिक्षण क्रियाकलाप (The Learning Activities)

(*i*) किन कार्यकलापों में विद्यार्थी लगे हुये हैं और वह क्या सीखना चाह रहे हैं?

(*ii*) क्या वह क्रियाकलाप आपको महत्त्वपूर्ण लगते हैं?

(*iii*) क्या यह विद्यार्थियों को महत्त्वपूर्ण लगते हैं?

(*iv*) क्या कक्षा-कक्ष के बाहर यह प्रयोग में आने योग्य है?

(*v*) इनकी योजना कौन बनाता है?

(*vi*) शिक्षण कार्यकलापों के प्रति शिक्षार्थी किस प्रकार की प्रतिक्रिया व्यक्त करते हैं?

(*vii*) आप क्या सोचते हैं कि क्या वे वास्तव में सीख रहे हैं?

(*viii*) अन्य विद्यालयों की विविध क्रियाकलापों की तुलना में आप क्या समानता और असमानता पाते हो?

3. शिक्षण प्रक्रियाएं (The Learning Process)–शिक्षण के विभिन्न तरीकों को देखो जैसे–अभ्यास (Drill), व्याख्यान (Lectures), प्रश्न-उत्तर (Question-Answer), समस्या समाधान (Problem Solving), योजना पद्धति (Project Method), विचार-विमर्श (Discussion) आदि–

(*i*) क्या यह सभी कार्यक्रम विद्यार्थी–रुचि, पाठ्य-पुस्तक तथा राज्य द्वारा प्रस्तावित पाठ्यक्रम पर बने हैं?

(*ii*) क्या शिक्षण प्रक्रिया में कोई क्रमबद्धता (Sequence) है?

(*iii*) क्या तुम्हें अध्यापक के निर्धारित लक्ष्य और प्रयोग में लायी गयी पद्धति में कोई सम्बन्ध प्रतीत होता है?

(*iv*) शिक्षण को बनाये रखने (Retention) और इसे प्रतिदिन के जीवन के जीवन में उपयोग (To use in every day life) में लाने हेतु क्या उपाय किये हैं?

4. सीखने के लिए तत्परता (Readiness for Learning)

(*i*) क्या सभी विद्यार्थियों में सीखने की समान क्षमता होना प्रतीत होती है (Same Capacity of Learning)?

(*ii*) योग्यता की कौन-सी भिन्नताएं स्पष्ट हैं (Difference in Ability-Apparent)?

(*iii*) इन विभिन्नताओं के लिए विद्यालय कैसे पूर्ति करता है (School Provision for Such Differences)?

(*iv*) क्या आपको कोई ऐसी बातें दिखती हैं जिनसे विद्यालय में हो रहे कार्यों में विद्यार्थियों के सामाजिक-आर्थिक स्तर का प्रभाव दिखता प्रतीत होता है (Socio-economic Level of Students' Influence in the School Programme)?

5. सीखने के लिए प्रेरणा (Motivation for Learning)–विद्यार्थियों के सीखने के प्रति किसी उद्देश्य के होने न होने की ओर देखो–

(*i*) आप ऐसा क्यों सोचते हैं कि विद्यार्थी जो चाहे वह करते हें? शिक्षक उनको सिखाने के लिए किन प्रणालियों (Devices) का उपयोग करते हैं?

(*ii*) कुछ प्रणालियों जैसे आशाएं/अपेक्षायें (Expectations), पुरस्कार (Rewards), जिज्ञासा उत्पन्न करना (Whetting Curiosity) की ओर विचारें।

6. समूह में पारस्परिक क्रिया (The Group Interaction)

(*i*) क्या कक्षा में सभी सदस्य एक साथ काम करते हैं (Working Together)?

(*ii*) अथवा उनमें पृथक-पृथक काम करने की प्रवृत्ति है (Tendency to Work Individually)?

(*iii*) अध्यापक की भूमिका क्या रहती है (Role of Teacher)?

(*iv*) कक्षा रूप को वर्णित करने के लिए (Characterisation of Personality of a Class) आप किस विशेषण को चुनना चाहेंगे : प्रतिस्पर्धा (Competition), सहकारी (Co-operative), झगड़ालू (Quarrelsome), मित्रवत् (Friendly), आक्रामक (Hostile), उदासीन (Apathetic) और तनाव अथवा बेचैन (Tense)।

(*v*) इस प्रकार के भावात्मक वातवरण के क्या कारण हो सकते हैं, के बारे में क्या सोचते हैं? (What makes such emotional climate)?

7. सीखना और अनुशासन (Learning and Discipline)

(*i*) अच्छा अनुशासन (Discipline) जिसे कहते हैं, उसे आप देखना चाहोगे।

(*ii*) वैयक्तिक और सामूहिक अनुशासन का उत्तरदायित्व कौन वहन करता है? (Who assumes the responsibility for individual and group discipline) - अध्यापक (Teacher), विद्यार्थी (Students) अथवा दोनों (Both)।

(*iii*) सामूहिक व्यवहार को नियंत्रित और प्रवाहित (Control and Channelize) करने को किन प्रणालियों (Devices) को प्रयोग में लाते हुए देखते हो?

8. कक्षा-कक्ष में वक्तिगत समस्याएं (Individual Problems in the Classroom)

(*i*) शिक्षक उन व्यक्तिगत विद्यार्थियों के लिए क्या करते हैं जो कक्षा समूह में अथवा नियमित शिक्षण कार्यक्रम में ठीक से फिट नहीं होते?

(*ii*) क्या इस प्रकार के विद्यार्थियों के लिए भी भिन्न-भिन्न अध्यापक एक ही प्रकार की उत्तरदायित्व का निर्वहन करते हैं?

9. **सीखने का मूल्यांकन (Evaluation of Learning)** -

(*i*) उद्देश्यों की प्राप्ति हुई है या नहीं और विद्यार्थियों ने प्रगति की है या नहीं, इसका निर्धारण कौन करता है : विद्यार्थी (Students), अध्यापक (Teacher) या दोनों (Both)।

(*ii*) परीक्षा और अंक प्राप्ति की पद्धति के अलावा भी आप किन्हीं अन्य निभाओं को भी देखना चाहोगे, जिनमें से कुछ हैं–परिचर्चा (Discussion), चैकलिस्ट (Checklists), अध्यागक-विद्यार्थी सम्मेलन (Teacher-student conferences), स्वमूल्यांकन (Self-evaluation) और समूह मूल्यांकन (Group-evaluation)।

शिक्षण पद्धति और शिक्षण के विविध पक्ष (Teaching Methodology and Various Aspects of Teaching)

शिक्षण और शिक्षक तथा शिक्षण स्थितियों का वर्णन हमने ऊपर किया है। इन्हीं से सीधे सम्बन्धित शिक्षण पद्धतियों को अब यहां प्रस्तुत करेंगे। शिक्षण पद्धतियां क्या हैं? (What is a Teaching Methodology?)। इसका उत्तर बहुत स्पष्ट रूप से Collins' English Language Dictionary) ने परिभाषित किया है–

"पद्धति किसी कार्य के करने में प्रयुक्त होने वाले तरीके और सिद्धान्तों की व्यवस्था है, उदाहरण के लिए शिक्षण-पद्धतियां।"

(Methodology is a system of methods and principles for doing something, for example for teaching.)

—Collins Cobuild : English Language Dictionary, 8 Grafton Street, London WIX3LA, 1987. p. 911.

इस परिभाषा को आधारभूत स्वीकार करते हुये हम शिक्षण पद्धतियों को उनके विभिन्न क्षेत्रों में प्रयुक्त होने के प्रकार से प्रस्तुत करते हैं, जैसे–

(अ) शिक्षण के सामान्य सिद्धान्त (General Principles of Teaching)– प्रत्येक शिक्षण पद्धति के सफलतापूर्वक क्रियान्वयन के लिए कुछ सामान्य सिद्धान्तों का सहारा लेना होता है जिन्हें शिक्षण के सामान्य अथवा मूलभूत सिद्धान्तों के नाम से जाना जाता है (General or Fundamental Principles of Teaching)। ये सभी सिद्धान्त मूल रूप से बाल प्रकृति (Child-nature) पर आधारित होते हैं। यह निम्न हैं–

1. क्रियाशीलता का सिद्धान्त (The Principles of Activity),
2. जीवन से सम्बन्धित करने का सिद्धान्त (The Principles of Linking with Life),
3. रुचि का सिद्धान्त (The Principle of Interest),
4. प्रेरणा का सिद्धान्त (The Principle of Motivation),
5. निश्चित उद्देश्य का सिद्धान्त (The Principle of Definite Aim),
6. चयन का सिद्धान्त (The Principle of Selection),
7. पुनरावृत्ति का सिद्धान्त (The Principle of Revision),
8. विभाजन का सिद्धान्त (The Principle of Division),
9. वैयक्तिक विभिन्नता का सिद्धान्त (The Principle of Individual Differences),
10. आयोजन का सिद्धान्त (The Principle of Planning),
11. मनोरंजन का सिद्धान्त (The Principle of Recreation) और
12. प्रजातन्त्रीय व्यवहार का सिद्धान्त (The Principle of Democratic Dealing)।

(ब) शिक्षण-सूत्र (Maxims of Teaching)—एक अच्छा शिक्षण वही है जो विद्यार्थियों के रुचि अनुकूल हो, उनकी जिज्ञासाओं की पूर्ति कर सके और उन तथ्यों को आत्मसात् कर ले जिन्हें शिक्षक उन तक पहुंचाना चाहता है। अतः कक्षा शिक्षण में जिन सूत्रों को शिक्षाविदों ने स्वीकार किया है और जिनसे शिक्षण प्रभावी एवं सफल होता है उन्हें शिक्षण सूत्र (Maxims of Teaching) का नाम दिया है। वह हैं—

1. ज्ञात से अज्ञात की ओर (From Known to Unknown),
2. सुगम से कठिन की ओर (From Easy to Difficult),
3. स्थूल से सूक्ष्म की ओर (From Concrete to Abstract),
4. अनिश्चित से निश्चित की ओर (From Indefinite to Definite),
5. विशेष से सामान्य की ओर (From Particular to General),
6. सरल से जटिल की ओर (From Simple to Complex),
7. विश्लेषण से संश्लेषण की ओर (From Analysis to Synthesis),
8. प्रत्यक्ष से अप्रत्यक्ष की ओर (From Seen to Unseen),
9. अनुभव से विचार की ओर (From Empirical to Rational),

10. मनोवैज्ञानिक से क्रमबद्धता की ओर (From Psychological to Logical),
11. पूर्ण से अंश की ओर (From Whole to Parts),
12. प्रकृति का अनुसरण (Follow Nature),
13. आगमन विधि का अनुसरण (Follow Inductive Method) और
14. स्वाध्याय को प्रोत्साहन (Encouragement to Self Study)।

(स) शिक्षण विधियां (Teaching Devices)–प्रत्येक शिक्षक अपने शिक्षण में कुछ विशिष्ट विधियां (Devices) का प्रयोग करते हैं। यह इसलिए भी आवश्यक है कि प्रत्येक प्रकार का शिक्षण किसी एक ही निश्चित तरीके से सम्भव नहीं होता। अत: कतिपय विधियों (Devices), जो शिक्षण में काम ली जाती हैं, वे निम्नलिखित हैं–

1. वर्णन प्रणाली (DEvice of Description)–इस विधि में शिक्षक किसी व्यक्ति, वस्तु, घटना अथवा वस्तुस्थिति का केवल विवरण से ऐसा चित्रण करता है कि विद्यार्थियों के सम्मुख उस प्रकरण की एक मानसित प्रतिबिम्ब (Image) उभर आती है। शिक्षक इस विवरण को प्रस्तुत करते समय उदाहरण, मॉडल्स, चित्र व अन्य दृष्य सामग्री का सहारा भी लेता है। इससे विषय-वस्तु विद्यार्थियों को आत्मसात् हो जाती है। इतिहास, भूगोल और भाषा शिक्षण में इनका सर्वाधिक प्रयोग किया जाता है।

2. स्पष्टीकरण प्रणाली (Device of Exposition)–इस विधि में विद्यार्थियों को नवीन ज्ञान दिया जाता है। सम्बन्धित ज्ञान की पूर्ण व्याख्या कर उसे बिन्दु वार इस प्रकार प्रस्तुत किया जाता है जिससे बहुत ही स्पष्टता से वांछित ज्ञान विद्यार्थियों तक पहुंच सके। विज्ञान शिक्षण, राजनीति सिद्धान्त आदि इन प्रणाली के दायरे में आते हैं।

3. विवरण प्रणाली (Device of Narration)–यह विधि सीधी किसी घटना, सिद्धान्त, प्रणाली तथ्य आदि को प्रस्तुत करने की विधि है जिसमें शिक्षक अपनी बात कहता है और शिक्षार्थी उसे सुनकर समझते हैं। जितना रोचक, तथ्यपरक, वस्तुनिष्ठ और क्रमवार वर्णन होगा, उतना ही वह विद्यार्थियों को ग्राह्य होगा। इसमें केवल शिक्षक की भूमिका है; छात्र केवल श्रोता होते हैं। इतिहास, नागरिकशास्त्र, भूगोल, अर्थशास्त्र आदि विषयों में इस विधि का प्रयोग होता है।

4. व्याख्या प्रणाली (Device of Explanation)–इस विधि में वस्तुत: दो प्रणालियों, विवरण (Narration) और वर्णन (Description) का एक साथ प्रयोग होता है। शिक्षण में विषय-वस्तु का विवरण में दिया जाता है और जहां कठिन

स्थल आते हैं वहां समझाने हेतु विविध साधनों का प्रयोग भी किया जाता है चाहे वह दृश्य सामग्री हो अथवा शिक्षक की ही अपनी योग्यता से विविध प्रकार का स्पष्टीकरण। उदाहरण के लिए, भाषा शिक्षण में किसी शब्द का अर्थ बताकर उसका विभिन्न स्थितियों में उचित प्रयोग इस विधि में आता है।

5. तुलना प्रणाली (Device of Comparison)—दो व्यक्ति, वस्तु, घटनाएं, स्थितियों अथवा इनसे सम्बन्धित किन्हीं भी प्रकरणों की समानता अथवा असमानता की तुलना करना इस विधि के अन्तर्गत आती है। इससे शिक्षण में रोचकता, विद्यार्थियों में सोचने और तुलना से निष्कर्ष निकालने की क्षमता और सीखे हुए ज्ञान को संचित करने की स्थिति में वृद्धि होती है। कक्षा में विद्यार्थी भी सजग रहते हैं और शिक्षण में सक्रीय भागीदार रहते हैं। उदाहरण के लिए, रसायन विज्ञान शिक्षण में गैसों के गुणों की परस्पर तुलना से सभी गैसों का ज्ञान विद्यार्थियों को स्थाई बन जाता है। अन्य विषयों में भी इसका उपयोग भरपूर किया जा सकता है।

6. उदाहरण प्रणाली (Device of Illustrations)—किन्हीं कठिन विषय-वस्तु के शिक्षण में शिक्षक को अनेक प्रकार के मौखिक (Verbal) और लिखित/चित्रित (Non-verbal) उदाहरणों का सहारा लेना होता है। मौखिक उदाहरणों में समानता/असमानताएं (Analogies), तुलना (Comparison), शब्द चित्रण (Word Pictures) आदि प्रमुख हैं। लिखित/चित्रित उदाहरणों में चित्र, मॉडल्स, फोटोग्राफ्स, नक्शे, ग्राफ्स, रेखांकन, प्रारूप आदि सम्मिलित किये जा सकते हैं। इससे शिक्षण प्रभावी होता है, लेकिन अधिक उदाहरणों से बचना भी चाहिए।

7. कहानी कहना (Story Telling)—कहानियों में बालकों की जनमजात रुचि होती है इसका लाभ अच्दे शिक्षक अपने शिक्षण में उठाते हैं। किसी भी प्रकरण की रोचकता से कहानी रूप में प्रस्तुत करना शिक्षक की व्यक्तिगत योग्यता पर निर्भर करता है। इससे विद्यार्थियों की कल्पना शक्ति और तार्किक शक्ति में वृद्धि होती है, कक्षा में मनोरंजन का वातावरण रहता है और बहुत सादे ढंग से कठिन प्रकरणों को सरल और बोधगम्य बनाया जा सकता है।

8. पुस्तक अध्ययन प्रणाली (Device of Book-reading)—यह विधि बहुत पुरानी पारम्परिक प्रणाली है जिसमें या तो छात्र (विद्यार्थी) किसी पाठा को कक्षा में खड़े होकर पढ़ता है अथवा अध्यापक स्वयं पुस्तक में से पाठ को पढ़ता है और छात्र सुनते हैं। कहीं-कहीं वह कठिन शब्दों की व्याख्या भी करता जाता है। यह पूर्णतया अस्वीकृत विद्या है और इसे किसी स्तर पर भी उत्साहित नहीं किया जाता है। वैसे जो विद्यार्थी अव्यवसायी हैं, वह अपने स्तर पर भी पुस्तक पाठन से लाभ ले सकते हैं।

9. व्याख्यान प्रणाली (Device of Lecture)–इस विधि में भी शिक्षक की ही मुख्य भूमिका रहती है। किसी विषय/उपविषय पर शिक्षक कक्षा में व्याख्यान देते हैं और विद्यार्थी उसे सुनते हैं। विद्यार्थियों से यह अपुक्षा की जाती है कि वे व्याख्यान के मुख्य बिन्दुओं को नोट भी करते जायें, जो व्यावहारिक नहीं होता है। उच्च शिक्षा के विद्यार्थियों को इसका उपयोग लाभकारी हो सकता है लेकिन विद्यालय स्तर पर ये उपयुक्त नहीं है। फिर भी विशेषज्ञों के व्याख्यान इसलिए पसन्द किये जाते हैं क्योंकि उनमें तथ्यात्मक और विभिन्न स्थितियों से प्राप्त किया ज्ञान एक साथ प्रस्तुत किया जा सकता है।

10. प्रश्नोत्तर प्रणाली (Device of Questions an Answers)–यह विधि शिक्षण में अपना महत्वपूर्ण एवं प्रमुख स्थान रखती है और परम्परागत होते हुए भी आज भी इसका प्रयोग बहुत ही अधिकारिक और सबलता से किया जाता है। स्वतंत्र रूप से तो इस विधि का प्रयोग तो किया ही जा सकता है क्योंकि हर किसी पद्धति में इस विधा से शिक्षण को रोचक, सजग और जीवन्त बनाया जा सकता है।

किसी भी उपविषय के शिक्षण में विषय-वस्तु के पूर्व परिचय (Previous Knowledge), विषय वस्तु (Introduction), उद्देश्य वर्णन करने (Objectives : General and Specific), सामग्री को प्रस्तुत करना (Putting up of Material), पाठ का विकास करने (Developing of the Lesson), शिक्षण के साथ विद्यार्थी के सीखने की जानकारी (Enquiry), विद्यार्थियों में जिज्ञासा और रोचकता बनाये रखें (Maintaining Curiosry and Interest in Students), निष्कर्ष निकालने (Drawing Inference) पुनरावलोकन करने (Recapitulation) और मूल्यांकन करने (Evaluation) में प्रश्नों का उपयोग किया जाता है। निःसन्देह इसमें प्रभावी रूप में कार्य कर सकने वाली विधा (प्रश्नों) के लिए शिक्षा की योग्यता ही विधा की सफलता होती है। अतः प्रश्नों का निर्माण, पूछने का कौशल और उनसे प्रश्न उत्तरों के आधार पर नये प्रश्नों का विकास इस विधा की प्रमुखता है और आवश्यकता भी।

11. गृह कार्य संशोधन प्रणाली (Assignment or Home Work Correction Device)–गृह कार्य किसी विद्यार्थी अथवा पूरी कक्षा के विद्यार्थियों को शिकक्षक द्वारा दिया हुआ वह कार्य है जो किसी विषय-वस्तु के शिक्षण के बाद उसे पूरी तरह आत्मसात् करने के लिए अलग से दिया जाता है। वस्तु यह अभ्यास पर आधारित होता है और विद्यार्थी की तार्किक, बौद्धिक शक्ति के साथ लेखन शक्ति की अभिव्यक्ति कर सकने की शक्ति को मजबूत करता है। यह विषय प्रस्तुतीकरण में क्रमबद्धता (Sequence) भी उत्पन्न करता है। इस विधा में केवल

लिखित कार्य ही नहीं बल्कि व्यावहारिक कार्य अथवा चित्र डाइग्राम आदि बनाने का कार्य भी सम्मिलित किया जा सकता है।

12. उपचारात्मक शिक्षण प्रणाली (Device of Remedial Teaching or Tutorials)–यह विधा कक्षा समूह में भी प्रयोग में लाई जा सकती है और कुछ विद्यार्थियों के समूह में भी। कठिन स्थलों अथवा व्यक्तिगत विभिन्नताओं (Individual Differences) के कारण कतिपय विद्यार्थियों को विशेष शिक्षण की आवश्यकता होती है। उस स्थिति में यह बहुत सहायक और प्रभावी विधा है। कभी-कभी इससे चमत्कारिक लाभ मिलते हैं, उदाहरण के लिए केवल दशमलव को ठीक से ज्ञान न होने के कारण को विद्याथ्री कई प्रश्न हल नहीं कर पाता, जो कमी पूरी होते ही उपलब्धि में बदल सकता है।

13. मूल्यांकन प्रणाली (Device of Evaluation)–मूल्यांकन शिक्षण उपलब्धि का प्रमाण औरं मापदण्ड है। इससे यह ज्ञात हो सकता है कि विद्यार्थी ने कितना सीखा है? कहां पर विद्यार्थी कठिनाई पा रहे हैं? शिक्षक को अपनी शिक्षण पद्धति में क्या परिवर्तन करने चाहिए? और अधिक उपलब्धि और सफलता के लिए शिक्षार्थी का किस प्रकार मार्गदर्शन देना चाहिए? चूंकि वर्तमान में मूल्यांकन प्रणाली में अनेक नवीन आयाम जुड़े हैं, अत: विधा भी लगातार सशक्त होती जा रही है।

14. वाद-विवाद प्रणाली (Device of Debate)–यह शिक्षण और सीखने की प्रक्रिया (Teching-Learning Process) में विद्यार्थियों को सजगता से सम्मिलित करने की उत्तम विधा है। किसी भी प्रकरण पर कक्षा को ही दो समूहों में बांटकर चर्चा कराई जाती है। आवश्यकतानुसार शिक्षक मार्गदर्शन भी देता है ओर तथ्य कथन कहकर विषय को गति देता है। इससे विद्यार्थियों में पुस्तकीय ज्ञान के अतिरिक्त और विविध स्रोतों से जानकारी प्राप्त करने की जिज्ञासा और प्रभावी रूप से प्रस्तुत करने की आकांक्षा बनी रहती है। यद्यपि यह समय व्यय करने वाी है लेकिन इस विधा से विद्यार्थियों की कई छिपी शयियों को उभरने का अवसर मिलता है।

15. सिम्पोजियम प्रणाली (Device of Symposium)–यह एक विषय पर सामूहिक चर्चा की विधा है। कुछ विद्यार्थियों का एक समूह इस चर्चा में अपना मत व्यक्त करता है और उस पर शेष विद्यार्थी अपने प्रश्नों से प्रकरण पर विषद चर्चा करते हैं। यदि इस चर्चा में शिक्षक के अतिरिक्त अन्य शिक्षक अथवा कोई विषय विशेषज्ञ भी आमंत्रित कर लिया जाये तो निश्चय ही इस प्रणाली से विद्यार्थियों को और अधिक लाभान्वित किया जा सकता है। निश्चित समय के पश्चात् उस सिम्पोजियम को प्रमुख (शिक्षक अथवा अन्य व्यक्ति) विचारों का निष्कर्ष प्रस्तुत कर प्रकरण को बन्द कर देता है।

16. भूमिका अभिनय प्रणाली (Device of Role Play)—इस विधा में विद्यार्थी स्वयं विषय-वस्तु के पात्र बनकर अपनी बात कहते हैं और कक्षा में अन्य विद्यार्थियों को अथवा कक्षा के बाहर अन्य दर्शकों एवं श्रोताओं को विशिष्ट ज्ञान से अवगत कराके उन्हें जानकारी प्रदान करने में सहायक होते हैं। उदाहरण के लिए, किसी जंगल में पशु, पक्षी, पेड़, नदी, तालाब की कहानी पर्यावरण के कई पहलुओं पर अपनी बात कहकर पर्यावरण संरक्षण की महत्ता को प्रतिपादित कर सकते हैं।

17. मानसिक मन्थन प्रणाली (Device of Brain Storming)—इस प्रणाली में कोई भी उपविषय समूह के मध्य रखकर उसको किसी विशेषज्ञ द्वारा प्रस्तुत कर दिया जाता है भिन्न-भिन्न व्यक्ति (विद्यार्थी) अपने-अपने प्रकार से उस पर संक्षिप्त विचार रखते हैं (यह विचार अति संक्षिप्त—केवल एक, दो या तीन वाक्यों के हों तो प्रणाली और भी प्रभावी बन जाती है)। कोई एक व्यक्ति जो इसे संचालित करता है अन्त में इससे निष्कर्ष निकालता है।

18. सेमीनार विविध (Device of Seminar)—इस विधि में पहले से दिये गये विषय पर पत्र पढ़े होते हैं। पत्र वाचन के बाद संभागी प्रश्न पूछते हैं जिनका उत्तर पत्र वाचक देता है। कई पत्रों के आधार पर कुछ निश्चित परिणामस्वरूप प्रतिवेदन तैयार किया जाता है और उससे विविध रूपी शिक्षण सम्भव है, लेकिन इस प्रकार की विधा के लिए बड़ी आयु और अधिक योग्यता के संभागी अपेक्षित हैं।

19. गीत व खेल प्रणाली (Device of Songs and Games)—छोटी कक्षा के बच्चों के लिए यह बहुत प्रभावी विधि है। गीत गा-गा कर कोई भी बात बच्चों को अप्रत्यक्ष रूप से सिखाई जा सकती है। खेल भी इसी प्रकार आयोजित किये जा सकते हैं, जिनसे किसी भी क्षेत्र का शिक्षण सम्भव है।

20. अभिनय प्रणाली (Device of Dramatization)—किसी विषय-वस्तु को नाटक के रूप में समेकित कर तथा उसे पात्रों द्वारा अभिनय कराकर बहुत सहजता से विद्यार्थियों तक पहुंचाया जा सकता है। एक प्रकार से यह प्रभावोत्पादक विधा बहुत अधिक समय तक संजोये रखने वाले ज्ञान देने की प्रणाली में से है। कठिन से कठिनतर स्थितियों को सरल करने की यह अच्छी प्रणाली है। हां इसकी सफलता सही रूप से प्रस्तुतीकरण पर निर्भर करती है।

21. अभिक्रमित अध्ययन प्रणाली (Device of Programme Learning)—यह एक विशेष शिक्षण विधा है जिसमें विद्यार्थी को दिये जाने वाले ज्ञान को छोटे-छोटे पादों (Steps) में विभक्त कर उन्हें क्रम से रख दिया जाता है। पहले पद का उत्तर विद्यार्थी अपने पूर्व ज्ञान के आधार पर स्वयं खोजता है और उसे प्रोग्राम में ही दिये उत्तर से मिलाकर अपनी स्थिति पर नियंत्रण रखता है। इस उत्तर पर आधारित

दूसरे पाद पर फिर विद्यार्थी हल खोजता है और यह क्रम लगातार चलता जाता है।

इस प्रोग्राम को प्रशिक्षित व्यक्ति ही तैयार कर सकते हैं। यद्यपि यह विद्यार्थी को स्वयं शिक्षण हेतु प्रेरित करता है तथापित इसकी अपनी सीमाएं हैं। कम उपलब्धि के लिए अधिक समय व धन व्यय होता है।

(द) शिक्षण विधियां (Methods of Teaching)–कक्षा शिक्षण में जिन विधियों (Methods) का प्रयोग विषयानुसार, प्रकरणानुसार अथवा विद्यार्थियों के अनुसार किया जा सकता है अथवा किया जाता है, उनका वर्णन हम इन शिक्षण विधियों (Teaching Methods) में करेंगे।

1. सुकराती विधि (Socratic Method)–यह विधि संवाद, संभाषण अथवा वार्तलाप पर आधारित है तथा प्रश्न और उत्तर से ही शिक्षण होता है। मुख्यत: इस विधि के तीन पद होते हैं–

(*i*) शिक्षक द्वारा प्रश्न करके किसी भी विषय/उपविषय पर शिक्षार्थी के विचार जानना,

(*ii*) शिक्षक द्वारा ही प्रश्न करके उसकी (शिक्षार्थी) की बातें पूर्ण अथवा आंशिक रूप से स्वीकार करना अथवा गलत सिद्ध करके उन्हें अस्वीकार करना, और

(*iii*) प्रश्नों के माध्यम से ही शिक्षक द्वारा शिक्षार्थी को सही बात बताकर ज्ञान दे देना।

इस विविध को बहुत अच्दी विधि नहीं माना गया है तथा अनेक बिन्दुओं पर शिक्षाविदों द्वारा इस विधि की आलोचना की गई है।

2. प्रयोगात्मक विधि (Experimental Method)–इस विधि का आधार नये ज्ञान की खोजकर शिक्षार्थी द्वारा उसका सीखना है। शिक्षार्थी अपने शिक्षक द्वारा दिये गये निर्देशों के अनुरूप स्वयं प्रयोग करता है अनुभव करता है और अन्तिम रूप से निकाले गये निष्कर्षों पर ज्ञान को समेकित करता है। इसे शिक्षाशास्त्री वैज्ञानिक विधि (Scientific Method) अथवा प्रयोगशाला विधि (Laboratory Method) के नाम से भी पुकारते हैं।

इस विधि के तीन मुख्य भाग होते हैं–

(*i*) योजना निर्माण (Planning)–शिक्षक और शिक्षार्थी के परस्पर निर्देश और सहयोग से योजना बनाई जाती है। लक्ष्य निर्धारित किये जाते हैं और कार्यविधि भी निश्चित की जाती है। साथ ही कार्य के दौरान आ सकने वाली कठिनाइयों की सम्भावना को ध्यान में रखतं हुए उसका भी ध्यान पहले ही विचार-विमर्श के दौरान कर लिया जाता है।

(*ii*) क्रियान्विति (Working or Execution)–इस चरण में शिक्षार्थी द्वारा पूर्व दिशा निर्देशों के अनुरूप वास्तविक कार्य किया जाता है। अवलोकन के आधार पर निष्कर्ष निकाले जाते हैं। शिक्षक कठिनाइयों का निवारण भी करता है और शिक्षार्थी को सही दिशा में चलते रहने में सहयोग भी करता है।

(*iii*) निष्कर्ष (Inference)–प्राप्त जानकारी के आधार पर निष्कर्ष निकाले जाते हैं, जिसे क्रिया करके सीखना (Lerarning by Doing) की संज्ञा दी जाती हैं

इस विधि के कई लाभ और सीमाएं हैं। जहां इस प्रकार का ज्ञान स्थाई और शिक्षार्थियों में रुचि वृद्धि में सहायक होता है, वहीं इसमें समय का अध्यिक व्यय, शिक्षक की हर पद पर आवश्यकता तथा अधिक व्यय पर कम लोगों का ज्ञान देना आदि इसकी महती कठिनाइयां हैं।

3. निरीक्षण विधि (Observational Method)–यह विधि किसी वस्तु को ध्यान से देखने और उसके कार्यकलापों अथवा विभिन्न अंगों की जानकारी करने पर आधारित है। इसे अवलोकन विधि भी कहा जाता है। यह विधि बहुत सहज नहीं है क्योंकि शिक्षा (ज्ञान) प्राप्त करने हेतु अवलोकन एक जटिल प्रक्रिया है, जिसे विशेषज्ञ ही उपयोग में ला सकते हैं। इसके अतिरिक्त यह सभी विषयों के ज्ञान हेतु भी उपयोग नहीं है। भ्रमण (Field Trips) इसी विधि के अन्तर्गत सम्मिलित किये जा सकते हैं, जहां शिक्षार्थी को अवलोकन करने का व्यापक क्षेत्र मिलता है और किसी विशेष उपविषय पर ज्ञान, आंकड़े तथा विशिष्ट स्थितियों की जानकारी कर उससे ज्ञान उपलब्ध कर सकता है।

4. आगमन विधि (Inductive Method)–यह विधि अनेक शिक्षाशास्त्रियों द्वारा अनेक विशिष्ट उदाहरणों की सहायता से अथवा उनके आधार पर एक व्यापक और सामान्य नियम प्राप्त करने की प्रक्रिया बताई गई परिभाषाओं पर आधारित है। जायस (Joyce), फाउलर (Fowler), राइबर्न (Ryburn) ने इस विधि को निम्न प्रकार परिभाषित किया है–

"आगमन विशेष दृष्टानों की सहायता से सामान्य नियमों को विधिपूर्वक प्राप्त करने की क्रिया है।" – जायस

"आगमन विशेष से सामान्य अथवा कम सामान्य से अधिक सामान्य का विधियुक्त अनुमान है।" – फाउलर

"आगमन विधि" के पाठ में बालक निरीक्षण करता है या उसका ध्यान अनेक विशिष्ट उदाहरणों की ओर आकर्षित होता है और उन विशिष्ट उदाहरणों के आधार पर वह एक सामान्य सिद्धान्त का निर्माण कर लेता है।" – राइबर्न

वस्तुत: यह विधि शिक्षक द्वारा किसी बात को स्वयं न बताकर विशेष उदाहरणों द्वारा शिक्षार्थियों से ही निकलवाने की विधि है। अन्य शब्दों में यह एक विकासात्मक विधि (Method of Development) है जिसमें शिक्षा के निम्न मुख्य तीन सिद्धान्तों का प्रयोग होता है–

(*i*) ज्ञात से अज्ञात की ओर (From Known to Unknown),

(*ii*) विशिष्ट से सामान्य की ओर (From Particular to General) और

(*iii*) स्थूल से सूक्ष्म की ओर (From Concrete to Abstract)।

आगमन विधि में चार मुख्य चरण होते हैं–

(क) उदाहरण (Examples)–एक ही प्रकार के विभिन्न उदाहरणों को समेकित कर उन्हें शिक्षार्थियों के समक्ष प्रस्तुत करना।

(ख) निरीक्षण (Observation)–समस्त उदाहरणों का अवलोकन कर उनमें समानता देखना तथा उस आधार पर किसी परिणाम पर पहुंचना।

(ग) नियमीकरण (Generalisation)–शिक्षार्थियों की सहायता से ऐसे नियम अथवा सिद्धान्त का निर्माण कराना जिससे अभीष्ट सिद्ध हो सके।

(घ) परीक्षण (Varification)–कुछ अन्य उदाहरणों द्वारा प्राप्त नियम अथवा सिद्धान्त की सत्यता सिद्ध करवाना।

5. निगमन विधि (Deductive Method)–यह विधि आगमन विधि के ठीक विपरीत है। इस विधि में कोई ज्ञात नियम अथवा सिद्धान्त शिक्षार्थियों को बता दिया जाता है और फिर अनेक उदाहरणों से उस नियम अथवा सिद्धान्त की सत्यता प्रमाणित की जाती है। नि:सन्देह इसमें शिक्षा के निम्न तीन सूत्र विपरीत प्रकार से प्रयोग में आते हैं–

(*i*) अज्ञात से ज्ञात की ओर (From Unknown to Known),

(*ii*) सामान्य से विशिष्ट की ओर (From General to Particular) और

(*iii*) सूक्ष्म से स्थूल की ओर (From Abstract to Concrete)।

6. सहसम्बन्ध विधि (Correlation Method)–इसे समन्वय विधि भी कहा जाता है। इस विधि में शिक्षण का आधार है–

"सम्पूर्ण ज्ञान एक अविभाज्य इकाई है। इसे अलग-अलग भागों में व्यक्ति नहीं किया जा सकता है। किसी भी विषय/उपविषय से शिक्षण के लिए यह आवश्यक है कि उससे सम्बन्धित अन्य विषयों के ज्ञान को भी मुख्य विषय के साथ ही समन्वित किया जाये।"

(All knowledge is an undivisible unit. It can not be seperated or divided into different parts. While teaching a subject/topic it is essential that knowledge from other related subjects also be correlated with the main subject.)

यह विभिन्न विषयक सह-सम्बन्ध दो प्रकार से स्वीकारा गया है–

(1) विषय के अर्न्तगत ही सह-सम्बन्ध (Correlation within the subject)। इसे क्षैतिजाकार सह-सम्बन्ध (Horizontal Correlation) भी कहते हैं। तथा

(2) विभिन्न विषयों के मध्य सह-सम्बन्ध (Correlation between the Different Subjects)। इस सहसम्बन्ध को ऊर्ध्वाकार सहसम्बन्ध (Vertical Correlation) भी कहा जाता है।

कुछ शिक्षाविदों ने सह-सम्बन्ध विधि (Correlation Method) को अग्र प्रकार विभाजित भी किया है–

(*i*) आकस्मिक सह-सम्बन्ध (Incidental Correlation)–इस विधि में शिक्षण करते समय किसी विषय/विषयों/उपविषय के सहसम्बन्ध किये जाने की कोई पूर्व योजना नहीं होती। सामान्य स्थिति में शिक्षक अध्यापन करते समय किसी भी अन्य विषय के ज्ञान को अपने शिक्षण में जोड़ देता है और इस प्रकार अपने शिक्षण को अधिक ग्राह्य एवं रुचिकर बना देता है।

(*ii*) योजनाबद्ध सहसम्बन्ध (Systematic Correlation)–इसे व्यवस्थित सहसम्बन्ध के नाम से भी बोलते हैं। इस विधि में शिक्षक अपने शिक्षण में किन-किन विषयों अथवा ज्ञान का किस प्रकार का समायोजन करना है। इसकी योजना पहले ही बना लेता है। यह पूर्ण व्यवस्थित आयोजित एवं क्रमबद्ध होता है।

(*iii*) एकीकृत सह-सम्बन्ध (Integrated Correlation)–यह विधि एक संघटित, समेकित तथा सर्वागीण विधि है। किसी विषय को पढ़ाते समय उससे सम्बन्धित लगभग सभी जुड़े बिन्दुओं की अभिव्यक्ति तथा पुनरावृत्ति की जाती है जिससे शिक्षण वाले उपविषय में प्रभावोत्पादकता तथा स्थायित्व लाया जा सके।

(*iv*) केन्द्रीयकरण सह-सम्बन्ध (Concentrative Correlation)–इस विधि में किसी एक विषय को शिक्षण के केन्द्रीय विषय में चुना जाकर, अन्य अनेक विषयों को इसके इर्द-गिर्द रखा जाता है और उनसे सम्बन्ध स्थापित कर विषय ज्ञान में और अधिक उपलब्धि प्राप्त करने का प्रयास किया जाता है।

7. क्रियाकलाप विधियां (Activity Methods)–परम्परागत तरीकों से हटकर कुछ शिक्षाविदों ने बालकों के शिक्षण में और अधिक सरलता लाने का प्रयास किया है। उनके मतानुसार शिक्षण में विद्यार्थियों को क्रियाकलापों की सुविधा देने

से उनके ज्ञान, अभिव्यक्ति, उपयोग, कौशल एवं अभिवृत्तियों में निश्चित ही शीघ्र और अधिक उपलब्धि होती है। रूसो (Rousseau : 1712-1778) को इस विचार का शिक्षा क्षेत्र में स्थापित करने वाला प्रणेता कहा जा सकता है।

क्रियाकलाप (Activity) क्या है? इसको सरल तरीके से निम्न प्रकार परिभाषित किया जा सकता है–

"क्रियाकलाप कोई ऐसी चीज है जो किसी सामाजिक वातावरण में किसी उद्देश्य से की जाती है और जिसमें शारीरिक तथा मानसिक कार्य होता है।"

(Activity is anything which is carried out with a purpose in a social environment involving physical and mental action.)

इन्हीं क्रियाकलापों के अन्तर्गत कुछ शिक्षाविदों ने खेल (Play) को बालकों के सर्वांगीण विकास तथा शिक्षण-उपलब्धि के लिये महत्त्वपूर्ण भूमिका के रूप में प्रस्तुत किया है। इस विचार को शिक्षा के क्षेत्र में रखने वाला प्रथम शिक्षाविद् कैल्डवैल कुक (Caldwell Cook) था। उसके अनुसार–

"उसका मत था कि सीखना पढ़ने और सुनने से नहीं बल्कि, काम करने से और अनुभव से आता है। बालक सर्वाधिक उसी से सीखता है जिसमें उसकी रुचि हो और जिस काम को वह करता है उसमें उसे कुछ प्रयोजन तथा सार्थकता दिखती हो।"

(He believed that learning comes not from reading and listening but from doing and experience; that the child learns best who learns with interest and with a purpose and see significance in what he does)

— *Principles and Practice of Education-Indira Sharma, p. 179*

अतः क्रियाकलापों तथा खेल-विधि पर आधारित अनेक शिक्षण विधियां प्रचलित हुई। उनका संक्षिप्त विवरण यहां प्रस्तुत है–

(*i*) किंडरगार्टन विधि (Kindergarten Method)–इस विधि के जन्मदाता जर्मन शिक्षाविद् एफ०ए० फ्रोबेल (F.A. Frobel : 1782-1852) थे। इस Kinder (बालक) तथा Garten (उद्यान) अर्थात् 'बालाद्यान' शिक्षण पद्धति भी कहा जाता है। यह विधि अग्र छः सिद्धान्तों पर आधारित है।

1. एकता (Unity)–प्रत्येक वस्तु प्रकट में चाहे ऊपर से अलग-अलग तथा पृथक् जान पड़ती है लेकिन इस भिन्नता के मूल में एक अभिन्नता अथवा एकता है। फ्रोबेल के अनुसार विश्व की सभी वस्तुओं का अन्ततः मूल एक ईश्वर है। अतः ईश्वर में विश्वास उत्पन्न करना आवश्यक है।

2. विकास (Development)–बालक का विकास स्वयं उसी में निहित है। अत: शिक्षक की मूल भूमिका अनुकूल वातावरण तैयार करके बालक के विकास में सहायता होनी चाहिए।

3. स्वयं क्रिया (Self Activity)–बालक का विकास आत्मप्ररित स्वत: क्रिया द्वारा होना चाहिए। इसके लिए यह आवश्यक है कि उसे उसकी रुचि और जिज्ञासा के अनुरूप कार्य करने का अवसर मिले।

4. स्वतंत्रता (Freedom)–बालक को कार्य करने की पूर्ण स्वतंत्रता होनी चाहिए!

5. समानीकारण (Socialization)–बालक पहले अपने परिवार में और फिर समाज में अपनी क्रियात्मक अभिव्यक्ति करता है। सामाजिक सम्पर्क द्वारा ही उसे भिन्नता और समानता का बोध होता है। अत: बालक को जो स्वयं क्रिया द्वारा अनुभूति होती है उसका प्रकटीकरण सामाजिकता के माध्यम से होना चाहिए।

6. खेल (Play)–इस पद्धति में बालकों के खेल ही शिक्षण का समुचित और सम्पूर्ण मूल आधार है। इसमें तीन प्रकार के उपकरण रखे गये हैं–

- **खेल गीत (Play Songs),**
- **उपहार (Gifts)**–20 प्रकार के विभिन्न उपहार जिनसे समस्त प्राथमिक स्तर की शिक्षा समीव है,
- **व्यापार या कार्य (Occupations)**–इसमें कागज, मिट्टी, लकड़ी आदि से भिन्न-भिन्न आकृति की वस्तुएं बनवाई जाती हैं।

इस विधि में खेल, आनन्द और स्वतंत्रता का वातावरण है। न तो बालक को डांटा जाता है और न फटकारा जाता है। न ही कोई पुस्तक पढ़ने-पढ़ाने का प्रावधान है। बालक स्वयं स्वत: क्रिया द्वारा सीखता है।

(*ii*) मॉण्टेसरी विधि (Montessori Method)–इस विधि की जन्मदाता इटली की डॉ॰ मेरिया माण्टेसरी (Dr. Maria Montessori) थी जिसने बच्चों को (विशेषकर 3 से 7 वर्ष तक आयु वर्ग तक के) विशेष प्रकार की शिक्षा देने का मार्ग प्रशस्त किया और विश्व के शिक्षा क्षेत्र में एक विशिष्ट स्थान बनाया। इस प्रणाली के मुख्य सिद्धान्त निम्न हैं–

1. स्वयं विकास का सिद्धान्त (Principle of Self-development)–बालक स्वयं एक शरीर है जो बढ़ता है और एक आत्मा है जो विकसित होती है (Child is a body which grows and soul which develops.)। विकास के इन दोनों रूपों की सुरक्षा कर इन्हें प्राकृतिक रूप से बढ़ने देना चाहिए।

2. स्वतंत्रता का सिद्धान्त (Principle of Freedom)—बालक को इस बात की पूर्ण स्वतंत्रता दी जानी चाहिए कि वह किसी भी प्रकार की क्रिया (Activity) चुने और उस पर किसी भी प्रकार से और जब तक चाहे कार्य करे। इसी से बालक का स्वतंत्र विकास सम्भव है।

3. ज्ञानेन्द्रियों के प्रशिक्षण का सिद्धान्त (Principle of Sense Training)—श्रीमती मॉण्टेसरी के अनुसार बालक की ज्ञानेन्द्रियां ही सीखे हुए ज्ञान को मस्तिष्क तक ले जाती हैं (Senses are the gateways of knowledge which carry the experiences to mind.)। अतः ज्ञानेन्द्रियों की शिक्षा बहुत महत्त्वपूर्ण है।

4. मांसपेशियों के प्रशिक्षण का सिद्धान्त (Principle of Muscular Training)—मॉण्टेसरी के अनुसार ज्ञानेन्द्रियों के साथ-साथ मांसपेशियों का प्रशिक्षण भी आवश्यक है। अर्थात् बालक के शरीर की स्वस्थता तथा विभिन्न अंगों की कार्यक्षमता में वृद्धि होनी चाहिए। इसके लिए उन्हें पर्याप्त खेलने-कूदने के अवसर मिलने चाहिए।

5. स्वंय-शिक्षा का सिद्धान्त (Principle of Auto-education)—श्रीमती मॉण्टेसरी ने स्वयं-शिक्षा को बहुत अधिक महत्त्व दिया है। उनके अनुसार बालकों को बिना शिक्षक की सहायता के स्वयं ही सब कुछ सीखना चाहिए। उन्होंने इस प्रकार के कुछ शैक्षिक उपकरणों (Educational Didactic Apparatus) का निर्माण भी किया है जो बालकों की भूलें स्वयं ही उन्हें बता देते हैं। इस प्रकार की स्वयं-शिक्षा से बालकों में आत्मविश्वास और आत्मनिर्भरता बढ़ती है। मॉण्टेसरी के अनुसार स्वयं शिक्षा ही वास्तविक शिक्षा है (Autoi Education is the Real Education)।

6. व्यक्तित्व के विकास कस सिद्धान्त (Principle of Development of Individuality)—बालक के व्यक्तित्व के विकास में किसी भी स्तर पर कोई अवरोधन नहीं होना चाहिए। स्वयं कार्य करने पर असफल हो जाने पर फिर से कार्य करने की जिज्ञासा तथा सफलता पाने पर आत्मविश्वास में वृद्धि बालक के व्यक्तित्व का निर्माण करती हैं। ठसे विकसित होने देना चाहिए।

7. खेल-तरीके का सिद्धान्त (Principle of Play-way)—बालकों में खेलने की स्वाभाविक प्रवृत्ति होती है, अतः इस प्रवृत्ति का लाभ बालाकों की शिक्षा के लिए भी किया जाना चाहिए। श्रीमती मॉण्टेसरी ने ऐसे उपकरण तैयार किये हैं जिनसे बालक खेलते-खेलते ही स्वयं अनेक बातें सीख सकते हैं।

8. सामुदायिक प्रशिक्षण का सिद्धान्त (Principle of Community Training)—बालक परस्पर एक-दूसरे के साथ रहकर अनजाने ही कुछ बातें सीख लेते हैं, जो उनके साथियों में निकटता ला देती हैं। यही गुण कालान्तर में सामाजिक

गुणों में परिवर्तित होते हैं। अत: बालाकें को साथ-साथ रहने, खाने, खेलने और परस्पर व्यवहार करने के अवसर प्रदान करने चाहिए।

मॉण्टेसरी पति में बालकों के लिए कोई बांधा अथवा निश्चित पाठ्यक्रम नहीं है, पर फिर भी इसमें तीन बिन्दुओं पर बल दिया गया है–

- कमेन्द्रियों की शिक्षा (Education for Motor Abilities),
- ज्ञानेन्द्रियों की शिक्षा (Sensory Education) और
- पढ़ने लिखने व गणित की शिक्षा (Eduation for R'S)।

***(iii)* डाल्टन प्लान विधि (Dalton's Plan Method)**–इस विधि के निर्माण का श्रेय अमेरिकन शिक्षाशास्त्री कुमारी हेलेन पार्खर्स्ट (Km. Helen Parkhurst) को जाता है जिन्होंने मॉण्टेसरी पद्धति को आधार मानकर बड़े बालकों (9 वर्ष से अधिक) के लिए एक ऐसी विधि प्रदान की जिसमें बच्चों को निश्चित समय में निश्चित कार्य (Definite Work in Definite Time Period) करना होता है। बालक यहां पर भी स्वतंत्र होता है और शिक्षण के साथ-साथ उसे अपने व्यक्तित्व विकास के पूर्ण अवसर प्राप्त हैं। चूंकि इस विधि में कोई कक्षा-कक्ष का प्रावधान नहीं है, अत: इसे प्रयोगशाला योजना (Laboratory Plan) भी कहा जाता है।

इस विधि की निम्न मुख्य विशेषताएं हैं–

1. यह वास्तव में कोई शिक्षण विधि नहीं है बल्कि किसी बालक को कराये जाने वाले कार्य को व्यवस्थित करने का तरीका है (This is in actual not a method of teaching but is a method of organising of the total work of the student.)। किसी भी सत्रीय कार्य की पूरी रूपरेखा बनाकर (Job) उसे मासिक (Monthly Contracts) और फिर साप्ताहिक (Weekly Assignments) में विभाजि कर दिया जाता है। बालक एक के बाद एक भाग को पूरा करके आगे बढ़ता जाता है।

2. इसमें सामूहिक शिक्षण के बजाय वैयक्तिक शिक्षण पर बल दिया जाता है (It lays emphasis on individual teaching rather than group or class teaching.)।

3. इस विधि में कक्षा-कक्षों का प्रावधान नहीं है। इसके विपरीत विषय प्रयोगशालाएं होती हैं जिनमें बालक अपना-अपना कार्य करते हैं (There is no provision of class-rooms in this method. Instead it has subject laboratories where students do their work differently.)।

4. इस पद्धति में बालकों के कार्य का अभिलेख सुव्यवस्थित रूप से रखा जाता है (Well organised record of students' work is maintained in this method.)।

5. बच्चों की कठिनाइयों को दूर करने हेतु विषय विशेषज्ञों के साथ सामूहिक विचार-विमर्श किया जाता है (Group discussions, in the presence of subject experts. are arranged for removing the students difficulties.)।

6. इस विधि में न तो कोई परीक्षा होती है ओर न ही कोई गृह कार्य ही दिया जाता है (This method neither conducts examinations nor assigns any home work.)।

7. इस विधि में न तो कोई असफल होता है और न ही अवरोधन और अपव्यय का भय है (There is neither any failure in this method nor has a fear of wastage and stagnation.)

8. इस विधि में कोई समय विभाजन चक्र भी नहीं होता। छात्र स्वतंत्र होते हैं (There is no time table in this method. Students are free.)।

'डाल्टन प्लान' (Dalton's Plan) के सिद्धान्तों को निम्न प्रकार से समेकित किया जा सकता है–

1. बालक की श्रेष्ठता का सिद्धान्त (Principle of Child's Predominance),
2. व्यक्तिगत कार्य का सिद्धान्त (principle of Individual's Work),
3. रुचि का सिद्धान्त (Principle of Interest),
4. चरित्र निर्माण का सिद्धान्त (Principle of Character Building),
5. स्वतंत्रता का सिद्धान्त (Principle of Freedom),
6. सहयोग भावना का सिद्धान्त (Principle of Co-operative Feelings),
7. स्व-अनुशासन का सिद्धान्त (Principle of Self-discipline),
8. स्व-शिक्षा का सिद्धान्त (Principle of Self-education),
9. सामाजिक सम्बन्धों का सिद्धान्त (Principle of Social relationship) और
10. उत्तरदायित्व उठाने का सिद्धान्त (Principle of Wearing Responsibility)।

यह विधि निश्चित रूप से सभी स्तर के बालकों के लिए उपयोगी है। साथ ही विद्यालय की अनेक समस्याएं जैसे–

(1) भगोड़ापन (Truancy),

(2) अपराध प्रवृत्ति (Deplinquency),

(3) पिछड़ापन (Backwardness),

(4) कामचोर (Shirkers) आदि से छुटकारा भी मिलता है।

***(iv)* प्रोजेक्ट विधि (Project Method)**–इस विधि के जन्मदाता अमेरिका

के कोलम्बिया विश्वविद्यालय के शिक्षाशास्त्री डब्ल्यू॰ एच॰ किलपैट्रिक (W.H. Kilpatrick) को माना जाता है। शिक्षा दार्शनिक जॉन डीवी (John Dewey) ने अपनी प्रयोजनवादी विचारधारा (Pragmatic Philosophy) में व्यावहारिक जीवन में काम आ सकनें वाली बातें ही सत्य हैं, से इस विधि को आधार दिया। जिसे किलपैट्रिक ने अपनी विधि में बालक को उद्देश्यपूर्ण क्रिया से शिक्षा (Education with the purposeful activity) के रूप में परिवर्तित कर दिया।

प्रोजेक्ट (Project) को अनेक विद्वानों ने निम्न प्रकार परिभाषित किया है–

1. "प्रोजेक्ट एक साद्देश्य क्रिया है जिसे मन लगाकर सामाजिक वातावरण में किया जाये।"

(A project is a whole hearted purposeful activity proceeeding in a social environment.)
— *W.H. Kilpatrick*

2. "प्रोजेक्ट एक समस्यामूलक कार्य है जिसे स्वाभाविक परिस्थिति में पूरा किया जाये।"

(Project is a problematic act carried to completion in its natural setting.)
— *Stevenson*

3. "प्रोजक्ट वास्तविक जीवन का भाग है जिसे विद्यालय में प्रयोग किया जाता है।"

(A Project is a bit of real life that has been imparted into the school.)
— *An Educationist*

इस प्रकार प्रोजेक्ट विधि सीधे ही कोई शिक्षण विधि न होकर विद्यालय में शिक्षण प्रक्रिया के अन्तर्गत किसी कार्य (Project) को सम्पन्न करने की एक दिशा (Approach) है। चूंकि, यह कार्य ही बालक के ज्ञानार्जन का प्रमुख उद्देश्य है, अत: इसे उपर्युक्त नाम दिया गया है।

(क) प्रोजेक्ट पद्धति की कार्य प्रणाली (Working Process of Project Method)–इसके निम्न मुख्य अंग क्रमानुसार हैं–

1. परिस्थिति उत्पन्न अथवा प्रदान करना (Providing or Creatin the Situation)–अध्यापकों को प्रोजैक्ट चुनने के लिए बालकों के सम्मुख ऐसी परिस्थिति उत्पन्न करनी चाहिए जिनमें बालकों की रुचि हो। यह बालकों की आयु, उनकी योग्यता और क्षमताओं पर भी आधारित होनी चाहिए।

2. प्रोजेक्ट का चुनाव (Choosing of the Project)–प्रोजेक्ट का चुनाव बहुत महत्त्वपूर्ण है क्योंकि इसी चयन पर समस्त प्रोजक्ट की क्रियान्विति, सफलता-असफलता और बालक की सन्तुष्टि निर्भर करती है। यह चयन जहां एक ओर

उद्देश्" व लक्ष्य पूर्ति पूरक होना चाहिए, वहीं यह विद्यार्थी की आवश्यकता की पूर्ति करने वाला भी होना चाहिए।

3. प्रोजेक्ट की योजना बनाना (Planning of the Project)–प्रोजेक्ट के चुन लेने के बाद और बहुत महत्त्वपूर्ण बिन्दु हैं-प्रोजेक्ट की योजना तैयार करना। प्रोजेक्ट में क्या करना है? किन-किन चीजों की और आवश्यकता हो सकती है? कौन-कौन सी कठिनाइयों कार्य के दौरान आ सकती हैं और उन्हें कैसे दूर किया जा सकता है? और कार्य के विभिन्न पदों की क्रमबद्धता क्या रहेगी? आदि को पहले ही विचार कर कार्य पद्धति तैयार की जानी चाहिए। अच्छी योजना से प्रोजेक्ट के अपेक्षित एवं सही परिणाम संम्भव है।

4. प्रोजेक्ट की क्रियान्विति (Execution of the Project)–प्रोजेक्ट पहले बनाये गये ब्ल्यू प्रिण्ट के अनुसार विद्यार्थियों के सहयोग से चलाया जाता है और उसे सभी विद्यार्थियों के सहयोग से पूरा कराया जाता है। शिक्षक मार्गदर्शक के रूप में रहता है। त्रुटियों की ओर ध्यान आकर्षित कर शिक्षक सही मार्ग भी बताता है। आवश्यकता पड़ने पर योजना में परिवर्तन भी किया जा सकता है। विद्यार्थी अपने कार्य के आधार पर समस्त परिणामों के आंकड़े एकत्रित करते हैं।

5. प्रोजेक्ट का मूल्यांकन (Evaluation of the Project)–प्रोजेक्ट की समाप्ति के बाद विद्यार्थी स्वयं समस्त कार्य का वृहद मूल्यांकन करते हैं। वह यह देखते हैं कि प्रोजक्ट से उनके निर्धारित लक्ष्य और उद्देश्य पूर्ण हुए हैं या नहीं। त्रुटियां जहां भी हुई हों, उनका विवरण रखते हैं। सही परिणामों का पुनरावलोकन कर उन्हें अपने ज्ञान-कोष में स्थान देते हैं। शिक्षक इस स्तर पर सफलता-असफलता का मूल्यांकन कर विद्यार्थियों को उनको उपलधियां बताते हैं।

6. प्रोजेक्ट का लिखना (Recording the Project)–प्रोजक्ट निर्माण से लेकर मूल्यांकन तक का सभी विवरण विद्यार्थियों द्वारा लिखा जाता है, जिससे उन द्वारा किये गये कार्य को कभी भी देखा जा सके। यहां त्रुटियों को भी लिखा जाना चाहिए, जिससे आगे उनकी पुनरावृत्ति न हो। भविष्य के लिए यदि कोई विशेष टिप्पणियां काम में आने वाली दिखती हों तो उनका भी उल्लेख यहां कर दिया जाना उचित है।

(ख) प्रोजेक्ट विधि जिन सिद्धान्तों पर आधारित है, उन्हें निम्न रूप में समेकित किया जा सकता है–

1. सोद्देश्य अथवा प्रयोजन का सिद्धान्त (Principle of Purpose),
2. क्रियाशीलता का सिद्धान्त (Principle of Activity),

3. वास्तविकता का सिद्धान्त (Principle of Reality),
4. उपयोगिता का सिद्धान्त (Principle of Utility),
5. अनुभव का सिद्धान्त (Principle of Experience),
6. स्वतंत्रता का सिद्धान्त (Principle of Freedom),
7. मितव्ययता का सिद्धान्त (Principle of Economy),
8. सामाजिकता का सिद्धान्त (Principle of Economy),
9. समन्वय का सिद्धान्त (Principle of Correlation)।

(ग) प्रोजेक्ट विधि की विशेषताएं (Characteristics of Project Method)–इसके कारण इस विधि को काफी मान्यता मिल है, निम्न हैं–

1. यह सीखने (Learning) के तीनों नियमों पर आधारित है–

(*i*) तत्परता का नियम

(*ii*) अभ्यास का निमय तथा

(*iii*) परिणाम का नियम।

(It is based on all three laws of learning—

(*i*) Laws of Readiness,

(*ii*) Law of Exercise and

(*iii*) Law of Effect)।

2. यह बालक के जीवन से सम्बन्धित है (it is related to child's life.)।

3. यह प्रजातन्त्रवादी भावना के विकास में सहायक है (It helps in development of democratic feelings.)।

4. यह विधि श्रम के प्रति निष्ठा और सभी कार्यों के प्रति आदर भावना उत्पन्न करती है (This method creates a sense of dignity of labour and respect for all types of work.)।

5. यह विधि विद्यार्थियों में परस्पर सहयोग और सहनशीलता की भावना का विकास करती है (This method develops cooperation and sense of tolerance among the students.)।

6. यह विधि सामाजिक गुणों का निर्माण करती है (This method inculcates the social qualities.)।

7. यह विधि बालकों में आत्म-निर्भरता लाती है और चरित्र निर्माण में सहायक है। (This method brings self reliance in children and helps in character building.)।

8. यह विधि पूर्णतया वैज्ञानिक है, अतः विद्यार्थियों में सोचने और तर्क करने की क्षमता पैदा करती है (This method is purety scientific; hence creates the power of thinking and capacity of reasoning.)।

9. यह विधि मितव्ययी है (This method is economical.)।

10. यह बालकों की वैयक्तिक विभिन्नता की समस्या को दूर करती है (It expels the problem of individual difference in the students.)।

प्रोजेक्ट विधि निःसन्देह विद्यार्थियों में आत्म-विश्वास बढ़ाती है, हीन भावना को दूर करती है और जिज्ञासा की पूर्ति कार्यक्षमता में वृद्धि तथा कुछ कर सकने की इच्छा को शक्ति देती है।

(*v*) समस्या निवारण विधि (Problem Solving Method)—यह विधि एक शैक्षिक प्रणाली है जिसके द्वारा शिक्षक तथा छात्र किसी महत्त्वपूर्ण शैक्षिक कठिनाई के समाधान या स्पष्टीकरण के लिए सचेत होकर पूर्ण संलग्नता से प्रयास करते हैं। समस्या निवारण पद्धति छात्रों को स्वयं सीखने के लिए तत्पर बनाती है।

शिक्षाशास्त्री गुड (Good) के अनुसार—

(*i*) "एक ऐसी शिक्षण विधा जिसमें चुनौतीपूर्ण स्थितियों को उत्पन्न कर, जिनका हल आवश्यक हो, उन्हें सिखाने को प्रोत्साहित किया जाता हो।"

(A method of instruction by which learning is stimulated by the creation of challenging situations that demands solution.)

(*ii*) "एक विशिष्ट विधा जिसके द्वारा एक बड़ी समस्या का समाधान सम्बन्धित अनेक छोटी समस्याओं के समाधान की सहायता से किया जाता हो।"

(A specific procedure by which a major problem is solved through the combined solutions of a number of smaller related problems.)

इसी प्रकार एक अन्य शिक्षाशास्त्री 'योकन' और 'सिम्पसन' (Yoakan and Simpson) ने इस विधि के लिए लिखा है—

"किसी स्थिति में एक समस्या उत्पन्न होती है जिसमें कठिनाई निवारण की आवश्यकता महसूस होती है।"

(A problem occurs ion a situation in which a felt difficulty to act is realised.)

(अ) समस्या समाधान विधि के क्रमानुसार विभिन्न पद निम्नलिखित हैं—

1. समस्या की पहचान करना (Recognising or Identifying the Difficulty or Problem),

2. समस्या को प्रस्तुत करना (Stating or Defining the Problem),

3. समस्या पर क्रियान्विति (Attacking the Problem),

(*i*) आंकड़ों का संकलन (Collection of Data),

(*ii*) आंकड़ों का वर्गीकरण एवं व्यवस्था (Classification and Organisation of Data),

(*iii*) आंकड़ों का विश्लेषण (Analysis of Data)।

4. निष्कर्ष निकालना (Drawing the Conclusions),

5. परिणामों की सत्यता की जांच करना (Verifying the Conclusions) और

6. परिणामों का उपयोग करना (Implementing the Conclusions)।

(ब) 'समस्या समाधान विधि' और 'प्रोजेक्ट विधि' में अनेक समानताएं हैं, लेकिन कुछ ऐसी अपवाद स्वरूप विभिन्नताएं हैं जिनसे दोनों विधाओं में भारी अन्तर स्पष्ट दिखता है।

"समस्या समाधान विधि' और 'प्रोजेक्ट विधि' में अन्तर इस आधार पर है कि समस्या समाधान विधि विशेषत: एक मानसिक क्रिया और तार्किक सोच पर निर्भर है।"

(The 'Problem Solving Method' differs from 'Project Method' on the basis that the former method is characterised chiefly by mental activity and by critical thinking.)

(स) समस्या समाधान विधि (Problem Solving Method) की विशेषताएं निम्नलिखित हैं–

1. यह विधा बालकों को समस्या समाधान करने को तैयार करती है, अत: वह जीवन की समस्याओं के समाधान हेतु भी प्रशिक्षित हो जाते हैं। (This method prepares the students in problem solving, hence they are trained for solving also life problems.)।

2. यह विधि बालकों में सोचने, तर्क करने और कल्पना शक्ति को बढ़ाने में प्रोत्साहन देती है। (This method encourages thinking, reasoning and imagination.)।

3. यह विधि बालकों में स्वतंत्र रूप से कार्य करने की आदत डालती है (This method inculcates the habit of doing work independently in the students.)।

4. यह विधि निर्धारित कार्य करते समय ऐसे अनेक तथ्यों और जानकारी देती है जिनसे अन्य कोई समस्या के समाधान में सहयोग मिल सके (This method while doing work imparts such many facts and information which might help in solving other problems.)।

5. यह विधा अनेक अन्य प्रकार की जानकारी को समस्या समाधान में समन्वय कराने में सहायक है (This method correlates many different information in problem solving.)।

6. समस्या समाधान किये जाने पर बालक अपने आप में सन्तुष्टि तथा आत्म गौरव महसूस करता है (On completing the problem solving student feels in himself satisfaction and self proud.)।

7. इस विधा से बालकों में समस्या समाधान के लिए रुचि की वृद्धि होती है (This method increases interest in students for problem solving.)।

8. इस विधा से बालाकें के अपने विचारों में दृढ़ता आती है (This method strengthens in inculcating own views in the students.)।

9. इस विधा से बालकों में प्राप्त किये गये परिणामों को अभिव्यक्त करने की कला का विकास होता है (This method develops the art of expressing or interpreting the received results in the students.)।

10. इस विधा से प्राप्त ज्ञान प्रभावी और स्थाई होता है (This method makes the learning effective and permanent.)।

(*iv*) ह्यूरिस्टिक विधि (Heuristic Method)—यह विधि प्रोफेसर आर्मस्ट्रांग (Prof. Armstrong) द्वारा दी गई है जिसमें 'ह्यूरिस्को' (Heurisco) का अर्थ है मैं खोजता हूं (I discover) के नाम का उपयोग किया गया है। इसी आधार पर इसका ह्यूरिस्टिक विधि नाम दिया गया है। इस विधि की सबसे बड़ी विशेषता यह है कि यह बालक को अन्वेषक की दशा में रखती है। बालक प्रत्येक बात की खोज करता चलता है और इस खोज से प्राप्त परिणामों में नये सिद्धान्त अथवा नियम को प्रस्तुत करता है।

(क) ह्यूरिस्टिक विधि के निम्न सिद्धान्त हैं–

1. स्व-शिक्षा या स्व-अनुभव का सिद्धान्त (Principle of Self-study or Self-experience),
2. क्रियाशीलता या करके सीखने का सिद्धान्त (Principle of Activity or Learning by Doing),
3. प्रेरणा का सिद्धान्त (Principle of Motivation),
4. रुचि का सिद्धान्त (Principle of Interest) और
5. स्वतंत्रता का सिद्धान्त (Principle of Freedom)।

(ख) ह्यूरिस्टिक विधि की विशेषताएं निम्न प्रकार समेकित की जा सकती हैं–

1. यह विधि मनोविज्ञान के सिद्धान्तों के अनुसार हैं क्योंकि इससे–(*i*) जिज्ञासा, (*ii*) वस्तुनिष्ठता, (*iii*) साहस, (*iv*) धैर्य, (*v*) कठोर परिश्रम, (*vi*) मितत्ययता, (*vii*) रचनात्मक कल्पना जैसे गुणों का विकास होता है (This method is based on psychological principles because it develops traits like—(*i*) Curiosity, (*ii*) Objectivity, (*iii*) Courage, (*iv*) Patience, (*v*) Hard Labour, (*vi*) Parimony, (*vii*) Creative Imagination etc.)।

2. बालक तथ्यों की स्वयं खोज करते हैं, इसलिए वह सुगमता से याद हो जाते हैं (Children discovers the facts themselves, that is why these are easily remembered.)।

3. इस विधि में प्रत्येक बालक का शिक्षक से अत्यन्त निकट का सम्पर्क हो जाता है, अत: व्यक्तिगत कठिनाइयों का निवारण सम्भव है (A very close rapport between the child and the teacher comes up in this method, as such solution oif individual difficulties is possible.)।

4. इस विधा में गृह कार्य की कोई समस्या नहीं रहती है (There is no problem of home work in this method.)।

5. यह विधा बालकों में अधिक परिश्रम करने की क्षमता पैदा करती है और व्यर्थ समय व्यतीत करने की आदत को दूर करती है (This method creates the capacity of doing hard work in the students and dispels the habit of wasting time unnecessarily.)।

6. इस विधि में बालकों में आत्मनिर्भरता की भावना का विकास होता है (This method develops the spirit of self-dependence in the students.)।

(*vii*) विनेटिका प्लान (Winnetka Plan)–इस विधि का निर्माण अमेरिका निवासी डॉ० कार्लटन वाशवर्न (Dr. Carleton Washburn) ने सन् 1919 में किया क्योंकि इस योजना का प्रारम्भ अमेरिका स्थित इलीनायस (Illinois, U.S.A.) राज्य के विनेटिका (Winnetka) नामक नगर में किया गया था, इसीलिए इसका नाम विनेटिका प्लान पड़ा। इस विधि में बालक के व्यक्तित्व को प्रधानता दी गई है और विद्यालय का कार्यक्रम बालकों के व्यक्तिगत भेदों के अनुसार ही बनाया जाता है।

(क) विनेटिका प्लान विधि के दो मुख्य सिद्धान्त हैं–

1. बालक की क्षमताओं, योग्यताओं और व्यक्तिगत भेदों का सिद्धान्त (Principle of Child's Capacities, Abilities and Individual Differences.)।
2. बालकों के सामाजिक वातावरण का सिद्धान्त

(Principle of Child's Social Environment.)।

(ख) इस विधि की कार्य-प्रणाली में निम्न पद सम्मिलित किये गये हैं–

1. शिक्षण सामग्री का कार्य-इकाई के रूप में विभाजन
(Division of Teaching Material into Assignment-Units),

2. निदानात्मक जांच (Diagnostic Tests),

3. स्व-अध्ययन व स्वतः संशोधन की सामग्री का प्रयोग
(Use of Self-study and Self-correction Material)।

(ग) विनेटिका प्लान की विशेषताएं इस प्रकार हैं–

1. इस विधि में व्यक्तिगत भेदों का पूरा ध्यान रखा जाता है (Full attention on individual differences is kept in this method.)।

2. विद्यार्थियों की निदानात्मक जांच से उनकी त्रुटियों और कमियों का पता लच जाता है (Errors and short-comings of the students are known by diagnostic testing.)।

3. बालक अपनी गति के अनुसार कार्य कर सकता है (Child can do work according to his speed)।

4. बालकों को स्वतः अध्ययन का अवसर मिलता है (Students get opportunity of self study.)।

5. बालकों के अनुत्तीर्ण होने का कोई प्रावधान नहीं है (There is no provision of failure of the students.)।

6. समय विभाग चक्र अत्यन्त लचीला और छात्र आवश्यकतानुसार होता हैं (Time-table is extremely flexible and is according to the needs of the students.)।

(*viii*) **अन्य विधियां (Other Methods)**–उपर्युक्त विधियों के अतिरिक्त कुछ और विद्यार्थी भी अनेक शिक्षाशास्त्रियों ने प्रस्तुत की हैं जिनका कमोवेश लक्ष्य व उद्देश्य भिन्न-भिन्न हैं। उनके केवल नाम ही यहां दे रहे हैं। जिन पाठकों की उनमें अधिक रुचि हो, वह पुस्तकालय से विवरण प्राप्त कर सकते हैं–

1. मैकमन की शिक्षण पद्धति (MacMunn's Teaching Method),
2. निरीक्षित स्वाध्याय प्रणाली (Observed Self-study Method),
3. मेसन प्रणाली (Masson's Method),
4. गैरी योजना (Grary's Plan),
5. डैक्रोली पद्धति (Decroly Method),

6. स्प्रिंग फील्ड योजना (Spring Field Plan),
7. क्रियाशील विद्यालय (Activity Schools),
8. प्रगतिशील विद्यालय (Progressive Schools),
9. अभिक्रमित अध्ययन विधि (Method of Programmed Learning) और
10. बुनियादी शिक्षा पद्धति (Method of Basic Education)।

शिक्षण-सहायक सामग्री (Teaching Aids)

शिक्षक का सबसे महत्त्वपूर्ण कार्य शिक्षार्थी को सिखाना है। चूंकि यह कार्य बहुत आसान नहीं है अत: शिक्षक अपने शिक्षण में विविध एवं विभिन्न शिक्षण के सिद्धान्त, शिक्षण पद्धतियों और विधियों का सहारा लेता है। शिक्षण-सहायक सामग्री (Teaching Aids) भी इस कार्य हेतु उत्तम साधन हैं जिससे एक ओर शिक्षार्थी सरलता और सहजता से सीख लेते हैं, वहीं दूसरी ओर शिक्षक का शिक्षण भी प्रभावी बन जाता है। अत: संक्षिप्त में यदि हम यह कहें कि 'शिक्षण सामग्री वह साधन है जिनसे शिक्षार्थी का सीखना अत्यन्त सहज हो जाता है' (Teaching Aids are the means which help learning students easily.) तो अतिश्योक्ति नहीं होगी।

सहायक सामग्री को सुविधा की दृष्टि से निम्न भागों में विभाजित किया गया है–

1. **दृश्य सामग्री (Visual Aids)**–वह सामग्री जो दखेने वाली होती है, जैसे–चार्ट्स, मैप्स, ब्लैक बोर्ड, स्लाइड्स, मॉडल्स आदि।

2. **श्रृव्य सामग्री (Audio Aids)**–यह सामग्री जो सुनने से प्रयोग में आती हो, जैसे–टेपरिकॉर्डर, रेडियो आदि।

3. **दृश्य-श्रृव्य सामग्री (Audio-visual Aids)**–जो देखने और सुनने दोनों प्रकार से उपयोग में ली जा सकती हो। जैसे–चलचित्र, टीवी आदि।

इन सहायक सामग्री के उपयोग की उपादेयता के लिए अनेक शिक्षाविदों ने अपने महत्त्वपूर्ण विचार व्यक्त किये हैं–

"श्रृव्य-दृश्य सामग्री सीखने वाले व्यक्तियों को घटनाओं, वस्तुओं और कारण तथा प्रभाव सम्बन्धों को नियोजित अनुभवों से लाभ उठाने का अवसर देते हैं।"

(Audio-visual Aids give learners the opportunity to benefit from vicarious experiences with people, events, objects and cause-effect relationship.)

— *Crow and Crow*

"श्रृव्य-दृश्य विधियां एवं वस्तुएं भावपूर्ण सीखने, प्रबल छात्र-रुचि और उत्साह तथा विद्यालय में सफलता के लिए अति लाभदायक आधार है।"

(Audio-visual methods and materials serve as a very fruitful basis of learning high Pupil interest and enthusiasm and success in schools.)

— *Witich and Schullen*

"शिक्षा योजना की आधारशिला अपना अध्यापन है। श्रव्य-दृश्य प्रशिक्षण सामग्री इस आधारशिला का अभिन्न अंग है।"

(Good Instruction is the foundation of any educational programme. Audio-visual training aids are a component part of that foundation.)

— *Francis W. Nort*

(क) शिक्षण-सहायक सामग्री की आवश्यकता एवं महत्त्व (Need and Improtance of Teaching Aids)—यद्यपि शिक्षण सामग्री की आवश्यकता का थोड़ा-सा विवरण इस प्रकरण के प्रारम्भ में ही दिया है, तथापित इनसे वह लाभ, जिस कारण इनका महत्त्व बहुत बढ़ गया है, यहां दिये जा रहे हैं–

1. विद्यार्थियों को भूलने की सामान्य आदत होती है; सहायक सामग्री की सहायता से दिये गये ज्ञान को और अधिक समय तक याद रखा जा सकता है (Students have the general tendency of forgetting; teaching aids can help retain the imparted knowledge for a longer period.)।

2. अनेक तथ्य और जानकारी इस प्रकार की होती है जिसे शिक्षक द्वारा ठीक से अभिव्यक्त नहीं किया जा सकता है; शिक्षण सामग्री इसमें मदद करती है (Several facts and knowledge are of the type which can not be expressed by the teacher exactly; teaching aids help in it.)।

3. सहायक सामग्री शिक्षण को रुचिपूर्ण बना देती है; शिक्षार्थी सीखने में आनन्द लेते हैं (Teaching aids make the teaching interesting; students take interest in learning.)।

4. शिक्षण सामग्री समय बचाती है (Teaching aids save time.)।

5. शिक्षण सामग्री किसी भी स्थिति की सही स्थिति विद्यार्थियों को देती है (Teaching aids provide correct impression of any situation to the students.)।

6. शिक्षण सामग्री बहुत दूर की वस्तुओं को विद्यार्थी के निकट ला देती है और उन पर जीवन्त प्रभाव छोड़ती है (Teaching aids brings far distant objects nearer to the students and leave impressions vivid to them.)।

7. शिक्षण सामग्री शिक्षण और सीखने दोनों को अधिक प्रभावी बना देती है (Teaching aids makes more effective both learning and teaching.)।

(ख) विभिन्न प्रकार की शिक्षण-सहायक सामग्री (Various Types of Teaching-Aids)–(स्थानाभाव के कारण हम यहां सभी प्रकार की शिक्षण सामग्री की सूची ही दे रहे हैं, जो सामान्यतया पाठकों की जानकारी में भी हैं। कुछ महत्त्वपूर्ण सामग्री का विवरण अन्त में दिया है।)

1. ब्लैक बोर्ड (Black Board or Chalk Board),
2. बुलैटिन बोर्ड (Bulletin Board)
3. फ्लेनिल बोर्ड (Flannel Board),
4. चित्र (Pictures or Photographs),
5. चार्ट्स (Charts),
6. नक्शे (Maps),
7. आरेख (Diagram),
8. लेखाचित्र (Graphs),
9. पोस्टर्स (Posters),
10. कार्टून्स (Cartons),
11. नमूने (Specimens),
12. प्रतिकृतियां (Models),
13. स्लाइड्स (Slides),
14. मैजिक लैन्टर्न (Magic Lantern),
15. एपीडास्कोप या चित्र विस्तारक यंत्र (Epidiascope),
16. ग्रामोफोन (Gramophone),
17. रेडियो (Radio),
18. फिल्म स्ट्रिप्स (Film Strips),
19. प्रोजेक्टर (Projector),
20. टेलीविजन (Television),
21. टेपरिकॉर्डर (Tape Recorder),
22. वी०सी०आर० (V.C.R.),
23. पाठ्य-पुस्तकें (Text Books),
24. समाचार-पत्र, पत्र-पत्रिकाएं और
    (Newspapers, Magazines and Journals),

25. भ्रमण (Field Trips or Excursions) आदि।

भ्रमण (Field Trips)

विद्यार्थी स्वभावतः घूमने-फिरने में दिलचस्पी रखते हैं। विद्यालय में अथवा बाहर जहां भी ओर जब भी उन्हें समय मिलता है, वे घूमते ही रहते हैं। पर यह घूमना-फिरना निष्प्रयोजित है, क्योंकि इससे उन्हें कोई लाभ नहीं मिलता है। इसके विपरीत यदि शिक्षक इस बालक-प्रवृत्ति की योजना बनाये तथा विद्यार्थियों को विशेष उद्देश्य से बाहर ले जाये तो वे समय का सदुपयोग भी कर सकते हैं और विद्यार्थियों को वह ज्ञान भी दे सकते हैं जो सामान्यतया कक्षा-कक्ष में सम्भव नहीं। इस रूप में हम इसे शैक्षिक भ्रमण (Educational tour) भी कह सकते हैं।

(क) शैक्षिक भ्रमण की उपादेयता (Utility of Field Trip)—हम संक्षिप्त में निम्न विन्दुओं के रूप में शैक्षिक भ्रमण की उपादेयता प्रस्तुत कर सकते हैं–

1. यह विद्यार्थियों की घूमने-फिरने की इच्छा की संतुष्टि करती हैं (They satisfy the roaming tendency of the children.)।

2. विद्यार्थी अपने आस-पास के वातावरण से भलीभांति परिचित हो जाते हैं (Students become very much familiar with the nearby environment.)।

3. भ्रमण विद्यार्थियों के सीखने में रुचि बढ़ाते हैं (Field Trips create interest in learning to the students.)।

4. भ्रमण विद्यार्थियों को स्वयं परस्पर तथा शिक्षक के करीब ला देते हैं (Field trips brings nearer the students themselves and also with the teacher.)।

5. भ्रमण से प्राप्त अनुभव सही, प्रामाणिक तथा वास्तविक स्थिति के होते हैं (Experiences gathered from field trips are correct, authentic and of real situations.)।

6. भ्रमण विद्यार्थियों की अनेक जिज्ञासाओं की सन्तुष्टि करते हैं, और सोचने और तर्क करने की शक्ति बढ़ाते हैं (Field trips satisfy the various curiosities of the children and increase the reasoning and thinking power.)।

7. भ्रमण विद्यार्थियों को कक्ष-कक्ष की परिधि से निकाल बाहरी वास्तविक स्थिति से परिचित करते हैं (Field trips take out the students from the periphery of the class-rooms and make them aquainted with the real situations.)।

(ख) भ्रमण का आयोजन कैसे करें? (How to Conduct the Field Trips?)—भ्रमण किसी विशेष उद्देश्य से विद्यार्थियों को वास्तविक ज्ञान देने के

लिए ही किया जाता है तब इसका आयोजन बहुत सरल नहीं है। इसके तीन मुख्य भाग हो सकते हैं–

1. पूर्व व्यवस्था (Pre-Planning)–इसमें

(*i*) भ्रमण का उद्देश्य,

(*ii*) स्थान का चयन,

(*iii*) कक्षा व विद्यार्थियों का चयन,

(*iv*) शैक्षिक प्रशासन तथा विद्यार्थियों के अभिभावकों से स्वीकृति,

(*v*) विद्यार्थियों को ले जाने वाले सामान की सूची,

(*vi*) वाहन व्यवस्था,

(*vii*) ठहरने का स्थान,

(*viii*) भोजन व्यवस्था,

(*ix*) लिखने की सामग्री,

(*x*) फोटो कैमरा,

(*xi*) गाइड की व्यवस्था,

(*xii*) देखने वाले स्थ्थान की सक्षम अधिकारी से स्वीकृति

इसके साथ ही विद्यार्थियों को पहले ही भ्रमण क्यों? कहां? और कैसे? की जानकारी दी जानी चाहिए तथा साथ ही यह भी बताना चाहिए कि भ्रमण में वह क्या देखें? क्या नोट करें? कहां पूछे? और कब पूछें? इससे उनमें भ्रमण के प्रति सजगता भी बनी रहेगी और अनुशासन भी।

2. वास्तविक भ्रमण (Actual Field Trip)–इस स्थिति में शिक्षक की यात्रा के दौरान वह सब बातें बताते रहना चाहिए जो सामान्यतया विद्यार्थी की जिज्ञासाएं होती हैं, यहां छात्र-अनुशासन बनाये रखना बहुत आवश्यक है क्योंकि इससे विद्यालय को गौरव मिलता है। यदि स्थानीय विशेषज्ञ की सेवायें आसाने से उपलब्ध हो जायें तो उसका लाभ अवश्य उठाना चाहिए। पूरे भ्रमण में रोचकता बनी रहे इसका भी ध्यान रखना उचित है।

3. भ्रमण से वापसी (Return from the Field Trip)–यहां पर भ्रमण पर से किये गये अनुभव लिए गये नोट्स, मन में आ रही जिज्ञासाओं पर समेकित रूप से विचार-विमर्श करना चाहिए। इस बात का मूल्यांकन करना चाहिए कि शैक्षिक भ्रमण के लिए निर्धारित लक्ष्य और उद्देश्यों की पूर्ति कितनी हुई?

भ्रमण से यद्यपि समय, शक्ति और धन तीनों पर अधिक व्यय होता है पर सीखने और सीखने के लिए यह बहुत ही प्रभावी विधा है और इसी कारण आज भी इसे हर स्तर पर प्रयोग में लाया जाता है।

पाठ योजना (Lesson Planning)

किसी भी कक्षा के किसी भी विषय के एक पाठ का कक्षा में प्रस्तुतीकरण करने से पूर्व उसकी तैयारी आवश्यक है। इसे ही पाठ योजना (Lesson Planning) कहते हैं।

Bossing के अनुसार–"पाठ योजना' किसी उद्देश्य कथन की उपलब्धि के लिए तथा उन विशिष्ट साधन जिनसे यह प्राप्त हो सके, के लिए दिया गया वह नाम है जो शिक्षक के निर्देशन में किसी क्रिया-प्रक्रिया के फलस्वरूप प्राप्त होता है।"

('Lesson Plan' is the title given to a statement of the achievements to be realised and the specific means by which these are to be attained as a result of the activities engaged in day by day under the guidance of the teacher.)।

Lester B. Sinds कहते हैं–"'पाठ योजना' वास्तव मे एक 'क्रिया-योजना' है। अत: इसमें शिक्षक की कार्य पद्धति, उसके कार्य के बारे में जानकारी, उसके अपने विद्यार्थियों के तथा उनके समझ के बारे में जानकारी, शिक्षा के उद्देश्यों के बारे में उसकी समझ, शिक्षण सामग्री की बारे में उसकी योग्यता और उसकी प्रभावी शिक्षण विधि को प्रयोग करने की क्षमता सम्मिलित हैं।"

(A 'Lesson Plan' is actually a plan of action. It, therefore includes the working philosophy of the teacher, her knowledge oif philosophy, her information about and understanding foir her pupils, her comprehension of the objectives of education, her knowledge of the material to be taught and her ability to utilize effective methods.)

L.B. Stand के मतानुसार–"'पाठ योजना' एक शिक्षक द्वारा कक्षा-कक्ष में काम में ली गई 'क्रिया-योजना' है।"

(A 'Lesson Plan' is a 'plan of action' implemented by a teacher in classroom.)

इस प्रकार पाठ योजना शिक्षक के किसी भी कलास के शिक्षण की ऐसी तैयारी है जिससे वह बहुत ही विश्वास के साथ विद्यार्थियों के मध्य प्रवेश करता है और उन्हें पूर्व में ही सोचे ही ज्ञान को आत्मसात् कराने का सफल प्रयास करता है। पाठ योजना (lesson Planning) के मुख्य कार्य एवं सिद्धान्त निम्न हैं–

(क) पाठ योजना के मुख्य कार्य

(Important Fucntions of Lesson Planning)

1. यह शिक्षक को शिक्षण सामग्री को चुनने में सहायता करती है।
   (It helps the teacher in selection oif teaching material.)
2. यह आवश्यक रूप से शिक्षण विधि का पूर्व निर्धारण करती है।
   (It is essentially predecides the teaching method.)
3. यह शिक्षण की सीमाएं बांधता है और अनचाहे भटकाव को रोकती है।
   (It delimits the teaching and prevents unjust going from the track.)
4. यह शिक्षण को प्रभावी बनाती है।
   (It makes the teaching effective.)
5. इससे विद्यार्थियों को कम समय में अधिक ज्ञान दिया जा सकता है।
   (it may give more knowledge in less time to the students.)
6. यह शिक्षक में आत्मविश्वास बढ़ाती है और आगे बढ़ने की प्रेरणा देती है।
   (It increases self confidence in the teacher and inspires to go ahead.)
7. यह विद्यार्थियों में सीखने के प्रति रुचि उत्पन्न करती है।
   (It creates interest in the students towards learning.)
8. यह शिक्षण में अनावश्यक पुनरावृत्ति को रोकती है।
   (It avoids needless repetition in teaching.)
9. यह शिक्षण में क्रमबद्धता बनाये रखती है।
   (It helps in maintaining sequence in teaching.)
10. यह उचित शिक्षण सामग्री के उपयोग को आश्वस्त करती है।
    (It ensures the proper use of teaching aids.)

(ख) पाठ योजना के सिद्धान्त (Principles of Lesson Planning)—एक अच्छी पाठ योजना जिन सिद्धान्तों पर आधारित होती है वह निम्न प्रकार हैं—

1. शिक्षण उप-विषय का चुनाव विद्यार्थियों के पूर्व ज्ञान पर आधारित होना चाहिए।
   (Selection of the teaching topic should be based on the students' previous knowledge.)
2. पाठ योजना में शिक्षण उद्देश्य बहुत ही स्पष्ट और वस्तुनिष्ठ होने चाहिए।
   (Lesson Plan should have very clear and objective teaching

objectives.)

3. पाठ योजना लचीली और शिक्षार्थियों की रुचि, आवश्यकता और मानसिक योग्यता के अनुकूल होनी चाहिए।
   (Lesson Plan should be flexible and according to the interests, need and mental ability of the students.)
4. पाठ योजना में उचित एवं यथेष्ट शिक्षण सामग्री का समावेश होना चाहिए।
   (Lesson Plan should include appropriate and sufficient teaching material.)
5. पाठ योजना में शिक्षण विधि का चुनाव बहुत सोचकर करना चाहिए।
   (Selection of teaching method in a lesson plan should be made after a careful thought.)
6. पाठ योजना में विद्यार्थियों का संभागित्व होना चाहिए।
   (Lesson Plan sholuld have the students' participation).
7. पाठ योजना में विद्यार्थियों की कठिनाइयों के समाधान का प्रावधान होना चाहिए।
   (Lesson Plan should have provision of solving the students' difficulties.)
8. पाठ योजना में सिखाये गये ज्ञान को जांचने की व्यवस्था भी होनी चाहिए।
   (lesson Plan should also have a provision of examining the teaching knowledge.)

(ग) पाठ योजना तैयार करने की विधि (method of Preparation of a Lesson Plan)–पाठ योजना निर्माण को अत्यन्त वैज्ञानिक, निश्चित और व्यवस्थित रूप देने का श्रेय जगत् के महान् विचारक हरबर्ट (Herbart) को जाता है जिन्होंने बताया कि किसी भी ज्ञान को विद्यार्थियों तक पहुंचाने में निम्न प्रक्रियाओं का होना आवश्यक है–

1. स्पष्टता (Clearness)–इसमें आशय यह है कि विद्यार्थियों के समक्ष पाठ्य-वस्तु स्पष्ट रूप से प्रस्तुत की जाये।

2. सम्बन्ध या सहयोग (Association)–इस पद से तात्पर्य है कि विद्यार्थियों को जो भी नवीन ज्ञान दिया जाये उसे उसके पूर्व ज्ञान से जोड़ा जाये।

3. प्रणाली अथवा व्यवस्था (System)–इस पद से तात्पर्य है कि विद्यार्थी को जो भी पाठ्य-वस्तु प्रस्तुत की जाये वह पूर्ण व्यवस्थित हो।

4. व्यावहारिक प्रयोग (Method)—इससे आशय है कि विद्यार्थी जो भी ज्ञान अर्जित करे उसको उनके व्यावहारिक जीवन में करने का अवसर दिया जाये।

इन गुणों के आधार पर बाद में पांच पदों को अन्तिम रूप दिया गया जिन्हें आज भी हरबर्ट की पंच पद प्रणाली (Five Formal Steps of Herbart) के नाम से जाना जाता है और व्यापक रूप से इनका ही प्रयोग शिक्षण में किया जाता है। यह इस प्रकार से हैं–

1. प्रस्तावना (Preparation)—इसके अनुसार शिक्षक द्वारा वह प्रक्रिया अपनाई जाती है जिससे विद्यार्थी को पूर्व ज्ञान के आधार पर उसे नवीन ग्रहण करने के लिए तैयार किया जा सके। अत: शिक्षक को प्रथम तो विद्यार्थी के पूर्व ज्ञान की जानकारी करनी है और फिर उस ज्ञान को क्रमबद्ध तरीके से इस प्रकार प्रस्तुत करना है जिससे विद्यार्थी रुचि लेकर शिक्षण प्रक्रिया से जुड़ जायें। अब शिक्षक को नये ज्ञान को इस ज्ञान से सम्बन्धित करना होता है।

2. प्रस्तुतीकरण (Presentation)—इस पद में शिक्षक द्वारा नवीन ज्ञान विद्यार्थियों को दिया जाता है वह इसके लिए शिक्षण विधि, सहायक सामग्री, प्रस्तुतीकरण विधा आदि सभी पूर्व में निश्चित कर लेता है।

यदि शिक्षण सामग्री अधिक है तो उसका छोटे-छोटे टुकड़ों में विभाजन कर उसका प्रस्तुतीकरण भी इस पद के अन्तर्गत आता है।

3. तुलना और सहयोग (Comparison and Association)—शिक्षक नवीन ज्ञान को देने के लिए वर्तमान पाठ के तथ्यों की तुलना तथा सहसम्बन्ध (सम्बन्ध) पूर्व ज्ञान के तथ्यों से स्थापित करता है। इससे नवीन ज्ञान सहज ही विद्यार्थियों की समझ में भी आता है और आत्मसात् होकर काफी समय तक याद भी रहता है।

4. सामान्यीकरण (Generalization)—उपयुक्त पदों के माध्यम से किये गये शिक्ष्ज्ञण से बालक किसी निष्कर्ष अथवा परिणाम पर पहुंचता है तो इन निष्कर्षों के आधार पर शिक्षक अनेक स्थितियां प्रस्तुत कर बालकों से सामान्य नियम निकलवाता है।

अत: यह पद शिक्षण की दृष्टि से अत्यन्त महत्त्वपूर्ण होता है।

5. प्रयोग (Application)—हरबर्ट की पंचपद प्रणाली का यह अन्तिम तथा सबसे महत्त्वपूर्ण पद हैं जिसमें नवीन ज्ञान को स्थ्थायित्व देने के लिए उसे नवीन परिस्थितियों में परखा जाता है, उपयोग किया जाता है। यहां यदि कोई विभिन्नता पाई जाती है तो कहीं प्रारम्भ में कोई कमी तो नहीं रह गई है इसकी जानकारी हो जाती है अथवा वह ज्ञान सत्य और चिरस्थाई हो जाता है।

वर्तमान में सभी स्तर की शिक्षण-प्रशिक्षण संस्थाओं में इस 'हरबर्ट पंचपद प्रणाली' का व्यापक रूप से उपयोग किया जाता है।

चूंकि यह प्रणाली पूर्ण वैज्ञानिक है और शिक्षण के आधारभूत सिद्धान्तों पर आधारित है अत: स्कूली शिक्षा के लगभग सभी विषयों का शिक्षण इस प्रणाली से किया जाना संभव है।

(घ) पाठ योजना के मुख्य घटक (Chief Components of a Lesson Plan)–जिस सूचना का समावेश किसी पाठ योजना में किया जाता है तथा जिन पदों से शिक्षण किया जाता है वह सभी घटक यहां समेकित रूप से दिये जा रहे हैं–

(*i*) सूचना भाग (Information Part)

1. स्कूल का नाम (Name of School),
2. तिथि या दिनांक (Date),
3. कक्षा व विभाग (Class and Section),
4. कालांश (Period),
5. छात्र संख्या (Number of Students),
6. विषय (Subject),
7. उपविषय (Topic), और
8. कालांश की समयावधि (Duration of Period)।

(*ii*) शिक्षण भाग (Teaching Part)

1. सामान्य उद्देश्य (General Aims),
2. विशिष्ट उद्देश्य (Specific Aims),
3. पूर्व ज्ञान (Previous Knowledge),
4. विषय प्रवेश (Introduction),
5. उद्देश्य कथन (Statement of the Topic),
6. सहायक सामग्री (Teaching Aids),
7. प्रस्तुतीकरण (Presentation),
8. पुनरावृत्ति (Recapitulation),
9. मूल्यांकन (Evaluation), और
10. गृहकार्य (Home Assignment)।

प्रश्न (Questions)

निबन्धात्मक प्रश्न (Essay Type Questions)

1. एक अध्यापक के आवश्यक गुणों का उल्लेख करिये।
2. पर्यावरण के क्षेत्र में किसी उपविषय पर एक पाठ योजना 40 मिनट की अवधि की बनाइये।
3. शिक्षण में 'सह सम्बन्ध विधि (Correlation Method) के बारे में विस्तार से बताइये।
4. समस्या समाधान विधि और प्रोजेक्ट विधि में समानताएं और असमानताओं को स्पष्ट करिये।
5. किसी भ्रमण को कैसे आयोजित करोगे? उसके मुख्य पदों का विस्तार से विवेचन करिये।

लघुत्तरात्मक प्रश्न (Short AnswerType Questions)

6. शिक्षण में प्रयोगशाला विधि के मुख्य चरण बताइये।
7. शिक्षण में व्याख्या (Explanation) और व्याख्यान (Lecture) विधि में क्या मूलभूत अन्तर होता है?
8. हरबर्ट की पंच पद प्रणाली में पांच पद कौन-कौन से हैं?
9. विभिन्न प्रकार की शिक्षण सहायक सामग्री के (कोई दस) नाम बताइये।
10. ह्यूरिस्टिक विधि किन-किन सिद्धान्तों पर आधारित है? केवल पदों का उल्लेख कीजिये।

वस्तुनिष्ठ प्रश्न (Objective Questions)

11. भ्रमण (Field Trip) निम्न विधि का उदाहरण है–

    (अ) प्रयोगशाला विधि (ब) सुकराती विधि

    (स) निरीक्षण विधि (द) आगमन विधि

12. 'सामान्य से विशिष्ट की ओर' किस शिक्षण विधि में अपनाई जाती है?

    (अ) आगमन विधि (ब) निगमन विधि

    (स) सह सम्बन्ध विधि (द) क्रियाकलाप विधि

13. कुमारी हेलेन पार्खर्स्ट ने निम्न विधि का निर्माण किया था–

    (अ) किन्डरगार्टन विधि (ब) डाल्टन प्लान विधि

    (स) मोण्टेसरी विधि (द) प्रोजेक्ट विधि

14. हरित गृह गैसें (Greenhouse Gases) की सूची में निम्न में से कौन-सी गैस नहीं है?
    (अ) कार्बन डाइऑक्साइड (ब) क्लोरोफ्लोरोकार्बन्स
    (स) ऐसीटिलीन (द) मीथेन
15. निम्न में से कौन सा विकल्प शिक्षण प्रक्रिया का अंग नहीं है?
    (अ) शिक्षक (ब) शिक्षार्थी
    (स) कक्षा-कक्ष (द) शिक्षण विधि

रिक्त स्थानों की पूर्ति कीजिये–

16. 'किण्डनगार्टन विधि' को .... विधि से भी जाना जाता है?
17. 'मोण्टेसरी विधि' के जन्मदाता .... थे।
18. पढ़ने (Reading), लिखने (Writing) और गणित (Arithmetic) को संक्षिप्त में .... से व्यक्त करते हैं।
19. शिक्षक द्वारा विद्यार्थियों के लिए सीखने का कार्य .... कहलाता है।
20. शिक्षण को विद्यार्थियों की रुचि के अनुकूल बनाना .... का कार्य है।